Ralf Bürgel

Festigkeitslehre und Werkstoffmechanik
Band 1

Ralf Bürgel

Festigkeitslehre und Werkstoffmechanik Band 1

Lehr- und Übungsbuch Festigkeitslehre

Mit 181 Abbildungen und 10 Tabellen

Studium Technik

Bibliografische Information Der Deutschen Bibliothek
Die Deutsche Bibliothek verzeichnet diese Publikation in der Deutschen Nationalbibliografie;
detaillierte bibliografische Daten sind im Internet über <http://dnb.ddb.de> abrufbar.

1. Auflage Oktober 2005

Lektorat: Thomas Zipsner

Der Vieweg Verlag ist ein Unternehmen von Springer Science+Business Media.
www.vieweg.de

Umschlaggestaltung: Ulrike Weigel, www.CorporateDesignGroup.de

Gedruckt auf säurefreiem und chlorfrei gebleichtem Papier.

ISBN-13:978-3-8348-0077-0   e-ISBN-13:978-3-322-82040-2
DOI: 10.1007/978-3-322-82040-2

Vorwort

Das zweibändige Buch „Festigkeitslehre und Werkstoffmechanik" führt ein in diese beiden elementaren Gebiete des Maschinenbaus und verwandter Disziplinen. Die Kombination der technischen Mechanik mit der Werkstoffkunde steht im Vordergrund, weil nichts ohne Werkstoffe gebaut werden kann und der Werkstoff nicht als „schwarzer Kasten" behandelt werden darf. Das weiß jeder Ingenieur spätestens nach der ersten Schadenuntersuchung.

Leider fehlt jedoch bei den Maschinenbaustudenten und späteren Ingenieuren in der Praxis häufig das Werkstoffverständnis, weil die Materialkunde in vielen Studienplänen des Maschinenbaus und verwandter Gebiete eine immer geringere Rolle spielt. Sicherlich liegt der Grund auch darin, dass die mehr ins Mikroskopische, ja, Atomare gehende Betrachtungsweise den typischen Konstrukteuren nicht behagt und sie außerdem oft den falschen Eindruck bekommen – etwas überspitzt –, die Werkstoffkunde fange mit dem EKD (Eisen-Kohlenstoff-Diagramm) an und höre auch damit auf. So wird ihnen leider die große Bedeutung, aber auch die Attraktivität dieses Faches für den Maschinen- und Anlagenbau nicht vermittelt.

Der Stoff fasst mehrere Vorlesungen zusammen, die ich von 1993 bis 2004 an der Fachhochschule Osnabrück gehalten habe. Die Aufteilung in zwei Bände bot sich an, weil ein Großteil der Benutzer, überwiegend Studenten im Grundstudium, besonders am ersten Band interessiert sein wird. Der zweite ist eher für das Hauptstudium maschinenbaulich geprägter Studiengänge an Fachhochschulen und Universitäten sowie für Fachleute in der Praxis vorgesehen. Die Bände sind unabhängig voneinander verwendbar.

Zum ersten Band: Die Festigkeitslehre ist bekanntlich eines der klassischen Gebiete des Maschinenbaus. Für alle Ingenieurdisziplinen sind Grundlagenkenntnisse der Festigkeitslehre unverzichtbar. Ein Werkstofftechniker könnte ohne sie beispielsweise – neben vielen anderen Aufgaben – Versagen und Brüche an Bauteilen nicht sachgerecht beurteilen. Man denke nur an den eigenartigen Verlauf eines spröden Torsionsbruches oder Torsionsermüdungsbruches.

Selbstverständlich existieren schon etliche Bücher zu diesem Thema, die sich weniger inhaltlich unterscheiden als vielmehr durch ihre didaktische Aufbereitung des Stoffes. Darstellungen über das Materialverhalten bei hohen Temperaturen fehlen indes in den meisten Lehrbüchern zur Festigkeitslehre, weil das dafür erforderliche Werkstoffverständnis im Maschinenbaustudium kaum vermittelt wird.

Die Aufgabensammlung am Ende eines jeden Kapitels umfasst Verständnis- und Rechenaufgaben mit vielen Praxisbeispielen. Zu den Rechenaufgaben werden zunächst nur die Ergebnisse angegeben, damit Studenten selbstständig versuchen sollten, den Lösungsweg herauszufinden. Dieser wird am Ende des Bandes komplett wiedergegeben.

Das Team vom Lektorat Technik des Vieweg-Verlages, besonders Herr Dipl.-Ing. Thomas Zipsner, hat, wie schon bei meinem *„Handbuch Hochtemperatur-Werkstofftechnik"*, sehr kooperativ mitgewirkt, wofür ich herzlich danke.

Im August 2005   *Ralf Bürgel*

Inhaltsverzeichnis
Band 1: Festigkeitslehre

Inhaltsverzeichnis
Band 2: Werkstoffmechanik

Zeichen und Einheiten

Den Größen liegen folgende Normen und Regelwerke zugrunde:

- ASTM-Standard E 399-83 – *Standard Test Method for Plane-Strain Fracture Toughness of Metallic Materials* (Bestimmung des K_{Ic}-Wertes)
- DIN 1304 – Formelzeichen, März 1994
- DIN 50 100 – Dauerschwingversuch, Febr. 1978
- DIN 50 106 – Druckversuch, Dez. 1978
- DIN 50 113 – Umlaufbiegeversuch, März 1982
- DIN 50 115 – Kerbschlagbiegeversuch, April 1991
- DIN 50 118[1] – Zeitstandversuch unter Zugbeanspruchung, Jan. 1982
- DIN EN 10 002 – Zugversuch, April 1991

Bei Mehrfachbedeutungen für ein Zeichen geht aus dem Zusammenhang hervor, welche gemeint ist, oder die Bedeutung wird ausdrücklich erwähnt.

a	Länge eines Außenrisses (Innenrisse haben die Länge 2a)	[m]
a_c	kritische Risslänge	[m]
a_K	Kerbschlagzähigkeit ($a_K = A_v/S$; S: Prüfquerschnitt)	[J/m²]
A	Fläche (siehe auch S_0)	[m²]
A	Bruchdehnung im Zugversuch ($A = (L_u - L_0)/L_0$)	[-, %]
A	Mittelspannungsverhältnis bei Lastspielen ($A = |\sigma_a|/\sigma_m$)	[-]
A_g	Gleichmaßdehnung	[-, %]
A_k	Kerbquerschnittsfläche	[m²]
$A_{Lüd}$	Lüders-Dehnung (plastische Dehnung im Bereich der ausgeprägten Streckgrenze)	[-, %]
A_u	Zeitbruchdehnung (Bruchdehnung im Zeitstandversuch)	[-, %]
A_v	Kerbschlagarbeit, Kurzzeichen für die Probenform muss hinzugefügt werden, z.B. A_v(ISO-V) oder A_v(DVM)	[J]
B	Dicke einer Bruchmechanikprobe oder Wanddicke (*Breadth*)	[m]
d	Innendurchmesser	[m]
D	(Außen-) Durchmesser	[m]
D	Diffusionskoeffizient	[m²/s]
D_0	Ausgangsdurchmesser	[m]
D_0	temperaturunabhängiger Vorfaktor in der Arrhenius-Gleichung für den Diffusionskoeffizienten	[m²/s]

---

[1] DIN 50118 wurde durch die Europäische Norm DIN EN 10291 vom Jan. 2001 ersetzt. Da abzusehen ist, dass sich die praxisfremden Formelzeichen dieser Norm, die den jahrzehntelangen Gepflogenheiten widersprechen, weder national noch international durchsetzen werden, wird hier bis auf weiteres DIN 50118 für den Zeitstandversuch benutzt. In Beiblatt 1 zu DIN EN 10291 wird eingeräumt, *„die in langjähriger Praxis bewährten Festlegungen aus DIN 50118 ... auch weiterhin anwenden zu können"*.

e	Randfaserabstand von den Schwerachsen oder vom Schwerpunkt bei Angabe der Flächenwiderstandsmomente W_a bzw. W_p	[m]
E	Elastizitätsmodul	[GPa]
f	Frequenz	$[s^{-1}, Hz]$
F	Kraft, Last	[N]
F_G	Gewichtskraft	[N]
F_m	Höchstkraft im Zugversuch	[N]
g	Erdbeschleunigung ($\approx 9{,}81$ m/s^2)	
G	Schubmodul (auch: Gleitmodul)	[GPa]
G_c	spezifische Riss- oder Bruchenergie	[J/m^2]
I_a	axiales Flächenträgheitsmoment, axiales Flächenmoment 2. Ordnung (I_x ist z.B. das axiale Flächenträgheitsmoment bezüglich der Schwerachse x)	[m^4]
I_p	polares Flächenträgheitsmoment (sofern nicht anders vermerkt, ist der Pol der Schwerpunkt)	[m^4]
K_0	Grenzwert der Spannungsintensität für Ermüdungsrisswachstum	[MPa m$^{1/2}$]
K_c	kritischer Spannungsintensitätsfaktor (auch: Riss- oder Bruchzähigkeit) für eine bestimmte Wanddicke bei *nicht* ebenem Dehnungszustand, siehe auch K_{Ic}	[MPa m$^{1/2}$ = MN m$^{-3/2}$]
K_Q	Bruchzähigkeit außerhalb der Gültigkeitsgrenzen, vorläufige Bruchzähigkeit (= K_{Ic} bei Erfüllung aller Testvoraussetzungen)	[MPa m$^{1/2}$]
K_t	Formzahl (auch: Kerbfaktor, elastischer Spannungskonzentrationsfaktor)	[-]
K_σ	Spannungskonzentrationsfaktor bei Plastifizierung	[-]
K_ε	Dehnungskonzentrationsfaktor bei Plastifizierung	[-]
K_I	Spannungsintensitätsfaktor im Belastungsmodus I (Zug)	[MPa m$^{1/2}$]
K_{Ic}	kritischer Spannungsintensitätsfaktor (auch: Riss- oder Bruchzähigkeit) im Belastungsmodus I (Zug) und im *ebenen* Dehnungszustand	[MPa m$^{1/2}$]
ΔK	Schwingbreite der Spannungsintensität ($\Delta K = K_{max} - K_{min}$)	[MPa m$^{1/2}$]
ΔK_{Ic}	kritischer zyklischer Spannungsintensitätsfaktor im ebenen Dehnungszustand	[MPa m$^{1/2}$]
L	Laststeigerungsfaktor (auch: plastischer Zwängungsfaktor)	[-]
L	Länge	[m]
L_0	Ausgangslänge	[m]
L_i	momentane Messlänge in einem Versuch	[m]
L_e	elastische Dehnlänge	[m]
L_m	Reißlänge	[m]
$L_{p0,2}$	0,2 %-Dehnlänge	[m]
ΔL	Längenänderung	[m]
m	Masse	[kg]
M	Moment	[N m]
M_b	Biegemoment	[N m]
M_t	Torsionsmoment	[N m]
n	Drehzahl (Umdrehungsfrequenz)	$[s^{-1}]$
N	Schwingspielzahl (Zyklenzahl, Lastspielzahl)	[-]
N_B	Schwingspielzahl bis zum Bruch	[-]
p	Druck	[Pa]

R	Allgemeine Gaskonstante ($= 8{,}314\ \mathrm{J\ K^{-1}\ mol^{-1}}$)	
R	Riss- oder Bruchwiderstand	$[\mathrm{J/m^2}]$
R	Spannungsverhältnis bei Lastspielen ($R = \sigma_u/\sigma_o$)	$[-]$
R	allgemeines Zeichen für Festigkeitskennwerte unter Zugbelastung	$[\mathrm{MPa}]$
R_e	Streckgrenze bei Raumtemperatur (Elastizitätsgrenze, Fließgrenze)	$[\mathrm{MPa}]$
$R_{e/\vartheta}$	(Warm-)Streckgrenze bei der Temperatur ϑ in °C	$[\mathrm{MPa}]$
R_{eH}	obere Streckgrenze, falls diese ausgeprägt ist (*High*)	$[\mathrm{MPa}]$
R_{eL}	untere Streckgrenze, falls diese ausgeprägt ist (*Low*)	$[\mathrm{MPa}]$
R_m	Zugfestigkeit bei Raumtemperatur	$[\mathrm{MPa}]$
$R_{m/\vartheta}$	(Warm-)Zugfestigkeit bei der Temperatur ϑ in °C	$[\mathrm{MPa}]$
R_{mk}	Kerbzugfestigkeit	$[\mathrm{MPa}]$
$R_{p\,0,2}$	0,2 %-Dehngrenze (auch: Ersatzstreckgrenze; $\varepsilon_p = 0{,}2\ \%$)	$[\mathrm{MPa}]$
$R_{p\,0,2/\vartheta}$	0,2 %-(Warm-)Dehngrenze bei der Temperatur ϑ in °C	$[\mathrm{MPa}]$
$R_{m\,t/\vartheta}$	Zeitstandfestigkeit (Spannung, bei welcher nach der Zeit t in h und der Temperatur ϑ in °C Bruch eintritt)	$[\mathrm{MPa}]$
$R_{mk\,t/\vartheta}$	Kerbzeitstandfestigkeit (Nennspannung, bei welcher nach der Zeit t in h und der Temperatur ϑ in °C Bruch eintritt bei gegebener Kerbform)	$[\mathrm{MPa}]$
$R_{p\,\varepsilon/t/\vartheta}$	Zeitdehngrenze (Spannung, bei welcher die plastische Gesamtdehnung ε in % nach der Zeit t in h bei der Temperatur ϑ in °C eintritt)	$[\mathrm{MPa}]$
S	Querschnittsfläche	$[\mathrm{m^2}]$
S	Scherkraft, Querkraft	$[\mathrm{N}]$
S_0	Anfangsquerschnitt	$[\mathrm{m^2}]$
S_b	Biegesteifigkeit; S_{bx} ist z.B. die Biegesteifigkeit um die Schwerachse x	$[\mathrm{N\ m^2}]$
S_B	Sicherheitsbeiwert gegen Bruch	$[-]$
S_F	Sicherheitsbeiwert gegen Fließen (= plastische Verformung)	$[-]$
S_t	Torsions-/Drillsteifigkeit	$[\mathrm{N\ m^2}]$
S_u	kleinster Probenquerschnitt nach dem Bruch	$[\mathrm{m^2}]$
t	Zeit	$[\mathrm{s,\ h}]$
t_m	Belastungsdauer bis zum Bruch (im Zeitstandversuch)	$[\mathrm{h}]$
$t_{p\,\varepsilon}$	Dehngrenzzeit (Belastungsdauer für eine vorgegebene plastische Dehnung ε in % im Zeitstandversuch)	$[\mathrm{h}]$
T	absolute Temperatur, siehe ϑ	$[\mathrm{K}]$
ΔT	Temperaturdifferenz	$[\mathrm{K,\ °C}]$
U	innere Energie	$[\mathrm{J}]$
V	Volumen	$[\mathrm{m^3}]$
w	spezifische Formänderungsarbeit	$[\mathrm{J/m^3 = N/m^2}]$
W	Breite einer Bruchmechanikprobe oder eines Bauteils (*Width*)	$[\mathrm{m}]$
W	Formänderungsarbeit	$[\mathrm{J}]$
W_a	axiales Flächenwiderstandsmoment (W_x ist z.B. das Flächenwiderstandsmoment um die Schwerachse x)	$[\mathrm{m^3}]$
W_p	polares Flächenwiderstandsmoment	$[\mathrm{m^3}]$
x_p	Breite der plastischen Zone vor der Rissspitze	$[\mathrm{m}]$
Z	Brucheinschnürung, $Z = (S_0 - S_u)/S_0$	$[-,\ \%]$
Z_u	Zeitbrucheinschnürung (Brucheinschnürung im Zeitstandversuch), $Z_u = (S_0 - S_u)/S_0$	$[-,\ \%]$

α_ℓ	thermischer Längenausdehnungskoeffizient	$[\text{K}^{-1}]$
β	Geometriefaktor bei Rissen	$[\text{-}]$
β_k	Kerbwirkungszahl bei zyklischer Belastung	$[\text{-}]$
γ	Scherung (auch: Schiebung, Scherdehnung, Abscherung)	$[\text{-}]$
γ_k	Kerbfestigkeitsverhältnis	$[\text{-}]$
γ_{Of}	spezifische Oberflächenenergie	$[\text{J/m}^2]$
ε	Dehnung oder Stauchung (allgemeiner Ausdruck: Dehnung, unabhängig vom Vorzeichen)	$[\text{-}, \%]$
ε_1	größte relative Hauptdehnung	$[\text{-}, \%]$
ε_2	mittlere relative Hauptdehnung	$[\text{-}, \%]$
ε_3	kleinste relative Hauptdehnung	$[\text{-}, \%]$
ε_e	elastische Dehnung (einachsige Zugbelastung: $\varepsilon_e = \sigma/E$)	$[\text{-}, \%]$
ε_f	Kriechdehnung (zeitabhängig)	$[\text{-}, \%]$
ε_F	Dehnung bei Fließbeginn (einachsige Zugbelastung: $\varepsilon_F = R_e/E$)	$[\text{-}, \%]$
ε_{in}	inelastische Dehnung ($\varepsilon_{in} = \varepsilon_p + \varepsilon_f$)	$[\text{-}, \%]$
ε_m	mechanische Dehnung (in Abgrenzung zur thermischen D.)	$[\text{-}, \%]$
ε_p	plastische Dehnung (zeitunabhängig, siehe auch ε_f)	$[\text{-}, \%]$
ε_q	Querdehnung	$[\text{-}, \%]$
ε_t	Gesamtdehnung	$[\text{-}, \%]$
ε_{th}	thermische Dehnung	$[\text{-}, \%]$
ε_w	wahre Dehnung, $\varepsilon_w = \ln(L_i/L_0)$	$[\text{-}]$
$\dot{\varepsilon}$	Dehn- oder Kriechgeschwindigkeit/-rate ($\dot{\varepsilon} = d\varepsilon/dt$)	$[\text{s}^{-1}]$
$\dot{\varepsilon}_s$	stationäre (sekundäre) Kriechgeschwindigkeit/-rate	$[\text{s}^{-1}]$
η	Wirkungsgrad	$[\text{-}, \%]$
ϑ	Celsius-Temperatur, siehe T	$[°\text{C}]$
ν	Poisson'sche Zahl (Querkontraktionszahl)	$[\text{-}]$
ρ	Dichte	$[\text{kg/m}^3]$
σ	Normalspannung	$[\text{MPa}]$
σ_0	Ausgangsspannung (Nennspannung = F/S_0)	$[\text{MPa}]$
σ_1	größte relative Hauptnormalspannung	$[\text{MPa}]$
σ_2	mittlere relative Hauptnormalspannung	$[\text{MPa}]$
σ_3	kleinste relative Hauptnormalspannung	$[\text{MPa}]$
σ_a	Spannungsamplitude (-ausschlag) bei Lastspielen	$[\text{MPa}]$
σ_A	dauerschwingfest ertragbare Spannungsamplitude (Daueramplitude)	$[\text{MPa}]$
σ_{bW}	Biegewechselfestigkeit (σ_D bei Umlaufbiegung mit $\sigma_m = 0$)	$[\text{MPa}]$
σ_B	Bruchfestigkeit eines rissbehafteten Körpers (auch: Restfestigkeit)	$[\text{MPa}]$
$\sigma_{d\,0,2}$	0,2%-Stauchgrenze ($\varepsilon_p = -\,0{,}2\ \%$)	$[\text{MPa}]$
σ_{dF}	Quetschgrenze, Druckfließgrenze	$[\text{MPa}]$
σ_{dB}	Druckfestigkeit (nur bei spröderen Werkstoffen messbar)	$[\text{MPa}]$
σ_D	Dauerschwingfestigkeit	$[\text{MPa}]$
σ_m	Mittelspannung bei Lastspielen	$[\text{MPa}]$
σ_M	Mittelspannung der *Dauer*schwingfestigkeit	$[\text{MPa}]$
σ_n	Nennspannung (auch: Ausgangsspannung, $\sigma_0 = F/S_0$)	$[\text{MPa}]$
σ_{nk}	Kerbnennspannung (= F/A_k)	$[\text{MPa}]$
σ_{nkF}	Kerbnennspannung bei Fließbeginn	$[\text{MPa}]$

σ_o	Oberspannung (größter Wert der Spannung je Schwingspiel, *unabhängig vom Vorzeichen*), $\sigma_o = \max |\sigma_{(t)}|$	[MPa]
σ_O	Oberspannung der *Dauer*schwingfestigkeit (größter Zahlenwert *unabhängig vom Vorzeichen*)	[MPa]
σ_T	Trennfestigkeit	[MPa]
σ_{th}	thermisch induzierte Spannung, Wärmespannung	[MPa]
σ_u	Unterspannung (kleinster Wert der Spannung je Schwingspiel, *unabhängig vom Vorzeichen*), $\sigma_u = \min |\sigma_{(t)}|$	[MPa]
σ_U	Unterspannung der *Dauer*schwingfestigkeit (kleinster Zahlenwert *unabhängig vom Vorzeichen*)	[MPa]
σ_V	Vergleichsspannung bei mehrachsigen Spannungszuständen	[MPa]
$\sigma_V^{(G)}$	Vergleichsspannung nach der Gestaltänderungsenergiehypothese (= von Mises-Hypothese)	[MPa]
$\sigma_V^{(N)}$	Vergleichsspannung nach der Normalspannungshypothese	[MPa]
$\sigma_V^{(S)}$	Vergleichsspannung nach der Schubspannungshypothese (= Tresca-Hypothese)	[MPa]
σ_w	wahre Spannung (= F/S_i)	[MPa]
σ_W	Wechselfestigkeit (σ_D bei $\sigma_m = 0$)	[MPa]
σ_x	Normalspannung in Richtung von x (analog für andere Richtungen)	[MPa]
σ_{zul}	zulässige Spannung (Höchstwert der Spannung, mit der bei der jeweiligen Beanspruchung belastet werden darf)	[MPa]
$\Delta\sigma$	Spannungsschwingbreite	[MPa]
τ	Schubspannung (auch: Scherspannung)	[MPa]
τ_F	Fließschubspannung (Schubspannung bei Fließbeginn)	[MPa]
τ_{max}	größte (positive) Hauptschubspannung gemäß Vorzeichenvereinbarung	[MPa]
τ_{min}	kleinste (negative) Hauptschubspannung gemäß Vorzeichenvereinbarung (es ist stets $\tau_{min} = -\tau_{max}$)	[MPa]
τ_S	Schubspannung aufgrund von Scherbelastung	[MPa]
τ_t	Schubspannung aufgrund von Torsionsbelastung	[MPa]
τ_{xy}	Schubspannung *senkrecht* zur x-Achse und *in* Richtung der y-Achse (analog für andere Richtungen)	[MPa]
ω	Winkelgeschwindigkeit (Winkelfrequenz)	$[s^{-1}]$

Abkürzungen und Indizes

DMS	Dehnungsmessstreifen
EDZ	ebener Dehnungs- oder Verzerrungszustand
ESZ	ebener Spannungszustand
FTM	Flächenträgheitsmoment
FWM	Flächenwiderstandsmoment
GEH	Gestaltänderungsenergiehypothese (von Mises-Hypothese)
GUZS	Gegenuhrzeigersinn
lg	Zehnerlogarithmus
NH	Normalspannungshypothese
RSZ	räumlicher Spannungszustand
RT	Raumtemperatur (20 °C)
RZSZ	räumlicher Zugspannungszustand
SH	Schubspannungshypothese (Tresca-Hypothese)
UZS	Uhrzeigersinn

Tiefgestellte Indizes und Abkürzungen

0	Ausgangswert
a	axial oder außen
b	bei Biegung
F	Fließen, plastische Verformung
i	innen oder bei Zählung von $i = 1$ bis n
max	Maximalwert
min	Minimalwert
r	radial
t	bei Torsion oder tangential
th	thermisch
z	Zentrifugal... oder Richtungsangabe z-Achse
zul	zulässiger Wert

Hochgestellte Indizes und Abkürzungen

(G)	nach der Gestaltänderungsenergiehypothese (von Mises)
(N)	nach der Normalspannungshypothese
(S)	nach der Schubspannungshypothese (Tresca)

1 Einführung

Die Aufgabe der Festigkeitslehre ist es, Methoden zur Verfügung zu stellen, mit denen Maschinenelemente und Bauteile so ausgelegt werden können, dass sie „fest genug" sind und „halten". Aus dem Begriff „Festigkeit" geht hervor, dass die Belastung *mechanisch* erfolgt. Was „fest genug" und „halten" bedeuten, ist genauer zu definieren.

In **Tabelle 1.1** ist ein grobes Entscheidungsschema dargestellt mit den infrage kommenden Fallunterscheidungen. Die Bedeutung der verwendeten Zeichen kann unter „Zeichen und Einheiten" nachgeschlagen werden; sie werden in den folgenden Kapiteln erläutert.

Tabelle 1.1 Fallunterscheidungen für die Festigkeitsauslegung mit metallischen Werkstoffen

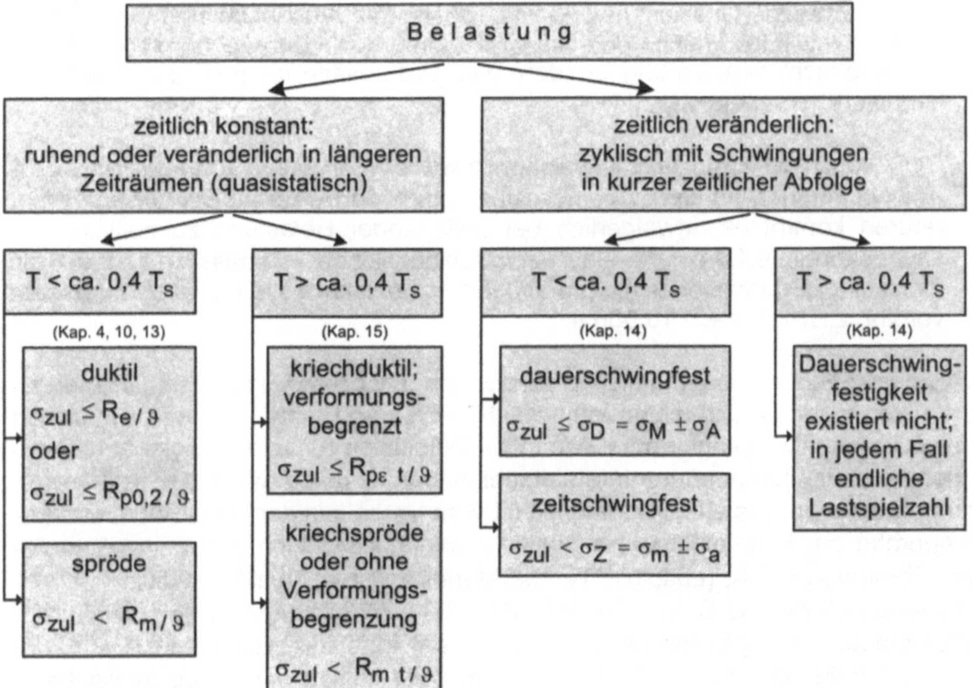

Auf alle Fälle muss unter den geforderten Betriebsbelastungen *Bruch* verhindert werden, weil ansonsten schlimme und teure Folgeschäden auftreten könnten. Es reicht jedoch für die meisten Konstruktionen nicht, einen Bruchfestigkeitswert des Materials heranzuziehen (dabei handelt es sich um Spannungswerte) und mit den Belastungsspannungen genügend unterhalb dieser Grenze zu bleiben. Vielmehr müssen zusätzlich zum Bruchausschlusskriterium weitere Einschränkungen vorgenommen werden, für die folgende Fälle zu unterscheiden sind:

a) Für Werkstoffe, die sich vor Eintreten eines möglichen Bruches nennenswert plastisch verformen können, so genannte *duktile Werkstoffe*, wird gefordert, dass sich das Bauteil makroskopisch nur *elastisch* verformen darf (daher die oft anzutreffenden Begriffe „Elastizitätslehre" oder „Elastostatik"). Bleibende (= plastische) Verformung ist für den Regelfall auszuschließen, weil ansonsten die Funktion beeinträchtigt sein könnte. Im Folgenden ist immer makroskopische, d.h. über größere Bereiche auftretende plastische Verformung mit höheren Beträgen als etwa 0,2 % gemeint, falls nicht anders vermerkt. Man stelle sich als Beispiel die Kurbelwelle eines Motors vor, bei der höhere plastische Verformung den Verschleiß anderer Teile, wie Lager, Kolben und Zylinder, erhöhen würde und dadurch die ganze Maschine ausfallen könnte.

b) Für *spröde Werkstoffe*, die sich vor dem Bruch nur wenig bleibend verformen, wie z.B. einige Gusseisenwerkstoffe, bestimmte Aluminiumlegierungen, Duroplaste sowie Keramiken und Gläser, ist eine Auslegung gegen plastische Verformung nicht zweckmäßig, sondern hier wird tatsächlich ein Bruchfestigkeitskennwert herangezogen.

c) Der Ausschluss plastischer Verformung wie unter Fall a) kann nur sinnvoll für Anwendungen bei tiefen Temperaturen gefordert werden. Bei hohen Temperaturen kommt es unweigerlich bei anliegender Belastung zu zeitlich fortschreitender Verformung – als *Kriechen* bezeichnet –, so dass man dann eine plastische Grenzverformung *nach einer bestimmten Beanspruchungsdauer* vorgibt, z.B. 1 % nach 10.000 h.

An dieser Stelle muss definiert werden, was unter tiefen und hohen Temperaturen verstanden wird (siehe auch Kap. 15). Diese Begriffe orientieren sich an physikalischen Vorgängen im Werkstoff – Diffusion und deren Folgeerscheinungen –, welche temperaturunterstützt ablaufen und die erwähnte Kriechverformung erzeugen. Ihre Geschwindigkeit ist vom Verhältnis der Prüf- oder Betriebstemperatur zur Schmelztemperatur des Werkstoffes, der so genannten *homologen Temperatur* T/T_S (absolute Temperaturen in Kelvin!), abhängig. In der Maschinenbauliteratur (z.B. im „Dubbel", Kap. E) wird manchmal eine Kristallerholungstemperatur angeführt, ohne jedoch zu erwähnen, wo diese liegt. Die Erholung im Werkstoff – eine Folgeerscheinung der Diffusion – ist zwar maßgebend für das Kriechen, doch gibt es hierfür keine scharfe Temperaturgrenze, wie es z.B. die Schmelztemperatur T_S ist. Die Rekristallisation, wie manchmal fälschlicherweise zu lesen, hat nichts mit der Kriechverformung zu tun. Als technisch brauchbare Regel gilt, dass bei $T/T_S \gtrsim 0,4$, d.h. ab etwa 40 % der *absoluten* Schmelztemperatur, das Kriechen zu berücksichtigen ist. Darunter findet es zwar grundsätzlich auch statt, es läuft jedoch mit vernachlässigbarer Geschwindigkeit ab. Folglich spricht man bei homologen Temperaturen $\lesssim 0,4$ von tiefen Temperaturen und darüber von hohen Temperaturen im metallphysikalischen Sinn. Beispiele: Für Stähle liegt dieser allmähliche Übergang, umgerechnet in die vertrauten Celsius-Grade, bei rund 450 °C und für Aluminiumlegierungen bei etwa 100 °C. Nähere Ausführungen zu den metallkundlichen Hintergründen der Hochtemperaturverformung finden sich in Band 2.

Weiterhin muss für die Festigkeitsauslegung eine Vorgabe bestehen, *wie lange* das Bauteil „halten" soll, es muss also eine *Lebensdauer* oder *Lastspielzahl* (Zyklenzahl) vorgegeben werden. Hier sind wiederum mehrere Fälle zu unterscheiden:

I. Bei statischer, d.h. zeitlich unveränderlicher, oder vorwiegend statischer Belastung im Bereich tiefer Temperaturen, erfolgt eine Festigkeitsauslegung praktisch für „unendlich" lange Zeiten. In diesen Berechnungen taucht eine Zeitangabe nicht auf. Beispiel: In der Festigkeitsauslegung eines Brückenbauwerkes, in der Gebäudestatik oder auch bei Fahrzeugkarosserien gibt es keine (mechanische) Zeitbegrenzung. Außerdem spielt nur die maximal vorkommende Belastung eine Rolle; geringere Belastungen gehen in die Bauteilbemessung nicht ein.

II. Für Bauteile, die bei hohen Temperaturen, d.h. oberhalb von etwa 40 % der absoluten Schmelztemperatur des Werkstoffes, betrieben werden, muss grundsätzlich die geforderte Lebensdauer in der Festigkeitsauslegung berücksichtigt werden. „Lebensdauer" heißt hier: Gebrauchsdauer des Teils bis es unbrauchbar wird, weil sich eine zu hohe plastische Verformung – die Kriechverformung – akkumuliert hat und weitere Verformung die Funktion beeinträchtigen würde oder weil der Bruch zeitlich zu nahe gerückt ist. Falls sich die Belastungsparameter ändern, so gehen grundsätzlich *alle* Belastungshöhen mit ihren jeweiligen Zeitanteilen und Temperaturen in die Lebensdauerberechnung ein und nicht nur die Maximalwerte wie in den Fällen unter I.

III. Bei Bauteilen, die ständig zeitlich veränderlichen (zyklischen) Belastungen ausgesetzt sind, ist anzugeben, welche Zyklenzahl sie mindestens ertragen müssen, ohne dass es zu kritischen Anrissen oder zum Bruch kommt. Oft wird verlangt, dass sie „unendlich" hohe Lastspielzahlen auszuhalten haben. Man sagt, sie müssen *dauerschwingfest* sein, weil im Betrieb eine unbegrenzte oder nicht begrenzbare Zyklenzahl auftritt, Beispiele: Eisenbahnachsen oder Fahrwerkteile eines Autos. Bei endlicher Lastspielzahl, d.h. wenn nach einer bestimmten Zyklenzahl Bruch auftreten würde, spricht man von *Zeitschwingfestigkeit*. Unter zyklischen Bedingungen sind bei der Betriebsfestigkeitsberechnung wiederum *alle* auftretenden Belastungshöhen zu berücksichtigen, nicht nur die Höchstwerte.

Man bezeichnet es als (Werkstoff-)*Ermüdung*, wenn sich unter *zyklischer* Belastung Risse bilden und wachsen. Kommt es zum Bruch, nennt man diesen einen *Ermüdungsbruch* (dafür findet man in der Literatur leider oft den sehr ungeschickt gewählten Begriff „Dauerbruch", obwohl bei der Dauerschwingfestigkeit gerade *kein* Bruch auftritt).

Diese vereinfachte Systematik berücksichtigt noch keine Betriebsfestigkeitsregeln für unterschiedliche Belastungshöhen im Laufe der Lebensdauer, wie sie unter den oben genannten Fällen II und III anzuwenden sind. Außerdem sind zyklische Belastungen bei hohen Temperaturen komplex, und ein einfacher Kennwert, den die zulässige Spannung nicht überschreiten darf, kann nicht angegeben werden. Deshalb ist in Tabelle 1.1 im unteren rechten Kästchen lediglich vermerkt, dass es bei hohen Temperaturen keine Dauerschwingfestigkeit gibt.

Der zulässige Spannungswert für den jeweiligen Belastungsfall darf maximal so groß sein wie der angegebene Festigkeitskennwert. Um wie viel er kleiner zu sein hat, wird durch Sicherheitsbeiwerte bestimmt, deren Höhe wiederum von vielen Faktoren abhängt und in Regelwerken vorgeschrieben wird.

Die Nutzungsdauer von Bauteilen wird oft durch Korrosion und Verschleiß begrenzt, die jedoch beide in der Regel nicht in die Festigkeitsberechnung eingehen; Beispiele: „Rosten" der Karosserie eines Autos und Verschleiß von Teilen im Motor. Hier muss durch geeignete Werkstoffwahl und eventuell Beschichtung dafür gesorgt werden, dass eine akzeptable Gebrauchsdauer zustande kommt.

Studenten, die noch keine Erfahrungen bei Schadenuntersuchungen sammeln konnten, mögen sich fragen, wieso es trotz der Festigkeitsberechnungen immer wieder zu Schäden kommt. Hierfür kann es im Wesentlichen folgende Ursachen geben:

- Bei der Festigkeitsauslegung wurde die kritische, d.h. höchst belastete Stelle nicht einwandfrei identifiziert oder für diese Stelle wurde die Belastung nicht genau genug gerechnet.
- Die Betriebsbelastungen stimmten nicht mit den Annahmen in der Festigkeitsauslegung überein; es traten Überbelastungen oder Übertemperaturen auf.
- Das schadhafte Teil wurde in einem Bereich schlagartig belastet, in welchem es spröde bricht. Dies ist bei manchen Werkstoffen bei sehr tiefen Temperaturen der Fall (das Attribut „sehr" gibt an, dass dies deutlich unterhalb von $0{,}4\ T_S$ zutrifft).
- Die benutzten Werkstoffkennwerte waren nicht genau genug oder es wurden für den Belastungsfall nicht zutreffende Kennwerte benutzt. Möglicherweise wurde das Bauteil nicht korrekt gegen Schwingungen oder gegen Kriechen bei hohen Temperaturen ausgelegt.
- Das Bauteil enthielt zusätzliche Spannungen aufgrund der Herstellung, so genannte Eigenspannungen, die in ihrer Höhe und/oder Lage nicht bekannt waren und in der Festigkeitsauslegung unberücksichtigt blieben.
- Der verwendete Werkstoffzustand entsprach nicht der Vorschrift oder im Bauteil lagen herstellbedingte Fehler vor, die nicht erkannt wurden. Dadurch stimmten entweder die benutzten Kennwerte nicht – das Material war zu weich – oder es hätte eine Festigkeitsauslegung unter Einbeziehung des Fehlers, falls es sich um einen Riss gehandelt hat, stattfinden müssen (zusätzliche bruchmechanische Auslegung).

- Der Werkstoffzustand hat sich im Laufe des Betriebes verändert. Beispielsweise kann bei erhöhten Temperaturen eine Umverteilung schädlicher Spurenelemente und Anreicherung an Korngrenzen stattfinden, was zur Versprödung führt (Anlassversprödung).
- Es traten weitere Bauteilbeanspruchungen auf, die in der Festigkeitsauslegung und der Werkstoffkonzeption nicht oder nicht ausreichend berücksichtigt wurden: Korrosion, Verschleiß, Erosion oder Kavitation (Flüssigkeitsschläge durch Implodieren von Dampfblasen, z.B. an Gleitlagern, Schiffsschrauben oder Niederdruck-Dampfturbinenschaufeln).
- Im Betrieb aufgetretene Anrisse wurden nicht erkannt, weil entweder gar nicht auf solche Fehler geprüft wurde oder weil die Prüfmethode ungeeignet war.
- Verschleißgrenzen wurden vielleicht zu optimistisch angesetzt, so dass die Bauteilbelastung einen kritischen Wert überschreiten konnte, Beispiel: Radreifenbruch beim ICE-Unglück von Eschede 1998.

An dieser Aufzählung mag man erkennen, wie wichtig es im Maschinen- und Anlagenbau ist, die Gesetzmäßigkeiten der Festigkeitslehre zu kennen und korrekt anzuwenden, aber auch die Vorgänge im Werkstoff zu verstehen.

Aufgaben zu Kapitel 1

1.1 Definieren Sie, was man in der Festigkeitslehre unter dem umgangssprachlichen Begriff „halten" versteht.

1.2 Jemand behauptet: „Mein Auto hält unendlich lange!" Diskutieren Sie diese Aussage im Hinblick auf verschiedene Komponenten des Fahrzeugs, wie Karosserie, Motor (hier wiederum Bauteile wie Kolben, Ein- und Auslassventil, Kurbelwelle), Antriebswellen, Schalldämpfer... Wodurch wird die Lebensdauer begrenzt?

1.3 An einem Fahrradrahmen aus einer Aluminiumlegierung kommt es an einer Schweißnaht zum Bruch. Welche Ursachen kommen für dieses Versagen infrage?

1.4 Berechnen Sie für Aluminium, Eisen, Blei und Wolfram diejenigen Celsius-Temperaturen, die in etwa den Übergang von metallphysikalisch tiefen zu hohen Temperaturen markieren.

1.5 Die aus Wolfram bestehende Wendel einer Glühlampe erreicht bis zu etwa 3000 °C. Welcher homologen Temperatur entspricht dies? Wodurch ist der Glühdraht belastet und wie kann er versagen?

2 Spannungsbegriff und Spannungsarten

Der bisher verwendete Begriff „Belastung" muss näher erläutern werden. Darunter wird die Summe aller von außen an einem Bauteil oder Maschinenelement angreifenden Kräfte und Momente verstanden, deren Bestimmung Gegenstand der Statik ist. Als Widerstand zu den äußeren Kräften und Momenten bauen sich in dem belasteten Teil *innere Kräfte und Momente* auf, die mit den äußeren im Gleichgewicht stehen.

Während in der Statik Kräfte und Momente berechnet werden, sind in der Festigkeitslehre (mechanische) Spannungen ausschlaggebend. Die Spannung ist definiert als Kraft (Zeichen: F – *force*) bezogen auf die Fläche (Zeichen: A – *area*), in der die Kraft wirkt:

$$\text{Spannung} = \frac{F}{A} \tag{2.1}$$

SI-gerechte Maßeinheit: Pa. Da 1 Pa als mechanische Spannung extrem gering ist, benutzt man den 10^6-fachen Wert: 1 MPa = 1 MN/m^2. Die oft anzutreffende, streng genommen aber nicht SI-gerechte Maßeinheit N/mm^2 ist hiermit gleich:

$$N/mm^2 = MPa = MN/m^2.$$

Der Wert von 1 MPa ist für metallische und keramische Werkstoffe nicht sehr hoch, so dass man Spannungsangaben auf ganze Zahlenwerte rundet oder höchstens eine Dezimalstelle angibt.

Durch die Normierung der Kraft auf die Fläche können die Belastungen mit Festigkeitskennwerten von Werkstoffen verglichen werden, welche als Spannungen angegeben werden, siehe Tabelle 1.1. Unter welcher Voraussetzung man die Spannung über den *gesamten* Querschnitt eines Körpers nach Gl. (2.1) berechnen darf, wird weiter unten erläutert.

Grundsätzlich werden zwei *Arten* von Spannungen unterschieden (nicht zu verwechseln mit Belastungsarten, siehe Kap. 3), **Bild 2.1**:

$$
\begin{array}{ll}
\text{Normalspannungen} & \sigma \\
\text{Schubspannungen} & \tau
\end{array}
$$

Normalspannungen werden durch *senkrecht* (<u>n</u>ormal) zu der belasteten Fläche wirkende Kräfte hervorgerufen:

$$\sigma = \frac{F_n}{A} \tag{2.2}$$

Vorzeichenvereinbarung: Zugspannungen +, Druckspannungen –

Schubspannungen, auch Scherspannungen oder Tangentialspannungen genannt, wirken *parallel* oder *tangential* zu der belasteten Fläche und werden durch
Querkräfte (= Scherkräfte = Tangentialkräfte) ausgelöst:

$$\tau = \frac{F_q}{A}$$

(2.3)

Die Vorzeichenvereinbarung für Schubspannungen wird in Kap. 5 vorgestellt.

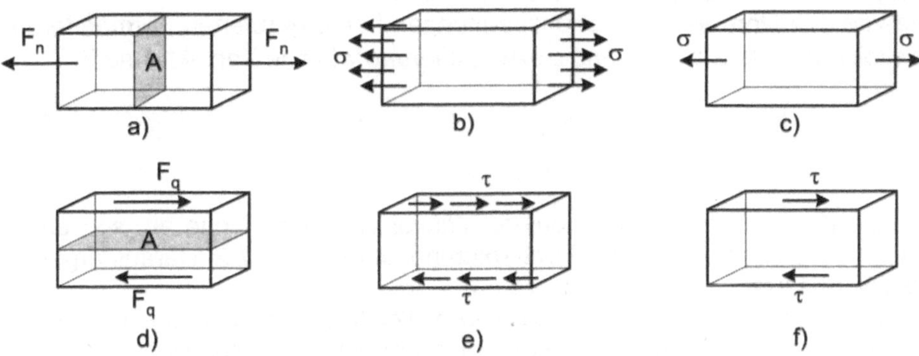

Bild 2.1 Spannungsarten
a) Zug-Normalkraft F_n und Fläche A, auf die bezogen wird
b) Zug-Normalspannung σ gleichmäßig über dem Querschnitt verteilt
c) Vereinfachte Darstellung der Normalspannung σ mit nur einem Pfeil, wenn die Span-
    nung homogen über den ganzen Querschnitt verteilt ist
d) Scherkraft F_q und Fläche A, auf die bezogen wird
e) Scher- oder Schubspannung τ gleichmäßig entlang der Fläche verteilt
f) Vereinfachte Darstellung der Schubspannung τ mit nur einem Pfeil

Begriffe wie Zug-, Druck, Biege- oder Torsionsspannung sind in jedem Fall einer
dieser beiden Spannungsarten zuordenbar und kennzeichnen lediglich den
jeweiligen *Belastungsfall*.
　　Streng zu unterscheiden sind die Bedeutungen von:

- Spannungs*höhe,*
- Spannungs*verteilung* und
- Spannungs*zustand.*

Die Spannungs*höhe* gibt den Zahlenwert der Spannung – Normal- oder Schubspannung – an einer bestimmten Stellen an. Unter der Spannungs*verteilung*
versteht man die Gleichmäßigkeit der Spannungshöhe über einen Querschnitt
oder in einem Bauteil. Von homogener Spannungsverteilung ist die Rede, wenn
der Wert an jeder Stelle gleich hoch ist; ansonsten ist sie inhomogen. Der Spannungs*zustand* kennzeichnet die Anzahl der zueinander senkrecht stehenden
Spannungen bei einer Belastung. Besonders die Begriffe „Spannungsverteilung"

und „Spannungszustand" werden manchmal inkonsequent vermischt. Die Definition des Spannungszustandes wird in Kap. 11 vorgenommen.

Bei *gleichmäßiger* (homogener) Spannungsverteilung über den gesamten Querschnitt, wie sie bei den Grundbelastungsarten Zug, Druck und Scherung auftritt, wird die Spannung nach Gl. (2.2) oder (2.3) berechnet. Liegt jedoch eine *inhomogene* Spannungsverteilung vor, wie dies bei Torsion und Biegung der Fall ist, dürfen die genannten Gleichungen nur für eine infinitesimal kleine Fläche benutzt werden. Die Berechnung der auftretenden Spannungen muss dann gesondert hergeleitet werden und ergibt sich nicht einfach aus der Definition nach Gl. (2.2) oder (2.3) bezogen auf die Gesamtfläche.

Die von den Normal- und Schubspannungen hervorgerufenen Formänderungen bezeichnet man als *Dehnung* ε bzw. *Scherung* γ (siehe Kap. 4.1 und 5):

Normalspannung σ	$\Rightarrow$	Dehnung ε
Schubspannung τ	$\Rightarrow$	Scherung γ

Greift eine Kraft unter einem beliebigen Winkel an einer Fläche an, so zerlegt man sie in eine Normal- und zwei Scherkomponenten, **Bild 2.2**. Daraus ergeben sich die Normal- und Schubspannungen.

Zu betonen ist, dass es *kein Spannungsgleichgewicht* gibt (wie manchmal laxerweise formuliert); es gibt *nur Kräfte- und Momentengleichgewichte*.

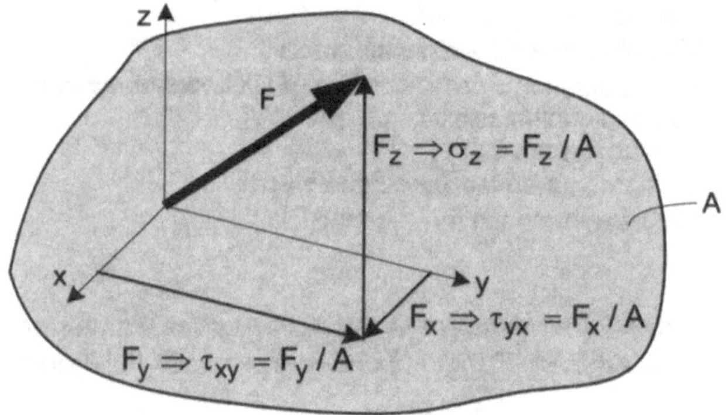

Bild 2.2 Zerlegen einer Kraft unter einem beliebigen Winkel zur Fläche A in eine Normal- und zwei Scherkomponenten
Die Fläche A liegt in der (x; y)-Ebene, die z-Achse senkrecht dazu.

Das kartesische Koordinatensystem wird wie üblich nach der Dreifingerregel der rechten Hand benannt, **Bild 2.3**.

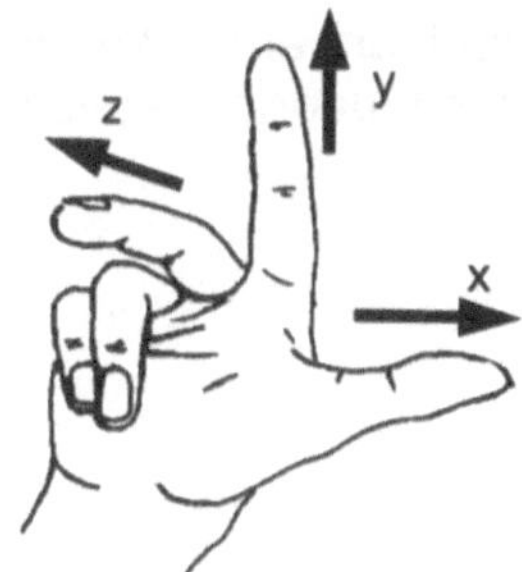

Bild 2.3
Dreifingerregel für das dreiachsige Koordinatensystem

Daumen, Zeigefinder und Mittelfinger der rechten Hand werden gespreizt und zeigen in dieser Reihenfolge in die positiven Richtungen der Achsen x, y und z.

Um die Richtung der Spannung relativ zu einem gewählten Achsenkreuz eindeutig anzugeben, werden Richtungsindizes eingeführt. Bei der Normalspannung reicht *ein* Index, der die Achse angibt, die zu dieser Spannung parallel liegt. Bei Schubspannungen scheint dies auf den ersten Blick bei Bild 2.1 auch auszureichen. Wie in Kap. 5 gezeigt wird, werden jedoch zwei Indizes benötigt: Der erste gibt an, auf welcher Achse die Schubspannung senkrecht steht, der zweite die Richtung, in der die Schubspannung wirkt.

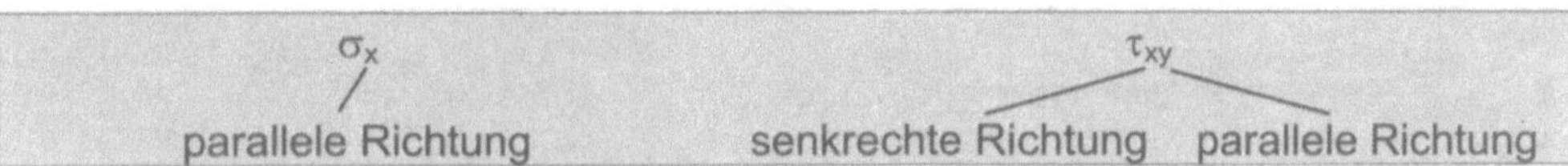

In **Bild 2.4** ist ein Würfelelement, das man als *Spannungselement* bezeichnet, dargestellt mit allen möglichen Varianten von Normal- und Schubspannungen in allen Richtungen eines Koordinatensystems (x; y; z). Man nennt dies einen dreidimensionalen Spannungszustand, der in Kap. 11 noch näher behandelt wird. Ein Spannungselement ist ein Würfel, den man sich aus dem belasteten Körper herausgeschnitten denkt und an dem alle wirkenden Spannungen eingetragen werden. An dem Spannungselement herrscht stets *Kräfte*gleichgewicht und die gegenüberliegenden Seitenflächen werden gleich groß gezeichnet (Würfel!), damit man statt der Kräfte die Spannungen darstellen kann. Der Würfel ist immer dann infinitesimal klein anzusetzen, wenn die Spannungsverteilung inhomogen ist.

An dieser Stelle soll das Spannungselement zunächst nur dazu dienen, die Indizierung der Spannungen vorzustellen. Die Pfeile von σ und τ sind in beliebige Richtungen eingezeichnet, die Normalspannungen willkürlich nur als Zugspannungen. Die Richtungen der Schubspannungen in jeweils einer Ebene ergeben sich bei Festlegung *einer* Pfeilrichtung zueinander zwangsläufig (siehe Kap. 5). Da besonders die Schubspannungsindizierung gewöhnungsbedürftig ist, sind in dem Würfel zusätzlich die drei zueinander senkrecht stehenden Ebenen angedeutet, um die beiden Indizes schneller zu erkennen. Die Reihenfolge der Indizes folgt der oben genannten Regel.

An dem Spannungselement in Bild 2.4 zählt man insgesamt drei Normalspannungen und sechs Schubspannungen. Dies ist die maximal mögliche Anzahl von senkrecht zueinander stehenden Spannungskomponenten, die es geben kann. Oft treten Belastungsfälle auf, bei denen Spannungen in bestimmten

Richtungen zu null werden. Falls nur Spannungen in zwei zueinander senkrechten Richtungen wirken, kann das Spannungselement auch als Quadrat gezeichnet werden.

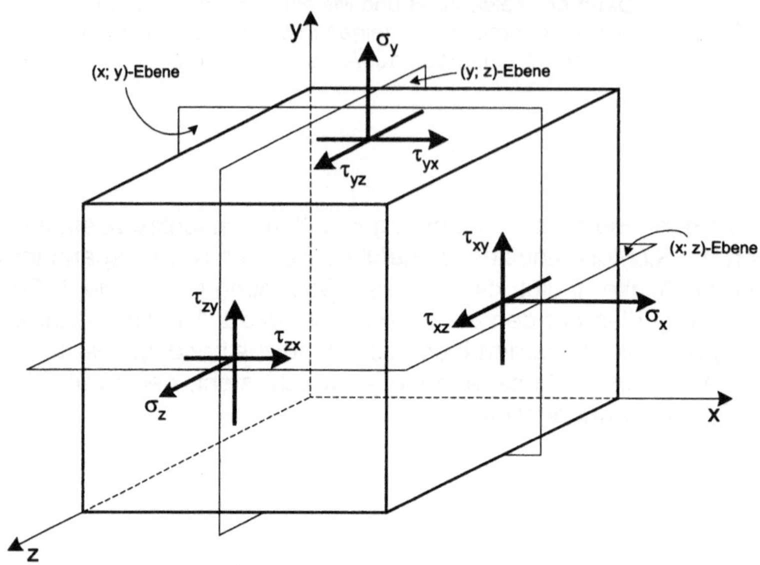

Bild 2.4 Dreidimensionales Spannungselement
Nur die Spannungen an den sichtbaren Flächen sind eingezeichnet. An den jeweils gegenüberliegenden Flächen wirken Spannungen mit denselben Bezeichnungen in entgegengesetzte Richtung. Zusätzlich sind die drei Ebenen (x; y), (x; z) und (y; z) angedeutet, um zu erkennen, in welcher Ebene die jeweilige Schubspannung liegt und wie sie zu indizieren ist.

Aufgaben zu Kapitel 2

2.1   Bei der Frage nach den Spannungs*arten* zählt jemand auf: „Zugspannungen, Druckspannungen, Biegespannungen, Torsionsspannungen..." Diskutieren Sie diese Antwort. Was wurde aufgezählt?

2.2   Warum benutzt man in der Festigkeitslehre anstelle von Kräften die Angabe von Spannungen?

2.3   Was versteht man unter einer homogenen Spannungsverteilung, was unter einer inhomogenen?

2.4   Unter welchen Voraussetzungen darf man die Spannung nach der Formel F/A berechnen, wobei A die *Gesamt*fläche des Körpers in der betreffenden Ebene darstellt?

2.5   Was versteht man unter einem Spannungselement? Wozu dient es und welches Gleichgewicht stellt man daran auf?

2.6   Erläutern Sie, warum es kein Spannungsgleichgewicht gibt, sondern immer nur ein Kräftegleichgewicht.

3 Belastungsarten

Sämtliche äußere mechanische Belastungen an Bauteilen sind auf vier Grundarten zurückzuführen:

- Zug und Druck
- Scherung
- Torsion (= Verdrehung, Verdrillung, Verwindung)
- Biegung.

Bild 3.1 zeigt diese Belastungen mit schematisierten Anordnungen von Bauteil und angreifenden Kräften oder Momenten. Sonderfälle der Druckbelastung stellen das Beulen und Knicken dar sowie die Flächenpressung beim Zusammendrücken zweier sich berührender Flächen.

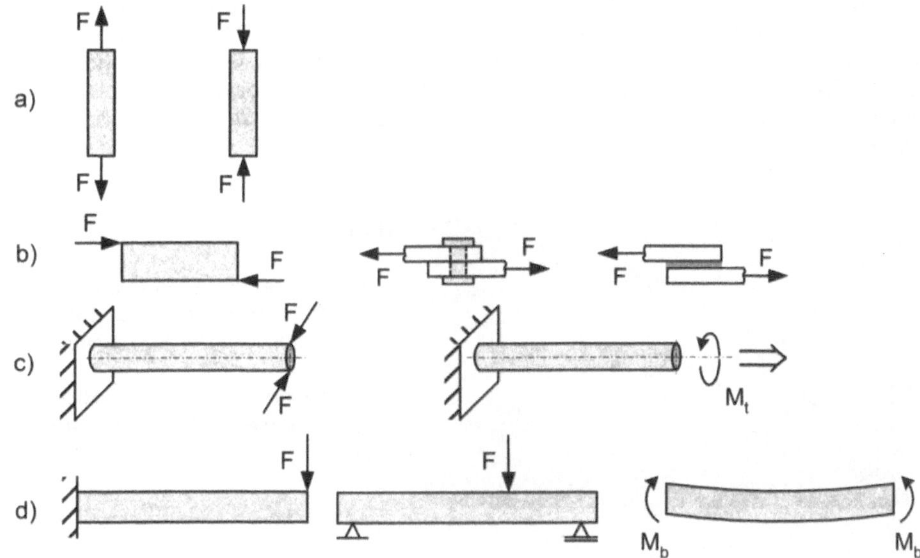

Bild 3.1 Prinzipskizzen für die vier Grundbelastungsarten
a) Zug und Druck
b) Scherung (das rechte Teilbild soll eine Klebverbindung darstellen)
c) Torsion (beim Torsionsmoment sind die beiden Symbole, der perspektivisch gekrümmte Pfeil und der Doppelpfeil nach der Rechte-Hand-Regel, dargestellt)
d) Biegung

In den folgenden Kapiteln werden die Grundbelastungsarten behandelt und dabei stets zunächst Gleichungen für die auftretenden Spannungen hergeleitet und anschließend die für die Verformungen. Oft sind Bauteile kombinierten Belastungen, bestehend aus zwei oder mehr der erwähnten Grundbelastungsarten, ausgesetzt. Wie man in der Festigkeitsauslegung mit diesen Fällen umgeht, wird in Kap. 13 behandelt.

Aufgaben zu Kapitel 3

3.1 Geben Sie die Belastungsarten, eventuell auch die Belastungskombinationen, bei folgenden Bauteilen oder Vorrichtungen an: Hochspannungsfreileitung, L-förmige Verkehrstafel an der Autobahn (einschließlich Windbelastung!), Fahrradgabel, Tretkurbel eines Fahrrads, Kette (Stifte und Kettenglieder), Schaukelgerüst, Antriebswelle eines Hubschrauberrotors, Rotorblatt einer Windkraftanlage, durchgehende Achse eines Eisenbahnwaggons, Kunstturner am Hochreck (Ständersäulen und Reckstange), zylindrischer und kugelförmiger Druckbehälter in der chemischen Industrie, Zelle eines U-Bootes.

3.2 Nennen Sie Beispiele für die vier Grundbelastungsarten. Überlegen dabei, ob es sich um die jeweils reine, d.h. ausschließliche Belastungsart handelt, oder ob sich nicht eine, vielleicht nicht unmittelbar erkennbare, andere Belastung überlagert.

3.3 Geben Sie die Belastungen für alle wesentlichen Brückenkomponenten der Schrägseilbrücke in **Bild 3.2** an: Pfeiler aus Spannbeton, Pylone (Stahlträger auf den Pfeilern oberhalb der Fahrbahn), Schrägseile, Fahrbahn (hier ein Hohlkastenprofil aus Stahl). Die Brücke befindet sich an einer windexponierten Stelle; berücksichtigen Sie auch die Belastung durch den Wind (ausgelegt für Windgeschwindigkeiten bis 180 km/h).

Bild 3.2

Schrägseilbrücke *Viaduc de Millau* in Südfrankreich – die höchste Autobahnbrücke der Welt (343 m)

Die seitlichen Gerüste sind Hilfsstützen für die Montage der Fahrbahn.

4 Zugbelastung und Druckbelastung

4.1 Kennwerte und Stoffgesetz aus dem Zug- und Druckversuch

Die wesentlichen mechanischen Kenndaten von Werkstoffen werden im einaxialen Zugversuch gewonnen. Dieser Versuch ist nach EN 10.002 genormt; er ist einfach und leicht reproduzierbar durchführbar, und es herrscht ein homogener, einachsiger Spannungszustand, bei dem nur äußere Normalspannungen in einer Richtung wirken.

Bild 4.1 stellt verschiedene Formen von Spannung/Dehnung-Diagrammen aus Zugversuchen für unterschiedliche Werkstoffe und Werkstoffgruppen gegenüber.

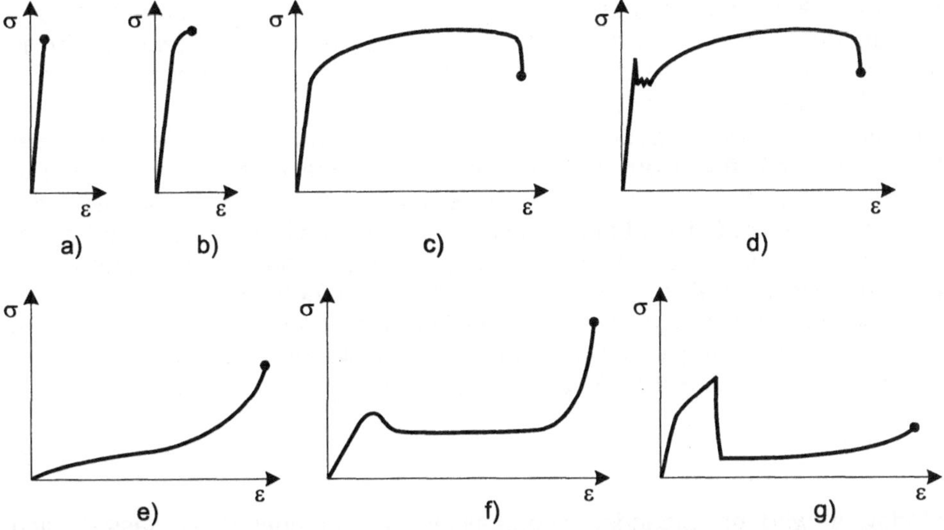

Bild 4.1 Verschiedene Formen der Spannung/Dehnung-Diagramme (● bedeutet Bruch)

a) Ideal-sprödes Verhalten; annähernd bei Glas, Beton (Zug), Keramik

b) Sprödes Verhalten mit geringer plastischer Verformung; z.B.: Gusseisen, Polymere bei tiefen Temperaturen

c) Duktiles Verhalten mit stetigem Übergang vom elastischen in den elastisch-plastischen Bereich; tritt bei den meisten Metallen und Legierungen auf

d) Duktiles Verhalten mit ausgeprägter Streckgrenze; z.B.: C-Stähle

e) Sehr duktiles Verhalten von Elastomeren/Gummi (ε-Achse gestaucht)

f) Sehr duktiles Verhalten von Thermoplasten bei höheren Temperaturen (ε-Achse gestaucht)

g) Verhalten bei Faserverbundwerkstoffen (bei der höchsten Spannung brechen die Fasern).

Im Zugversuch wird bei konstanter Abzuggeschwindigkeit die Kraft in Abhängigkeit von der Probenverlängerung gemessen. Um diese Werte auf beliebige Abmessungen von Querschnitt und Länge beziehen zu können, werden die Spannung und die Dehnung wie folgt definiert:

$$\sigma = \frac{F}{S_0} \qquad (4.1)$$

$$\varepsilon = \frac{L - L_0}{L_0} = \frac{\Delta L}{L_0} \qquad (4.2)$$

Bei diesen so genannten technischen Spannungs- und Dehnungswerten ist die Bezugsgröße der *Anfangs*querschnitt S_0 bzw. die *Ausgangs*länge L_0 [Anm.: Querschnittsflächen bezeichnet man gemäß der deutschen Normen mit S (*section*), beliebige Flächen mit A (*area*)]. Nennt man Zahlenwerte für die Dehnung, so ist die Angabe in % gebräuchlich; wird mit der Dehnung gerechnet, so ist selbstverständlich der dimensionslose Wert einzusetzen. Vereinbarungsgemäß werden (Zug-)Dehnungen positiv gezählt und Stauchungen negativ. Oft spricht man in beiden Fällen der Einfachheit halber allgemein von Dehnungen, besonders wenn bei Berechnungen das Vorzeichen noch nicht klar ist.

Elastische Dehnung ε_e bedeutet, dass diese Verformung nach Wegnahme der äußeren Last vollständig auf Null zurückgeht — diese Formänderung ist also *reversibel* (umkehrbar). Wie in Kap. 1 ausgeführt, werden Bauteile, die bei tiefen Temperaturen (< ca. 0,4 T_S) betrieben werden, rein elastisch belastet (auf eventuelle lokale Plastifizierung braucht hier nicht näher eingegangen zu werden).

Im rein elastischen Bereich weisen die kristallin aufgebauten Werkstoffe, d.h. die Metalle und Legierungen sowie Keramiken, einen *linearen Zusammenhang* zwischen der Spannung und Dehnung auf, was als *Hooke'sches Gesetz* bezeichnet wird, **Bild 4.2** (*Robert Hooke, 1635-1703, engl. Naturwissenschaftler*):

$$\sigma = E\,\varepsilon_e \qquad (4.3)$$

Der Index „e" wird im Folgenden weggelassen, wenn eindeutig ist, dass es sich um die elastische Dehnung handelt. Den Proportionalitätsfaktor im Hooke'schen Gesetz nennt man den *Elastizitätsmodul* E, kurz: *E-Modul* (Anm.: Diese Materialkonstante heißt *der* Modul, Plural: die Moduln. Im Gegensatz dazu ist ein Bauelement *das* Modul, Plural: die Module). Es handelt sich bei Gl. (4.3) um ein *elastisches Stoffgesetz*. Stoffgesetze geben allgemein den Zusammenhang zwischen Spannung und Verformung, gegebenenfalls auch Zeit, wieder.

Der E-Modul ist ein Maß für die Bindungskräfte zwischen den Atomen und Molekülen; diese wiederum drücken sich in der Höhe des Schmelzpunktes aus. Werkstoffe mit einem hohen Schmelzpunkt weisen folglich einen hohen E-Modul auf und umgekehrt. Die E-Moduln einiger Werkstoffe sind in **Tabelle 4.1** wiedergegeben, anhand derer man den Zusammenhang mit der Schmelztemperatur in etwa nachvollziehen kann (es gibt noch weitere Einflüsse). Zu beachten ist, dass es sich um Raumtemperaturwerte handelt; mit steigender Temperatur nehmen die E-Moduln leicht ab. Im Übrigen sind ungefähre Werte für die Werkstoffgruppen genannt; für bestimmte Zusammensetzungen müssen die genauen Daten der Literatur entnommen oder eventuell gemessen werden.

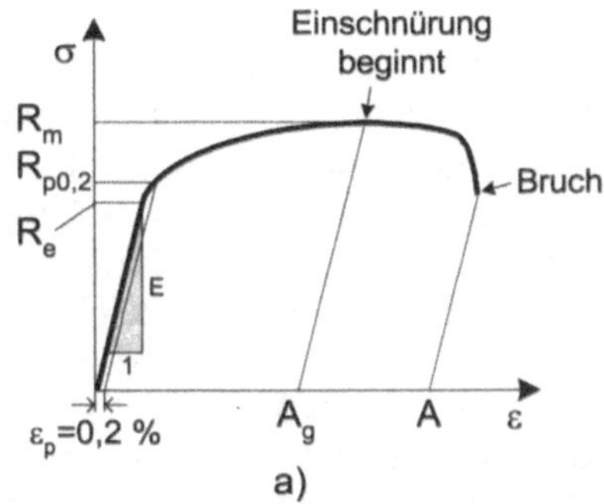

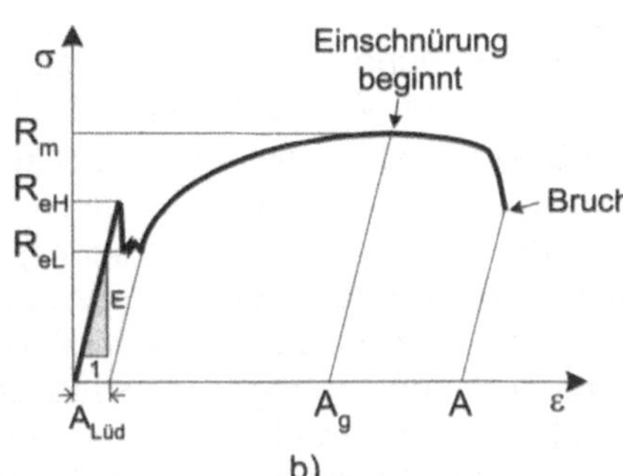

Bild 4.2 Technische Spannung/Dehnung-Diagramme für Metalle und Legierungen mit den wesentlichen Kennwerten für Spannungen und Dehnungen (Anm.: Die Steigung der Hooke'schen Geraden ist übertrieben flach gezeichnet relativ zur Gesamtdehnung)

a) Kurvenverlauf mit stetigem Übergang vom elastischen in den elastisch-plastischen Verformungsbereich
b) Kurvenverlauf mit ausgeprägter Streckgrenze (besonderer Fall z.B. bei C-Stählen)

Tabelle 4.1 E-Moduln einiger Werkstoffgruppen (ungefähre Werte bei RT)

Werkstoff	E, GPa	Werkstoff	E, GPa
Diamant	1000	Beton	45
Al_2O_3 (Keramik)	390	Magnesiumlegierungen	42
Nickellegierungen	210	GFK	7-45
Eisenlegierungen (Stähle)	205	Holz, längs	bis ca. 16
Kupferlegierungen	130	Plexiglas	3,4
Titanlegierungen	120	Epoxidharz	bis ca. 4
Messing	115	Holz, quer	bis ca. 1
Quartzglas	94	Polyethylen	0,5 – 1,5
Aluminiumlegierungen	70	Gummi	0,001 – 0,1

GFK: glasfaserverstärkte Kunststoffe

Elastomere (Gummi) verhalten sich in weiten Dehnbereichen zwar elastisch, Bild 4.2 e), jedoch *nicht* nach einem linearen Stoffgesetz (die Angaben in Tabelle 4.1 für Gummi sind linearisierte Werte in bestimmten Dehnabschnitten, mit denen gerechnet wird). Bei allen nachfolgenden Berechnungen wird stets von der Gültigkeit des Hooke'schen Gesetzes ausgegangen.

Der E-Modul hat zwar die Maßeinheit einer Spannung, ist aber kein Kennwert für eine zulässige Spannung; er ist ein Maß für den Widerstand des Werkstoffes gegen elastische Verformung. Man spricht daher von einer elastischen Material-kenngröße (weitere folgen in den nächsten Kapiteln).

Der für Festigkeitsberechnungen wichtigste Kennwert ist diejenige Spannung, unterhalb derer ausschließlich elastische Dehnung auftritt. Für diesen Wert sind mehrere Bezeichnungen gebräuchlich: *Streckgrenze, Elastizitätsgrenze, Proportionalitätsgrenze* oder *Fließgrenze* R_e, Bild 4.2. Als Fließen bezeichnet man plastische Verformung. Gemäß EN 10.002 wird im Folgenden nur von Streckgrenze gesprochen.

Die Bestimmung der Streckgrenze ist sowohl aus werkstofftechnischer Sicht (bezüglich der im Werkstoff *tatsächlich* ablaufenden Verformungsvorgänge) als auch prüftechnisch schwierig. Weist das $(\sigma; \varepsilon)$-Diagramm einen stetigen Übergang vom elastischen in den elastisch-plastischen Bereich auf, wie in Bild 4.2 a), so kann die Streckgrenze nicht sehr genau ermittelt werden, weil das Ende der Hooke'schen Geraden nicht exakt auszumachen ist (in Bild 4.2 a ist es zeichnerisch exakter dargestellt, als es in Wirklichkeit auftritt). In diesem Fall legt man einen bestimmten, geringen plastischen Dehnbetrag fest – bei Metallen in der Regel 0,2 % – und arbeitet statt mit der Streckgrenze mit einer *Dehngrenze* R_{px}, meist $R_{p\,0,2}$, für die deshalb auch der Begriff „Ersatzstreckgrenze" gebräuchlich ist. Dieser Wert ist als Schnittpunkt der Parallelen zur Hooke'schen Gerade im Abstand von 0,2% plastischer Dehnung mit der $(\sigma; \varepsilon)$-Kurve eindeutig bestimmbar. Da man bei der Bauteilauslegung ohnehin einen Sicherheitsabstand zu diesem Wert vorsieht, ist er als Festigkeitskennwert geeignet.

Weist der verwendete Werkstoff eine ausgeprägte Streckgrenze auf, Bild 4.2 b), wie bei Kohlenstoffstählen meist üblich, dient als Konstruktionskennwert die *untere* Streckgrenze R_{eL}, welche eindeutig messbar ist.

Ein weiterer, oft verwendeter Kennwert für den Festigkeitszustand eines Werkstoffes ist die Zugfestigkeit R_m. Sie ist definiert als *maximale* Kraft in einem Zugversuch bezogen auf den Anfangsquerschnitt S_0 (nach EN 10.002):

$$R_m = \frac{F_{max}}{S_0} \tag{4.4}$$

Dieser Wert stellt das Maximum im technischen $(\sigma; \varepsilon)$-Diagramm dar, wo bei duktilen Werkstoffen die Probeneinschnürung einsetzt. Einschnürung bedeutet *lokale* Querschnittsverjüngung, so als würde dort eine Schnur um die Probe gelegt und festgezogen werden. Für die Festigkeitsberechnung besitzt die Zugfestigkeit in der Regel *keine* Bedeutung, weil sie plastische Verformung einschließt. Eine Ausnahme bilden sehr spröde Werkstoffe, bei denen die Verformung weitgehend elastisch erfolgt und zwischen Streckgrenze und Zugfestigkeit nur eine geringe Differenz besteht (Bild 4.1 a und b). Hier kann die Auslegung nach der Zugfestigkeit vorgenommen werden (siehe auch Tabelle 1.1).

Die Duktilitätskennwerte aus dem Zugversuch gehen nicht in die Bauteilauslegung ein. Eine gewisse plastische Verformbarkeit wird für Bauteile aus Sicherheitsgründen in der Regel gefordert, um Überbelastungen durch das Kriterium „Verformung vor Bruch" abzufangen. Das Material verhält sich dann „gutmütig" und bricht nicht sofort.

Man muss sich darüber im Klaren sein, dass die im einachsigen Zugversuch ermittelten Daten das *günstigste* Werkstoffverhalten beschreiben. Von diesen

Festigkeits- und Duktilitätskennwerten sind bei Bauteilen oft erhebliche Abstriche zu machen, beispielsweise unter schwingender Belastung, bei bestimmten Korrosionsformen (z.B. Spannungsrisskorrosion), unter mehrachsigen Belastungen, bei rissbehafteten Teilen oder beim Kriechen im Hochtemperaturbereich (siehe auch die in Tabelle 1.1 aufgeführten Festigkeitskennwerte).

Im *Druckversuch* (DIN 50 106) gelten analoge Definitionen wie im Zugversuch. Die Steigung der Hooke'schen Gerade, d.h. der E-Modul, ist identisch, und auch der als Quetschgrenze σ_{dF} („d" steht für Druck, „F" für Fließen) bezeichnete Grenzwert für rein elastische Stauchung weist praktisch denselben Absolutbetrag wie die Streckgrenze auf, **Bild 4.3**. Der $R_{p\,0,2}$-Dehngrenze entspricht die $\sigma_{d\,0,2}$-Stauchgrenze. Die Angabe einer Druckfestigkeit ist dagegen bei duktilen Werkstoffen nicht sinnvoll, weil sie wegen der starken Probenabplattung nicht messbar ist. Für spröde Materialien, z.B. Grauguss, Keramik oder Beton, wird dieser Wert dagegen gemessen und als Kennwert benutzt. Der Längenänderung im Zugversuch entspricht die Höhenänderung der Probe im Druckversuch.

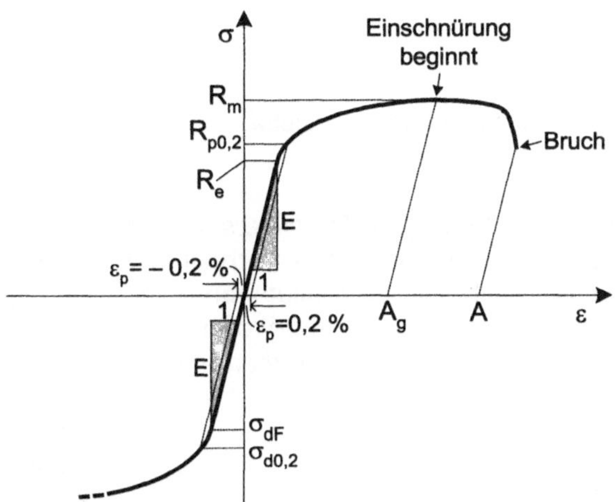

Bild 4.3 Vergleich der Spannung/Dehnung-Kurven im Zug- und im Druckversuch
σ_{dF} ist die Druckfließgrenze (Quetschgrenze) und $\sigma_{d0,2}$ die 0,2 %-Stauchgrenze. Bei duktilen Werkstoffen wird der Druckversuch nach Erreichen einer gewissen plastischen Verformung abgebrochen, weil der Spannungszustand dann nicht mehr einachsig ist und die weitere Verformung keine brauchbaren Kennwerte mehr liefert. Die Steigung der Hooke'schen Geraden ist übertrieben flach gezeichnet gemessen an der Gesamtdehnung.

Sofern man sich im elastischen oder geringfügig plastischen Bereich bewegt, unterscheiden sich Zug- und Druckbelastung lediglich durch die unterschiedlichen Vorzeichen von Spannung und Dehnung. Deshalb werden diese Belastungsarten als *eine* Grundart behandelt (siehe Kap. 3).

Um die im Zug- sowie im Druckversuch zu beobachtenden Bruchformen deuten können, müssen die in allen Richtungen auftretenden Spannungen genauer analysiert werden. Dies geschieht in Kap. 11.

4.2 Querverformung

Man stellt beim Zugversuch fest, dass sich die Probe nicht nur in die Länge dehnt, sondern sich quer dazu gleichmäßig verjüngt, ohne dass in Querrichtung Spannungen wirken, **Bild 4.4**. Der Grund hierfür liegt in dem Atomverbund im Kristallgitter. Die Atome können nicht allein in eine Richtung auseinander gezogen werden, sondern rücken quer dazu auch zusammen; ansonsten würde sich das Volumen vergrößern und die Dichte abnehmen. Man nennt dies *Querkontraktion*. Dieser Wert ist definiert über die Änderung des Durchmessers bei Rundproben (oder analog über die Änderung der Kantenlänge bei Rechteckquerschnitten):

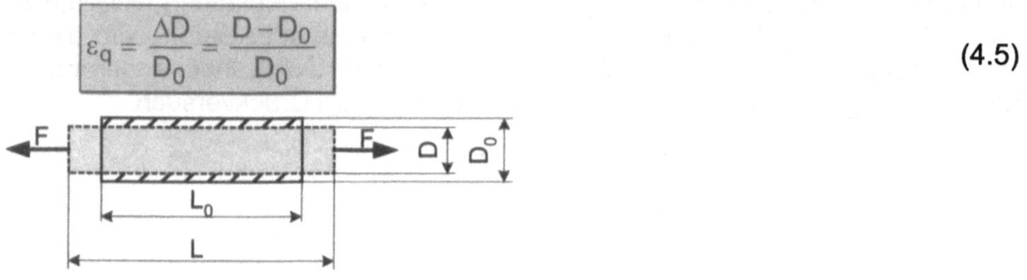

$$\varepsilon_q = \frac{\Delta D}{D_0} = \frac{D - D_0}{D_0}$$

(4.5)

Bild 4.4 Veranschaulichung der Querkontraktion an einer Rundprobe

Im *Zug*versuch ergibt sich ein *negativer* Wert für ε_q, im *Druck*versuch ein *positiver* (Querdilatation). Man fand experimentell heraus, dass das Verhältnis von Querkontraktion zu Längsdehnung im Zugversuch und Querdilatation zu Stauchung im Druckversuch konstant ist. Es heißt *Querkontraktionszahl* oder *Poisson'sche Zahl* ν (grch. Ny; *Siméon Denis Poisson, 1781-1840, frz. Mathematiker*):

$$\nu = -\frac{\varepsilon_q}{\varepsilon} = -\frac{\Delta D \cdot L_0}{D_0 \cdot \Delta L}$$

(4.6)

Mit ε ist stets die Längsverformung gemeint. Das Minuszeichen hat man zweckmäßigerweise eingeführt, damit sich stets positive Werte für ν ergeben, weil ε und ε_q immer unterschiedliche Vorzeichen haben. Streng zu beachten ist, dass Gl. (4.6) nur für den einachsigen Spannungszustand gilt, d.h. bei Zug- oder Druckbelastung in nur *einer* Richtung. Bei mehrachsigen Spannungszuständen ist die Überlagerung von Längs- und Querverformungen durch die senkrecht zueinander stehenden Spannungen zu berechnen (Kap. 12).

Für die im Maschinen- und Anlagenbau hauptsächlich verwendeten Werkstoffe auf Basis von Fe, Al, Cu, Ti und Ni misst man Werte von

$$\nu \approx 1/3 \text{ oder } 0{,}3.$$

Die Poisson'sche Zahl ist – wie der E-Modul – eine elastische Materialkenngröße.

Für Berechnungen ist es zweckmäßig, die Richtung von Spannungen und Verformungen durch ein Koordinatenkreuz (x; y; z) festzulegen. Wählt man bei einem einachsigen Zugversuch die Belastungsrichtung als x-Richtung, so lassen sich die Dehnungen in den beiden anderen Richtungen unter Einbeziehung von Gl. (4.3) wie folgt bestimmen:

$$\varepsilon_q = \varepsilon_y = \varepsilon_z = -\nu\,\varepsilon_x = -\nu\,\frac{\sigma_x}{E} \tag{4.7}$$

σ_x ist hier die außen anliegende Spannung in Längsrichtung.

4.3 Volumenänderung bei elastischer Verformung

Eine Besonderheit ergibt sich bezüglich der Volumenänderung bei der elastischen Verformung. Diese soll für einen Rundstab berechnet werden. Mit dem Index „0" wird der Ausgangszustand, mit „1" der nach Verformung gekennzeichnet (siehe auch Bild 4.4):

$$\Delta V = V_1 - V_0 = \frac{\pi}{4}\left[D_1{}^2 L_1 - D_0{}^2 L_0\right] = \frac{\pi}{4}\left[D_1{}^2 L_0\,(1+\varepsilon) - D_0{}^2 L_0\right] \tag{4.8 a}$$

Mit den Gln. (4.5) und (4.6) wird D_1 wie folgt ausgedrückt:

$$D_1 = D_0 + \Delta D = D_0\,(1+\varepsilon_q) = D_0\,(1-\nu\,\varepsilon) \tag{4.8 b}$$

In Gl. (4.8 a) eingesetzt:

$$\Delta V = \frac{\pi}{4}\left[D_0{}^2 L_0\,(1-\nu\,\varepsilon)^2(1+\varepsilon) - D_0{}^2 L_0\right]$$

$$= \frac{\pi}{4}\,\underbrace{D_0{}^2 L_0}_{=V_0}\left[(1-\nu\,\varepsilon)^2\,(1+\varepsilon) - 1\right] \tag{4.8 c}$$

Ausmultipliziert:

$$\frac{\Delta V}{V_0} = (1 - 2\,\nu\,\varepsilon + \nu^2\,\varepsilon^2)(1+\varepsilon) - 1$$

$$= 1 + \varepsilon - 2\,\nu\,\varepsilon - 2\,\nu\,\varepsilon^2 + \nu^2\,\varepsilon^2 + \nu^2\,\varepsilon^3 - 1 \tag{4.8 d}$$

$$= \varepsilon\,(1 - 2\,\nu) + \underbrace{\varepsilon^2\,\nu\,(\nu - 2) + \varepsilon^3\nu^2}_{\approx\,0}$$

Im rein elastischen Bereich sind die Dehnungen bei metallischen und keramischen Werkstoffen stets sehr gering und liegen deutlich unter 1 %. Mit $\varepsilon \ll 0{,}01$ ist ε^2, $\varepsilon^3 \ll \varepsilon$. Die Terme mit den höheren Potenzen können also vernachlässigt werden, so dass näherungsweise gilt:

$$\frac{\Delta V}{V_0} \approx \varepsilon(1-2\,\nu) \qquad\qquad\qquad\qquad\qquad\qquad\qquad (4.8\text{ e})$$

Man erkennt, dass die elastische Verformung nur dann ohne Volumenänderung vonstatten ginge ($\Delta V = 0$), wenn $\nu = 0{,}5$ wäre. Dies ist jedoch nicht der Fall; vielmehr misst man $\nu \approx 0{,}3$. Mit $\nu < 0{,}5$ ist folglich $\Delta V > 0$, d.h. die *elastische* Dehnung ist unter *Zug*belastung mit einer *Volumenzunahme* verbunden (entsprechend einer Dichteabnahme). Unter Druckbelastung ($\varepsilon < 0$) verkleinert sich das Volumen. Die nach Gl. (4.8 e) berechneten Volumenänderungen betragen bis zur Streckgrenze etwa bis zu 0,1 %. (Anmerkung: Bei plastischer Verformung tritt keine Volumenänderung ein.)

4.4 Reißlänge und Dehnlänge

Bei einigen Bauteilen muss zusätzlich zu den äußeren Belastungen das Eigengewicht berücksichtigt werden, z.B. bei langen Seilen, Brücken sowie rotierenden Teilen, wie etwa Turbinenschaufeln. Es spielt dann neben der Werkstofffestigkeit die Dichte eine Rolle. Als Kenngrößen verwendet man die Reißfestigkeit und die Dehnlänge.

Als Reißlänge L_m wird diejenige Länge definiert, bei der ein Zugstab mit konstantem Ausgangsquerschnitt S_0 unter seinem Eigengewicht an der Einspannung abreißen würde, **Bild 4.5**. Nähme man gedanklich einen Reißversuch durch Eigengewicht in der Weise vor, dass sukzessive die Stablänge vergrößert wird, so würde sich der Stab in jeder Position gemäß des darunter wirkenden Eigengewichts dehnen; er würde also konisch werden. Die Reißlänge stellt diejenige gedachte *Ausgangs*länge dar, welche zum Bruch führt. Die Bruchlänge $L_m{}^*$ wäre wegen der Verformung größer als die Ausgangslänge L_m.

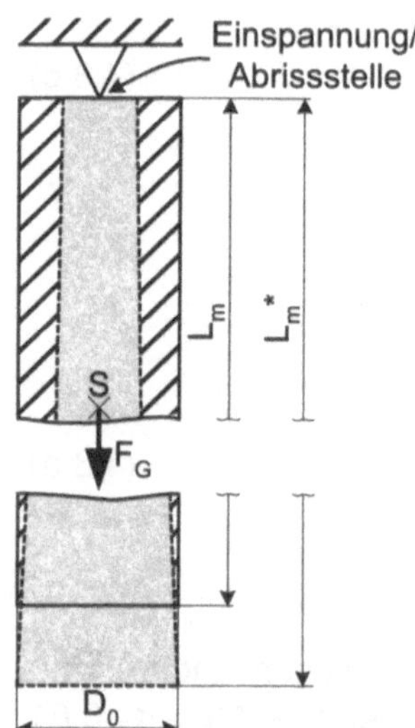

Bild 4.5

Veranschaulichung eines Reißstabes unter Eigengewicht

Der Stab ist unterbrochen gezeichnet, weil sich Reißlängen in der Größenordnung von Kilometern ergeben.

S Schwerpunkt
$L_m{}^*$ Länge nach dem Abreißen; sie setzt sich aus der Reißlänge L_m und der Bruchverlängerung zusammen

Die Gewichtskraft bei L_m errechnet sich zu:

$$F_G = m\,g = \rho\,V\,g = \rho\,S_0\,L_m\,g \tag{4.9}$$

Die Spannung an der Einspannstelle, bei der der Stab bricht, ist identisch mit der Zugfestigkeit $R_m = F_G/S_0$ (Gl. 4.4). Die Reißlänge L_m ist folglich mit der Zugfestigkeit verknüpft:

$$L_m = \frac{F_G}{S_0\,\rho\,g} = \frac{R_m}{\rho\,g} \tag{4.10}$$

L_m ist ein dichtebezogener Festigkeitskennwert, der dem *Vergleich* von Materialien unterschiedlicher Dichte dient. Er ist kein Wert, der direkt in Festigkeitsberechnungen eingeht. Aufgrund der sehr hohen Reißlängen aller Werkstoffe im Kilometerbereich (siehe z.B. Aufgabe 4.6) ist eine experimentelle Bestimmung nicht durchführbar und auch nicht erforderlich, weil die Größen in Gl. (4.10) einzeln messbar sind.

Da bei Bauteilen im Tieftemperaturbereich lediglich elastische Formänderung auftreten darf, spielt für Festigkeitsberechnungen die *elastische Dehnlänge* L_e oder die *0,2 %-Dehnlänge* $L_{p\,0,2}$ eine Rolle, d.h. anstelle von R_m ist die Streckgrenze R_e oder die 0,2 %-Dehngrenze $R_{p\,0,2}$ einzusetzen. In diesem Fall fängt der Stab an der Einspannstelle gerade eben an, sich plastisch zu verformen oder weist dort in einer schmalen Scheibe 0,2 % plastische Dehnung auf. Der übrige Bereich des Stabes dehnt sich elastisch, wobei er ebenfalls eine konische Form annimmt.

4.5 Zulässige Spannungen und Sicherheitsfaktoren

Wie in Tabelle 1.1 dargelegt, werden für die Festigkeitsauslegung zulässige Spannungen benötigt, Zeichen: σ_{zul}, die sich an den Festigkeitskennwerten orientieren. Grundsätzlich werden als solche Kennwerte *Normal*spannungswerte benutzt, wie sie unter anderem aus dem Zugversuch gewonnen werden. Dies schließt nicht aus, dass es auch Angaben über zulässige Schubspannungen geben kann, diese sind jedoch von Normalspannungswerten abgeleitet, weil es Festigkeitskennwerte als Schubspannungen nicht gibt (ausführlichere Diskussion dazu in Kap. 13).

An dieser Stelle werden die zulässigen Spannungen für ruhende Belastung bei tiefen Temperaturen vorgestellt (siehe Tabelle 1.1), für welche in Kap. 4.1 die Festigkeitskennwerte vorgestellt wurden. Bei ausreichend *duktilen* Werkstoffen erfolgt die Auslegung in diesen Fällen nach der Streck- oder 0,2 %-Dehngrenze, von der ein gewisser Abstand gewahrt werden muss, um Sicherheit gegen makroskopische plastische Verformung zu garantieren, **Bild 4.6 a)** und **b)**. Man drückt dies durch einen Sicherheitsbeiwert gegen Fließen (plastische Verformung), $S_F > 1$, aus:

$$\sigma_{zul} = \frac{R_{p\,0,2} \text{ oder } R_{eL}}{S_F} \qquad (4.11)$$

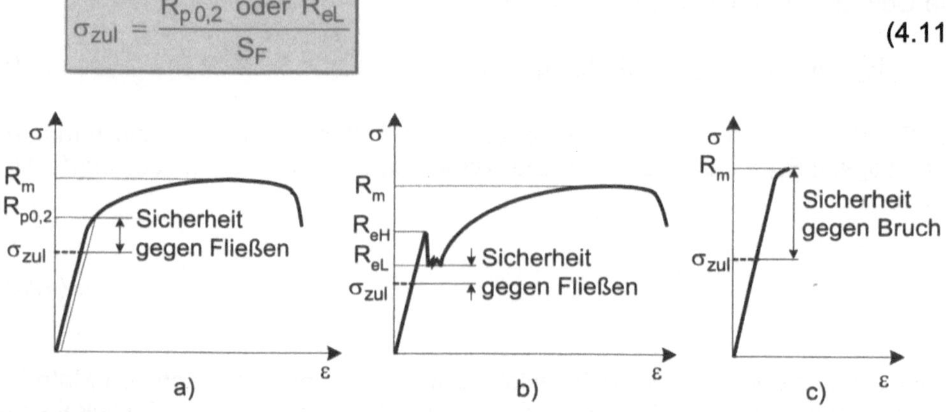

Bild 4.6 Veranschaulichung der Sicherheitsbeiwerte im Spannung/Dehnung-Diagramm (die Steigung der Hooke'schen Geraden ist übertrieben flach gezeichnet gemessen an der Gesamtdehnung)
a) Duktiles Verhalten mit gleichmäßigem Fließübergang
b) Duktiles Verhalten mit ausgeprägter Streckgrenze (die tatsächliche Sicherheit gegen Fließen ergibt sich aus der Differenz zwischen R_{eH} und σ_{zul}, angegeben wird der Abstand zu R_{eL}, siehe Gl. 4.11)
c) Sprödes Verhalten

Wie hoch der Wert S_F anzusetzen ist, hängt von vielen verschiedenen Einflüssen ab. Für sicherheitsrelevante Bauteile existieren Regelwerke, die solche Sicherheitsbeiwerte festlegen. Eine typische Spanne liegt bei $S_F \approx 1{,}2$ bis 2; sie kann sich aber auch deutlich darüber erstrecken.

Bei *spröden* Werkstoffen erfolgt der Festigkeitsnachweis für ruhende Belastung und tiefe Temperaturen anhand der Zugfestigkeit (siehe Tabelle 1.1), **Bild 4.6 c)**:

$$\sigma_{zul} = \frac{R_m}{S_B} \qquad (4.12)$$

Der Sicherheitsbeiwert gegen Bruch, S_B, muss verständlicherweise deutlich höher als S_F sein, weil das Kriterium „plastische Verformung vor Bruch" entfällt. Typisch sind Werte von $S_B \approx 2$ bis 4.

Für Maschinenelemente und Konstruktionen werden noch weitere Beiwerte benutzt, z.B. um Schweißverbindungen zu bewerten.

Man mag sich die Frage stellen, warum man das elastische Festigkeitspotenzial des Werkstoffes nicht voll ausschöpft. Hier sind die wichtigsten Gründe:

- Die Berechnung der Spannungen beruht auf bestimmten Annahmen sowohl bei den Berechnungsmethoden als auch bei den angreifenden Kräften. Es ist also in vielen Fällen von einer (meist geringen) Ungenauigkeit bei den Berechnungen auszugehen.

- Im Betrieb können Überbelastungen auftreten, die durch die Festigkeitsauslegung nicht abgedeckt sind. In gewissen Grenzen müssen solche Überbelastungen ohne Beeinträchtigung der Funktion des Bauteils ertragen werden können.

- Korrosion und Verschleiß müssen – sofern nicht andere Maßnahmen dagegen ergriffen werden – über den Sicherheitsbeiwert berücksichtigt werden.

- Jede Festigkeitsauslegung basiert auf Werkstoffkennwerten, die an Proben mit einer mehr oder weniger guten statistischen Absicherung ermittelt wurden. Unter ungünstigen Umständen kann ein Werkstoff, welcher ansonsten spezifikationsgerecht ist, schlechtere Eigenschaften aufweisen. Außerdem sind mögliche Unterschiede zwischen der Gestaltfestigkeit des Bauteils und der Festigkeit der Proben zu berücksichtigen (herstell- und fertigungsbedingte Einflüsse).

Ob die Belastung ruhend oder zyklisch ist und bei welchen Temperaturen sie erfolgt, muss bekannt sein, und man muss dafür die zutreffenden Werkstoffkennwerte heranziehen. Abweichungen von den Raumtemperatur-Festigkeitskennwerten R_e oder $R_{p\,0,2}$ und R_m werden im Allgemeinen nicht durch den Sicherheitsbeiwert abgedeckt (früher war dies anders: Man dimensionierte oft weit über, weil die relevanten Kennwerte und genügend feine Rechenmethoden nicht vorlagen).

Generell ist man aus Gründen der Rohstoffeinsparung sowie bei bewegten Bauteilen zusätzlich aus Gründen der Energieeinsparung bestrebt, den Sicherheitsbeiwert *so gering wie möglich* zu halten. In besonderem Maße gilt dies im Transportwesen, und dort in erster Linie im Flugzeugbau. Um Sicherheits- und Zuverlässigkeitsinteressen trotzdem gerecht zu werden, sind höchste Anforderungen zu stellen an die Bauteilberechnungen, simulierende Bauteilprüfungen und Qualitätssicherung. Des Weiteren sind gründliche Inspektionen sowie Bauteil- und Anlagenüberwachungen durchzuführen, einschließlich kontinuierlicher Belastungsaufzeichnungen.

4.6 Fliehkraftbelastung

Bei rotierenden Bauteilen wird eine Zugbelastung durch ihre Fliehkraft hervorgerufen. Die Zentrifugalkraft (Fliehkraft) errechnet sich zu:

$$F_Z = m\,\omega^2\,r \tag{4.13}$$

    r   Abstand vom Drehmittelpunkt

Im Folgenden werden zwei Fälle behandelt, bei denen Fliehkraftwirkung auftritt.

4.6.1 Fliehkraftwirkung an einem zylindrischen Stab

Ein zylindrischer Stab unter Fliehkraftbelastung soll vereinfachend rotierende, stabähnliche Bauteile vertreten, wie Rotorblätter eines Hubschraubers oder einer Windkraftanlage sowie Turbinen-Laufschaufeln, **Bild 4.7**.

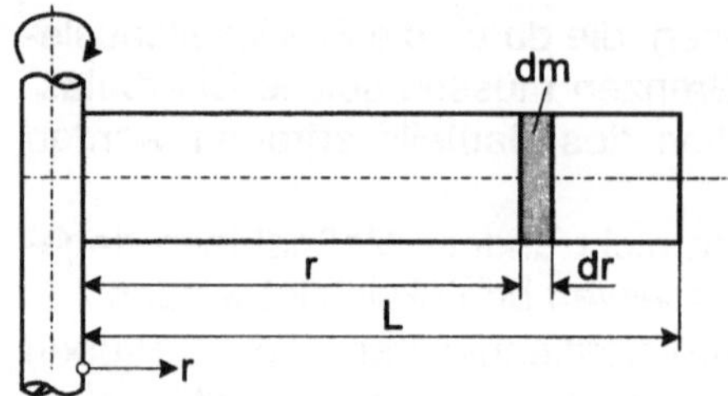

Bild 4.7

Fliehkraftwirkung eines zylindrischen Stabes

Der Stab ließe sich modellieren durch eine im Schwerpunkt konzentrierte Masse, die an einem masselosen Faden der Länge L/2 rotiert. Gemäß Gl. (4.13) ist dann die Fliehkraft gegeben durch $F_Z = m\,\omega^2\,L/2$. Es ist jedoch zweckmäßig, diese Herleitung durch Integration vorzunehmen, weil man dann beliebige Spannungen im Stab an anderen Stellen berechnen sowie andere Abstände vom Drehmittelpunkt, z.B. im Falle von Turbinenschaufeln, einsetzen kann.

Man denkt sich dazu den Stab in zahllose Scheiben der infinitesimalen Dicke dr und der Masse dm aufgeteilt („Salami-Taktik"). Die infinitesimale Fliehkraft eines Masseinkrementes im Abstand r vom Drehmittelpunkt beträgt gemäß Gl. (4.13):

$$dF_Z = dm\,\omega^2\,r = \underbrace{A\,dr}_{= dV}\,\rho\,\omega^2\,r \qquad (4.14)$$

Für die Fliehkraft des gesamten Stabes der Länge L werden die Anteile dF_Z von 0 bis L integriert:

$$F_Z = A\,\rho\,\omega^2 \int_0^L r\,dr = \frac{1}{2}A\,\rho\,\omega^2\,L^2 \qquad (4.15)$$

Die konstanten Größen sind hierbei vor das Integral gezogen. Dies ist dasselbe Ergebnis, wie es zuvor bereits angegeben wurde. Die Spannung ist an der Einspannstelle am größten und beträgt:

$$\sigma_{max} = \frac{F_Z}{A} = \frac{1}{2}\,\rho\,\omega^2\,L^2 = 2\,\rho\,(\pi\,n\,L)^2 \qquad (4.16)$$

Die Dichte des Materials repräsentiert die Eigengewichtbelastung. Die Winkelgeschwindigkeit ist mit der Drehzahl n über $\omega = 2\,\pi\,n$ verknüpft. Die Spannung nimmt von der Einspannstelle nach außen ab. Am äußeren Ende ist sie null, weil hier keine Masse mehr zieht. Die Spannung $\sigma(r)$ an einer beliebigen Stelle r des Stabes ergibt sich, indem die untere Integrationsgrenze mit r angesetzt wird; die obere bleibt selbstverständlich bei L.

4.6.2 Rotation eines ringförmigen Bauteils

Die Rotation ringförmiger Bauteile kommt beispielsweise bei Zentrifugen vor, **Bild 4.8**. Durch die radial nach außen wirkenden Fliehkräfte bauen sich in der Behälterwand in Umfangsrichtung Zugkräfte auf, die dazu führen, dass sich der Umfang bei der Drehung vergrößert. Wenn die Wanddicke s klein gegenüber dem Radius R ist, so liegt annähernd eine gleichmäßige Verteilung der Zugspannungen in der Wand vor. Für die Festigkeitsauslegung stellt sich die Frage, wie hoch die Tangentialspannung σ_t ist, welche die zulässige Spannung für den Werkstoff nicht überschreiten darf.

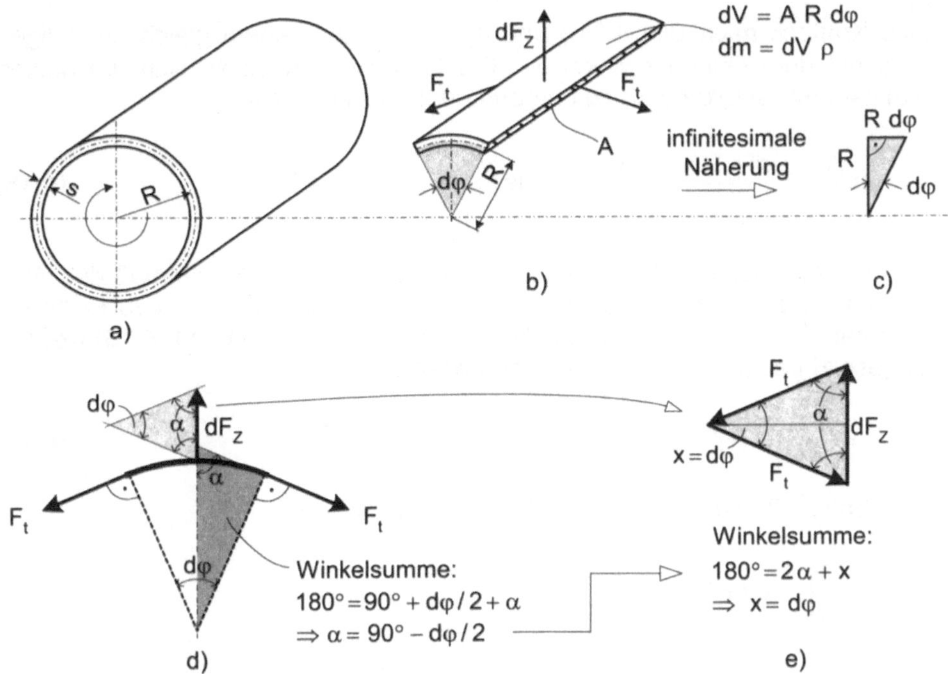

Bild 4.8 Rotation eines ringförmigen Bauteils
a) Prinzipskizze; es soll gelten s << R
b) Herausgeschnittener, infinitesimal breiter Streifen mit Fliehkraft dF_z und Tangentialkräften F_t; A ist die Schnittfläche
c) Infinitesimaler Kreissektor als rechtwinkliges Dreieck angenähert
d) Wie b), vergrößert in ebener Darstellung zur Herleitung der Winkel im Krafteck
e) Krafteck, vergrößert

Die in der Behälterwand auftretenden Spannungen lassen sich in diesem Fall nicht auf einfache Weise herleiten, sondern man muss infinitesimal vorgehen. Dazu wird ein beliebig schmaler Streifen der Masse dm, zu welchem der Öffnungswinkel des Kreissektors dφ gehört, aus der Wand herausgeschnitten, Bild

4.8 b). Die Fliehkraft, die in radialer Richtung an dem kleinen Massenelement zieht, beträgt gemäß Gl. (4.13):

$$dF_Z = dm\ \omega^2\ R = dV\ \rho\ \omega^2\ R \approx \underbrace{A\ R\ d\varphi}_{\approx dV} \cdot \rho\ \omega^2\ R = A\ d\varphi\ \rho\ (\omega\ R)^2 \qquad (4.17)$$

A ist die Schnittfläche der Behälterwand im Längsschnitt. Der Kreissektor lässt sich infinitesimal als rechtwinkliges Dreieck annähern; der Kreisbogen entspricht dann der Gegenkathete und beträgt R·tan dφ ≈ R·dφ (dφ im Bogenmaß). Das Volumenelement dV errechnet sich als Quader der Grundfläche A und der Höhe R·dφ.

Das Krafteck nach Bild 4.8 d) und e) besteht aus einem gleichschenkligen Dreieck mit dem Öffnungswinkel dφ. Die Herleitung, dass es sich um diesen Winkel handelt, ist Bild 4.8 d) zu entnehmen. Im Krafteck gilt:

$$\sin\frac{d\varphi}{2} = \frac{dF_Z/2}{F_t} \approx \frac{d\varphi}{2} \qquad \text{oder} \qquad dF_Z = d\varphi\ F_t \qquad (4.18)$$

Bei infinitesimal kleinen Winkeln kann der Sinus gleich dem Bogenmaß des Winkels gesetzt werden (Reihenentwicklung für den Sinus: $\sin x = x - x^3/3! + x^5/5! - ...$; die höheren Potenzen sind vernachlässigbar). Die Gln. (4.17) und (4.18) werden gleichgesetzt und man erhält die Umfangskraft zu:

$$F_t = A\ \rho\ (\omega\ R)^2 \qquad (4.19)$$

Die tangentiale Zugspannung in der Behälterwand beträgt:

$$\sigma_t = \frac{F_t}{A} = \rho\ (\omega\ R)^2 \le \sigma_{zul} \qquad (4.20)$$

4.7 Spannungen in dünnwandigen Druckbehältern und Rohrleitungen

Ein im Anlagenbau besonders wichtiges Beispiel für Festigkeitsauslegungen stellen Druckbehälter und Rohrleitungen unter Innendruck dar. Dabei treten Zug- und Druckspannungen in mehreren zueinander senkrecht stehenden Richtungen auf; es herrscht ein so genannter mehrachsiger Spannungszustand (Näheres siehe Kap. 11).

Im Folgenden werden die Gleichungen zur Berechnung der Spannungen in den Wandungen hergeleitet unter der Annahme, dass die Wanddicke gering gegenüber dem Durchmesser des Behälters oder der Rohrleitung ist. Dies wird allgemein bei D < 1,2 d angenommen (D, d: Außen- bzw. Innendurchmesser). Wie im Beispiel der Zentrifuge in Kap. 4.6.2 kann man dann davon ausgehen, dass die Umfangsspannungen über der Wanddicke etwa homogen verteilt, d.h.

gleich groß sind. Außerdem bleiben Randeinflüsse durch die Behälterböden unberücksichtigt.

Durch den inneren Überdruck wird der beidseitig verschlossene Behälter oder
die Rohrleitung axial gedehnt und der Umfang vergrößert sich. Es bauen sich
also sowohl axial als auch tangential Zugspannungen auf: σ_a und σ_t. Zunächst
wird auf diese beiden Spannungen näher eingegangen, **Bild 4.9**.

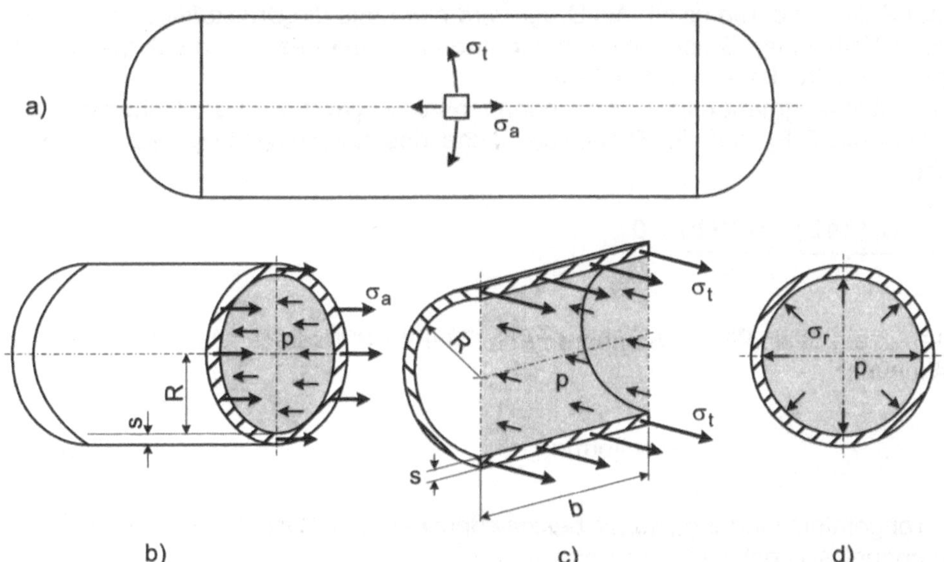

Bild 4.9 Normalspannungen in einem zylindrischen Behälter oder einer Rohrleitung unter
Innendruck
a) Prinzipskizze mit einem Spannungselement auf der Außenoberfläche und der Axial-
    sowie Tangentialspannung
b) Querschnitt zur Herleitung der Axialspannung
c) Längsschnitt zur Herleitung der Tangentialspannung
d) Querschnitt zur Verdeutlichung der Radialspannung

Zur Herleitung der Axial- und Tangentialspannung schneidet man gemäß Bild
4.9 b) ein Quersegment bzw. Bild 4.9 c) ein Längssegment heraus und stellt die
Kräftegleichgewichte auf (nicht Spannungsgleichgewichte!, siehe Kap. 2). Der
Druck verteilt sich allseits gleich, d.h. man kann sich eine beliebige Fläche im
Innern des Behälters denken und die darauf senkrecht wirkende Druckkraft
bestimmen. Im Querschnitt stehen die Druckkraft F_p (Druck mal innere Quer-
schnittsfläche) und die Axialkraft F_a (Axialspannung mal Kreisringfläche der
Wand) im Gleichgewicht:

$$\underbrace{p(\pi\,R^2)}_{F_p} - \underbrace{\sigma_a\,[\pi(R+s)^2 - \pi R^2]}_{F_a} = p\,(\pi R^2) - \sigma_a(2\pi\,R\,s + \pi\,s^2) = 0 \qquad (4.21\ a)$$

Mit s << R wird der Term $\pi\,s^2$ sehr klein gegen $2\,\pi\,R\,s$ und kann vernachlässigt werden. Für die Axialspannung ergibt sich dann angenähert:

$$\sigma_a = \frac{pR}{2\,s} \qquad\qquad\qquad (4.21\ b)$$

wobei R der *Innen*radius ist. Als Druck wird hier stets die Druck*differenz* verstanden, im Falle eines Druckbehälters der innen herrschende Überdruck gegenüber dem Normaldruck von 1 bar außen.

Im Längssegment halten sich die tangentiale Zugkraft F_t in der Rohrwand und die Druckkraft F_p' auf die *Projektions*fläche des Längsschnittes das Gleichgewicht:

$$\underbrace{\sigma_t\,(2\,s\,b)}_{F_t}-\underbrace{p\,(2\,R\,b)}_{F_p'}=0 \qquad\qquad (4.22\ a)$$

Daraus ergibt sich die so genannte *Kesselformel* zur Berechnung der Tangentialspannung:

$$\sigma_t = \frac{pR}{s} \qquad \text{„Kesselformel"} \qquad\qquad (4.22\ b)$$

Die Tangentialspannung ist also bei zylindrischen Druckbehältern und Rohrleitungen doppelt so hoch wie die Axialspannung:

$$\sigma_t = 2\,\sigma_a \qquad\qquad\qquad (4.23)$$

Auf der Außenoberfläche herrscht Normaldruck; folglich wirkt dort keine Radialkraft. An der *Innenseite* des Behälters oder Rohres drückt jedoch die Druckkraft in radialer Richtung auf die Wand und erzeugt eine Druckspannung σ_r, Bild 4.9 d). Gemäß der Vorzeichenvereinbarung für Druckspannungen beträgt diese Radialspannung:

$$\sigma_{r\,min} = -\,p \qquad\qquad\qquad (4.24)$$

Es handelt sich um den minimalen relativen Spannungswert (negativer Zahlenwert!); über der Wanddicke baut sich die Radialspannung ab und ist außen – wie erwähnt – null: $\sigma_{r\,max} = 0$.

In ähnlicher Weise lassen sich die Spannungen für kugelförmige Druckbehälter herleiten (Aufgabe 4.20). In diesem Fall treten nur Tangentialspannungen auf, was man sich leicht anhand eines Luftballons veranschaulichen kann, die so groß wie die Axialspannungen des zylindrischen Behälters sind gemäß Gl. (4.21 b). Die Radialspannungen sind gleich, Gl. (4.24). In einem Kugelbehälter ist die maximale Zugspannung also nur *halb so hoch* wie in einem zylindrischen Druckkessel.

Eine Festigkeitsauslegung kann ohne weitere Hypothesen für den Fall der mehrachsigen Belastung noch nicht durchgeführt werden. Es darf nicht etwa nur eine der drei Normalspannungen mit σ_{zul} des Werkstoffes verglichen werden. Nähere Ausführungen, wie man bei Mehrachsigkeit verfährt, folgen in Kap. 13.

4.8 Wärmedehnungen und Wärmespannungen

Ein weiteres Beispiel für Belastungen unter Zug- und Druckspannungen stellen Wärmespannungen dar. Alle Stoffe ändern in Abhängigkeit von der Temperatur mehr oder weniger ihre äußeren Abmessungen. Aufgrund der mit der Temperatur zunehmenden Schwingungsamplitude der Atome dehnen sie sich üblicherweise beim Erwärmen nach allen Richtungen gleich aus (manche Stoffe zeigen in begrenzten Temperaturbereichen durch überlagerte Effekte ein abweichendes Verhalten). Bei festen Stoffen drückt man diese thermische Formänderung durch die Längenänderung aus:

$$\varepsilon_{th} = \frac{\Delta L}{L_0} \sim \Delta T = T_2 - T_1 \qquad\qquad (4.25\ a)$$

T_1 Ausgangstemperatur
T_2 Endtemperatur

Differenzen, nicht nur bei Temperaturen, werden allgemein angegeben nach der Merkregel *„hinterher minus vorher"*. Den Proportionalitätsfaktor bezeichnet man als *thermischen Längenausdehnungskoeffizienten* α_ℓ:

$$\boxed{\varepsilon_{th} = \alpha_\ell\ \Delta T} \qquad\qquad (4.25\ b)$$

ΔT ist für Berechnungen stets vorzeichengerecht einzusetzen, d.h. $\Delta T > 0$ für Aufheizen und $\Delta T < 0$ für Abkühlen. Es ergibt sich dann entweder eine Dehnung (Vorzeichen: +) oder eine Schrumpfung (Vorzeichen: –). Da die Längenänderung nicht exakt linear mit der Temperatur erfolgt, kennzeichnet der so definierte α_ℓ-Wert die *mittlere* Wärmeausdehnung in dem betrachteten Temperaturintervall. Es ist also stets anzugeben, für welchen Temperaturbereich er gelten soll. Tabellenwerte beziehen sich bei Metallen meist auf den Bereich von 0 bis 100 °C; für Anwendungen bei höheren Temperaturen müssen die jeweils gültigen Werte benutzt werden.

Die thermischen Verformungen sind grundsätzlich reversibel, d.h. bei Rückkehr auf die Ausgangstemperatur verschwinden sie wieder. Allerdings sind mit dem thermischen „Atmen" bedeutende technische Konsequenzen verbunden. Können sich nämlich die thermischen Dehnungen oder Schrumpfungen nicht ungehindert ausbreiten, und dies ist bei Bauteilen praktisch nie der Fall, rufen sie thermisch induzierte Spannungen – die Wärmespannungen – in den Werkstoffen und damit in den Konstruktionen hervor. Diese bewirken *mechanische* Verformungen, d.h. elastische oder elastisch-plastische Dehnungen oder Stauchungen.

Besonders bei höheren Temperaturen spielen sich verstärkt plastische Vorgänge im Material ab.

Behinderte Wärmedehnung/-schrumpfung kann folgende Ursachen haben, die auch in Kombination auftreten können:

- äußere Behinderung durch die Einspannung des Bauteils;
- innere Behinderung durch stationäre oder instationäre ungleichmäßige Temperaturverteilung über dem Querschnitt;
- innere Behinderung in Verbundwerkstoffen und Werkstoffverbunden mit unterschiedlichem thermischen Ausdehnungsverhalten der beteiligten Stoffe, z.B. bei beschichteten Werkstoffen oder bei Faserverbundwerkstoffen.

Im ersten Fall spricht man von *erzwungener* Wärmedehnungsbehinderung und *erzwungenen* Wärmespannungen, in den anderen Fällen von *nicht erzwungener* Wärmedehnungsbehinderung oder *nicht erzwungenen Wärmespannungen*.

Im Folgenden werden einige Fälle zur Berechnung der Wärmedehnungen und -spannungen exemplarisch behandelt.

4.8.1 Einaxiale erzwungene Wärmedehnungsbehinderung

Einaxiale erzwungene Wärmedehnungsbehinderung liegt vor, wenn die freie thermische Ausdehnung in *einer* Richtung von *außen* unterdrückt wird, **Bild 4.10**. Wird die Dehnung dabei *vollständig* behindert, so muss die Summe aus thermischer (Index „th") und entgegengerichteter mechanischer Verformung (Index „m") null ergeben: $\varepsilon_{th} = -\varepsilon_m$. Bei Behinderung in x-Richtung ist somit:

$$\varepsilon_x = 0 = \varepsilon_{th} + \varepsilon_m = \alpha_\ell\, \Delta T + \frac{\sigma_x}{E} \qquad\qquad (4.26\ a)$$

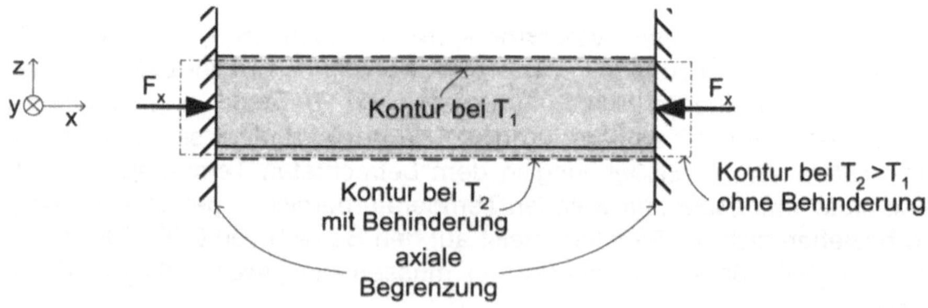

Bild 4.10 Prinzip der einaxialen erzwungenen Wärmedehnungsbehinderung bei Erwärmung von T_1 auf T_2

Für die mechanische Dehnung wird hier vorausgesetzt, dass es sich um eine *rein elastische* Verformung handelt, für die das Hooke'sche Gesetz gilt. Die Wärmespannung in x-Richtung, welche entlang der Länge des Körpers konstant ist, beträgt folglich:

$$\boxed{\sigma_x = E\,\varepsilon_m = -E\,\varepsilon_{th} = -E\,\alpha_\ell\,\Delta T} \qquad\qquad (4.26\ b)$$

Für den Fall völliger Dehnungsbehinderung von außen errechnen sich Wärmespannungen von 3 MPa/K bei $E = 200$ GPa und $\alpha_\ell = 15{\cdot}10^{-6}$ 1/K (typische Werte für Stähle). Dieser Wert ist hoch und kann bei entsprechend großen ΔT-Werten die Streck- oder Stauchgrenze und sogar die Zugfestigkeit – im Falle der Schrumpfbehinderung bei Abkühlung – übersteigen. Im letztgenannten Fall kommt es dann zu Wärmespannungsrissen (Thermoschockrissen).

4.8.2 Zweiaxiale nicht erzwungene Wärmedehnungsbehinderung

Nicht erzwungene Wärmedehnungsbehinderung tritt überall dort auf, wo Bauteile über der Wanddicke ein Temperaturgefälle aufweisen, z.B. bei Rohrleitungen, in denen heiße Medien transportiert werden, oder bei gekühlten Teilen, wie z.B. Turbinenschaufeln oder einem wassergekühlten Zylinderkopf eines Motors.

Im Folgenden wird vereinfacht eine ebene Platte mit einem Temperaturgefälle betrachtet, **Bild 4.11**. Die Starttemperatur sei T_1. Nach Erreichen eines stationären, zeitlich sich nicht mehr verändernden Wärmeübertragungszustandes soll auf der warmen Oberseite die Temperatur T_{max} (hochgestelltes „w") herrschen, auf der kälteren Unterseite die Temperatur T_{min} (hochgestelltes „k"). Die Wärmeausdehnung in z-Richtung ist frei, die in x- und y-Richtung dagegen behindert. Von der Ober- und der Unterseite wird jeweils ein quadratisches Spannungselement analysiert, wie in Bild 4.11 eingezeichnet. Für diese liegt ein ebener Spannungszustand vor, d.h. es wirken in zwei zueinander senkrecht stehenden Richtungen Normalspannungen: oben Druck-, unten Zugspannungen.

Die Verformungen werden in allen drei Achsen in ihre Einzelkomponenten zerlegt und anschließend summiert. Zunächst wird die heiße Oberseite betrachtet. Folgende Anteile ergeben sich:

I)   *Rein thermische Verformungen*
Diese sind bei kubischen Kristallen stets nach allen Richtungen gleich groß (isotrop) vorliegen, Bild 4.11c):

$$\varepsilon_{x_1}^{(w)} = \varepsilon_{y_1}^{(w)} = \varepsilon_{z_1}^{(w)} = \alpha_\ell\,(T_{max} - T_1) \qquad\qquad (4.27\ a)$$

II)   *Verformung durch die Normalspannung $\sigma_x^{(w)}$*
In y- und z-Richtung tritt aufgrund des Poisson'schen Effektes eine Querverformung auf, Bild 4.11 d). Die Formulierungen werden zunächst allgemein ohne Berücksichtigung des tatsächlichen Vorzeichens angesetzt:

$$\varepsilon_{x_2}^{(w)} = \frac{\sigma_x^{(w)}}{E} \qquad \text{und} \qquad \varepsilon_{y_2}^{(w)} = \varepsilon_{z_2}^{(w)} = -\nu\,\frac{\sigma_x^{(w)}}{E} \qquad\qquad (4.27\ b)$$

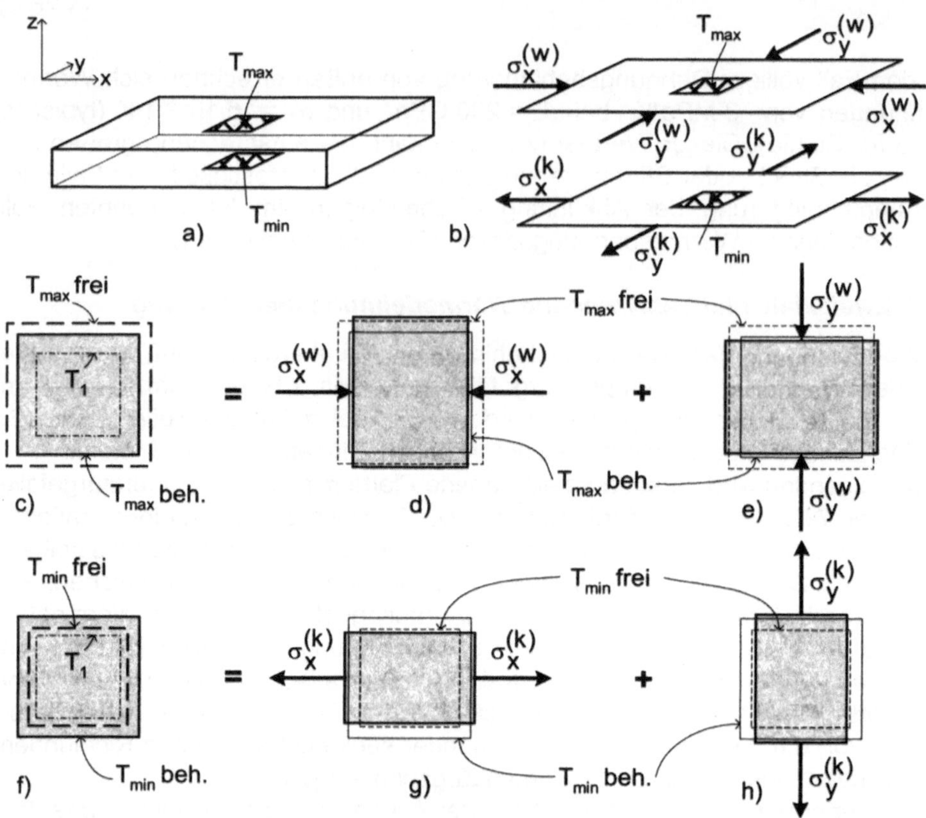

Bild 4.11 Modell einer ebenen Platte mit Temperaturgefälle über der Wanddicke zur Veranschaulichung stationärer Wärmespannungen ohne äußere Verformungsbehinderung

a) Platte mit warmer Ober- und kalter Unterseite

b) Separat betrachtete Ober- und Unterseite mit den Druck- bzw. Zugwärmespannungen („(w)": warm bei T_{max}; „(k)": kalt bei T_{min})

c) Spannungselement der heißen Oberseite mit Konturen im Ausgangszustand bei T_1 (strichpunktiert), nach gedachter freier thermischer Dehnung („frei", gestrichelt) sowie im behinderten Endzustand bei T_{max} („beh.", durchgezogen)

d) Mechanische Verformung des Elementes wie c) unter Wirkung der Spannung $\sigma_x^{(w)}$ mit Querverformung in y-Richtung

e) Wie d) unter Wirkung der Spannung $\sigma_y^{(w)}$ mit Querverformung in x-Richtung

f) Spannungselement der kälteren Unterseite mit Konturen im Ausgangszustand bei T_1 (strichpunktiert), nach gedachter freier thermischer Dehnung (gestrichelt) sowie im behinderten Endzustand bei T_{min} (durchgezogen)

g) Mechanische Verformung des Elementes wie f) unter Wirkung der Spannung $\sigma_x^{(k)}$ mit Querverformung in y-Richtung

h) Wie g) unter Wirkung der Spannung $\sigma_y^{(k)}$ mit Querverformung in x-Richtung

III) *Verformung durch die Normalspannung* $\sigma_y^{(w)}$

In x- und z-Richtung tritt eine Querverformung auf, Bild 4.11e):

$$\varepsilon_{y_3}^{(w)} = \frac{\sigma_y^{(w)}}{E} \quad \text{und} \quad \varepsilon_{x_3}^{(w)} = \varepsilon_{z_3}^{(w)} = -\nu\,\frac{\sigma_y^{(w)}}{E} \tag{4.27 c}$$

Bei quasi-isotropen Werkstoffen ist der E-Modul in allen Richtungen gleich, so dass die Hooke'schen und Poisson'schen Dehnungsanteile jeweils gleich und auch die Spannungen in den Richtungen x und y identisch sind:

$$\sigma_x^{(w)} = \sigma_y^{(w)} = \sigma^{(w)} \tag{4.27 d}$$

und

$$\sigma_x^{(k)} = \sigma_y^{(k)} = \sigma^{(k)} \tag{4.27 e}$$

Summiert man die Einzelanteile der Dehnungen, erhält man:

$$\varepsilon_x^{(w)} = \sum_i \varepsilon_{x_i}^{(w)} = \varepsilon_y^{(w)} = \sum_i \varepsilon_{y_i}^{(w)} = \alpha_\ell\,(T_{max} - T_1) + \frac{\sigma^{(w)}}{E} - \nu\,\frac{\sigma^{(w)}}{E} \tag{4.27 f}$$

ε_z ist hier belanglos, weil in z-Richtung freie Ausdehnung erfolgen kann. Analog ergibt sich für die kältere Unterseite:

$$\varepsilon_x^{(k)} = \sum_i \varepsilon_{x_i}^{(k)} = \varepsilon_y^{(k)} = \sum_i \varepsilon_{y_i}^{(k)} = \alpha_\ell\,(T_{min} - T_1) + \frac{\sigma^{(k)}}{E} - \nu\,\frac{\sigma^{(k)}}{E} \tag{4.27 g}$$

Aufgrund der Verformungskompatibilität müssen die Verformungen in den jeweiligen Richtungen auf der warmen und kalten Seite gleich sein. Man nimmt vereinfachend an, dass der E-Modul in dem Intervall ΔT über der Wand konstant sein möge, d.h. es gilt:

$$-\sigma^{(w)} = \sigma^{(k)} \tag{4.28 a}$$

Bild 4.12 zeigt den Temperatur- und Spannungsverlauf über der Bauteilwand unter den in der Bildunterschrift genannten Voraussetzungen.

Die Ober- und Unterseite verformen sich in der Summe auf denselben Wert, d.h. es gilt die Verformungsrandbedingung:

$$\varepsilon_x^{(w)} = \varepsilon_y^{(w)} = \varepsilon_x^{(k)} = \varepsilon_y^{(k)} \tag{4.28 b}$$

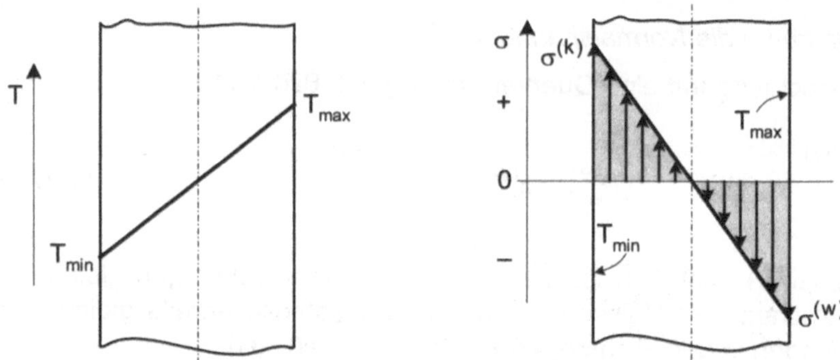

Bild 4.12 Verlauf der Temperatur und Spannung über der Wand bei einem Temperaturgefälle
Annahmen: rein elastische Verformungen; Wärmeleitfähigkeit und E-Modul im betrachteten Temperaturintervall konstant

Man setzt folglich Gl. (4.27 f) und (4.27g) gleich und berücksichtigt Gl. (4.28 a),
um die Wärmespannungen auf der Ober- und Unterseite der Platte zu erhalten:

$$\sigma^{(k)} = -\sigma^{(w)} = \frac{E \cdot \alpha_\ell \; (T_{max} - T_{min})}{2 \, (1-\nu)} \qquad\qquad (4.29)$$

Eine Festigkeitsberechnung mit diesen Wärmespannungen kann noch nicht vorgenommen werden, weil Spannungen in zwei Achsen senkrecht zueinander wirken – ähnlich wie im Fall der mehrachsig belasteten Druckbehälter (Kap. 4.7).
Aus dem Zugversuch sind nur Festigkeitskennwerte für einachsige Belastung
bekannt. Wie Mehrachsigkeit in den Festigkeitsauslegungen berücksichtigt wird,
ist Gegenstand von Kap. 13.

In *dünnwandigen* Bauteilen bauen sich geringere Wärmespannungen auf als
in dickwandigen wegen des reduzierten Temperaturgefälles über der Wand
(Prinzip „Teeglas"). Selbstverständlich muss die Wanddicke ausreichend bemessen werden, um die Primärspannungen, z.B. durch einen Innendruck bei Rohrleitungen oder Behältern, zu ertragen. Auch eine *gleichmäßige Wanddickenvertei-
lung* verringert die Wärmespannungen an Übergängen.

4.8.3 Wärmespannungen in Verbundwerkstoffen und Werkstoffverbunden

In Verbundwerkstoffen und Werkstoffverbunden kommt es zu Wärmespannungen aufgrund unterschiedlicher thermischer Ausdehnung der beteiligten Stoffe.
Bild 4.13 zeigt das Beispiel der Abkühlung einer beschichteten Platte, d.h. eines
Werkstoffverbundes, wobei die thermische Ausdehnung der Beschichtung
stärker als die des Grundwerkstoff es sein soll: $\alpha_\ell^{(S)} > \alpha_\ell^{(G)}$ (S: Beschichtung,
G: Grundwerkstoff). Um Biegung auszuschließen, soll es sich um eine beidseitig
beschichtete Platte handeln. Bei der Starttemperatur T_1 (hier die hohe Tempera-

tur) sei der Verbund frei von Wärmespannungen durch unterschiedliche Wärmedehnung, was immer dann einigermaßen zutrifft, wenn die Schicht bei dieser Temperatur die Spannungen vom vorherigen Zyklus so gut wie vollständig abgebaut (relaxiert) hat.

Die Spannungen in x- und y-Richtung werden gleich groß sein, weil die Wärmeausdehnung und –schrumpfung nach allen Seiten gleich erfolgt:

$$\sigma_x^{(G)} = \sigma_y^{(G)} = \sigma_G \qquad \text{und} \qquad \sigma_x^{(S)} = \sigma_y^{(S)} = \sigma_S \qquad (4.30\ a)$$

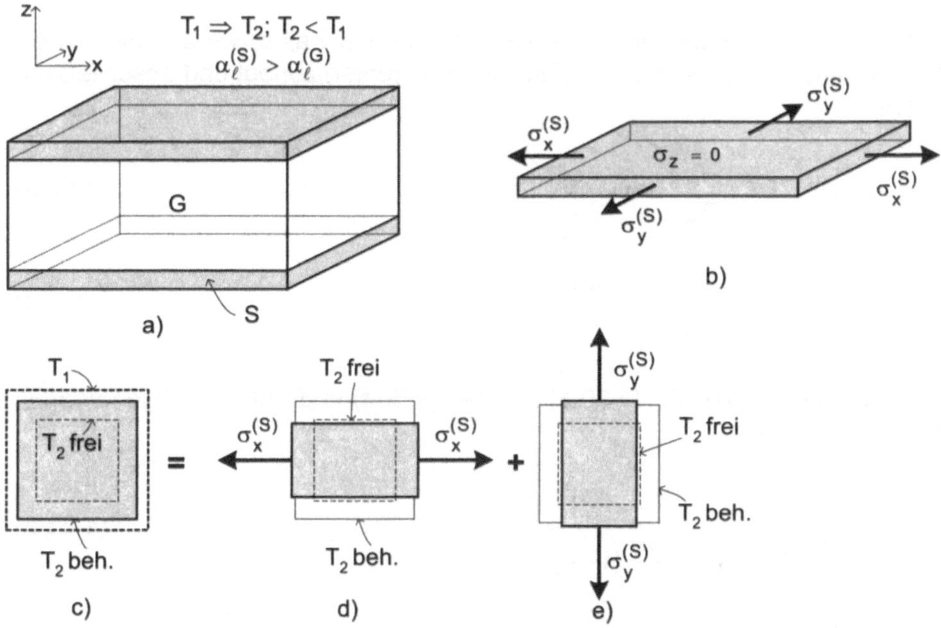

Bild 4.13 Ebener Wärmespannungszustand in einer Beschichtung für den Fall der Abkühlung und mit $\alpha_\ell^{(S)} > \alpha_\ell^{(G)}$

a) Beidseitig beschichtete Platte nach Temperaturänderung (Abkühlung)
b) Freigeschnittene Schicht; im dargestellten Fall treten bei der thermischen Verformungsbehinderung gleich große Zugspannungen in der Schicht in x- und y-Richtung auf, in z-Richtung ist die Schrumpfung unbehindert.
c) Quadratisches Spannungselement aus der Schichtoberfläche mit den Konturen im Ausgangszustand bei T_1 (punktiert), bei gedachter freier Schrumpfung auf T_2 („frei", gestrichelt) sowie nach behinderter Schrumpfung im Verbund mit dem Grundwerkstoff („beh.", durchgezogen)
d) Spannungselement aus der Schichtoberfläche ausschließlich unter der Wirkung der Spannung σ_x mit Querverformung in y-Richtung. Die Konturen für T_2 aus Bild c) sind zur Verdeutlichung mit eingezeichnet.
e) Wie d) unter der Wirkung der Spannung σ_y mit Querverformung in x-Richtung

Folgende Randbedingungen ergeben sich:

I) Kräftegleichgewicht in x- und y-Richtung: $\sigma_G\, A_G + 2\,\sigma_S\,\dfrac{A_S}{2} = 0$ (4.30 b)

Daraus: $\sigma_S = -\,\sigma_G\,\dfrac{A_G}{A_S}$ (4.30 c)

Die Flächen A_G und A_S sind die jeweiligen Querschnittsflächen in der (x; z)- oder (y; z)-Ebene.

II) Verformungskompatibilität: $\varepsilon_x = \varepsilon_y = \varepsilon_S = \varepsilon_G$ (4.30 d)

Analog zu den Wärmespannungsberechnungen unter Fall *b)* werden die Verformungen in den drei Achsen in ihre Einzelkomponenten zerlegt und anschließend summiert:

$$\varepsilon_S = \alpha_\ell^{(S)}\,\Delta T + \frac{\sigma_S}{E_S} - \nu_S\,\frac{\sigma_S}{E_S} \qquad (4.30\ e)$$

und

$$\varepsilon_G = \alpha_\ell^{(G)}\,\Delta T + \frac{\sigma_G}{E_G} - \nu_G\,\frac{\sigma_G}{E_G} \qquad (4.30\ f)$$

Durch Gleichsetzen von Gl. (4.30 e) und Gl. (4.30 f) und unter Einfügen von Gl. (4.30 c) erhält man:

$$\sigma_S = \frac{\Delta T\,E_G\,(\alpha_\ell^{(G)} - \alpha_\ell^{(S)})}{\dfrac{E_G}{E_S}\,(1-\nu_S) + \dfrac{A_S}{A_G}\,(1-\nu_G)} \qquad (4.31\ a)$$

und

$$\sigma_G = \frac{\Delta T\,E_S\,(\alpha_\ell^{(S)} - \alpha_\ell^{(G)})}{\dfrac{E_S}{E_G}\,(1-\nu_G) + \dfrac{A_G}{A_S}\,(1-\nu_S)} \qquad (4.31\ b)$$

Bei Abkühlung ist $\Delta T < 0$, so dass sich für den Fall $\alpha_\ell^{(S)} > \alpha_\ell^{(G)}$ in der Schicht Zugspannungen (+) und im Grundwerkstoff Druckspannungen (−) einstellen, wie in Bild 4.13 b) für die Schicht gezeigt. Für $A_G \gg A_S$, d.h. einer dünnen Schicht auf einer vergleichsweise dicken Bauteilwand, wird $A_S/A_G \approx 0$, und Gl. (4.31 a) vereinfacht sich zu:

$$\sigma_S = \frac{\Delta T\,E_S\,(\alpha_\ell^{(G)} - \alpha_\ell^{(S)})}{1-\nu_S} \qquad (4.31\ c)$$

Der Nenner von Gl. (4.31 b) wird für diesen Fall groß, so dass $\sigma_G \approx 0$ gilt. Dieses Ergebnis bedeutet, dass die Schicht *vollständig* die thermische Bewegung des Substrates aufgezwungen bekommt und dass umgekehrt auf den Grundwerkstoff so gut wie keine Spannungen durch die Schicht übertragen werden. Dieser Grenzfall trifft bei den meisten Bauteilen ziemlich genau zu. Man stelle sich als Beispiel ein lackiertes Karosserieblech vor, bei dem das Blech praktisch keine Spannungen durch die Lackschicht übertragen bekommt, wohl aber umgekehrt. Die Verformung des Verbundes kann dann einfach aus der thermischen Dehnung des Substrates bestimmt werden:

$$\varepsilon_S = \varepsilon_G = \alpha_\ell^{(G)}\, \Delta T \tag{4.32}$$

Die mit Gl. (4.31 c) errechneten Wärmespannungen stellen Maximalwerte dar; die tatsächlichen Spannungen in der Schicht liegen immer dann tiefer, wenn diese sich plastisch verformt und/oder kriecht und relaxiert.

Aufgaben zu Kapitel 4

4.1   Beschreiben Sie einen Versuch zur experimentellen Ermittlung von E und ν. Welche Werte müssen dazu messtechnisch erfasst werden?

4.2   An einem 50 m langen Stahlseil eines Großkranes hängt eine Masse von 2000 kg. Welchen Durchmesser muss das Seil mindestens haben, wenn es sich mit einem Sicherheitsbeiwert von 1,5 nicht plastisch verformen darf? Welches Ergebnis kommt heraus, wenn das Seil als masselos betrachtet wird?
Gegeben: $R_{p\,0,2}$ = 250 MPa, Werkstoff: Stahl mit ρ = 7,8·10^3 kg/m^3.
Lösung: d $\geq$ 12,4 mm; d* $\geq$ 12,2 mm

4.3   An einem 50 m langen Drahtseil hängt eine Last von 5 kN. Das Seil besteht aus 114 Einzeldrähten. Welchen Durchmesser muss jede Ader haben? Das Eigengewicht des Seiles ist zu berücksichtigen.
Gegeben: $R_{p\,0,2}$ = 250 MPa; S_F = 1,5; Werkstoff: Stahl mit ρ = 7,8·10^3 kg/m^3.
Lösung: d $\geq$ 0,59 mm

4.4   Ein Drahtseil der Länge L einer Förderanlage besteht aus i Einzeldrähten mit dem Durchmesser d. Welche maximale Nutzlast darf mit der Anlage gefördert werden?
Gegeben: L = 250 m; i = 150; d = 0,8 mm; σ_{zul} = 180 MPa; Werkstoff: Stahl mit ρ = 7,8·10^3 kg/m^3.
Lösung: F_{Nutz} = 12,1 kN

4.5   Eine Verbundplatte („Sandwich") aus Holz und Aluminium wird wie abgebildet seitlich durch starre Platten druckbeansprucht (**Bild 4.14**). Die Werkstoffe sind fest miteinander verbunden, z.B. verklebt. Die Kraft ist zwar als Einzellast eingezeichnet, soll aber auf die Seitenflächen gleichmäßig wirken.

   a)   Welche Spannungen bauen sich im Holz und in den Al-Platten auf?
   b)   Welche Verkürzung erfährt der Verbund?

Gegeben: $F = -10$ kN; $L = 500$ mm; $b = 100$ mm; $a_1 = 4$ mm; $a_2 = 42$ mm;
$E_{Al} = 76$ GPa; $E_{Holz} = 12$ GPa
Lösung: a) $\sigma_{Ho} = -1,1$ MPa; $\sigma_{Al} = -6,8$ MPa; b) $\Delta L = -0,045$ mm

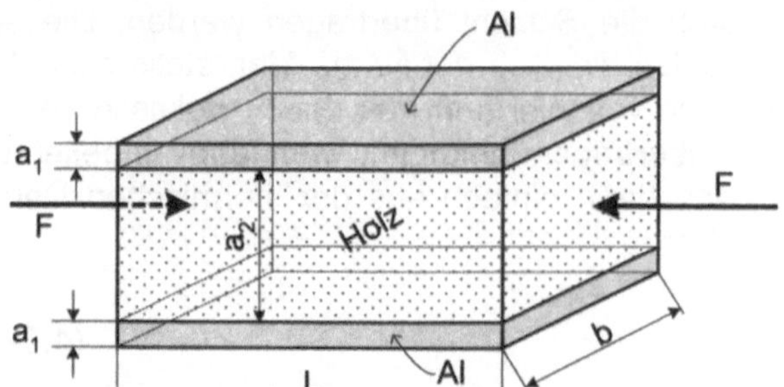

Bild 4.14 Prinzipskizze einer „Sandwichplatte" (zu Aufgabe 4.5)

4.6   Ein zylindrischer, keramikbeschichteter Stab aus Stahl wird gezogen.

a) Wie hoch sind die Spannungen im Stahl und in der Beschichtung?
b) Welche Verlängerung und Dehnung stellen sich ein?

Gegeben: Zugkraft $F = 30$ kN; Durchmesser des Stabes (Stahl) $D = 10$ mm;
$L_0 = 100$ mm; Dicke der Beschichtung $s = 0,5$ mm; $E_{St} = 210$ GPa; $E_{Ker.} = 380$ GPa

Lösung: a) $\sigma_{St} = 277$ MPa; $\sigma_B = 501$ MPa; b) $\Delta L = 0,132$ mm; $\varepsilon = 0,132\ \%$

4.7   Eine 110 kV-Hochspannungsfreileitung bestehe aus einem Aluminium/Stahl-Ver-
bundseil mit einem Gesamtquerschnitt aller Al-Adern von 240 mm^2 und aller Stahl-
Adern von 40 mm^2, siehe Prinzipskizze **Bild 4.15**. Die Seilzugkraft an den Aufhän-
gungen sei F_S, die sich als Resultierende aus einer Horizontal- und einer Vertikalkraft ergibt.

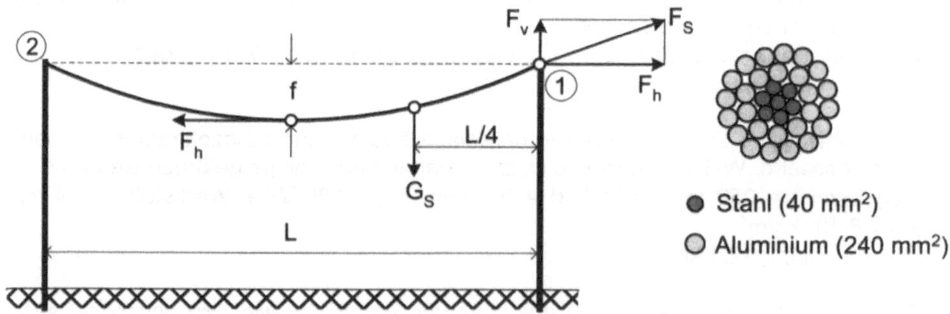

Bild 4.15 Prinzipskizze einer Freileitung (zu Aufgabe 4.7)
Das rechte Teilbild zeigt im Querschnitt ein Aluminium/Stahl-Verbundseil Al/St 240/40, wie
es für Hoch- und Höchstspannungs-Freileitungen verwendet wird.

a) Bestimmen Sie das spezifische Seilgewicht g_S (Gewicht pro Länge; nennen Sie
die Erdbeschleunigung g_E, um Verwechslungen zu vermeiden).

b) Berechnen Sie die horizontale Seilzugkraft F_h.
Hinweise: Die Gewichtskraft des *halben* Seiles, G_S, von der Aufhängung ① bis
L/2 wird als Punktlast im Schwerpunkt bei L/4 angenommen (f << L). Zusätzliche
Belastungen (z.B. Vereisung) werden hier nicht angesetzt.

c) Berechnen Sie die Spannungen, die sich in den Al-Adern und in den Stahl-Adern
aufbauen.

d) Wie ändern sich die Spannungen qualitativ, wenn sich das Seil im Sommer oder
bei stärkerer Strombelastung erwärmt?

Gegeben: Spannweite L = 250 m; E_{St} = 205 GPa; E_{Al} = 70 GPa; ρ_{St} = 7,8·10³ kg/m³;
ρ_{Al} = 2,7·10³ kg/m³; Durchhang f = 3,8 m
Lösung: a) g_S = 9,42 N/m; b) F_h = 19,4 kN; c) σ_{Al} = 54 MPa; σ_{St} = 158 MPa

4.8 Berechnen Sie die Reißlänge eines Stahls mit einer Zugfestigkeit von R_m = 350 MPa
und einer Dichte von ρ = 7,8·10³ kg/m³. Wie groß ist die elastische Dehnlänge bei einer Streckgrenze von R_e = 220 MPa? Drücken Sie die Ergebnisse in Worten aus:
Wie hat man sich die Verformung und den Bruch über der gesamten Reißstablänge
vorzustellen?
Lösung: L_m = 4,574 km; L_e = 2,875 km

4.9 Ein zylindrischer Stab wird mit einer Zugkraft von 85 kN belastet.
Gegeben: L_0 = 3 m; D_0 = 30 mm; Werkstoff: Al mit E = 70 GPa und ν = 0,3
Gesucht: σ; ε; ΔL; ε_q; ΔD; ΔV
Lösung: σ = 120 MPa; ε = 0,17 %; ΔL = 5,15 mm; ε_q = − 0,05 %;
ΔD = − 0,015 mm; ΔV = 1442 mm³ = 1,442 cm³

4.10 Diskutieren Sie, was der Sinn von Spannbeton ist. Welche Gefahr bestünde, wenn
man keine Stahlseile einzöge (siehe auch Aufgabe 10.1)? Demgegenüber werden
die Staumauern von Talsperren in der Regel ohne Stahlarmierung gebaut (weder
Stahlbeton noch Spannbeton). Warum funktioniert dies?

Bild 4.16

Spannbetonbrücke
(hier: Brücke über die Ilmenau
bei Uelzen)

4.11 Stellen Sie für einen rotierenden Stab mit konstantem Querschnitt A, der Länge L,
der Dichte ρ sowie der Drehzahl n die Funktion für den Spannungsverlauf über der
Stablänge auf. Der Stab sei an einem Ende im Drehmittelpunkt verankert; die Ab-

standskoordinate vom Mittelpunkt sei r. Zeichnen Sie die Funktion auf Millimeterpapier; Maßstäbe: $\sigma_{max} \hat{=} 10$ cm; $L \hat{=} 15$ cm.
Lösung: $\sigma(r) = 0,5\ \rho\ \omega^2\ (L^2 - r^2)$

4.12 Ein zylindrischer Stahlstab rotiert um die Einspannstelle mit der Drehzahl n.

   a) Wie groß ist die Spannung im Stab an der Lagerstelle?
   b) Der Spannungsverlauf über der Stabachse $\sigma = f(r)$ ist zu berechnen und zu zeichnen; Maßstäbe: 1 MPa $\hat{=}$ 1 mm; 1 mm Länge $\hat{=}$ 1 mm Zeichnung.

Gegeben: $L = 200$ mm; $n = 10.000$ min^{-1}; $\rho = 7{,}8{\cdot}10^3$ kg/m^3
Lösung: a) $\sigma_{max} = 171{,}1$ MPa

4.13 Eine dünnwandige Zentrifuge aus Al dreht sich ohne Inhalt.

   a) Welche maximale Drehzahl n_{max} ist durch die Eigengewichtbelastung erlaubt?
   b) Wie groß ist die Durchmesserzunahme bei n_{max}?

Gegeben: $\rho = 2{,}7$ g/cm^3; $D = 500$ mm; $\sigma_{zul} = 150$ MPa; $E = 70$ GPa
Lösung: a) $n_{max} = 150$ s^{-1} = 9000 min^{-1}; b) $\Delta D = 1{,}07$ mm

4.14 Ein runder Vollstab wird aufgeheizt.

   a) Der Stab wird um 1,5 mm länger. Wie groß ist ΔT?
   b) Welche Druckkraft macht die thermische Verlängerung wieder rückgängig (rein elastisch)?
   c) Welche Spannung ist dann im Material vorhanden?

Gegeben: $L_0 = 700$ mm; $D = 20$ mm; $E = 210$ GPa; $\alpha_\ell = 12{\cdot}10^{-6}$ K^{-1} (Stahl)

Lösung: a) $\Delta T = +178{,}6$ K; b) $F = -141{,}4$ kN; c) $\sigma = -450$ MPa

4.15 Wie groß sind die sich pro K einstellenden thermisch induzierten Spannungen bei einem völlig dehnungsbehinderten Bauteil aus einer Al-Legierung mit $E = 70$ GPa und $\alpha_\ell = 20{\cdot}10^{-6}$ K^{-1}? Ab welcher Temperaturdifferenz würde sich der Werkstoff mit einer (als temperatur*un*abhängig angenommenen) Streck- und Quetschgrenze von 180 MPa plastisch verformen?
Lösung: $\sigma_{th}/\Delta T = -1{,}4$ MPa/K; $\Delta T = 129$ K

4.16 Ein Stahlring mit einem Durchmesser von 849,2 mm soll auf eine Trommel von 850 mm Durchmesser geschrumpft werden, **Bild 4.17**.

   a) Um welche Temperatur muss der Ring mindestens erwärmt werden, um ihn kraftfrei auflegen zu können?
   b) Welche Spannung herrscht in dem Ring nach dem Erkalten und welche mechanische Dehnung hat er erfahren?
   c) Bei welcher Drehzahl würde sich der Ring ablösen, wenn die Welle-Nabe-Verbindung rotiert. Die Trommel wird als starr angenommen.

Gegeben: $\alpha_\ell = 12{\cdot}10^{-6}$ K^{-1}; $E = 210$ GPa; $\rho = 7{,}8{\cdot}10^3$ kg/m^3
Lösung: a) $\Delta T = +78{,}5$ K; b) $\sigma_{th} = +198$ MPa; $\varepsilon = 0{,}094$ %; c) $n = 60$ s^{-1}

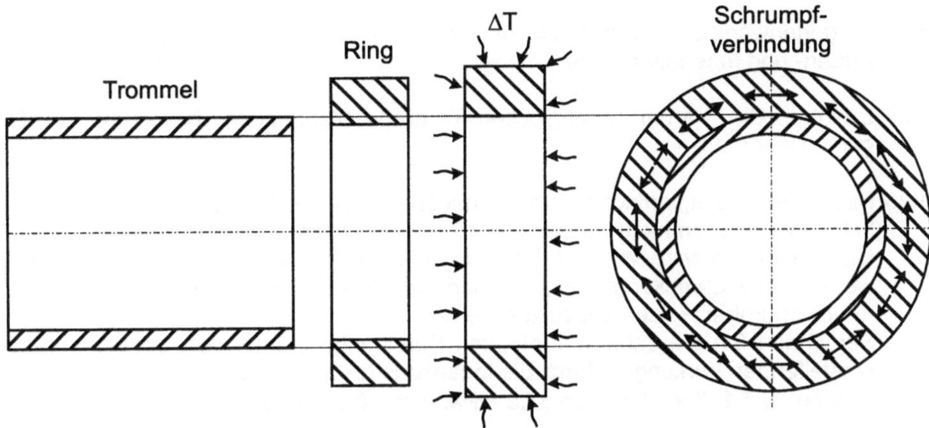

Bild 4.17 Schrumpfverbindung von Trommel und Ring
Rechts ist der Querschnitt der Schrumpfverbindung angedeutet mit den umlaufenden
Zugspannungspfeilen im Ring. Die Druckspannungen in der Trommel sind nicht ge-
zeigt, ebenso bleiben die zusätzlich auftretenden Radialspannungen unberücksichtigt.
Siehe dazu Aufgabe 11.15.

4.17 Eisenbahnschienen werden im Sommer bei 30 °C spannungsfrei verlegt. Bestimmen
Sie die im Winter bei −20 °C auftretenden Spannungen unter der Annahme, dass die
Schienen keine Längenänderung erfahren können.
Gegeben: E = 210 GPa, α_ℓ = 12·10^{-6} K^{-1}.

Lösung: σ_{th} = +126 MPa

4.18 Ein plattenförmiger Hitzeschild wird einseitig erwärmt und erreicht stationär eine
Oberflächentemperatur von 700 °C auf der heißen Seite. Auf der anderen, nicht
künstlich gekühlten Seite stellt sich eine Temperatur von 350 °C ein. Berechnen Sie
die Spannungen an der heißen und kalten Oberfläche unter der Annahme, dass die
Verformung rein elastisch erfolgt.
Gegeben: E = 170 GPa (als konstant in diesem Temperaturbereich angenommen);
v = 0,3 und α_ℓ = 16·10^{-6} K^{-1}.

Diskutieren Sie, auch wenn für eine gesamtheitliche Betrachtung noch viele Kenntnisse fehlen, was in Wirklichkeit bei diesen Temperaturen geschehen wird (Werkstoff: hitzebeständiger Stahl).
Lösung: $\sigma^{(k)}$ = + 680 MPa; $\sigma^{(w)}$ = − 680 MPa

4.19 Veranschaulichen Sie sich das thermische „Atmen" des Zylinderkopfes eines Motors.
Was geschieht, wenn der Motor oft im kalten Zustand gestartet und schnell hoch be-
lastet wird? Wodurch kann eine Zylinderkopfdichtung undicht werden? Diskutieren
Sie in diesem Zusammenhang den Sinn des Warmfahrens.

4.20 Leiten Sie die Gleichungen für die Spannungen in einem dünnwandigen kugelförmi-
gen Druckbehälter her. Vergleichen Sie die Belastung mit einem zylindrischen
Behälter bei gleichem Innendruck.
Lösung: σ_t = p R/(2 s) ; $\sigma_{r\,min}$ = − p

4.21 Vergegenwärtigen Sie sich die an einem U-Boot wirkenden Spannungen an der Außen- und Innenoberfläche.

4.22 Erläutern Sie, warum Tauchglocken für große Meerestiefen bevorzugt kugelförmig gebaut werden.

4.23 Das erste Passagierflugzeug mit Turbinenantrieb, die Comet aus den 50er Jahren, hatte einen Zellendurchmesser von 3,7 m. Die verwendete Al-Legierung besaß eine Mindeststreckgrenze von 325 MPa und die Bleche waren 0,91 mm dick. Die Zelle wurde zu Testzwecken mit einem Überdruck von 0,57 bar belastet, um die Druckdifferenz in großer Reisehöhe zu simulieren.
Berechnen Sie die dabei auftretenden Spannungen, unter der Annahme, dass alle versteifenden Wirkungen durch die Innenkonstruktion vernachlässigt werden.
Lösung: σ_t = 115,9 MPa; σ_a = 57,9 MPa; σ_r = – 0,06 MPa

4.24 Erklären Sie, warum eine Heißwurst *längs* aufplatzt, wenn sie zu lange in kochendem Wasser liegt. ☺

4.25 Begründen Sie, warum Sie mit den vorhandenen Kenntnissen noch keine Festigkeitsauslegung für Maschinenelemente und Bauteile vornehmen können, bei denen Spannungen in mehreren, senkrecht zueinander liegenden Richtungen wirken (z.B. bei einem Druckbehälter oder bei Wärmespannungen in einer Ebene).

5 Scherung

Als zweite Grundbelastungsart nach der Zug- und Druckbelastung wird die Scherung, auch als Schubverformung bezeichnet, vorgestellt. In Bild 3.1 ist prinzipiell gezeigt, wie man sich Scherung vorzustellen hat, und es ist angedeutet, welche Maschinenelemente dieser Belastung ausgesetzt sind.

Als *direkte Scherung* bezeichnet man Belastungen, bei denen die Scherspannungen unmittelbar durch Angreifen äußerer Kräfte entstehen, die das Material abzuscheren versuchen, wie z.B. beim Bolzen eines Zugankers oder einer Kette, **Bild 5.1**. Direkte Scherung kann außerdem bei Kolbenbolzen, Nut/Feder-Verbindungen, Nieten, Schweiß- und Klebeverbindungen auftreten (siehe auch Bild 3.1). Auch ein Schwingmetall, ein so genannter Silentblock, das aus einem zwischen Metallplatten eingeklebten Gummiklotz besteht und zur schwingungsdämpfenden Lagerung von Maschinen und Motoren eingesetzt wird, ist direkter Scherung ausgesetzt.

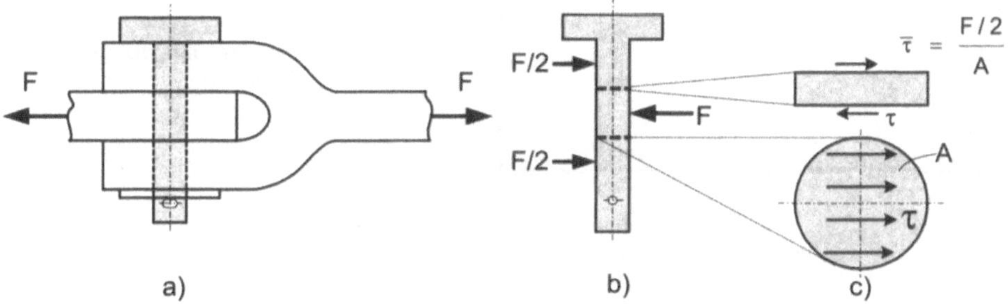

Bild 5.1 Scherung an einem Zugankerbolzen oder Kettenbolzen
a) Prinzipskizze
b) Bolzen mit den angreifenden Kräften und den Scherflächen (gestrichelt)
c) Gescherte Scheibe mit infinitesimaler Dicke stark vergrößert sowie Draufsicht auf die
   Scheibe mit der als gleichmäßig verteilt angenommenen Schubspannung τ.

Scherspannungen werden *indirekt* hervorgerufen bei all den anderen Belastungen, also bei Zug- und Druckbelastung, Torsion und Biegung, was in nachfolgenden Kapiteln behandelt wird.

Scherung wird durch Kräfte verursacht, die *parallel* (tangential) zu den belasteten Flächen liegen und Scher- oder Schubspannungen erzeugen. Beim Bolzen in Bild 5.1 stellen die gescherten Flächen die gestrichelt gezeichneten Querschnittsflächen dar. Nun lässt sich Scherung nicht an einer *Fläche* bewerkstelligen; verformt wird stets ein Volumen. Dies hat man sich im dargestellten Fall als eine dünne Querschnittsscheibe vorzustellen, an welcher idealisiert eine gleichmäßige Verteilung der Schubspannungen in den Stirnflächen vorliegt (die tatsächliche Verteilung ist inhomogen, man rechnet bei Scherung aber meist mit dem Mittelwert $\bar{\tau}$).

Der Scherkraft auf der einen Seite muss eine gleich große, entgegengesetzt gerichtete Scherkraft auf der anderen Seite gegenüberstehen, um statische Verhältnisse einzustellen. Da die Flächen, auf welche die Kräfte wirken, gleich groß sind, sind auch die Schubspannungen τ gleich groß.

Um die Verformung bei der Scherung zu verdeutlichen, zeigt **Bild 5.2** ein quaderförmiges Element unter Anliegen der Schubspannungen τ. Sie bewirken eine Verschiebung der Probe oder des Elementes um den Scherwinkel Θ. Die Scherung γ (andere gebräuchliche Ausdrücke: Gleitung, Schiebung, Scherdehnung, Abscherung) ist definiert als:

$$\gamma := \tan \Theta = \frac{a}{h} \approx \Theta \qquad\qquad (5.1)$$

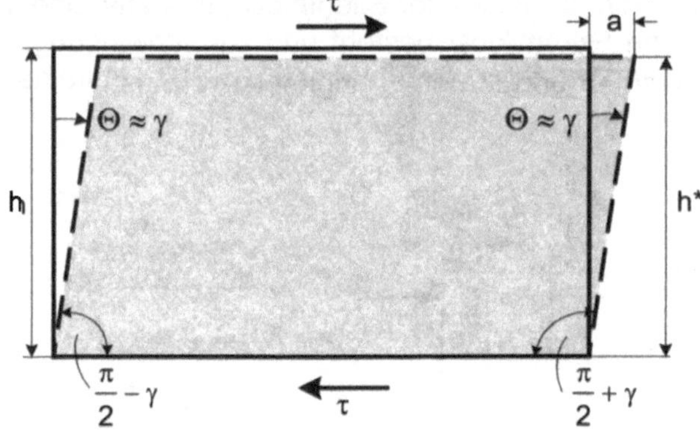

Bild 5.2

Verformung bei der Scherung

Die Näherung gilt bei nicht zu großen Scherwinkeln (bis ca. 10°), wie sie bei rein elastischen Verformungen bei vielen Werkstoffen auftreten (Θ im Bogenmaß!). Scherwinkel und Scherung sind also gleich groß. Durch Scherung werden aus ehemals rechten Winkeln spitze oder stumpfe Winkel.

Zwischen der Schubspannung und der Scherung besteht analog zum (σ; ε)-Verhalten für die meisten Werkstoffe im elastischen Bereich ein linearer Zusammenhang nach dem *Hooke'schen Gesetz für Scherung*:

$$\tau = G\,\gamma \qquad\qquad (5.2)$$

Diese Definition liefert nach E und ν die dritte elastische Konstante G, den *Gleit-* oder *Schubmodul*. Anders als beim E-Modul im Zug- und Druckversuch misst man den Schubmodul nicht in einem direkten Scherversuch, welcher umständlich durchzuführen wäre. Entweder bestimmt man ihn rechnerisch aus den beiden anderen elastischen Konstanten E und ν (Kap. 6, Gl. 6.4) oder experimentell im Torsionsversuch (Kap. 8.2). Sofern keine Werte vorliegen, wird G rechnerisch ermittelt.

Die Schubspannungen, welche an einem kleinen Element des Materials, wie z.B. der dünnen Scheibe in Bild 5.1, angreifen, müssen genauer betrachtet werden, um den vollständigen Spannungszustand zu erfassen. An dem in **Bild 5.3** gezeigten Element soll eine Schubspannung τ_{yx} an der Oberseite herrschen (Indizierung von Schubspannungen siehe Kap. 2). Aus Gründen der Statik in x-Richtung muss eine gleich große, entgegengesetzt gerichtete Schubspannung an der Unterseite herrschen, die dieselbe Indizierung bekommt: τ_{yx} (im Gleichgewicht stehen die Scher*kräfte*; weil die Bezugsflächen gleich sind, sind auch die Spannungen gleich). Dieses paarweise Auftreten von Spannungen ist auch von den Normalspannungen her geläufig.

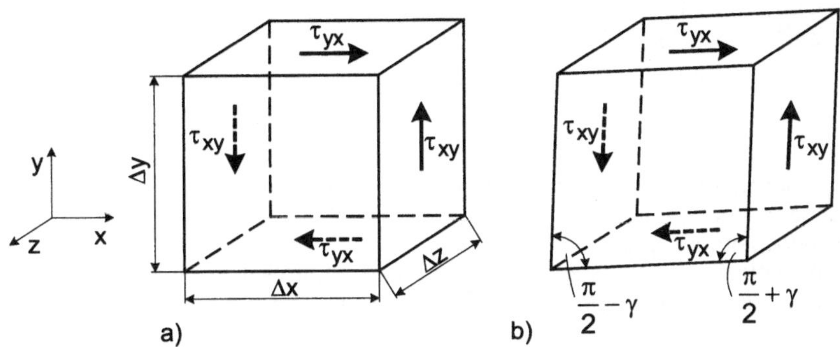

Bild 5.3 Zur Veranschaulichung des Gesetzes der zugeordneten Schubspannungen
a) Kubisches Würfelelement mit vollständiger Angabe der Schubspannungen
b) Das Würfelelement verformt sich durch Scherung zu einem Parallelepiped (Spat)

Die Scher*kräfte* an dem Element in Bild 5.3 haben den Betrag $F_x = \tau\,\Delta x\,\Delta z$ in x-Richtung an der Ober- und Unterseite. Dieses Scherkräftepaar übt auf das Element ein Drehmoment um die z-Achse aus. Wiederum aus statischen Gleichgewichtsgründen muss dieses Moment durch ein gleich großes, aber in Gegenrichtung drehendes Moment kompensiert werden, ansonsten würde sich das Element im ganzen Bauteil drehen. Es treten demnach auch Scherkräfte gleicher Größe an den *Seitenflächen* des Elementes auf: $F_y = \tau\,\Delta y\,\Delta z = F_x$. Da die Flächen gleich groß sind, müssen dies auch die Schubspannungen betragsmäßig sein. Gemäß der Indizierungsvereinbarung erhält die entsprechende senkrecht zu τ_{yx} wirkende Schubspannung die Bezeichnung τ_{xy}.

An dieser Stelle muss nun die in Kap. 2 aufgeschobene Vorzeichenvereinbarung für Schubspannungen vorgestellt werden. Man mag sich fragen, wozu eine solche überhaupt notwendig ist, denn in welche Richtung ein Element geschert wird, müsste für den Werkstoff gleichgültig sein (anders als bei Zug und Druck). Vordergründig stimmt dies, doch bei Überlagerung mit anderen Belastungen muss die jeweilige Richtung eindeutig sein. Bedauerlicherweise ist die Vorzeichenvereinbarung für Schubspannungen in der Literatur unübersichtlich und gelegentlich widersprüchlich; innerhalb eines Buches wird sie sogar manchmal gewechselt. Um diese Verwirrung zu vermeiden, wird im Folgenden konsequent nur eine Definition benutzt, und zwar diejenige, welche später zur Konstruktion des Mohr'schen Spannungskreises zweckmäßig ist (Kap. 11):

Ein *positives* Schubspannungspaar erzeugt für ein Spannungselement oder den ganzen Körper ein Moment *im* Uhrzeigersinn, ein *negatives* Schubspannungspaar dreht das Element im *Gegen*uhrzeigersinn, **Bild 5.4**.

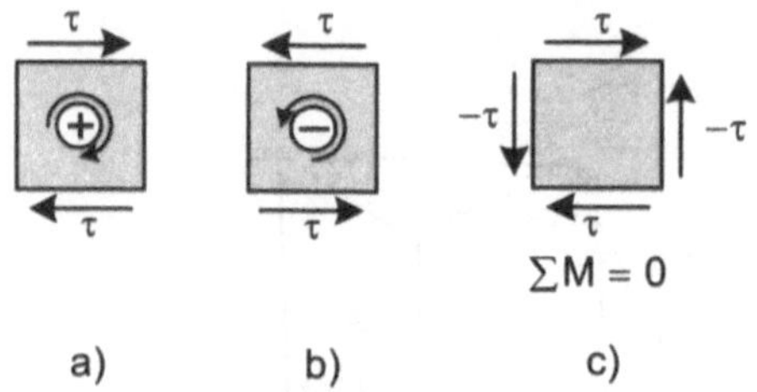

$$\sum M = 0$$

a)   b)   c)

Bild 5.4 Zur Vorzeichenvereinbarung von Schubspannungen
a) Positives Schubspannungspaar
b) Negatives Schubspannungspaar
c) Gleichgewicht an einem Spannungselement durch zwei gegenläufig drehende Schubspannungspaare (Gesetz der zugeordneten Schubspannungen)

Wenn man diese Regelung anwendet, ergeben sich in den erwähnten Mohr'schen Spannungskreisen die korrekten Richtungen der Spannungen und Winkel zueinander. In Zusammenhang mit der Vorzeichenvereinbarung für Torsionsmomente (Kap. 8.1) wird auf die Zweckmäßigkeit dieser Konvention noch einmal eingegangen. Mit dieser Definition ist sinnvollerweise festgelegt, dass Schubspannungspaare, die entgegengesetzte Momente erzeugen, auch unterschiedliche Vorzeichen erhalten. In Bild 5.3 sowie Bild 2.4 gilt folglich:

$$\begin{aligned}
\tau_{xy} &= -\,\tau_{yx} \\
\tau_{xz} &= -\,\tau_{zx} \\
\tau_{yz} &= -\,\tau_{zy}
\end{aligned}$$

(5.3)

Bei Schubkräften und -spannungen sind – anders als bei Normalkräften und -spannungen – stets *vier Pfeile* einzuzeichnen, um statisches Gleichgewicht herzustellen.

Diesen Sachverhalt bezeichnet man als das *Gesetz der zugeordneten Schubspannungen*, der sich in folgende Teilaussagen gliedern lässt:

Die Scherverformung (Scherung), die in Bild 5.2 zur Definition nur für *eine* Kante und die gegenüberliegende dargestellt ist, kommt in Bild 5.3 b) vollständig zum Ausdruck. Ein Würfelelement wird zu einem Parallelepiped (= Spat) verformt; die Front- und Rückfläche werden zu Rhomben, die übrigen bleiben Quadrate.

Bei Scherung handelt es sich immer um einen *mehrachsigen*, hier: ebenen, *Spannungszustand* (siehe Kap. 11.2). Festigkeitskennwerte liegen aber nur für den einachsigen Zug- und Druckversuch vor. Deshalb ist eine einfache Festigkeitsauslegung eines scherbeanspruchten Bauteils nicht ohne weitere Annahmen möglich (siehe Kap. 13).

Aufgaben zu Kapitel 5

5.1 Was besagt das Gesetz der zugeordneten Schubspannungen? Erläutern Sie dieses Gesetz und zeichnen Sie ein ebenes Spannungselement mit daran angreifenden Schubspannungen.

5.2 Die an einer Passfeder zur Welle/Nabe-Verbindung wirkende *mittlere* Schubspannung ist zu berechnen, **Bild 5.5**.
Gegeben: M_t = 120 N m; D = 20 mm; b = 8 mm; h = 5 mm; L = 15 mm
Lösung: τ = 100 MPa

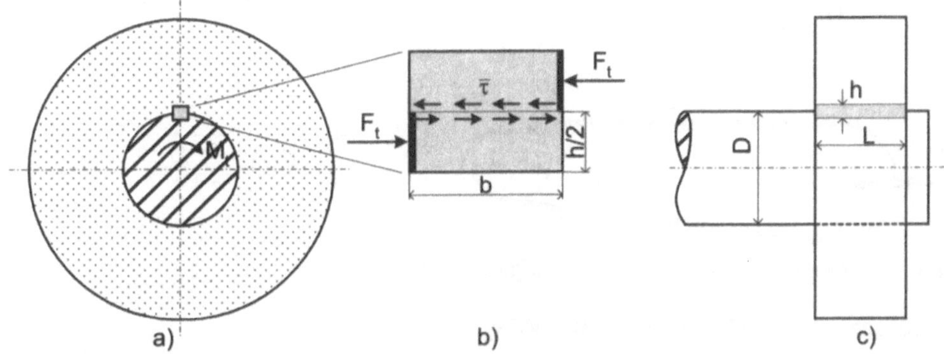

Bild 5.5 Welle/Nabe-Verbindung mittels einer Passfeder (Aufgabe 5.2)
a) Querschnitt
b) Passfeder vergrößert mit angreifender Umfangskraft (Tangentialkraft) F_t und den Schubspannungen in der Mittenebene (Schubspannungen als homogen verteilt angenommen; entspricht dem Mittelwert)
c) Seitenansicht

5.3 **Bild 5.6** zeigt eine Kupplung, an welcher zwischen zwei Wellen ein Drehmoment von
$M = 160$ kN m übertragen werden soll. Die Kupplung ist mit 10 Bolzen auf dem Umfang verschraubt; die Bohrungsmittelpunkte liegen auf einem Kreis mit dem Radius
$R = 185$ mm und der Bolzendurchmesser beträgt $D = 40$ mm. In erster Näherung wird davon ausgegangen, dass allein die Bolzen das Moment übertragen; zusätzliche Reibung über die Flächenpressung der Flansche wird vernachlässigt.
Wie groß sind die mittleren Scherspannungen in den Bolzen?
Lösung: $\tau = 69$ MPa

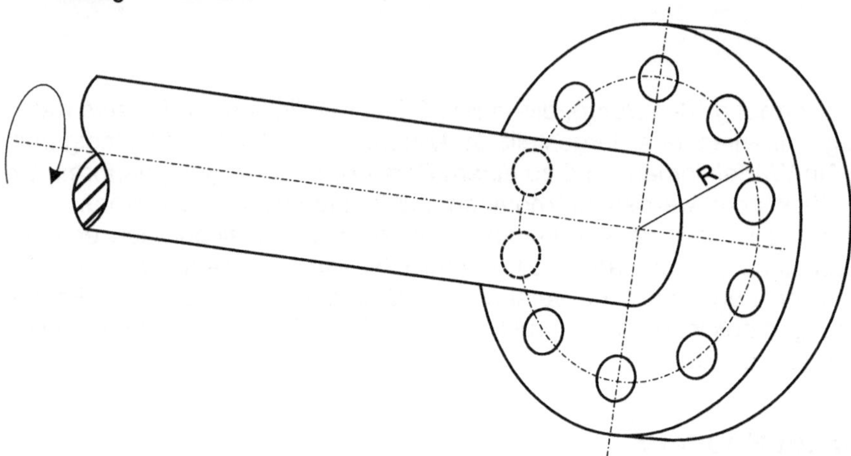

Bild 5.6 Wellenkupplung mit 10 Kupplungsbolzen auf dem Umfang (zu Aufgabe 5.3)

5.4 Eine Fahrradkette soll festigkeitsmäßig ausgelegt werden. Gemäß **Bild 5.7** wird die
Kraft auf jeweils eines der Pedale $F_P = 500$ N betragen (auf das jeweils gegenüberliegende Pedal soll keine Kraft gleichzeitig aufgebracht werden). Die Länge der Tretkurbel beträgt $L = 180$ mm, der Radius des Kettenrades $R = 85$ mm. Der festigkeitsmäßig schwächste Teil der Kette sind die Verbindungsstifte.
a) Wie groß ist die in der Kette auftretende Zugkraft F_K?
b) Wie groß ist die mittlere Scherspannung in den Stiften bei einem Durchmesser
von $D = 2,5$ mm?

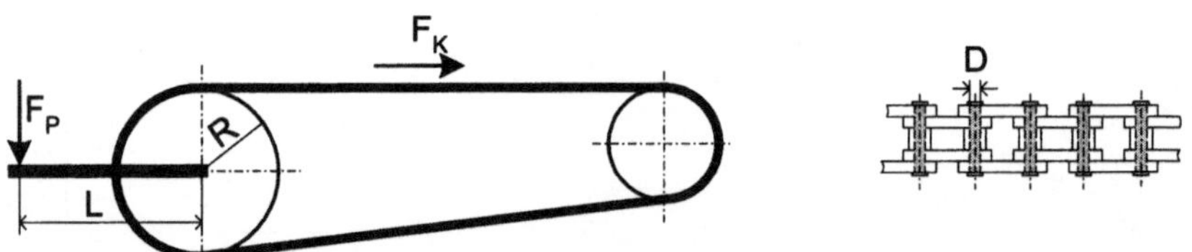

Bild 5.7 Kettenantrieb am Fahrrad (zu Aufgabe 5.4)

Lösung: a) $F_K = 1059$ N; b) $\tau = 108$ MPa

5.5 Begründen Sie, warum Sie mit den vorhandenen Kenntnissen noch keine Festigkeitsauslegung für scherbeanspruchte Maschinenelemente durchführen können.
Warum gibt man keine zulässige Scherspannung τ_{zul} an?

6 Zusammenhang zwischen den elastischen Konstanten

Die elastischen Konstanten E, G und ν sind keine voneinander unabhängigen Größen, sondern zwei von ihnen legen jeweils die dritte fest. Diese Verknüpfung wird im Folgenden anhand des schon vorgestellten einachsigen Zugversuches hergeleitet, wobei die Herleitungsprozedur für das weitere Verständnis entbehrlich ist – das Endergebnis ist entscheidend.

Bei den Belastungsarten, die von außen durch Normalkräfte hervorgerufen werden – Zug, Druck und Biegung –, treten im Innern der Körper auch Schubspannungen auf, und umgekehrt gibt es innere Normalspannungen bei den Belastungsarten Scherung und Torsion, die von außen durch Scherkräfte zustande kommen. Dieser Sachverhalt, der in Kap. 11 noch ausführlich analysiert wird, ist der Grund für den Zusammenhang zwischen den elastischen Konstanten E, G und ν und muss bei der Herleitung herangezogen werden.

Dazu wird gemäß **Bild 6.1** ein Zugstab betrachtet, in welchen man sich ein Quadrat unter 45° hineingelegt denkt. Unter diesem Winkel sind die inneren Schubspannungen maximal (siehe Kap. 11.1). Die Dehnung in Längsrichtung und die Kontraktion quer dazu kann man sich als zusammengesetzte Formänderung aus Dehnung unter der maximalen Normalspannung σ_x und Scherung unter der maximalen Schubspannung τ_{max} vorstellen.

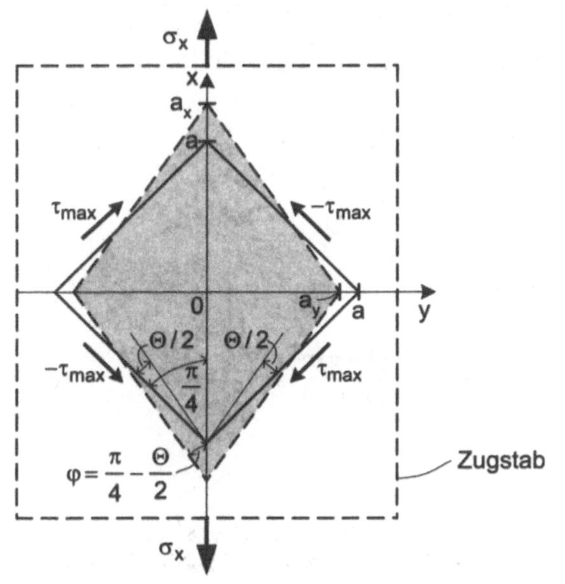

Bild 6.1

Verformung eines Flächenelementes in einem Zugstab unter der Zugspannung σ_x

Bei Anlegen der äußeren Spannung σ_x verformt sich das Quadrat (durchgezogen) zu einem Rhombus (gestrichelt). Das Quadrat möge durch die halbe Diagonalenlänge a definiert sein, der Rhombus durch die halbe lange Diagonale a_x und die halbe kurze Diagonale a_y. Die Streckung in x-Richtung beträgt dann $\Delta a_x = a_x - a = a\,\varepsilon_x$ und somit $a_x = a(1+\varepsilon_x)$. Die Kontraktion in y-Richtung berechnet sich mit $\varepsilon_y = -\nu\,\varepsilon_x$ (s. Gl. 4.7) zu $\Delta a_y = a_y - a = a\,\varepsilon_y = -a\,\nu\,\varepsilon_x$ und folglich $a_y = a(1-\nu\,\varepsilon_x)$.

Mit diesen beiden Diagonalenabschnitten kann der spitze (halbe) Öffnungswinkel φ des Rhombus bestimmt werden:

$$\tan\varphi = \frac{a_y}{a_x} = \frac{1-\nu\,\varepsilon_x}{1+\varepsilon_x} \tag{6.1}$$

Nun muss die Beziehung dieses Öffnungswinkels zur Scherung hergestellt werden. Dazu ist in Bild 6.1 das untere Ende des Rhombus parallelverschoben bis zum ursprünglichen Quadrat (punktiert). Neigt man den Rhombus auf einer Seite deckungsgleich mit dem Quadrat, so tritt auf der anderen Seite der *volle* Scherwinkel Θ auf (vgl. Bild 5.2). In der gezeichneten spiegelsymmetrischen Anordnung besteht also zwischen der Quadrat- und der Rhombusseite jeweils der halbe Scherwinkel $\Theta/2$. Der spitze (halbe) Öffnungswinkel des Rhombus beträgt somit $\varphi = \dfrac{\pi}{4} - \dfrac{\Theta}{2}$ (Bogenmaße!), wie in Bild 6.1 eingetragen. Zum Einsetzen in Gl. (6.1) wird das Additionstheorem benötigt: $\tan(\alpha-\beta) = \dfrac{\tan\alpha - \tan\beta}{1+\tan\alpha\,\tan\beta}$. Man erhält unter weiterer Berücksichtigung von $\tan(\pi/4) = 1$ sowie Gl. (5.1):

$$\tan\varphi = \tan\left(\frac{\pi}{4} - \frac{\Theta}{2}\right) = \frac{\tan\dfrac{\pi}{4} - \tan\dfrac{\Theta}{2}}{1+\tan\dfrac{\pi}{4}\,\tan\dfrac{\Theta}{2}} = \frac{1-\tan\dfrac{\Theta}{2}}{1+\tan\dfrac{\Theta}{2}} = \frac{1-\dfrac{\gamma}{2}}{1+\dfrac{\gamma}{2}} \tag{6.2}$$

Gleichsetzen von Gl. (6.1) und (6.2) liefert:

$$\frac{1-\nu\,\varepsilon_x}{1+\varepsilon_x} = \frac{1-\gamma/2}{1+\gamma/2} \qquad \text{oder} \qquad \gamma = \frac{\varepsilon_x(1+\nu)}{1+\underbrace{\dfrac{\varepsilon_x(1-\nu)}{2}}_{\ll 1}} \approx \varepsilon_x(1+\nu) \tag{6.3}$$

Bei kleinen Dehnungen ε_x im elastischen Bereich und mit $(1-\nu)2 \approx 0{,}35$ ist der zweite Summand des Nenners sehr klein gegen 1, so dass der Nenner etwa zu 1 gesetzt werden kann. Hiermit ist nun zunächst der Zusammenhang zwischen der Scherung unter 45° und der Längsdehnung über die Querkontraktionszahl hergestellt.

Die bekannten Zusammenhänge $\varepsilon_x = \sigma_x / E$ (Gl. 4.3) und $\gamma = \tau_{max} / G$ (Gl. 5.2) werden nun eingesetzt. Außerdem besteht zwischen der außen anliegenden Zugspannung σ_x und der maximalen inneren Schubspannung unter 45° die Beziehung $\sigma_x = 2\,\tau_{max}$, die in Kap. 11.1 hergeleitet wird. Prinzipiell hätte auch jedes andere Flächenelement, das nicht unter 45° zur Hauptachse liegt, analysiert werden können. Alle Zusammenhänge wären dann aber nur unnötig verkompliziert worden.

Mit diesen Gleichungen erhält man insgesamt die gesuchte Verknüpfung zwischen den drei elastischen Konstanten:

$$\frac{\tau_{max}}{G} = \frac{\sigma_x}{2G} = \frac{\sigma_x}{E}\,(1+\nu)$$

und daraus:

$$G = \frac{E}{2\,(1+\nu)} \tag{6.4}$$

Mit $\nu \approx 0{,}3$ beträgt $G \approx 0{,}38\,E$ und umgekehrt $E \approx 2{,}6\,G$. Der Schubmodul braucht also nicht separat gemessen zu werden, was im Torsionsversuch möglich wäre (siehe Kap. 8.2), sondern kann aus den beiden elastischen Konstanten des Zugversuches, E und ν, berechnet werden.

Aufgaben zu Kapitel 6

6.1 Berechnen Sie die Schubmoduln für Stähle, Kupfer- und Aluminiumlegierungen auf Basis der Daten in Tabelle 4.1.
Lösung: $G_{St} \approx 79$ GPa; $G_{Cu} \approx 50$ GPa; $G_{Al} \approx 27$ GPa

6.2 Für eine Messinglegierung werden folgende Angaben gemacht: E = 113 GPa und G = 36.500 MPa. Können diese Werte stimmen? Begründen Sie Ihre Antwort präzise (beachten Sie Kap. 4.3).

7 Flächenmomente

An dieser Stelle wird das Kapitel „Flächenmomente" eingeschoben, weil die Zusammenhänge daraus für die Behandlung der Grundbelastungsarten „Torsion" und „Biegung" benötigt werden.

7.1 Flächenmomente 1. Ordnung, Schwerpunktbestimmung

Für nachfolgende Berechnungen wird es erforderlich sein, die Lage des Schwerpunktes von Flächen und die mathematische Formulierung so genannter Flächenmomente 1. Ordnung zu kennen.

Der Schwerpunkt von *Körpern* ist leicht vorstellbar als derjenige Punkt, in welchem man sich die gesamte Masse konzentriert denken kann. Unterstützt man diesen Punkt, so befindet sich der Körper in einem labilen Gleichgewicht. Dies bedeutet, dass die Summe aller Drehmomente, welche kleine Gewichtskraftinkremente mit ihrem Hebelarm, dem Abstand vom Schwerpunkt, erzeugen, um den Schwerpunkt gleich null ist, sie sich also insgesamt gegenseitig aufheben.

Bei der Schwerpunktbestimmung von *Flächen* geht man von Drehmomenten aus, die durch Flächeninkremente, d.h. Teilflächen ΔA oder infinitesimale Flächenausschnitte dA, entstehen. Dabei ist es hilfreich, sich trotzdem einen Körper in Form einer dünnen Scheibe vorzustellen, dessen Stirnfläche mit der betrachteten Fläche identisch ist, für die der Schwerpunkt gesucht wird, so als würde man die Fläche aus einem Blatt Papier ausschneiden. Auch bei dicken Scheiben oder langen Profilen reicht die Gleichgewichtsbetrachtung in der Querschnittsebene, solange die Dicke und die Masseverteilung (Dichte) des Körpers überall gleich sind. Die Lage des Körperschwerpunktes ergibt sich dann einfach bei der Hälfte der Dicke bzw. Länge.

Bild 7.1 zeigt eine beliebig geformte Fläche A, deren Schwerpunkt S sein soll. Für die Gleichgewichtsbetrachtung muss ein Koordinatensystem eingeführt werden, wobei im Folgenden die *Schwerachsen* stets als x und y bezeichnet werden. Schwerachsen sind diejenigen senkrecht zueinander stehenden Achsen, um die herum Gleichgewicht herrscht und die sich im Schwerpunkt kreuzen. Man könnte sich also die Fläche A ausschneiden und einmal unter die x- und dann unter die y-Achse ein Lineal hochkant legen. Die Fläche sollte sich beide Male im Gleichgewicht halten. Auch bei Unterstützung nur im Punkt S wird sich die Fläche in Ruhe befinden (bitte nicht ausprobieren, weil S und die Schwerachsen in Bild 7.1 nur per Augenmaß eingezeichnet wurden. Außerdem ist ein Stück Papier zu labil).

Es gibt für jede Fläche nicht nur ein einziges Schwerachsenpaar, sondern eine Schar jeweils zueinander senkrecht stehender Achsen, die sich im Schwerpunkt schneiden. So könnten die Achsen x und y in Bild 7.1 auch gedreht werden, und die Gleichgewichtsbedingung bliebe erfüllt. Bei technischen Profilen, z.B. Rechteck- oder U-Profilen, gibt man jedoch immer ein ganz bestimmtes

Schwerachsenpaar an, weil bei Biegebelastung praktisch nur um eine dieser Achsen gebogen wird und selten in einem beliebigen Winkel dazu.

Innerhalb der Fläche werden Flächenstücke ΔA oder infinitesimal als dA betrachtet, wobei gilt:

$$A = \sum_{i=1}^{n} \Delta A_i = \int_A dA \qquad (7.1)$$

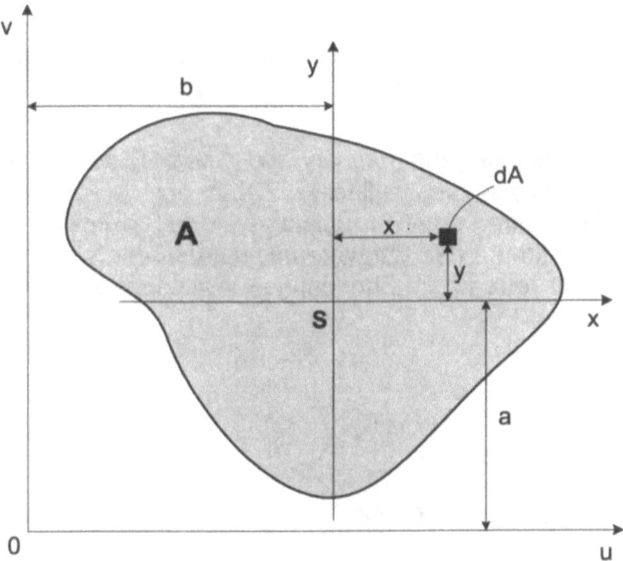

Bild 7.1 Zur Schwerpunktbestimmung von Flächen

Die Lage des Schwerpunktes ergibt sich aus der Summe aller Flächendrehmomente analog zu den obigen Überlegungen zum Körperschwerpunkt. Man stellt man sich das Experiment mit dem Lineal z.B. bezüglich der x-Achse vor: Alle Flächeninkremente oberhalb dieser Achse müssen, multipliziert mit ihren positiven Abständen y, sich das Gleichgewicht halten mit allen Flächeninkrementen unterhalb der x-Achse mit den negativen Abständen y. Analog gilt das Gleiche für das Gleichgewicht bezüglich der y-Schwerachse. Mathematisch formuliert:

$$\sum_{i=1}^{n}(\Delta A_i \cdot y_i) = \int_A y\, dA = 0 \quad \text{und} \quad \sum_{i=1}^{n}(\Delta A_i \cdot x_i) = \int_A x\, dA = 0 \qquad (7.2\ a, b)$$

Man spricht bei den Produkten aus Fläche und Hebelarm von den *Flächenmomenten 1. Ordnung*. x und y nehmen, wie bereits erwähnt, positive und negative Werte an.

In Bild 7.1 sind zusätzlich die Achsen u und v parallel zu den Schwerachsen x und y im Abstand a bzw. b eingezeichnet. Es kommt für die Berechnung der Flächenträgheitsmomente (Kap. 7.2) vor, dass man die Lage des Schwerpunktes S in einem beliebigen (u; v)-Koordinatensystem kennen muss. Man kann sich vorstellen, dass auf der jeweils anderen Seite der Achse u oder v eine Gegenfläche gleicher Größe A im Abstand a bzw. b liegt. Diese Gegenfläche denkt man sich konzentriert in einem Punkt (hier ist die Konzentration der Masse in einem Punkt anschaulicher). Nun lässt sich das Momentengleichgewicht wie folgt beschreiben:

$$A \cdot a = \sum_{i=1}^{n}(\Delta A_i \cdot v_i) = \int_A v\,dA \quad \text{und} \quad A \cdot b = \sum_{i=1}^{n}(\Delta A_i \cdot u_i) = \int_A u\,dA \qquad (7.3\ a, b)$$

Dieser allgemein formulierte Rechenvorgang wird anhand eines U-Profils nach **Bild 7.2** verdeutlicht, weil in der Praxis die Teilflächen ΔA_i immer mit endlicher Größe so einzuteilen sind, dass deren Schwerpunktlage sofort ersichtlich ist. Beim U-Profil ist der vertikale Abstand a des Schwerpunktes von der Grundlinie, hier als Hilfsachse u bezeichnet, gefragt, die horizontale Position ist in diesem Fall von vornherein klar bei b/2.

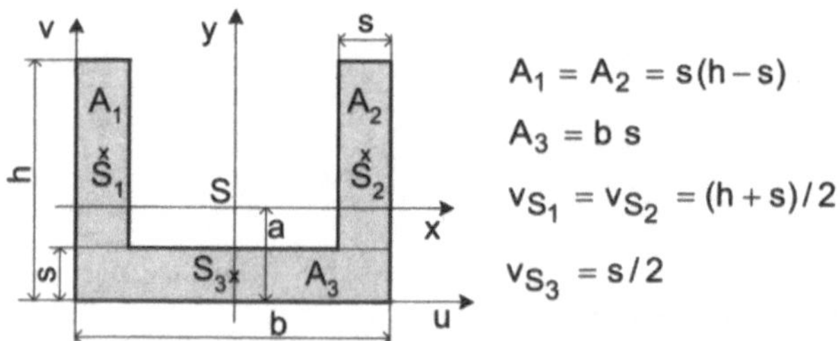

Bild 7.2 Schwerpunktbestimmung eines U-Profils

Das Profil wird in die rechteckigen Teilflächen A_1, A_2 und A_3 zerteilt. Deren Schwerpunktentfernung in v-Richtung von der u-Achse ist bekannt. Die Anwendung von Gl. (7.3 a) ergibt nun:

$$A \cdot a = \sum_{1}^{3}(\Delta A_i \cdot v_i) = A_1\,\frac{h+s}{2} + A_2\,\frac{h+s}{2} + A_3\,\frac{s}{2} \qquad (7.4\ a)$$

Setzt man die Flächen A sowie A_1 bis A_3 ein, erhält man letztlich für den Schwerpunktabstand a des U-Profils:

$$a = \frac{h^2 - s^2 + bs/2}{2(h-s)+b} \qquad (7.4\ b)$$

7.2 Flächenmomente 2. Ordnung, Flächenträgheitsmomente

Bei Zug-, Druck- und reiner Scherbelastung kann die sich einstellende Normal- bzw. Scherspannung gemäß Gl. (2.1) einfach durch die aus der Statik berechnete Kraft und die *Größe* der belasteten Fläche ermittelt werden. Für die aus der Belastung resultierende Verformung ist ebenfalls nur der Wert der Fläche maßgeblich, nicht jedoch deren Geometrie.

Bei *Torsions-* und bei *Biegebelastung* spielt für die sich aufbauenden Spannungen und Verformungen zusätzlich die *Geometrie* der Fläche und ihre *Lage zur Torsions-* bzw. *Biegeachse* eine Rolle. Anschaulich wird dies klar bei der Biegung eines Flachprofils, z.B. eines Lineals: Hochkant biegt es sich fast gar nicht durch und quer erheblich stärker bei gleicher Kraft und gleichem Querschnitt. Man spricht von *biegeharter* und *biegeweicher* Achse.

7.2.1 Axiales Flächenträgheitsmoment

Die Trägheit eines Querschnittsprofils gegen Durchbiegung wird durch das axiale Flächenträgheitsmoment (FTM) ausgedrückt. Analog ist das Massenträgheitsmoment ein Maß für die Trägheit eines rotierenden Körpers bei Änderung der Rotationsgeschwindigkeit. Um die Lage zur Biegeachse kennzeichnen zu können, legt man ein Achsenkreuz an. **Bild 7.3** verdeutlicht den einfachen Fall eines Rechteckquerschnittes mit dem Achsenursprung im Flächenschwerpunkt. Wie in Kap. 7.1 erläutert, stellen die Achsen x und y ein Schwerachsenpaar dar, und zwar aus der Schar der vielen senkrecht zueinander stehenden Schwerachsen dasjenige, welches für Biegebelastung relevant ist. Wenn im Folgenden von Größen bezogen auf die Schwerachsen die Rede ist, so sind stets diese besonderen Schwerachsen gemeint, die auch aus den Zeichnungen ersichtlich sind.

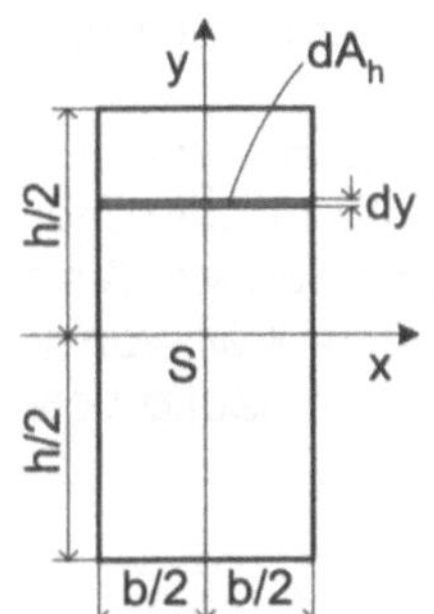
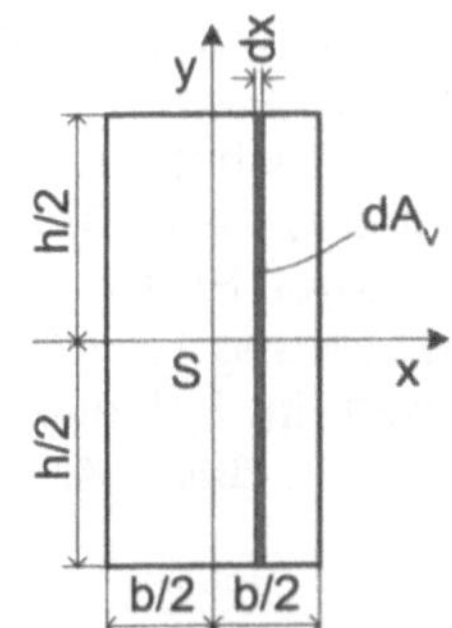

Bild 7.3

Zur Herleitung der axialen Flächenträgheitsmomente eines Rechteckprofils

S ist der Schwerpunkt, x und y sind die Schwerachsen.

Die axialen FTM sind bezüglich Biegung um die x-Achse anders als um die y-Achse, was durch den einfachen Versuch mit einem Lineal bereits deutlich wurde. Sie sind definiert als:

$$I_x = \int_A y^2 \, dA \qquad\qquad I_y = \int_A x^2 \, dA \qquad\qquad (7.5 \text{ a, b})$$

Man vergleiche die analoge Definition des Massenträgheitsmomentes:
$J = \int\limits_m r^2\ dm = \rho \int\limits_V r^2\ dV$. Den Sinn der Definitionen für die FTM erkennt man an
dieser Stelle noch nicht unmittelbar; er wird in den Kapiteln über Torsion und Biegung deutlich. Wegen des Quadrates der Variablen nennt man diese Momente auch die Flächenmomente 2. Ordnung, im Gegensatz zu den Flächenmomenten 1. Ordnung mit linearen Variablen.

Zur Berechnung der Integrale wird stets ein Zusammenhang zwischen einem infinitesimalen Flächenstreifen dA und den Variablen x bzw. y benötigt. Gemäß obiger Definitionen müssen alle Flächenstreifen dA multipliziert mit x^2 bzw. y^2 über die Gesamtfläche summiert werden. Anhand des Rechteckprofils nach Bild 7.3 erkennt man für ein horizontales, parallel zur x-Achse liegendes Flächenelement leicht den Zusammenhang $dA_h = b\ dy$ sowie für ein vertikales $dA_v = h\ dx$ parallel zur y-Achse. Die bestimmten Integrale lassen sich nun angeben und berechnen:

$$I_x = \int\limits_{-h/2}^{h/2} y^2 b\ dy = b \cdot \frac{y^3}{3}\bigg|_{-h/2}^{h/2} = b\left(\frac{h^3}{24} + \frac{h^3}{24}\right) = \frac{b\,h^3}{12} \qquad \text{Rechteck} \qquad (7.6\ a)$$

und analog

$$I_y = \int\limits_{-b/2}^{b/2} x^2 h\ dx = \frac{h\,b^3}{12} \qquad\qquad\qquad \text{Rechteck} \qquad (7.6\ b)$$

Die FTM sind zweckmäßige Rechengrößen; ihre Zahlenwerte mit der Maßeinheit m^4 oder Teilen davon (mm^4, cm^4) sind unanschaulich.

Man erkennt, dass in dem Beispiel des Flachprofils die x-Achse die wesentlich biegehärtere ist, da $h > b$ ist und damit $I_x \gg I_y$ (3. Potenzen!). In ähnlicher Weise lassen sich die axialen FTM beliebiger Profile bestimmen; wie erwähnt liegt die Hauptaufgabe darin, eine Formulierung für dA in Abhängigkeit von x bzw. y zu finden, um integrieren zu können. Im Folgenden wird das häufig vorkommende Beispiel des Kreisprofils behandelt, **Bild 7.4**.

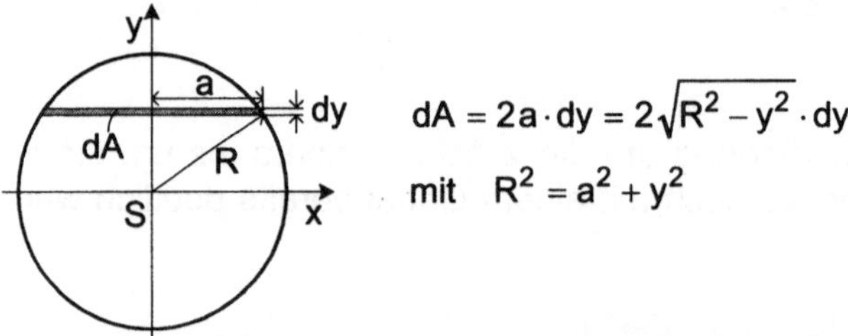

Bild 7.4 Zur Herleitung der axialen Flächenträgheitsmomente eines Kreisquerschnittes S ist der Schwerpunkt, x und y sind die Schwerachsen.

Beim Kreis sind die beiden FTM bezüglich der x- und y-Schwerachse gleich. Mit der in Bild 7.4 angegebenen Formulierung für dA ergibt sich:

$$I_x = I_y = \int\limits_{-R}^{+R} y^2 \ dA = 2 \int\limits_{-R}^{+R} y^2 \sqrt{R^2 - y^2} \ dy \qquad (7.7 \text{ a})$$

Das Integral entnimmt man den Tafeln in mathematischen Formelsammlungen, welches dort in der allgemeinen Form $\int x^2 \sqrt{a^2 - x^2} \ dx$ verzeichnet ist, und erhält zunächst den etwas unübersichtlichen Ausdruck:

$$I_x = I_y = 2 \left[-\frac{y}{4} \sqrt{(R^2 - y^2)^3} + \frac{R^2}{8} \left(y \sqrt{R^2 - y^2} + R^2 \arcsin \frac{y}{R} \right) \right] \Bigg|_{-R}^{+R} \qquad (7.7 \text{ b})$$

Einsetzen der Grenzen:

$$I_x = I_y = \frac{R^4}{4} \left[\arcsin 1 - \arcsin (-1) \right] \qquad (7.7 \text{ c})$$

Mit $\arcsin 1 = \pi/2$ und $\arcsin (-1) = -\pi/2$ vereinfacht sich der Ausdruck zu:

$$I_x = I_y = \frac{\pi R^4}{4} = \frac{\pi D^4}{64} \qquad \text{Kreis} \qquad (7.7 \text{ d})$$

Die nach Gl. (7.6a), (7.6b) sowie (7.7c) bestimmten axialen FTM beziehen sich auf die *Schwerachsen*. Grundsätzlich gelten die allgemeinen Gleichungen (7.5a) und (7.5b) für die FTM bezüglich beliebiger Achsen – selbstverständlich unter Beachtung der Integrationsgrenzen, welche sich mit der Lage der Fläche zur Achse ändern. In technischen Formelsammlungen sind gewöhnlich die Schwerachsen-FTM angegeben. Wie man von diesen recht einfach auf die FTM umrechnen kann, die auf parallele Achsen bezogen sind, wird in Kap. 7.2.4 behandelt.

Häufig kommt es vor, dass man die FTM zusammengesetzter und hohler Profile zu bestimmen hat, z.B. T-, U-, Z- oder Rohrprofile. Hierfür gelten die beiden wichtigen Regeln:

Das axiale FTM *zusammengesetzter Flächen* ergibt sich aus der Summe der Trägheitsmomente aller Einzelflächen bezüglich derselben Achse.

Das axiale FTM von *Hohlprofilen* errechnet sich aus der Differenz der Trägheitsmomente der Vollfläche und des Ausschnittes.

Man kann auch in möglichst geschickter Weise Flächen zerlegen und Teilflächen so verschieben, dass sich einfache und schnell zu berechnende Profile ergeben, möglichst Rechtecke mit Bezug zu einer Schwerachse. Als Beispiel sei ein Z-Profil angeführt, dessen I_x und I_y zu bestimmen sind, **Bild 7.5**. Größte Vorsicht ist jedoch geboten, dass niemals die für das jeweilige I geltenden Integrationsgrenzen verschoben werden dürfen!

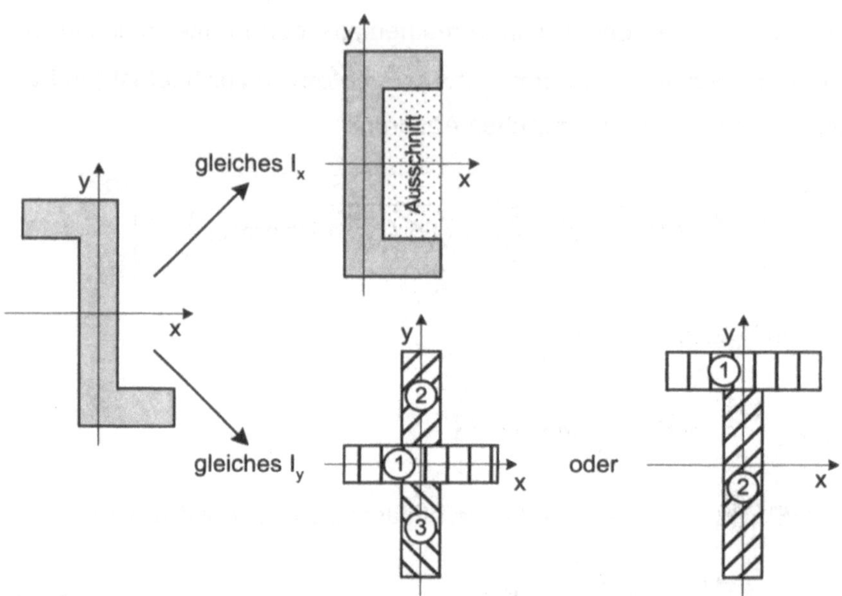

Bild 7.5 Vereinfachte Berechnung der axialen FTM durch Zerlegen und Verschieben von Flächen am Beispiel eines Z-Profils
Für alle rechts gezeigten Teilflächen können die bekannten Schwerachsen-FTM für Rechtecke verwendet und für die Gesamtfläche addiert werden: I_x nach der Regel „Voll minus Ausschnitt" und I_y durch Addition der Teilflächen-FTM.

Bild 7.6 zeigt ein Beispiel eines stranggepressten Leichtbauprofils aus einer Al-Legierung mit hohem FTM durch geschickte Anordnung der Flächen. **Bild 7.7** gibt den Querschnitt durch ein Metallschaumprofil aus Al-Legierungen wieder, bei dem Metall zwischen zwei Deckblechen durch eine Wärmebehandlung im teigigen Zustand aufgeschäumt wird und dadurch diese Decklagen weiter auseinandergeschoben werden. Durch den höheren Abstand von der Schwerachse verschieben sich die Integrationsgrenzen nach außen und das FTM steigt. Der zwischen den Deckblechen liegende Schaum erhöht das FTM zusätzlich. Solche Profile sind extrem leicht, steif und absorbieren außerdem viel Energie bei Stoßbelastung (günstiges Crash-Verhalten). Die Natur liefert für Konstruktionen mit hohem FTM vielfältige Vorbilder, wie das Beispiel einer Bienenwabe in **Bild 7.8** veranschaulicht (zur Diskussion von Steifigkeit, Leichtbau und Bionik siehe auch Kap. 8.2 und 10.2).

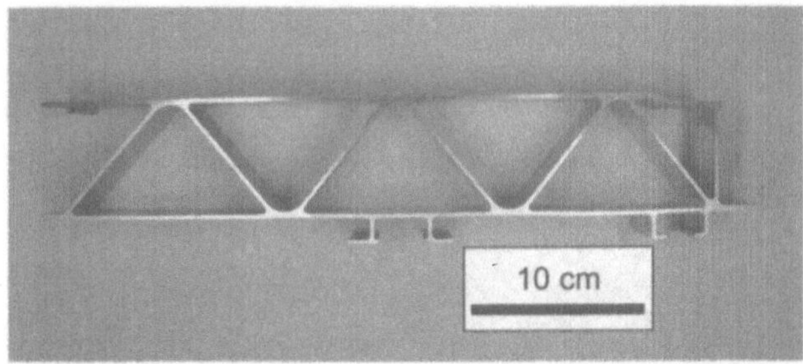

Bild 7.6
Schnitt durch ein Leichtbau-
profil aus einer Al-Legierung
für einen Hochgeschwindig-
keitszug

Das Profil ist sehr biege- und
torsionssteif bei geringem Gewicht. Es wird für die gesamte
Waggonlänge stranggepresst.

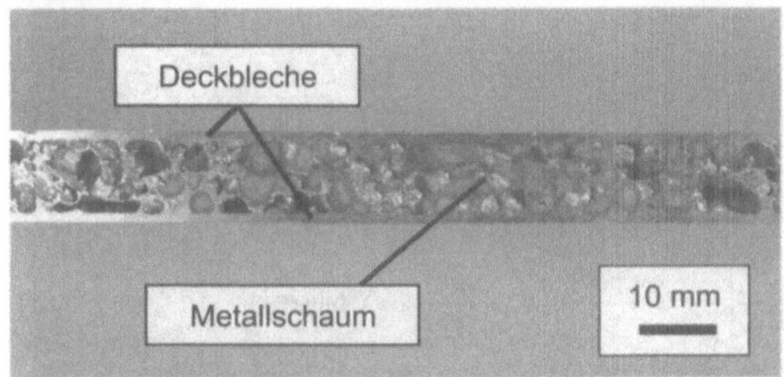

Bild 7.7
Schnitt durch ein sehr steifes
und leichtes Metallschaumprofil aus Al-Legierungen

Die 1 mm dicken Deckbleche
werden durch den Schaum
nach außen verschoben, wodurch sich das FTM erhöht
(die Integrationsgrenzen verschieben sich).

Bild 7.8
Vorbild Natur: Bienenwabe –
ein Beispiel für eine Konstruktion mit hohem FTM bei wenig
Materialeinsatz

Die Bienen bauen die Waben
aus körpereigenem Wachs
u.a. zur Speicherung des
Honigs.

7.2.2 Polares Flächenträgheitsmoment

Bei Verdrehung (Torsion) steht die Achse, um die verdreht wird, senkrecht zur
Querschnittsfläche. In der Flächendarstellung ergibt sich also ein Bezugs*punkt*
statt einer Achse wie bei der Biegung. Diesen Punkt bezeichnet man auch als
Pol. Das FTM, das die Trägheit eines Querschnittes gegen *Verdrehung* gekennzeichnet, wird daher *polares Flächenträgheitsmoment* genannt. Es ist definiert
durch:

$$I_p = \int_A r^2 \, dA \qquad\qquad (7.8)$$

Im Folgenden werden – wie bei der Torsionsbelastung insgesamt – nur kreisför-
mige Querschnitte betrachtet. Gemäß **Bild 7.9** ist r der Abstand des Flächenin-
krementes dA vom Bezugspunkt. Für dA ergibt sich:

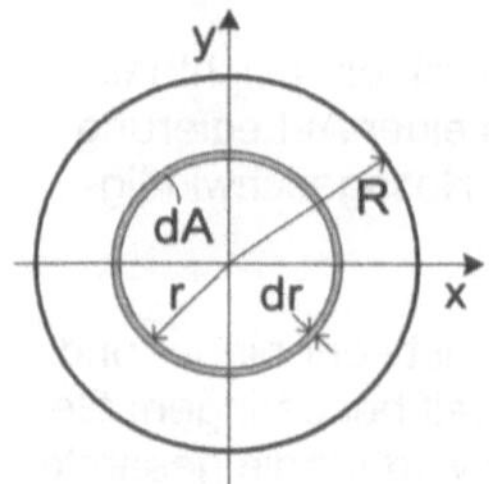

Bild 7.9
Zur Herleitung des polaren FTM eines Kreisquerschnittes

$$dA = \pi\,(r + dr)^2 - \pi\,r^2 = \pi\,(2\,r\,dr + dr^2) \approx 2\,\pi\,r\,dr$$

Die Näherung gilt wegen $dr^2 \ll 2\,r\,dr$. Die Integration liefert:

$$I_p = 2\,\pi \int_0^R r^3\,dr = 2\,\pi\,\left.\frac{r^4}{4}\right|_0^R = \frac{\pi\,R^4}{2} = \frac{\pi\,D^4}{32} \qquad \text{Vollkreis} \qquad (7.9)$$

> Bei *zusammengesetzten Flächen* ergibt sich das polare FTM aus der Summe der
> polaren FTM aller Einzelflächen bezüglich desselben Pols.
>
> Das polare FTM von *Kreisringquerschnitten* errechnet sich aus der Differenz der
> Trägheitsmomente des Vollkreises und des Innenkreises.

Für einen Kreisringquerschnitt mit dem Innenradius R_i und dem Außenradius R_a
gilt demzufolge, **Bild 7.10**:

$$I_p = \frac{\pi}{2}\left(R_a^4 - R_i^4\right) = \frac{\pi}{32}\left(D_a^4 - D_i^4\right) \qquad \text{Kreisring} \qquad (7.10)$$

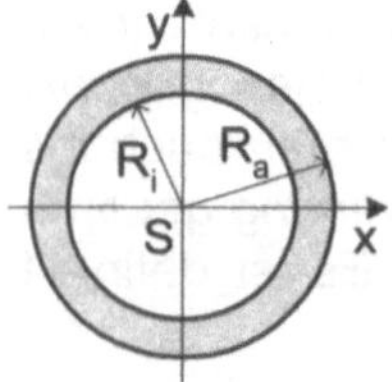

Bild 7.10
Bezeichnungen im Kreisringquerschnitt

7.2.3 Zusammenhang zwischen axialen und polaren Flächenträgheits-momenten

Fallen ein Pol und der Koordinatenursprung (hier gleich dem Schwerpunkt) im
kartesischen Koordinatensystem zusammen, so gilt für jeden beliebigen Punkt
innerhalb der betrachteten Fläche: $r^2 = x^2 + y^2$. Setzt man dies in Gl. (7.8) ein,
erkennt man, dass das polare FTM gleich der Summe der beiden axialen FTM
ist:

$$\boxed{I_p = \int(x^2 + y^2)\, dA = I_x + I_y}$$ (7.11)

Oft sind in Formelsammlungen die polaren FTM nicht angegeben, weil sie sich nach Gl. (7.11) einfach bestimmen lassen.

7.2.4 Satz von Steiner

In Formelsammlungen sind meist die axialen FTM einiger typischer Flächen bezüglich der Schwerachsen dokumentiert. Oft werden für Berechnungen aber die Werte bezogen auf andere Achsen, oder bei polaren FTM bezogen auf einen anderen Pol, benötigt. Nach dem *Satz von Steiner*, im angelsächsischen Schrifttum als *Parallelachsen-Theorem* (*Parallel-axis theorem for moments of inertia*) bezeichnet, besteht ein einfacher Zusammenhang, wie solche FTM berechnet werden können (*Jakob Steiner, 1796-1863, Schweizer Mathematiker*).

Gemäß **Bild 7.11** seien x und y wie gehabt die Schwerachsen und u, v beliebige, parallel dazu verlaufende Achsen im Abstand a bzw. b. Das axiale FTM bezüglich der u-Achse errechnet sich zu:

$$I_u = \int v^2\, dA = \int(y+a)^2\, dA = \int(y^2 + 2\,a\,y + a^2)\, dA = \underbrace{\int y^2 dA}_{=I_x} + \underbrace{2a\int y\, dA}_{=0} + \underbrace{a^2\int dA}_{=a^2 A}$$ (7.12a)

Analog bezogen auf die v-Achse:

$$I_v = \int u^2\, dA = \int(x+b)^2\, dA = \int(x^2 + 2\,b\,x + b^2)\, dA = \underbrace{\int x^2 dA}_{=I_y} + \underbrace{2b\int x\, dA}_{=0} + \underbrace{b^2\int dA}_{=b^2 A}$$ (7.12 b)

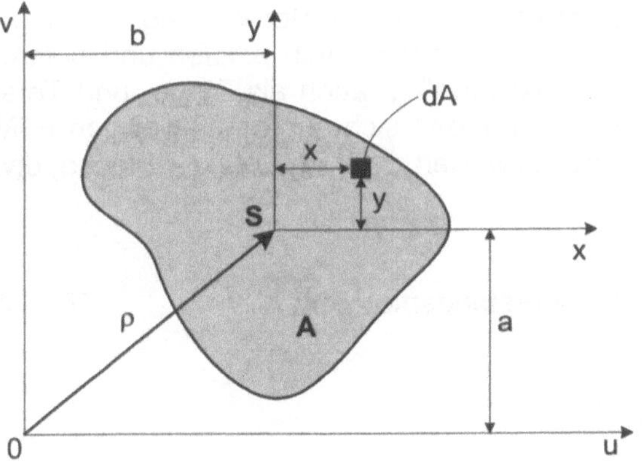

Bild 7.11
Zur Herleitung des Satzes von Steiner

Bei dem jeweils zweiten Term handelt es sich um das statische Flächenmoment 1. Ordnung (siehe Kap. 7.1, Gln. 7.2 a, b), bei denen sich die Produkte y dA und x dA bei Integration um die Schwerachsen x und y gegenseitig aufheben (x und y nehmen positive wie negative Werte an im Gegensatz zu den Quadraten bei den FTM). Damit vereinfachen sich die Ausdrücke zu:

$$I_u = I_x + a^2 A \qquad \text{mit} \quad u \parallel x \tag{7.13 a}$$

und

$$I_v = I_y + b^2 A \qquad \text{mit} \quad v \parallel y \tag{7.13 b}$$

Der Satz von Steiner besagt also, dass das axiale FTM bezüglich einer Schwerachse jeweils den Minimalwert darstellt und dass bezogen auf andere, parallele Achsen ein Betrag zu addieren ist, der gleich dem Produkt aus dem Abstandsquadrat der parallelen Achsen und der betrachteten Fläche ist.

Analog lässt sich das polare FTM bezüglich eines beliebigen Pols 0 anstelle des Schwerpunktes S berechnen. Gemäß Gl. (7.11) und (7.13) ist:

$$I_{p0} = I_u + I_v = I_x + I_y + A(a^2 + b^2) = I_{pS} + \rho^2 A \tag{7.14}$$

Hier ist der Deutlichkeit halber das polare FTM bezüglich des Schwerpunktes S als $I_{p\,S}$ bezeichnet, dasjenige bezogen auf einen beliebigen Pol als $I_{p\,0}$. Zum polaren FTM bezüglich des Schwerpunktes ist also das Produkt aus dem Abstandsquadrat der beiden Pole und der Fläche zu addieren.

7.2.5 Flächenwiderstandsmomente

Für Festigkeitsberechnungen interessieren die maximalen Spannungen, welche bei Torsion und Biegung jeweils in den Randfasern der Flächen auftreten (Hinweis: Für die Torsion gilt dies nur bei kreisförmigen Querschnitten; andere Geometrien werden hier nicht näher betrachtet). Wie bei der Berechnung der Biege- und Torsionsbelastung gezeigt wird, ist die Definition von *axialen* und *polaren Flächenwiderstandsmomenten (FWM)* zweckmäßig, auch als Biege- und Torsionswiderstandsmomente bezeichnet. Sie ergeben sich aus den jeweiligen FTM, und zwar bezogen auf die *Schwerachse* bzw. den *Schwerpunkt* der Fläche, dividiert durch den Randfaserabstand:

$$W_a = \frac{I_{aS}}{e} \qquad \text{axiales Flächenwiderstandsmoment} \tag{7.15 a}$$

Im Einzelnen:

$$W_x = \frac{I_x}{e_x} \qquad \text{und} \qquad W_y = \frac{I_y}{e_y} \tag{7.15 b, c}$$

Die Randfaserabstände werden üblicherweise nach der Achse benannt, für die das FWM gilt, auch wenn der Wert entlang der jeweils anderen Achse gezählt wird, siehe **Bild 7.12**. Bei nicht spiegelsymmetrischen Profilen bezüglich der Schwerachsen, wie beispielsweise in Bild 7.12, sind die Randfaserabstände nach oben und unten und/oder nach links und rechts ungleich, so dass sich mit e_{x1} und e_{x2} sowie e_{y1} und e_{y2} unterschiedliche W_x- und W_y-Werte ergeben. In dem gezeigten Beispiel ist W_{x1} (nach oben) größer als W_{x2} (nach unten) wegen der unterschiedlichen e_x-Werte. Die W_y-Werte sind hier dagegen gleich. Man rechnet in der Regel mit den Absolutbeträgen von W, ungeachtet dessen, ob der Randfaserabstand bezüglich des gewählten Koordinatensystems positiv oder negativ ist.

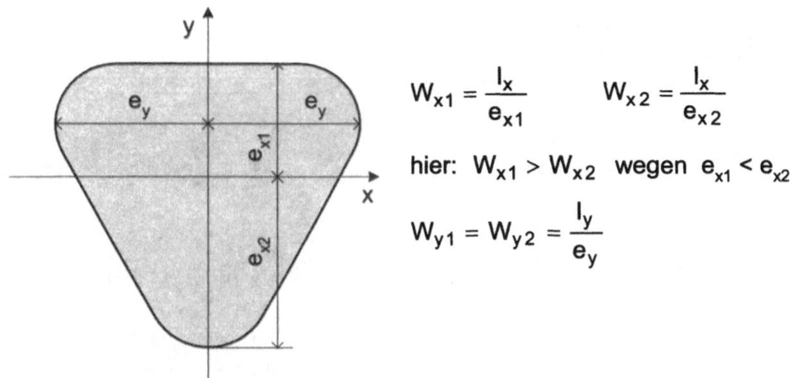

$$W_{x1} = \frac{I_x}{e_{x1}} \qquad W_{x2} = \frac{I_x}{e_{x2}}$$

hier: $W_{x1} > W_{x2}$ wegen $e_{x1} < e_{x2}$

$$W_{y1} = W_{y2} = \frac{I_y}{e_y}$$

Bild 7.12 Zur Veranschaulichung der FWM bei asymmetrischen Querschnittsprofilen

Das polare FWM ist analog definiert:

$$W_p = \frac{I_{pS}}{R}$$

polares Flächenwiderstandsmoment (7.16)

I_{pS} ist das polare FTM bezüglich des Schwerpunktes, R ist der Abstand zwischen dem Flächenschwerpunkt und dem Rand.

In **Tabelle 7.1** sind die FTM und FWM der wichtigen Grundprofile zusammengestellt.

Tabelle 7.1 Zusammenstellung der FTM und FWM für die wichtigsten Querschnittsprofile bezogen auf die Schwerachsen bzw. Scherpunkte

Querschnittsprofil	FTM	FWM
Rechteck (Höhe h, Breite b)	$I_x = \dfrac{b\,h^3}{12}$ $I_y = \dfrac{h\,b^3}{12}$ $I_p = \dfrac{bh(h^2+b^2)}{12}$	$W_x = \dfrac{I_x}{h/2} = \dfrac{b\,h^2}{6}$ $W_y = \dfrac{I_y}{b/2} = \dfrac{h\,b^2}{6}$
Kreis (Radius R, Durchmesser D)	$I_x = I_y = \dfrac{\pi R^4}{4} = \dfrac{\pi D^4}{64}$ $I_p = \dfrac{\pi R^4}{2} = \dfrac{\pi D^4}{32}$	$W_x = W_y = \dfrac{I_x}{R} = \dfrac{\pi R^3}{4} = \dfrac{\pi D^3}{32}$ $W_p = \dfrac{I_p}{R} = \dfrac{\pi R^3}{2} = \dfrac{\pi D^3}{16}$
Kreisring (R_i, R_a)	$I_x = I_y = \dfrac{\pi}{4}\left(R_a^{\,4} - R_i^{\,4}\right)$ $= \dfrac{\pi}{64}\left(D_a^{\,4} - D_i^{\,4}\right)$ $I_p = \dfrac{\pi}{2}\left(R_a^{\,4} - R_i^{\,4}\right) = \dfrac{\pi}{32}\left(D_a^{\,4} - D_i^{\,4}\right)$	$W_x = W_y = \dfrac{\pi}{4}\cdot\dfrac{R_a^{\,4} - R_i^{\,4}}{R_a}$ $= \dfrac{\pi}{32}\cdot\dfrac{D_a^{\,4} - D_i^{\,4}}{D_a}$ $W_p = \dfrac{\pi}{2}\cdot\dfrac{R_a^{\,4} - R_i^{\,4}}{R_a}$ $= \dfrac{\pi}{16}\cdot\dfrac{D_a^{\,4} - D_i^{\,4}}{D_a}$
Dünnwandiger Kreisring ($s \ll R$)	$I_x = I_y \approx \pi R^3 s = \dfrac{\pi D^3 s}{8}$ $I_p \approx 2\pi R^3 s = \dfrac{\pi D^3 s}{4}$ (Alle Terme mit s^2, s^3 und s^4 sind vernachlässigt.)	$W_x = W_y \approx \pi R^2 s = \dfrac{\pi D^2 s}{4}$ $W_p \approx 2\pi R^2 s = \dfrac{\pi D^2 s}{2}$

Aufgaben zu Kapitel 7

7.1   Erläutern Sie, wofür die Flächenmomente 2. Ordnung ein Maß darstellen. Stellen Sie eine Analogie zum Massenträgheitsmoment her.

7.2   Der Schwerpunkt des abgebildeten L-Profils soll bestimmt werden (**Bild 7.13**).
a) Allgemeine Angabe der Schwerpunktkoordinaten a und b.
b) Zahlenbeispiel mit $L_1 = 100$ mm; $L_2 = 60$ mm; $s = 10$ mm
Lösung: a) $a = (L_1 s + L_2^2 - s^2)/[2(L_1 + L_2 - s)]$; $b = (L_1^2 + L_2 s - s^2)/[2(L_1 + L_2 - s)]$;
b) $a = 15$ mm; $b = 35$ mm

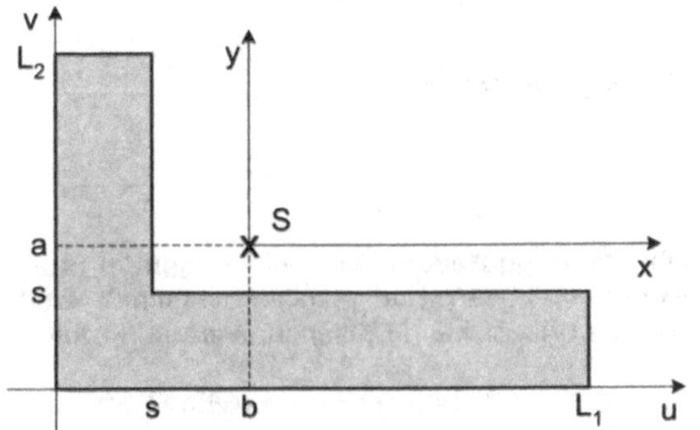

Bild 7.13

L-Profil (zu Aufgabe 7.2)

7.3   Für das U-Profil nach Bild 7.2 soll der Abstand a des Schwerpunktes bezüglich der u-Achse ermittelt werden.
Gegeben: $b = 100$ mm; $h = 55$ mm; $s = 10$ mm
Lösung: $a = 18$ mm

7.4   Die axialen Flächenträgheitsmomente des U-Profils nach Bild 7.2 sollen bestimmt werden
Gegeben: $b = 100$ mm; $h = 55$ mm; $s = 10$ mm
Lösung: $I_x = 52$ cm^4; $I_y = 266{,}3$ cm^4

7.5   Die axialen Flächenträgheitsmomente I_u und I_v der abgebildeten Dreiecke sollen bestimmt werden (**Bild 7.14**).

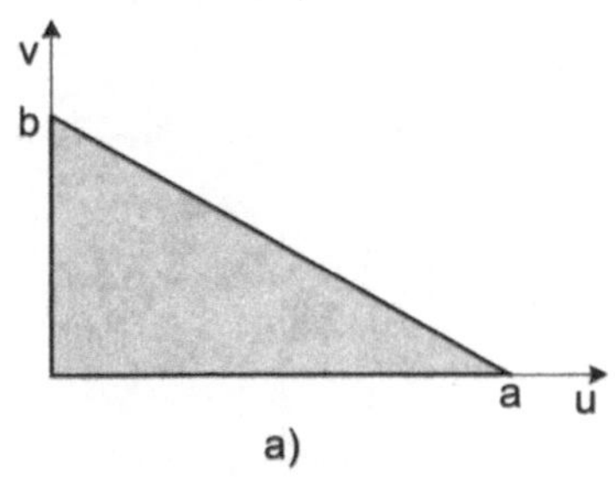
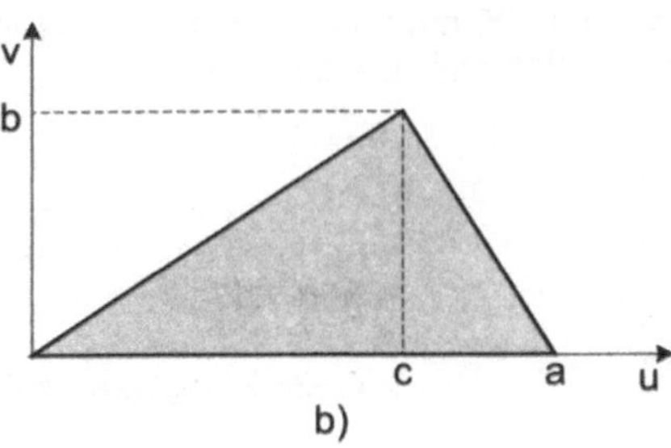

Bild 7.14 Skizzen zu Aufgabe 7.5

Lösung: a) $I_u = a\,b^3/12$; $I_v = b\,a^3/12$;
b) $I_u = a\,b^3/12$; $I_v = a\,b(a\,c + a^2 + c^2)/12 = a\,b\,(a^3 - c^3)/[12\,(a - c)]$

7.6 Die axialen Flächenträgheitsmomente des abgebildeten Rechteck-Hohlprofils sollen bestimmt werden (**Bild 7.15**).
a) Allgemeine Formeln
b) Zahlenbeispiel mit b = 20 mm; h = 100 mm; b_1 = 16 mm; h_1 = 96 mm
Lösung: a) $I_x = (bh^3/12) - (b_1h_1^3/12)$; $I_y = (hb^3/12) - (h_1b_1^3/12)$
b) I_x = 48,7 cm^4; I_y = 3,39 cm^4

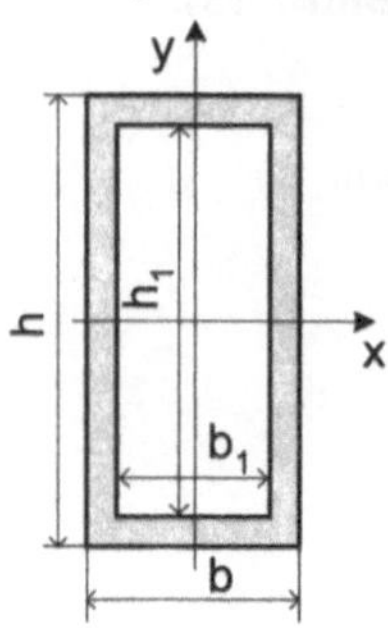

Bild 7.15

Skizze zu Aufgabe 7.6

7.7 Die axialen Flächenträgheitsmomente des abgebildeten Doppel-T-Trägers in Bezug auf die Schwerachsen x und y sowie der Achsen u und v sollen bestimmt werden (**Bild 7.16**). Benutzen Sie eine möglichst geschickte Teilflächenanordnung, um die Rechnung zu vereinfachen.
Lösung: I_x = 1015,23 cm^4; I_y = 301,92 cm^4; I_u = 2734,59 cm^4; I_v = 1495,92 cm^4

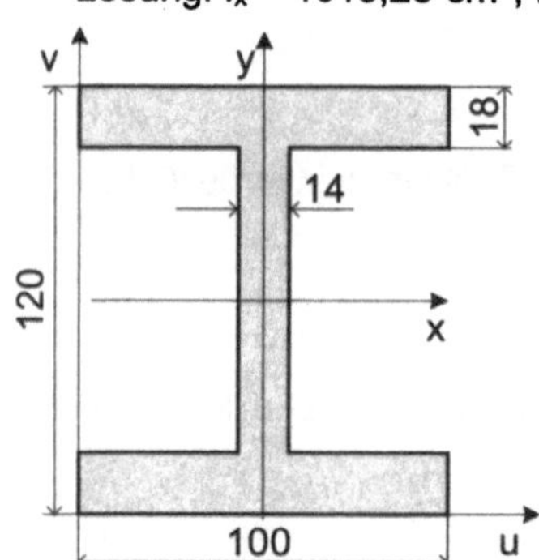

Bild 7.16

Doppel-T-Träger zu Aufgabe 7.7 (das Profil ist spiegelsymmetrisch bezüglich der eingezeichneten Schwerachsen x und y)

7.8 Die axialen Flächenträgheitsmomente des Z-Profils nach **Bild 7.17** sollen bestimmt werden.
Gegeben: h = 100 mm; b = 50 mm; s = 10 mm
Lösung: I_x = 246 cm^4; I_y = 61,5 cm^4

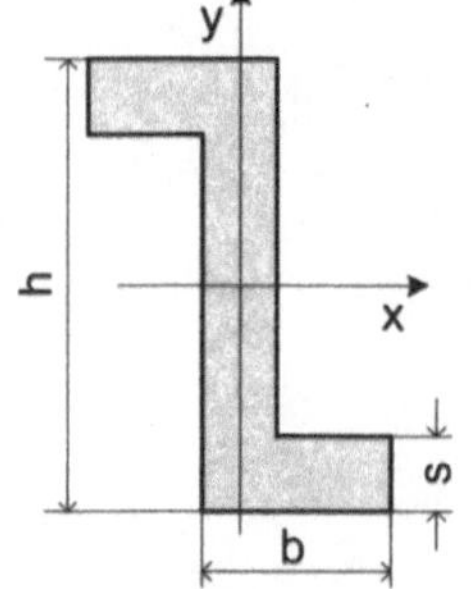

Bild 7.17

Z-Profil zu Aufgabe 7.8

8 Torsion

Gemäß Bild 3.1 c) bedeutet Torsion eine Verdrehung eines Bauteils um seine Längsachse. Diese Belastungsform tritt in der Technik z.B. an Wellen jeglicher Art (Kurbelwellen, Getriebewellen, Antriebswellen...) und an Schrauben durch das Anzugsmoment auf. Im Folgenden wird ausschließlich von Torsion an kreisförmigen Querschnitten ausgegangen.

8.1 Spannungsverteilung und maximale Spannung

Reine Torsion wird durch Kräfte*paare* hervorgerufen, **Bild 8.1**. Ein Kräftepaar besteht aus zwei gleich großen, entgegengesetzt gerichteten Kräften, deren Wirkungslinien parallel zueinander liegen. Falls nur eine Kraft wirkt, liegt zusätzlich zur Torsion auch Biegung vor. Die Kräftepaare erzeugen ein *Dreh-* oder *Torsionsmoment* um die Torsionsachse, welches sich aus der Summe aller Einzelmomente von Kraft mal Kraftarm zusammensetzt, Bild 8.1a):

$$M_t = \sum (F\,R) = 2\,F\,R \qquad\qquad (8.1)$$

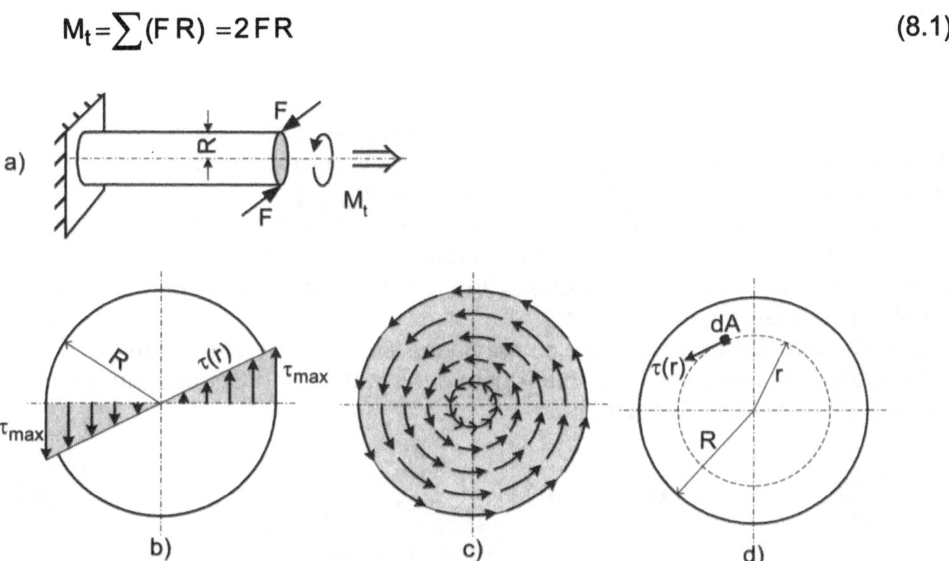

Bild 8.1 Torsion eines zylindrischen Stabes
a) Prinzipskizze mit möglichen Symbolen für das Torsionsmoment (hier: linksdrehend)
b) Schubspannungsverteilung nach dem Geradliniengesetz über dem Querschnitt
c) Schubspannungsverteilung über dem Querschnitt
d) Infinitesimale Fläche dA zur Herleitung der Schubspannungsgleichung

Man symbolisiert solche Momente entweder durch einen gebogenen Pfeil, bei dem die Drehmomentrichtung erkennbar ist (allerdings manchmal auch missverständlich sein kann, je nach Zeichnung), oder durch einen Doppelpfeil, der nach der Rechte-Daumen-Regel senkrecht aus der Torsionsebene heraus- oder in sie hineinzeigt, Bild 8.1a). Man krümmt dabei die Finger der rechten Hand in Drehrichtung des Torsionsstabes und spreizt den Daumen ab, wodurch sich die Doppelpfeilrichtung ergibt, **Bild 8.2**. Zeigt der Daumen in die positive Torsionsachse, wird das Drehmoment positiv gezählt und umgekehrt. Auf die Drehrichtung bezogen lautet die Regel:

Linksdrehende Torsionsmomente zählen positiv, rechtsdrehende negativ (wie beim mathematischen Drehsinn).

Bild 8.2 Rechte-Hand-Regel zur Angabe einer Drehmomentenrichtung
Die gekrümmten Finger der rechten Hand geben die Drehrichtung an. Zeigt der Daumen dabei in positive Richtung der Torsionsachse, ist das Moment positiv (linksdrehend) und umgekehrt.

Bei der Torsion entstehen in der Querschnittsebene des Torsionsstabes ausschließlich Schubspannungen. Die Schubspannungsverteilung ist *inhomogen* über dem Querschnitt, Bild 8.1b). Da die Verdrehung vom Pol nach außen linear zunimmt, verteilen sich in gleicher Weise die Schubspannungen linear von null am Pol bis zum Maximalwert τ_{max} an der Oberfläche, vorausgesetzt es liegt elastisches Verhalten nach dem Hooke'schen Gesetz vor. Man spricht bei dieser Verteilung vom *Geradliniengesetz*.

Gemäß dem Strahlensatz oder nach der Tangens-Funktion errechnen sich die Schubspannungen als Radienbruchteil der maximalen Schubspannung, welche an der Außenfaser herrscht:

$$\frac{\tau_{max}}{R} = \frac{\tau(r)}{r} \qquad \text{oder} \qquad \tau(r) = \frac{r}{R}\,\tau_{max} \tag{8.2}$$

Die Mittelachse ist spannungsfrei; man nennt sie die *neutrale Faser*. Bild 8.1c) deutet an, wie die Schubspannungen über dem Querschnitt verteilt und dass sie entlang konzentrischer Kreise jeweils gleich groß sind.

Bild 8.3 stellt die Anwendung des Gesetzes der zugeordneten Schubspannungen für die Torsion dar. Dazu schneidet man sich an einer beliebigen Stelle einen infinitesimalen Kubus heraus, an dessen Seitenfläche, die in der Querschnittsebene liegt, die Schubspannung $\tau(r)$ wirkt. Die Richtungen der anderen, betragsmäßig gleich großen Schubspannungen ergeben sich dann gemäß Bild 5.3.

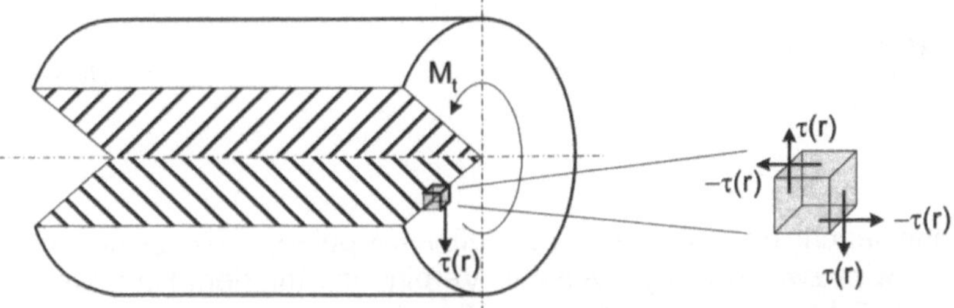

Bild 8.3 Anwendung des Gesetzes der zugeordneten Schubspannungen für Torsion
In den Torsionsstab ist an einer beliebigen Stelle im Abstand r von der Drehachse ein
infinitesimales kubisches Spannungselement eingezeichnet, welches rechts vergrößert
dargestellt ist mit den vollständig angreifenden Schubspannungen.

An dieser Stelle wird auch der Sinn der in Kap. 5 festegelegten Vorzeichenvereinbarung für Schubspannungen deutlich. Ein linksdrehendes (positives) Torsionsmoment ruft primär ein Schubspannungspaar hervor, welches das Spannungselement *im* Uhrzeigersinn dreht (wie im linken Teilbild von Bild 8.3 mit nur
einem Pfeil dargestellt). Es wird daher auch positiv gezählt. Das Gegenmoment
muss das Spannungselement *gegen* den Uhrzeigersinn drehen und erhält folglich ein negatives Vorzeichen. Wie auch unter Biegung (Kap. 10) noch ausführlich dargelegt wird, zählt man Linksdrehung immer positiv und Rechtsdrehung
immer negativ. Von daher wäre auf den ersten Blick die Vorzeichenvereinbarung
für Schubspannungen gemäß Bild 5.4 zwar inkonsequent, jedoch ist hier die
Drehrichtung des Torsionsmoments maßgeblich, aus dem die Schubspannungen
resultieren.

Für die Festigkeitsberechnung interessiert der Zusammenhang zwischen dem
außen anliegenden Drehmoment und der *maximalen* Schubspannung. Dazu wird
gemäß Bild 8.1d) ein infinitesimales Flächenelement dA im Abstand r von der
Torsionsachse betrachtet, an welchem die infinitesimale Scherkraft $dF = \tau(r){\cdot}dA$
wirkt. Diese Scherkraft ruft mit dem Hebelarm r ein infinitesimales Moment $dM_t(r)$
um die Verdrehachse hervor:

$$dM_t(r) = dF\; r = \tau(r)\; dA\; r \tag{8.3}$$

Gl. (8.2) eingesetzt ergibt:

$$dM_t(r) = \frac{dA\; r^2}{R}\; \tau_{max} \tag{8.4}$$

Die Summe aller infinitesimaler Teilmomente $dM_t(r)$ ist gleich dem resultierenden
Moment M_t:

$$M_t = \int_A dM_t(r) = \frac{\tau_{max}}{R} \int_A r^2\; dA$$

oder

$$\tau_{max} = \frac{M_t\, R}{\int\limits_A r^2\, dA} \tag{8.5 a}$$

In dieser Gleichung taucht das in Kap. 7.2.2 definierte polare FTM gemäß Gl. (7.8) auf. Weiterhin wird zweckmäßigerweise in Verbindung mit dem Randfaserabstand R das polare FWM nach Gl. (7.16) eingeführt:

$$\tau_{t_{max}} = M_t\, \frac{R}{I_p} = \frac{M_t}{W_p} \tag{8.5 b}$$

Hier ist zur Vermeidung von Missverständnissen bei späteren Rechenaufgaben die maximale Schubspannung zusätzlich als diejenige allein durch Torsion gekennzeichnet (Index t).

Je höher das polare Flächenträgheitsmoment und das polare Flächenwiderstandsmoment sind, umso geringere Spannungen bauen sich bei der Torsion auf, und folglich wird auch die sich einstellende Verformung umso geringer sein.

Gl. (8.5 b) ergibt vorzeichengerechte Werte: In Bild 8.3 ist ein linksdrehendes, positives Torsionsmoment angenommen; die daraus resultierende Schubspannung τ_{max} erzeugt zusammen mit ihrer entgegengesetzt gerichteten Spannung ein Drehmoment im Uhrzeigersinn, welches nach der Vereinbarung in Kap. 5, Bild 5.4 als positiv angesetzt wird. Ein negatives (rechtsdrehendes) Torsionsmoment würde die negative Schubspannung τ_{min} hervorrufen, wobei die Absolutwerte identisch sind: $\tau_{max} = |\tau_{min}|$. Für weitere Berechnungen arbeitet man mit diesem Absolutwert, es sei denn, man analysiert alle inneren Spannungen und trägt die Spannungswerte im so genannten Mohr'schen Spannungskreis auf, was in Kap. 11 geschieht. Dann werden die Vorzeichen relevant.

Wie in Kap. 10.2 gezeigt wird, lässt sich auch bei Biegung die maximale Spannung nach einer analogen Formel berechnen. Allgemein gilt also die einfach zu merkende Gleichung für *Torsion und Biegung*:

$$\text{maximale Spannung} = \frac{\text{Moment}}{\text{Flächenwiderstandsmoment}} \tag{8.6}$$

Bei *homogener* Spannungsverteilung über dem Querschnitt, wie bei reiner Zug- oder Druckbelastung, wird dagegen die Spannung gemäß Gl. (2.2) aus Kraft pro Gesamtfläche bestimmt.

Im Falle eines Vollkreisquerschnittes berechnet sich die Höchstschubspannung mit Gl. (7.9) zu:

$$\tau_{t_{max}} = \frac{2\, M_t}{\pi\, R^3} = \frac{16\, M_t}{\pi\, D^3} \qquad \text{Vollkreis} \tag{8.7}$$

Wie in vorherigen Kapiteln bei Scherung und mehrachsigen Zugspannungszuständen, z.B. in Druckbehältern, erläutert, kann auch bei Torsion mit τ_{max} noch keine Festigkeitsauslegung erfolgen. Zum einen liegt auch hier ein mehrachsiger, konkret: zweiachsiger Spannungszustand vor (siehe Kap. 11.3) und zum anderen gibt es für eine Schubspannung keinen zulässigen Wert τ_{zul}, den τ_{max} unterschreiten müsste. Auf welche Weise die berechnete Schubspannung mit genormten Werkstoffkennwerten zu vergleichen ist, wird in Kap. 13 behandelt.

Für einen Hohlkreisquerschnitt wird das polare FWM aus Tabelle 7.1 eingesetzt, und es ergibt sich eine Höchstschubspannung von:

$$\tau_{t_{max}} = \frac{2\,M_t\,R_a}{\pi\,(R_a^4 - R_i^4)} = \frac{16\,M_t\,D_a}{\pi\,(D_a^4 - D_i^4)} \qquad \text{Hohlkreis} \qquad (8.8)$$

Verglichen mit Gl. (8.7) für den Vollkreisquerschnitt liegt die maximale Schubspannung bei einem Hohlquerschnitt verständlicherweise höher, da weniger Fläche dasselbe Moment übertragen muss:

$$\underbrace{\frac{2\,M_t}{\pi\left(R_a^3 - \dfrac{R_i^4}{R_a}\right)}}_{< \, R_a^3} > \frac{2\,M_t}{\pi\,R_a^3} \qquad\qquad (8.9)$$

Da im „Kern" eines Kreisprofils die Schubspannungen geringer sind als außen, wird der überwiegende Teil des Momentes durch den Rand übertragen. Man kann also durch Hohlprofile einerseits viel Gewicht sparen, andererseits erhöhen sich die maximalen Spannungen nur wenig (siehe Beispiel in Aufgabe 8.1).

Ein Sonderfall tritt auf, wenn die Wanddicke s eines Hohlzylinders sehr klein gegen den Außenradius R ist, **Bild 8.4**. Näherungsweise können die Schubspannungen im Wandquerschnitt dann als konstant angesehen werden, d.h. es herrscht eine nahezu homogene Spannungsverteilung: $\tau(r)$ = const. Das polare FWM beträgt für diesen Fall (siehe auch Tabelle 7.1):

$$W_p = \frac{\pi}{2} \cdot \frac{R^4 - (R-s)^4}{R} = \frac{\pi}{2} \cdot \frac{4R^3 s - 6R^2 s^2 + 4R s^3 - s^4}{R} \approx 2\,\pi R^2 s \qquad (8.10)$$

Die Näherung gilt unter Vernachlässigung aller Terme mit s^2, s^3 und s^4 im Vergleich zum großen ersten Term $4\,R^3 s$. Die Schubspannung in *dünnen Querschnitten* beträgt damit:

$$\tau_t = \frac{M_t}{W_p} \approx \frac{M_t}{2\,\pi R^2 s} \qquad\qquad (8.11)$$

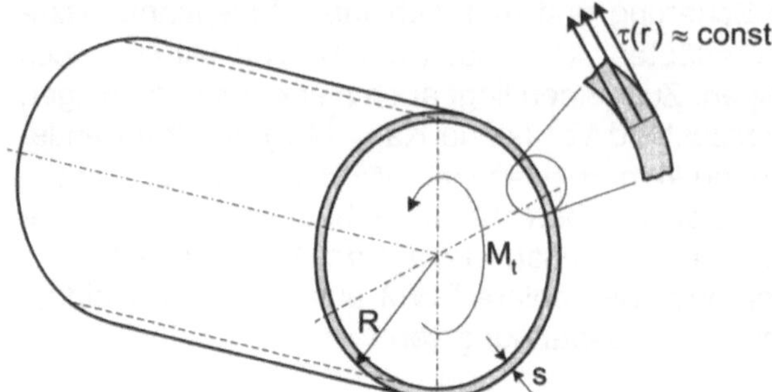

Bild 8.4

Torsion eines dünnwandigen
Hohlzylinders (s << R)

Die Schubspannungsvertei-
lung ist in der dünnen Wand
annähernd homogen.

8.2 Torsionsverformung

Das Torsionsmoment ruft eine Verdrehung paralleler Querschnitte gegeneinander hervor, **Bild 8.5**. Man stelle sich den Stab in viele, beliebig dünne Scheiben
zerschnitten vor („Salami-Modell"), wobei der Verdrehwinkel von Scheibe zu
Scheibe um $d\varphi$ anwächst. Man erkennt auf Anhieb, dass der Verdrehwinkel φ mit
dem Torsionsmoment M_t und der Stablänge L anwächst. Außerdem wird er umso
größer sein, je elastisch weicher sich der Werkstoff verhält – ausgedrückt über
den Schubmodul G – und je weniger steif sich die Geometrie des Profils gegen
Verdrehung verhält. Diese Zusammenhänge werden im Folgenden hergeleitet.

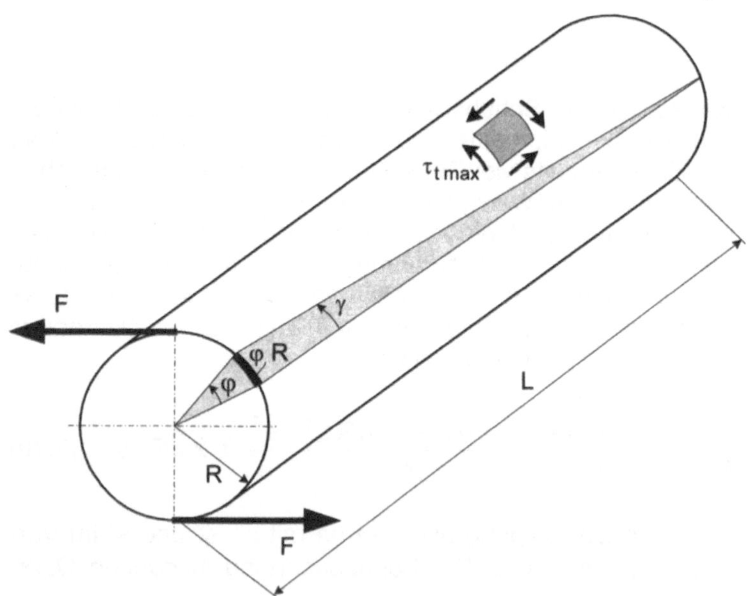

Bild 8.5 Verdrehung eines Torsionsstabes

Ein Längenelement dL wird betrachtet, welches um den Torsionswinkel $d\varphi$ verdreht wird. Die Scherung gemäß Bild 5.3 ist auf diesen Fall in der Form zu über-

tragen, dass das betrachtete Schersegment gedanklich auf die Zylinderoberfläche gelegt wird, **Bild 8.6**. Die Scherung γ ist eine Funktion des Abstandes von der Zylinderachse, $\gamma(r)$, und mit der Schubspannung nach dem Hooke'schen Gesetz verknüpft:

$$\gamma(r) = \frac{\tau(r)}{G} \qquad\qquad \text{siehe Gl. (5.2)}$$

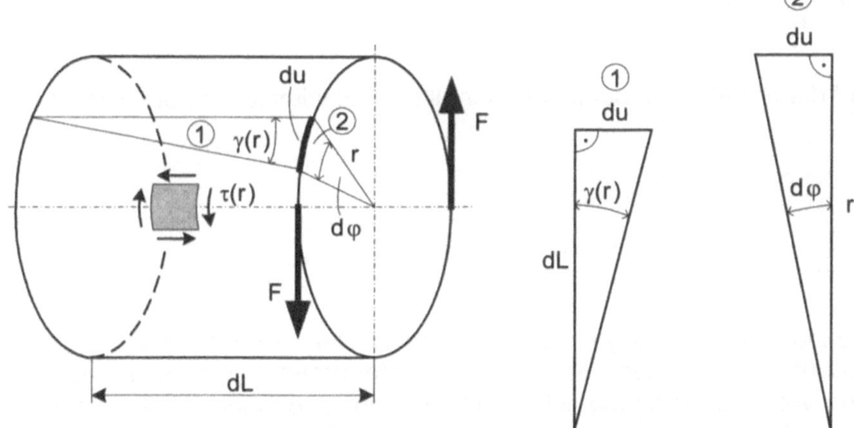

Bild 8.6 Torsionsverformung eines infinitesimalen Stabelementes der Länge dL im Abstand r von der Verdrehachse (du: infinitesimales Umfangsstück; dφ: infinitesimaler Verdrehwinkel)
In den Dreiecken ① und ② dürfen die Krümmungen wegen der infinitesimalen Seitenlängen vernachlässigt werden. Außerdem darf man sie als rechtwinklig betrachten.

Die Winkelbeziehungen in dem Oberflächendreieck ① und dem Querschnittsdreieck ② nach Bild 8.6 lauten wie folgt:

$$\tan\gamma(r) = \frac{du}{dL} \approx \gamma(r) \qquad\qquad (8.12\,a)$$

und

$$\tan d\varphi = \frac{du}{r} \approx d\varphi \qquad \text{oder} \qquad du \approx r\,d\varphi \qquad (8.12\,b)$$

$du = r\,d\varphi$ wird in Gl. (8.12 a) eingesetzt:

$$\gamma(r) = r\,\frac{d\varphi}{dL} \qquad\qquad (8.12\,c)$$

Die Ableitung dφ/dL gibt den Verdrehwinkel pro Längeneinheit an (sozusagen pro „Salamischeibe"), für die auch die Bezeichnung *Drillung* gebräuchlich ist. Nun interessiert die maximale Verformung an der Außenfaser bei einer Zylinderlänge L. Mit

$$\tau(r) = r\,\frac{M_t}{I_p} \qquad\qquad \text{siehe Gl. (8.5 b)}$$

sowie Gl. (8.12 c) und (5.2) ergibt sich:

$$\frac{d\varphi}{dL} = \frac{\gamma(r)}{r} = \frac{\tau(r)}{G\,r} = \frac{M_t}{G\,I_p} \qquad\qquad (8.12\ d)$$

Bezogen auf die Stablänge L summiert man alle infinitesimalen Verdrehwinkel $d\varphi$ von 0 bis L:

$$\boxed{\varphi = \frac{M_t}{G\,I_p}\int_0^L dL = \frac{M_t\,L}{G\,I_p} = \frac{M_t\,L}{S_t}} \qquad\qquad (8.13)$$

φ wird benennungslos als Bogenmaß angegeben. Der verdrehte Kreisbogen b an der Außenfaser, welcher der maximalen Verformung entspricht, beträgt $b = R\,\varphi$ (der volle Kreisumfang ist $2\,\pi\,R$, der zu φ gehörige Anteil folglich $2\,\pi\,R\,\varphi\,/(2\,\pi) = R\,\varphi$).

Das Produkt $G\,I_p$ bezeichnet man als *Torsions-* oder *Drillsteifigkeit* S_t. Die durch Torsion hervorgerufene Verformung hängt also einerseits vom Materialkennwert G und andererseits von der geometrischen Form des Profils, ausgedrückt durch I_p, ab. In Bild 7.6 und 7.7 sind zwei Leichtbauprofile abgebildet, bei denen der für Al-Legierungen geringere Schubmodul gegenüber Stahl kompensiert wird durch ein Profil mit sehr hohem FTM. Die Steifigkeit ist somit sehr hoch bei geringem Bauteilgewicht. Der Begriff Steifigkeit ist abzugrenzen von dem der Festigkeit: Steifigkeit kennzeichnet den Widerstand einer Konstruktion – bestehend aus einem Material *und* einer Geometrie – gegen *Verformung*; die Steifigkeit kommt nur bei der Verformungsberechnung vor (auch bei der Biegung, siehe Kap. 10.2), nicht bei der Spannungsberechnung. Festigkeit bezeichnet dagegen die Fähigkeit des *Materials*, einer vorhandenen Spannung standzuhalten $(\sigma \le \sigma_{zul})$.

Durch Messung des Verdrehwinkels oder des verdrehten Kreisbogens b kann im Torsionsversuch gemäß Gl. (8.13) der Schubmodul G direkt bestimmt werden. Üblicherweise wird er jedoch nach Gl. (6.4) aus E und ν umgerechnet.

8.3 Momentenmessung

In der Praxis misst man die bei elastischer Verformung auftretenden kleinen Verformungen mittels Dehnungsmessstreifen (DMS, siehe Kap. 12). Diese erfassen *Dehnungen*, keine Scherungen. Da bei Torsion die größten Dehnungen unter 45° zur Wellenachse auftreten (siehe Kap. 11.2), werden die DMS unter diesem

Winkel aufgeklebt. Im Folgenden wird der Zusammenhang zwischen der Dehnung eines DMS und der Torsionsverdrehung sowie dem Torsionsmoment hergeleitet. Will man z.B. an einer Welle das übertragene Moment messen, kann das mit Hilfe von DMS geschehen – auch bei drehender Welle, indem die DMS-Signale durch Telemetrie (Sender/Empfänger-System) übertragen werden.

Bei einer Gesamtlänge des Stabes von L errechnet sich der Verdrehwinkel φ gemäß Gl. (8.13); das verdrehte Kreisbogenstück auf dem Umfang am Stabende beträgt φ R (Bogenmaß). Man denkt sich nun ein gleichschenkliges rechtwinkliges Dreieck wie in **Bild 8.7**, bei dem die Katheten gleich der Stablänge L sind. Die Hypotenuse liegt folglich unter 45° zur Stabachse. Zur Herleitung des gesuchten Zusammenhanges muss zunächst dieses große Dreieck herangezogen werden; die Verkleinerung auf ein geometrisch ähnliches, kleineres Dreieck auf der Stab- oder Wellenoberfläche erfolgt in einem späteren Gedankenschritt. Durch die Torsion verschiebt sich der Punkt B nach B' um das Bogenstück φ R. Die Hypotenuse $\overline{AB}$ erfährt eine Dehnung ε, bei geringer Verdrehung ändert sich der 45°-Winkel jedoch kaum.

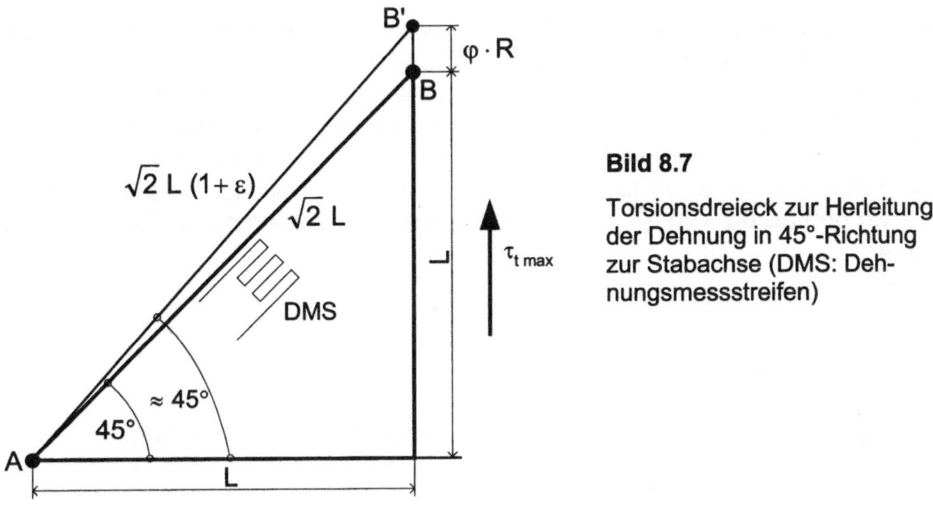

Bild 8.7

Torsionsdreieck zur Herleitung der Dehnung in 45°-Richtung zur Stabachse (DMS: Dehnungsmessstreifen)

Ein unter 45° zur Stabachse angebrachter DMS misst die Dehnung ε(45°) entlang der Hypotenuse. Die gestreckte Hypotenuse hat nach dem Satz des Pythagoras folgende Länge:

$$\overline{AB'} = \sqrt{L^2 + (L + \varphi \cdot R)^2} = \sqrt{2}\,L\sqrt{1 + \frac{\varphi \cdot R}{L} + \frac{1}{2}\left(\frac{\varphi \cdot R}{L}\right)^2} \approx \sqrt{2}\,L\sqrt{1 + \frac{\varphi \cdot R}{L}} \quad (8.14)$$

Die Näherung gilt für den Fall, dass φ R << L ist, so dass das quadratische Glied entfallen kann. Dies trifft bei geringen elastischen Verdrehungen und Dehnungen zu. Für den Wurzelausdruck wird eine Reihenentwicklung benutzt, die man aus mathematischen Formelsammlungen entnehmen kann:

$$\sqrt{1+x} = 1 + \frac{1}{2}x - \frac{1 \cdot 1}{2 \cdot 4}x^2 + \frac{1 \cdot 1 \cdot 3}{2 \cdot 4 \cdot 6}x^3 - .... \text{ mit } x = \frac{\varphi\, R}{L}$$

Berücksichtigt man nur das lineare Glied wegen $\varphi\, R \ll L$, so bekommt man für die gedehnte Hypotenusenlänge folgende Näherungsgleichung:

$$\overline{AB'} \approx \sqrt{2}\, L \left(1 + \frac{\varphi\, R}{2\, L} \right) \tag{8.15}$$

Die Dehnung unter 45° beträgt:

$$\varepsilon(45°) = \frac{\overline{AB'} - \overline{AB}}{\overline{AB}} = \frac{\sqrt{2}\, L \left(1 + \dfrac{\varphi\, R}{2\, L} \right) - \sqrt{2}\, L}{\sqrt{2}\, L} = \frac{\varphi\, R}{2\, L} \tag{8.16}$$

Das Dreieck in Bild 8.7 ist ein gedachtes, weil es die gesamte Stablänge L enthält und nur der Herleitung der Gleichung für $\varepsilon(45°)$ dient. Wird – wie beim DMS – nur die *Dehnung* entlang der 45°-Hypotenuse betrachtet und nicht die absolute Längenänderung, so kann man sich ein beliebig kleines, geometrisch ähnliches Dreieck auf die Staboberfläche gezeichnet denken. Gl. (8.16) gilt dann ebenso.

Im Folgenden wird die Dehnung $\varepsilon(45°)$ mit dem Torsionsmoment verknüpft, und zwar gemäß der Gln. (8.13) und (8.16) sowie zusätzlich durch Einsetzen von Gl. (6.4):

$$M_t = \frac{\varphi\, G\, I_p}{L} = \frac{\varphi\, R\, G\, W_p}{L} = 2\, \varepsilon(45°)\, G\, W_p = \frac{\varepsilon(45°)\, E\, W_p}{1 + \nu} \tag{8.17 a}$$

Nach der Dehnung unter 45° aufgelöst ergibt sich der Zusammenhang:

$$\varepsilon(45°) = \frac{1 + \nu}{E} \cdot \frac{M_t}{W_p} = \frac{1 + \nu}{E}\, \tau_{max} \tag{8.17 b}$$

Zu derselben Gleichung gelangt man, wenn man für den zweiachsigen Spannungszustand der Torsion die Hauptdehnung ε_1 berechnet, welche gleich der Dehnung $\varepsilon(45°)$ ist, was in Kap. 12 hergeleitet wird.

In der Praxis klebt man zwei DMS unter ±45°. Der Grund liegt darin, dass abhängig von der Drehrichtung des Torsionsmomentes sich entweder eine Dehnung oder eine Stauchung einstellt; beide können mittels DMS gemessen werden. Die Absolutbeträge sind gleich.

8.4 Torsionsbruch

In der Technik ist es außerordentlich wichtig, Versagensarten und Brüche korrekt interpretieren zu können, um die Schadensursache möglichst einwandfrei zu erkennen. Torsionsbrüche kommen besonders an überbelasteten Wellen vor, wenn man von überdrehten Schrauben einmal absieht. Die Deutung von Torsionsbrüchen ist nicht ganz einfach und bedarf einer genauen Spannungsanalyse.

Ohne besondere Hilfsmittel kann jedermann zwei Arten von Torsionsbrüchen selbst erzeugen. Zum einen nehme man eine normale „Billigschraube" oder ein ähnliches Teil aus einem relativ weichen Werkstoff, spanne sie in einen Schraubstock ein und drehe sie, bis sie bricht. Vor dem Bruch wird sie sich recht deutlich um die eigene Achse verdrehen; der Bruch wird ziemlich glatt in der Querschnittsebene verlaufen, **Bild 8.8**.

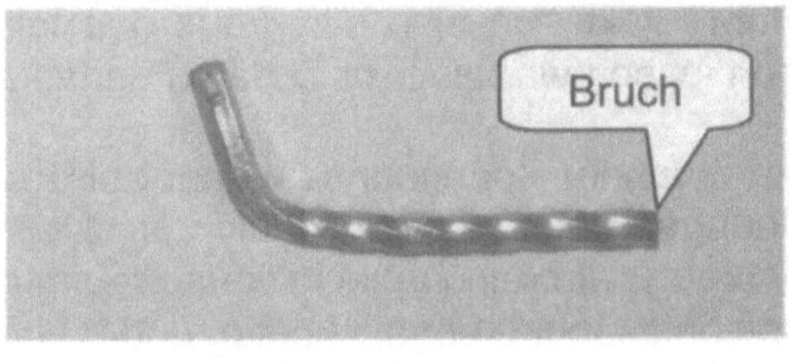

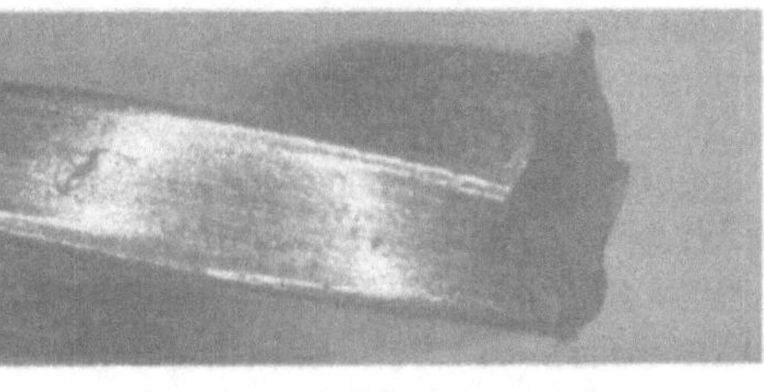

a)   b)

Bild 8.8 Torsionsbruch an einem weichen Inbusschlüssel (Scherspannungsbruch)
a) Gesamtbild; es ist deutlich zu sehen, dass sich der duktile Schlüssel vor dem Bruch mehrfach um die eigene Achse gedreht hat
b) Detailansicht des Scherbruches, welcher in der Querschnittsebene verläuft

Ganz anders spielt sich der Versuch mit einem Stück Tafelkreide ab. Man tordiere das Teil vorsichtig mit beiden Händen und achte darauf, dass keine Biegung und kein Zug überlagert wird, **Bild 8.9**. Die Kreide verformt sich erwartungsgemäß nicht vor dem Bruch, und dieser sieht völlig anders aus als jener in Bild 8.8: Er verläuft spiralförmig oder wendeltreppenartig um die Torsionsachse.

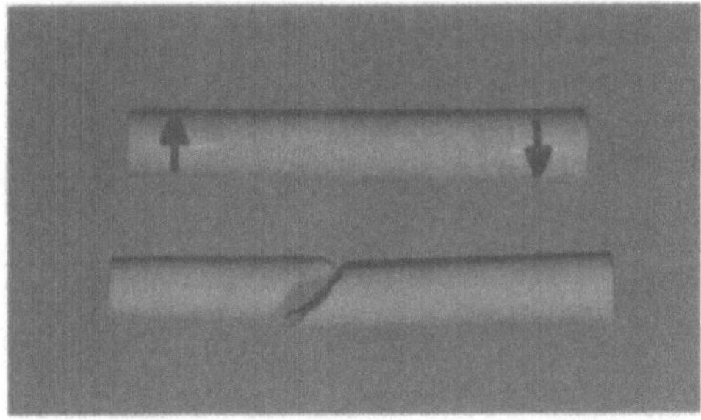

Bild 8.9
Torsionsbruch an einem Stück Tafelkreide (Normalspannungsbruch)

Die Pfeile geben die Richtungen an, in die das Kreidestück zwischen zwei Händen tordiert wurde (linksdrehendes Moment).

Der entscheidende Unterschied zwischen der Schraube oder dem Inbusschlüssel und der Kreide liegt in ihrem Verformungsvermögen. Erstere sind duktil, Kreide ist praktisch ideal-spröde. Der Bruch bei duktilen Werkstoffen wird durch die größte Schubspannung τ_{max} ausgelöst, welche bei der Torsion außen am Umfang liegt, Bild 8.1. Dort bildet sich der erste Riss, der Querschnitt nimmt dadurch ab und die maximalen Schubspannungen „wandern" weiter nach innen. Die Folge ist ein Bruch in der Ebene der jeweils größten Schubspannungen, hier der Querschnittsebene, den man daher auch *Scherspannungsbruch* nennt (andere Begriffe: Verformungs-, Gleit- oder Duktilbruch). Dies ist mit den bisherigen Kenntnissen nachvollziehbar.

Anders verhalten sich spröde Werkstoffe. Mit den auftretenden Schubspannungen ist der Bruch des Kreidestücks nicht erklärbar. Bei spröden Werkstoffen muss man sich darüber im Klaren sein, dass Bruch durch Trennung von Materiebausteinen, konkret: Aufbrechen von Atombindungen, zustande kommt. Dafür sind nicht Scher-, sondern Zug-Normalspannungen verantwortlich (man wiederhole die obigen Versuche für reine Zugbelastung). Man spricht daher von einem *Normalspannungsbruch* (andere Begriffe: Spröd- oder Trennbruch).

Um den spröden Kreidebruch zu deuten, stellt sich also die Frage, wo bei Torsion Normalspannungen auftreten. Von diesen war bisher in Zusammenhang mit Torsion noch keine Rede.

Dazu wird ein Torsionsstab betrachtet mit einem Spannungselement auf der Oberfläche, **Bild 8.10**. Da offenbar Spannungen unter Schnittwinkeln zur Querschnittsebene interessieren (siehe Bruchverlauf), wird ein Dreieckselement unter einem beliebigen Schnittwinkel α zur Querschnittsebene abgeschnitten und dafür werden die Gleichgewichtsbedingungen aufgestellt. Zunächst werden ringsum die Flächen, bezogen auf die Basisfläche A, bestimmt (Bild 8.10 b). Dann werden alle Kräfte angegeben, und zwar so, dass jeweils parallele Kräfte auftreten, die man ins Gleichgewicht setzen kann. Dazu werden an den Katheten die entsprechenden Kraftecke gebildet (es sei noch einmal betont, dass es nur Kräftegleichgewichte gibt, keine Spannungsgleichgewichte!).

Folgende Gleichgewichtsbedingungen herrschen:

a) Kräfte in σ_α-Richtung:

$$\sigma_\alpha \frac{A}{\cos\alpha} - \tau\, A\, \sin\alpha - \tau\, A\, \tan\alpha \cdot \cos\alpha = 0 \qquad\qquad (8.18\ a)$$

oder mit $\tan\alpha = \sin\alpha / \cos\alpha$ umgeformt:

$$\sigma_\alpha = \tau\, \sin\alpha\, \cos\alpha + \tau\, \tan\alpha\, \cos^2\alpha = 2\,\tau\, \sin\alpha\, \cos\alpha \qquad\qquad (8.18\ b)$$

Mit $2\sin\alpha\, \cos\alpha = \sin(2\,\alpha)$ ergibt sich die Formulierung für σ_α:

$$\boxed{\sigma_\alpha = \tau\, \sin(2\,\alpha)} \qquad\qquad (8.18\ c)$$

b) Kräfte in τ_α-Richtung:

$$\tau_\alpha \frac{A}{\cos\alpha} + \tau\, A \sin\alpha\ \tan\alpha - \tau\, A\, \cos\alpha = 0 \qquad\qquad (8.19\ a)$$

oder mit $\tan\alpha = \sin\alpha / \cos\alpha$ eingesetzt:

$$\tau_\alpha = \tau \cos^2\alpha - \tau \sin\alpha \cos\alpha \tan\alpha = \tau \cos^2\alpha - \tau \sin^2\alpha \qquad (8.19\ b)$$

Mit $\cos^2\alpha - \sin^2\alpha = \cos(2\alpha)$ erhält man für τ_α:

$$\boxed{\tau_\alpha = \tau \cos(2\alpha)} \qquad (8.19\ c)$$

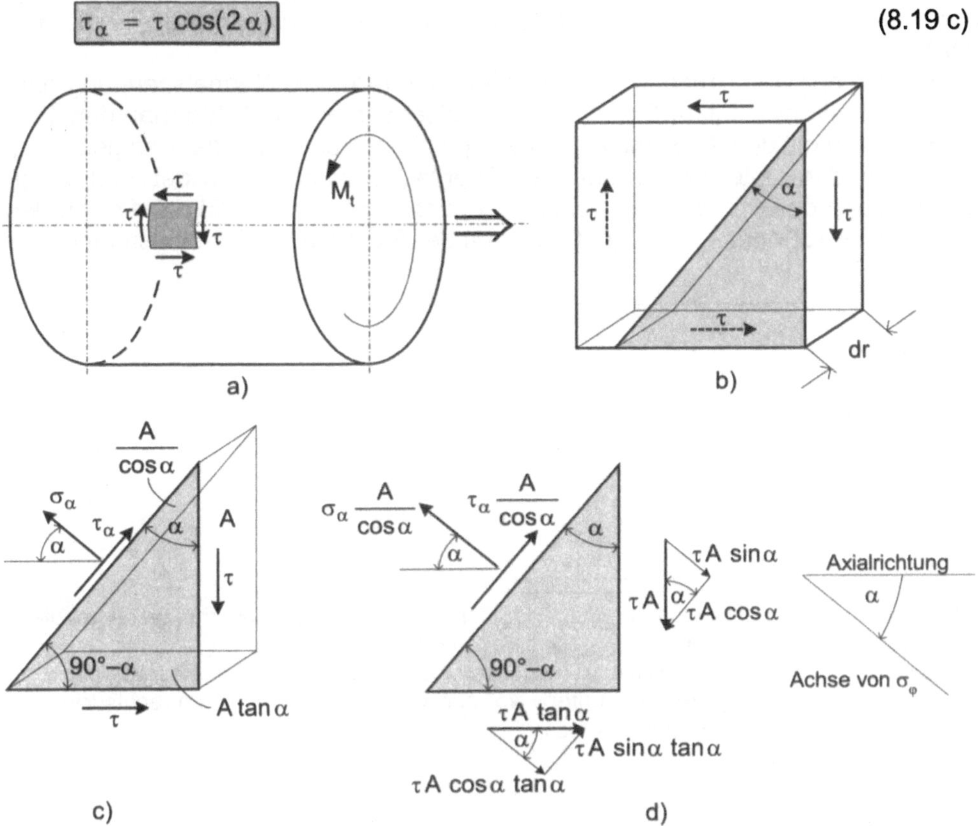

Bild 8.10 Zur Herleitung der inneren Schub- und Normalspannungen bei Torsion
a) Torsionsstab mit linksdrehendem Torsionsmoment (Doppelpfeil nach rechts) und Spannungselement auf der Oberfläche mit Pfeilrichtungen für τ
b) Vergrößertes räumliches Spannungselement mit infinitesimaler Dicke dr (weil die Schubspannungen nach innen abnehmen) und abgeschnittenem Dreieckselement unter einem beliebigen Schnittwinkel α zur Querschnittsebene
c) Abgeschnittenes Dreieckselement mit Angabe der *Normal-* und *Schubspannungen* in der Schnittfläche sowie Angabe der Schnittflächen, wenn die rechte Grundfläche A ist
d) *Kräfte* entlang des Dreieckselementes und Kraftecke zur Herleitung des Kräftegleichgewichts

Anmerkung zum Vorzeichen von τ: Hier geht es um die angreifenden *Kräfte*. Für die Kräfte ist die Pfeilrichtung entscheidend; eine Vorzeichenfestlegung erübrigt sich. Deshalb ist τ überall mit demselben Vorzeichen eingetragen bei korrekter Pfeilrichtung.

Wie in Kap. 11 ausführlich gezeigt wird, liegen die Wertepaare (σ_α; τ_α) auf einem Kreis. Zur Deutung des spiralförmigen spröden Torsionsbruches kommt es zunächst auf die Extremwerte an. Für $\alpha = 0°$ und $90°$ ist die Schubspannung maximal, was nach dem Gesetz der zugeordneten Schubspannungen auch erwartet wird. Die Gleichung für σ_α gibt an, dass unter $\alpha = 45°$ die maximale Normalspannung herrscht, nämlich $\sigma(45°) = \tau$. Unter $-45°$, d.h. bei einer zur anderen Seite geneigten Schnittebene, liegt eine Druck-Normalspannung mit demselben Betrag von τ an: $\sigma(-45°) = -\tau$. Die Schubspannungen verschwinden unter $\pm 45°$: $\tau(\pm 45°) = 0$.

Für den spröden Bruch ist, wie erwähnt, die maximale Normalspannung entscheidend, die hier unter 45° zur Querschnittsebene auftritt. Hätte man den Torsionsversuch mit dem Kreidestück in Zeitlupe filmen können, hätte man gesehen, dass sich der erste Anriss auf der Oberfläche unter 45° bildet und unter Beibehaltung des 45°-Winkels weiter nach innen fortschreitet, **Bild 8.11**. Ob der Riss unter $+45°$ oder $-45°$ läuft, hängt von der Richtung des Torsionsmomentes ab.

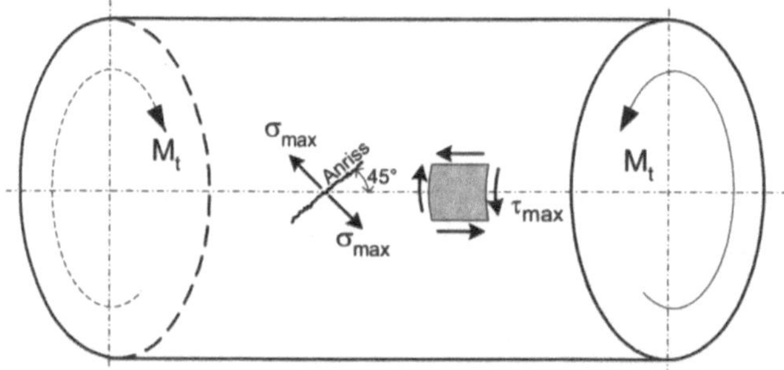

Bild 8.11 Spröde Anrissbildung an der Oberfläche unter 45° zur Querschnittsebene aufgrund der größten Zugspannung σ_{max} (siehe auch Bild 8.9)
Hier ist ein linksdrehendes (positives) Torsionsmoment angenommen; in diesem Fall verläuft der Riss wie eingezeichnet unter $+45°$ zur Axialrichtung. Bei einem rechtsdrehenden Moment wäre die Richtung $-45°$.

Aufgaben zu Kapitel 8

8.1 Ein Torsions-Vollstab mit dem Radius R soll aufgebohrt werden, und zwar so, dass $R_i = R/2$ beträgt.
   a) Um welchen Faktor erhöht sich τ_{max}?
   b) Um welchen Faktor wird das Gewicht verringert?
   c) Um welchen Faktor erhöht sich der Verdrehwinkel φ?
   d) Um welchen Faktor muss der Außendurchmesser des Rohres vergrößert werden bei *gleichem Innendurchmesser*, damit gleich große maximale Schubspannungen auftreten wie beim Vollstab? Hinweis: Es sind die Nullstellen einer Gleichung 4. Grades zu suchen. Dies lässt sich mit den meisten Taschenrechnern programmieren.
   e) Um welchen Faktor verringert sich unter d) das Gewicht?
   Lösung: a) 1,067; b) 0,75; c) 1,067; d) 1,02; e) 0,79

8.2 Eine Turbine gibt eine Nennleistung von P = 50 MW ab.
   a) Berechnen Sie das bei einer Nenndrehzahl von $n = 50\ \text{s}^{-1}$ auftretende Torsionsmoment an der Welle.
   b) Wie groß ist die maximale Schubspannung an der Vollwelle, wenn diese einen Durchmesser von D = 250 mm hat?
   c) Wie groß ist die maximale Normalspannung und wo tritt diese auf? Skizzieren Sie die Ebene, an der σ_{max} wirkt, auf die Wellenoberfläche und unterscheiden Sie dabei ein rechts- und ein linksdrehendes Torsionsmoment.
   d) Auf die Welle aus Stahl (E = 205 GPa; $\nu = 0{,}3$) wird unter 45° ein DMS geklebt. Über Telemetrie wird das Messsignal bei drehender Welle übertragen und ergibt eine Dehnung von 0,03 %. Wie groß ist dabei die Leistung der Maschine, wenn sie mit Nenndrehzahl dreht?
   Lösung: a) M_t = 159,2 kN m; b), c) $\tau_{max} = \sigma_{max}$ = 52 MPa; d) P = 45,6 MW

8.3 Begründen Sie, warum Sie mit den vorhandenen Kenntnissen noch keine Festigkeitsauslegung für torsionsbelastete Maschinenelemente vornehmen können. Warum gibt man keine zulässige Schubspannung τ_{zul} an?

9 Scherkraft- und Biegemomentenverläufe

Um für den Belastungsfall Biegung die Spannungen und Verformungen berechnen zu können, muss bekannt sein, wie groß an jeder Stelle in einem Biegebalken das dort wirkende innere Biegemoment ist, weil dieses in der Regel nicht konstant über der Balkenlänge ist. Um dieses wiederum angeben zu können, müssen zunächst die inneren Schnittkräfte bestimmt werden. Die Schnittgrößen – Kräfte und Momente – heißen so, weil sie in der Weise ermittelt werden, dass an einer beliebigen Stelle der Balken abgeschnitten wird und für die frei werdenden Balkenabschnitte die Kräfte- und Momentengleichgewichte aufgestellt werden, um statisches Gleichgewicht zu schaffen. Man geht dabei von einem Balkenende zum anderen vor und legt überall dort einen neuen Schnitt, wo eine neue äußere Kraft oder ein neues Moment angreift.

Zunächst sind für die Schnittgrößen Vorzeichenvereinbarungen zu treffen. Auch hierbei – wie schon bei den Schubspannungen (Kap. 5) – sind die Festlegungen in der Literatur nicht ganz einheitlich. In deutschsprachigen Fachbüchern wird meist die so genannte Schnittuferregelung benutzt, bei der maßgeblich ist, wie die Achsen des gewählten Koordinatenkreuzes zum Schnittufer liegen. In der angelsächsischen Literatur findet man diese Vorgehensweise selten. Im Folgenden wird die Vereinbarung übernommen, bei der die Wahl des Achsenkreuzes keine Rolle spielt, **Bild 9.1**. Diese Konvention stimmt auch mit der allgemeinen mathematischen Vorzeichenregelung für Kurvenkrümmungen überein, was noch unter „Biegung" erläutert wird.

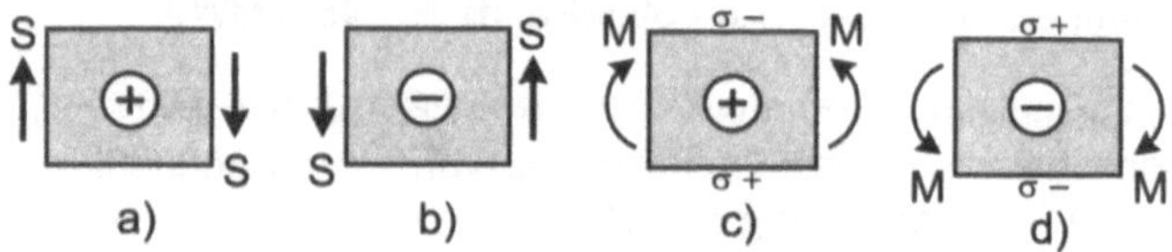

Bild 9.1 Vorzeichenvereinbarung für Scherkräfte und Biegemomente
a) Positive Scherkraftrichtung
b) Negative Scherkraftrichtung
c) Positives Biegemoment (Oberseite Druckspannungen, Unterseite Zugspannungen)
d) Negatives Biegemoment (Oberseite Zugspannungen, Unterseite Druckspannungen)

Für die Scherkräfte wird der Einfachheit halber das Zeichen S verwendet. Ein Scherkräftepaar, welches ein Balkenelement im UZS dreht, wird – wie bei den Schubspannungen (Kap. 5) – als positiv gezählt, im GUZS negativ, **Bild 9.1 a)** und **b)**.

Die Konvention für Biegemomente lässt sich weniger einfach merken: Ein Biegemoment erhält ein positives Vorzeichen, wenn es mit seinem Gegenmoment den oberen Teil des Balkens staucht (Druckspannungen) und den unteren dehnt (Zugspannungen) sowie umgekehrt, **Bild 9.1 c)** und **d)**. Dadurch wird bei Biegung eine positive bzw. negative Kurvenkrümmung erzeugt, die in der Mathematik klar definiert sind (siehe Bild 10.1). Mit dieser Festlegung wird auch das korrekte Vorzeichen bei der Spannungsberechnung eines Biegebalkens herauskommen (siehe Kap. 10.1).

Als erstes Beispiel wird der einfache Fall einer asymmetrischen Dreipunktbiegung betrachtet, wobei ein Balken auf zwei Auflagern liegt (ein Festlager und ein Loslager, um Relativbewegung zu ermöglichen) und eine Kraft außermittig angreift im Abstand a bzw. b zwischen den Auflagern, **Bild 9.2 a)**. Das Achsenkreuz wurde so gewählt, dass Konsistenz mit der Achsenbezeichnung bei den Flächenmomenten in Kap. 8.2 besteht, d.h. die Querschnittsfläche des Balkens liegt in der (x; y)-Ebene; x und y sind die beiden Schwerachsen. Folglich zeigt die z-Achse in Balkenlängsrichtung. Diese Festlegung ist zwar im Vergleich zur Literatur ungewöhnlich, jedoch konsequent, wenn man die Schwerachsen nicht umbenennen will.

Im ersten Schritt werden die Auflagerkräfte bestimmt.

$$\text{a)} \quad \sum F_y = 0: \quad F - F_A - F_B = 0 \tag{9.1}$$

$$\text{b)} \quad \sum M_{bx} = 0$$

Die Kräfte biegen den Balken um die x-Achse, daher die Indizierung M_{bx}. Zweckmäßigerweise wird das Momentengleichgewicht um die x-Achse aufgestellt:

$$\sum M^{(A)} = F_B \; L - F \; a = 0 \tag{9.2}$$

Daraus ergeben sich die beiden Auflagerkräfte:

$$F_A = \frac{F\,b}{L} \qquad \text{und} \qquad F_B = \frac{F\,a}{L} \tag{9.3 a, b}$$

Nun wird der erste Balkenabschnitt im Bereich $0 < z < a$ freigeschnitten und zunächst nur das Kräftegleichgewicht aufgestellt, **Bild 9.2 d)**.

Alle Schnittkräfte werden konsequent zunächst positiv eingezeichnet gemäß der Festlegung nach Bild 9.1. Die Rechnung wird dann ergeben, ob dieses Vorzeichen zutrifft.

$$\boxed{0 < z < a} \quad S_I - F_A = 0 \quad \text{oder} \quad S_I = F_A = \frac{F\,b}{L} \tag{9.4}$$

Für den Abschnitt $a < z < L$ erhält man (**Bild 9.2 e**):

$$\boxed{a < z < L} \quad S_{II} + F - F_A = 0 \quad \text{oder} \quad S_{II} = F\left(\frac{b}{L} - 1\right) = -F\,\frac{a}{L} \tag{9.5}$$

Hier sieht man, dass im Abschnitt der Länge b die innere Schnittkraft negativ anzusetzen ist. An der Stelle a macht die Schnittkraft einen Sprung der Höhe F (**Bild 9.2 b**).

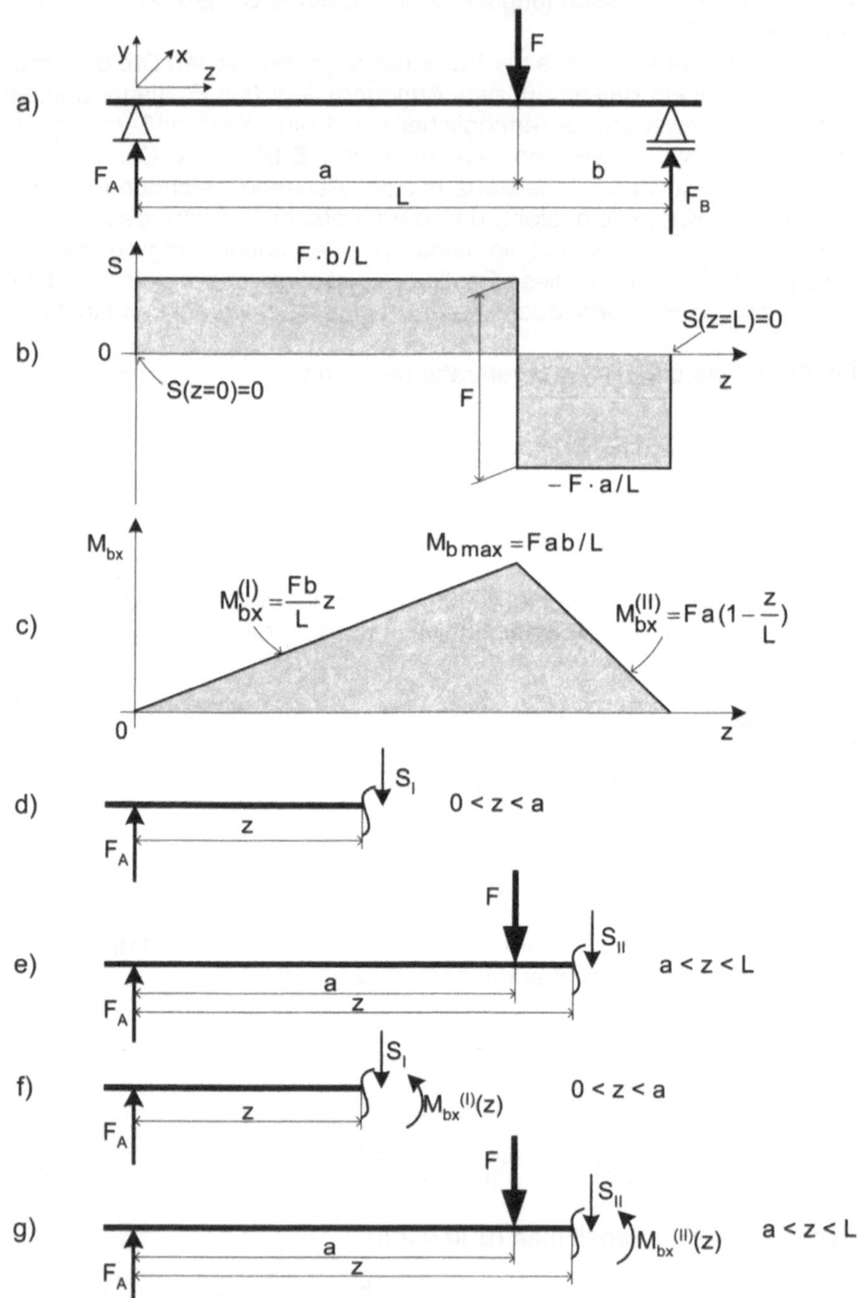

Bild 9.2 Schnittkräfte und –momente am Beispiel einer außermittigen Dreipunktbiegung
a) Belastungsskizze; b) Scherkraftverlauf; c) Biegemomentenverlauf; d)–g) Hilfsskizzen
zur Herleitung der Scherkraft- und Biegemomentenverläufe

Analog errechnet sich der Biegemomentenverlauf, **Bild 9.2 c)**. Wie zuvor stellt man zweckmäßigerweise das Momentengleichgewicht um die x-Achse auf. Dem durch die Scherkräfte erzeugten Biegemoment muss ein inneres Biegemoment im Balken entgegenwirken, so dass $\Sigma\, M_{bx} = 0$ gilt.

Auch alle Schnittmomente werden konsequent zunächst positiv eingetragen nach Bild 9.1c); die Rechnung ergibt dann das korrekte Vorzeichen.

Abschnittweise erhält man gemäß **Bild 9.2 f)** und **g)**:

$$\boxed{0 < z < a} \quad S_I\, z - M_{bx}^{(I)}(z) = \frac{F\,b}{L}\, z - M_{bx}^{(I)}(z) = 0 \quad \text{oder} \quad M_{bx}^{(I)}(z) = \frac{F\,b}{L}\, z \qquad (9.6)$$

Gl. (9.6) zeigt, dass die positive Richtungsannahme in diesem Abschnitt korrekt ist, andernfalls träte in der Gleichung ein Minuszeichen auf. Folglich wird dieser Momentenabschnitt in Bild 9.2 c) positiv eingezeichnet. Für den Abschnitt der Länge b ergibt sich:

$$\boxed{a < z < L} \quad F\,a + S_{II}\, z - M_{bx}^{(II)} = F\,a - \frac{F\,a}{L}\, z - M_{bx}^{(II)} = 0$$

$$\text{oder} \qquad M_{bx}^{(II)}(z) = F\,a\left(1 - \frac{z}{L}\right) \qquad (9.7)$$

Auch dies sind positive Werte. An der Stelle a tritt das maximale Moment $M_{b\,max}$ auf, welches sich sowohl aus Gl. (9.6) als auch (9.7) mit z = a ergibt:

$$M_{b\,max} = F\,a\left(1 - \frac{a}{L}\right) = F\,a\left(\frac{L-a}{L}\right) = \frac{F\,a\,b}{L} \qquad (9.8)$$

Der Momentenverlauf nach Bild 9.2 c) ist entscheidend für die Spannungs- und Verformungsberechnung der Biegung.

Ein weiterer, in der Technik z.B. bei symmetrisch belasteten Achsen vorkommender Biegebelastungsfall ist in **Bild 9.3** dargestellt: die Vierpunktbiegung. Sie wird auch in der Werkstoffprüfung, vorwiegend bei spröden Materialien wie Keramiken, häufig angewandt (Vierpunktbiegeversuch). Die Herleitungen vollziehen sich in gleicher Weise wie zuvor bei der Dreipunktbelastung. Die Auflagerkräfte sind unmittelbar erkennbar: $F_A = F_B = F$. Für die Teilbilder 9.3 d)–i) werden die Gleichgewichtsbedingungen aufgestellt, woraus sich die Scherkraft- und Momentenverläufe nach Bild 9.3 b) und c) ergeben. Die Besonderheit bei der Vierpunktbiegung liegt darin, dass im Mittenabschnitt die Scherkräfte null sind und das Biegemoment konstant ist. Es liegt in diesem Bereich reine Biegung vor, die nicht von Scherung überlagert ist.

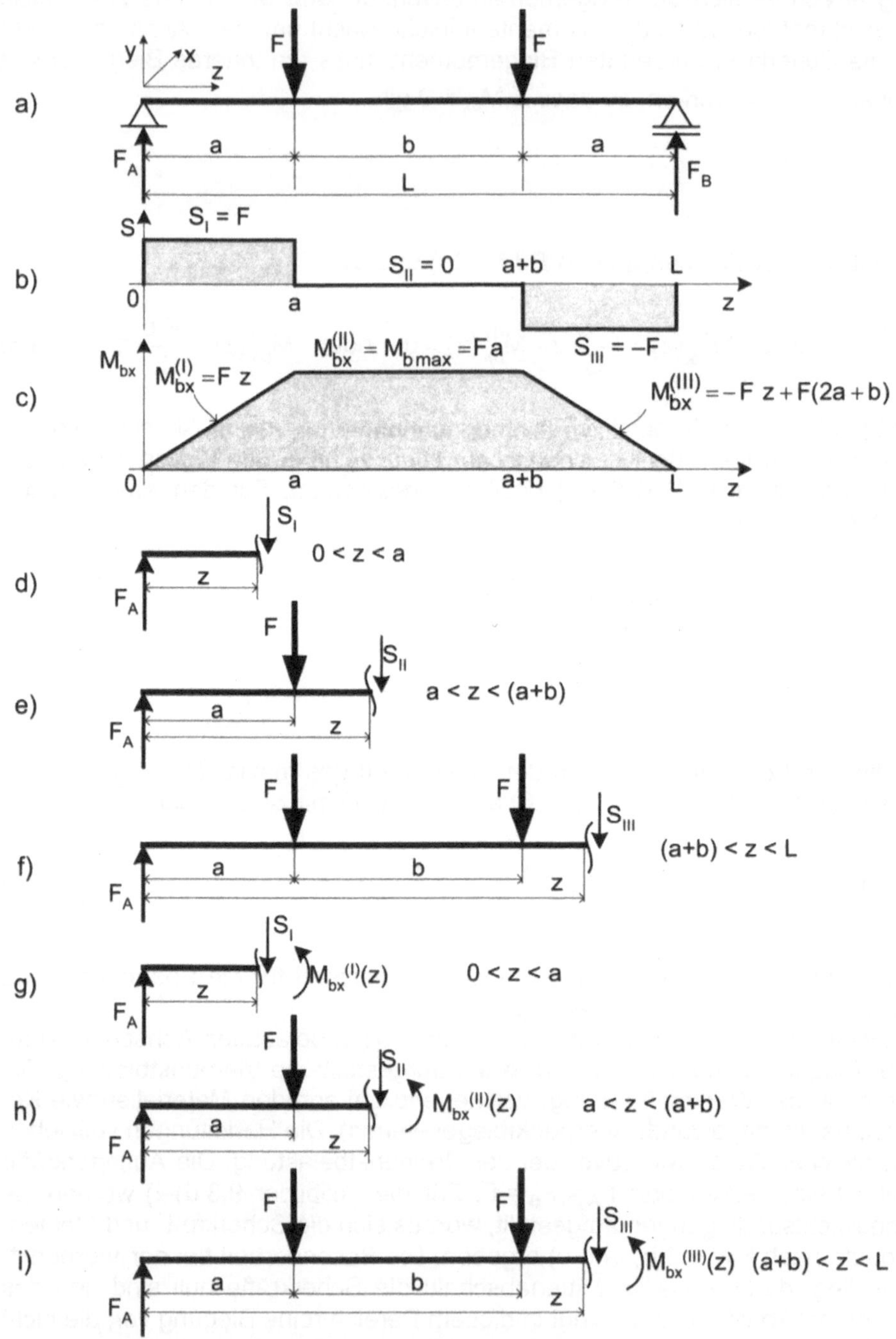

Bild 9.3 Schnittkraft- und Biegemomentenverläufe für Vierpunktbiegung
a) Belastungsskizze; b) Scherkraftverlauf; c) Biegemomentenverlauf; d)–f) Teilzeichnungen für den Scherkraftverlauf; g)–i) Teilzeichnungen für den Biegemomentenverlauf

Aufgaben zu Kapitel 9

9.1 Ein Balken mit rundem Querschnitt und Durchmesser D wird wie abgebildet belastet **(Bild 9.4)**.

    a) Berechnen Sie die Auflagerkräfte F_A und F_B.

    b) Geben Sie den Schnittkraftverlauf S(z) in den Abschnitten 1, 2 und 3 an (nennen Sie die Schnittkräfte S_1, S_2 und S_3). Stellen Sie den Verlauf graphisch auf Millimeterpapier dar; Maßstäbe: $L \mathrel{\hat{=}} 10$ cm; 1 kN $\mathrel{\hat{=}} 1$cm.

    c) Geben Sie den Biegemomentenverlauf $M_{bx}(z)$ in den Abschnitten 1, 2 und 3 an (nennen Sie die Momente M_1, M_2 und M_3). Stellen Sie den Verlauf graphisch auf Millimeterpapier dar; Maßstäbe: $L \mathrel{\hat{=}} 10$ cm; 1 kNm $\mathrel{\hat{=}} 1$cm.
Wie groß ist das maximale Biegemoment $M_{b\,max}$?

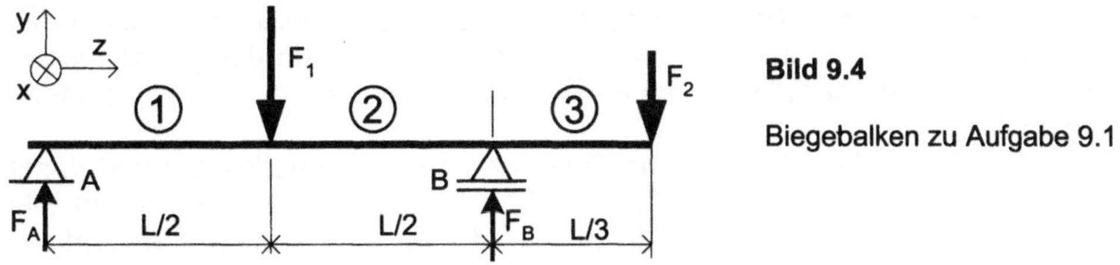

Bild 9.4

Biegebalken zu Aufgabe 9.1

Gegeben: $L = 3{,}6$ m; $F_1 = 15$ kN; $F_2 = 5$ kN; $D = 80$ mm.

Lösung: a) $F_A = 5{,}83$ kN; $F_B = 14{,}17$ kN; b) $S_1 = 5{,}83$ kN; $S_2 = -9{,}17$ kN; $S_3 = 5$ kN; c) $M(0) = 0$; $M(L/2) = 10{,}5$ kN m $= M_{b\,max}$; $M(L) = -6$ kN m; $M(4L/3) = 0$; dazwischen lineare Verläufe

Lösung: $\sigma_{max} = 209$ MPa bei $L/2$

10 Biegung

Während man bei axial belasteten Körpern infolge Zug, Druck oder Torsion von *Stäben* (engl. *bar*) spricht, bezeichnet man als *Balken* oder *Träger* (engl. *beam*) solche, bei denen äußere Kräfte quer zur Achse wirken. Sie rufen sowohl eine *Schub-* als auch eine *Biegebelastung* des Balkens hervor. Über den wirksamen Hebelarm übt die jeweilige Querkraft ein *Biegemoment* M_b aus.

Die Grundbelastungsart Biegung kann man sich veranschaulichen mit Hilfe eines Lineals: Man halte es an einem Ende fest in der einen Hand und belaste es am anderen Ende (Belastungsfall: einseitig eingespannter Träger mit Endlast). Ganz offensichtlich macht es einen großen Unterschied, ob das Lineal flach oder hochkant gehalten wird. Die Größe der Querschnittsfläche wird nicht allein in die Spannungs- und Verformungsberechnung eingehen, sondern die Flächen*verteilung* – ausgedrückt über die axialen Flächenträgheitsmomente – wird zu berücksichtigen sein.

Reine Biegung, d.h. ohne gleichzeitige Wirkung von Scherkräften und damit überlagerter Scherung, tritt beispielsweise bei Vierpunktbiegung auf, wie in Bild 9.3 dargestellt. Zwischen den Angriffspunkten der beiden gleich großen Kräfte F sind die Scherkräfte null und das Biegemoment ist in diesem Abschnitt konstant.

Für eine Bauteilauslegung stellt sich die Frage nach den maximalen Spannungen und Verformungen in Abhängigkeit von den äußeren Kräften und den Biegemomenten. Die folgenden Herleitungen beschränken sich auf einachsige (gerade) Biegung, bei welcher die Kräfte nur in einer Richtung wirken.

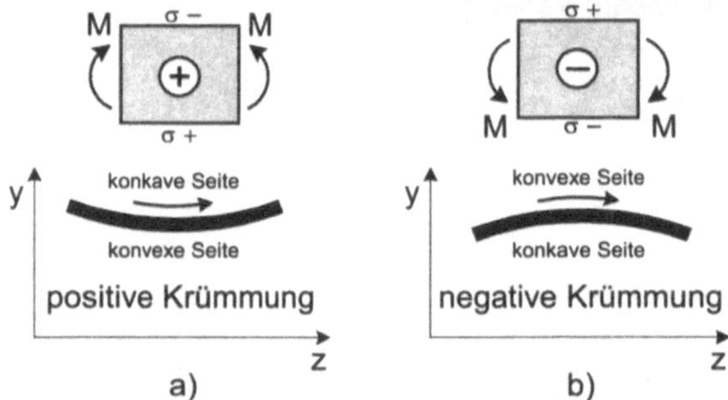

Bild 10.1 Vorzeichenvereinbarung für Biegemomente und Krümmungen
a) Positives Biegemoment verursacht eine positive Krümmung (Kurvenkrümmung mit Linksdrehung; Oberseite Druckspannungen, Unterseite Zugspannungen)
b) Negatives Biegemoment verursacht eine negative Krümmung (Kurvenkrümmung mit Rechtsdrehung; Oberseite Zugspannungen, Unterseite Druckspannungen)

Wie schon in Kap. 9/Bild 9.1 vorgestellt, wird für das Biegemoment eine Vorzeichenvereinbarung verwendet, welche auf der Krümmung des Biegebalkens beruht, **Bild 10.1**. Allgemein wird in der Mathematik als *positive* Krümmung einer Kurve eine solche bezeichnet, die nach oben (positive Richtung der y-Achse) *konkav* gebogen ist. *Negativ* ist eine Kurve dann gekrümmt, wenn oben die *konvexe* Seite liegt. Zur Veranschaulichung der Krümmung stelle man sich vor, ein Auto fahre in Richtung zunehmender Abszissenwerte entlang der Kurve. Muss es dabei die Räder nach *links* einschlagen, so ist die Kurve *positiv* gekrümmt, andernfalls negativ. Wie bei den Torsionsmomenten kann man sich auch hier merken: Linksdrehung wird positiv gezählt, wie auch beim mathematischen Drehsinn von Winkeln. Mit derselben Vorzeichenangabe werden die Biegemomente versehen, welche die Krümmung hervorrufen: ein positives Biegemoment erzeugt eine positive (Links-)Krümmung und umgekehrt.

10.1 Spannungsberechnung

Ein Biegemoment bewirkt eine bogenförmige Verformung des Trägers, **Bild 10.2**. Zum besseren Verständnis der Spannungsverteilung über dem Querschnitt stellt man sich den Biegebalken als ein Bündel feiner Fasern vor. Die nach Bild 10.2 bei einem negativen Biegemoment oben liegenden Fasern werden gestreckt: Sie stehen unter Zugspannung. Das untere Faserbündel erfährt eine Stauchung aufgrund von Druckspannungen in axialer Balkenrichtung, hier als z-Achse angesetzt. (Anm.: Wie bei den inneren Schnittgrößen werden die Schwerachsen als x und y beibehalten; folglich ist die Balkenlängsachse die z-Achse.)

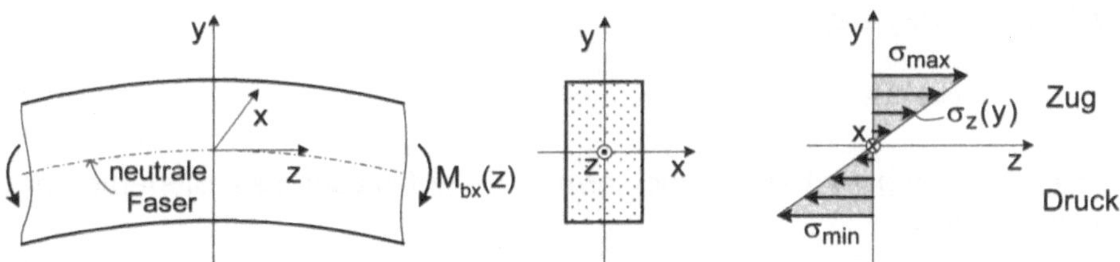

Bild 10.2 Biegung am Beispiel eines Balkens mit rechteckigem Profil
Hier ist eine Biegemomentenrichtung angenommen, welche nach der Vorzeichenvereinbarung *negativ* zählt.

Durch den Flächenschwerpunkt verläuft in Längsrichtung die so genannte *neutrale Faser*, welche *spannungsfrei* ist und somit auch *keine Längenänderung* erfährt, wohl aber gebogen wird und damit ihre *Form* ändert. Mit der gleichen Begründung wie bei der Torsion (Kap. 8.1) verteilen sich die Normalspannungen über dem Querschnitt nach dem Geradliniengesetz, jedoch nur bei rein elastischer Verformung nach dem Hooke'schen Gesetz, siehe Bild 10.2. An den Außenfasern treten die Extremwerte σ_{max} für Zug und σ_{min} für Druck auf, die nur bei Profilen, die bezüglich der x-Achse symmetrisch sind, betragsmäßig gleich groß sind.

Gemäß **Bild 10.3** wird ein Träger mit einem beliebigen, aber zur y-Achse spiegelsymmetrischen Querschnitt betrachtet. Normalspannungen treten in z-Richtung auf und hängen von der Höhenkoordinate y ab: $\sigma_z(y)$. Die Randfaserabstände seien e_{x1} und e_{x2}, wie bei der Definition der FWM (Kap. 7.2.5).

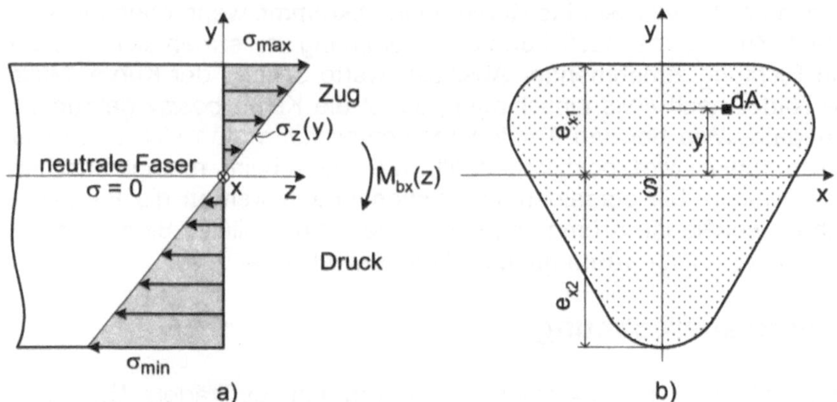

Bild 10.3 Biegebalken zur Herleitung der Spannungen $\sigma_z(y)$
a) Seitenansicht mit Spannungsverteilung über der Höhe bei negativem Biegemoment
b) Querschnitt mit den Schwerachsen x und y sowie den beiden Randfaserabständen
    e_{x1} (+) und e_{x2} (−)

Analog zur Herleitung der Spannungsformel bei der Torsion (Kap. 8.1, Bild 8.1d) wird aus der Querschnittsfläche ein infinitesimales Element dA analysiert, in welchem die Spannung $\sigma_z(y)$ herrscht und folglich die infinitesimale innere Längskraft in z-Richtung dF_z angreift:

$$dF_z = \sigma_z(y)\, dA \tag{10.1}$$

Diese Teilkraft erzeugt mit dem Hebelarm y ein infinitesimales Biegemoment dM_{bx} um die x-Achse:

$$dM_{bx} = dF_z\, y = \sigma_z(y)\, dA\, y \tag{10.2}$$

Alle summierten Biegemomente im betrachteten Schnitt müssen zusammen im Gleichgewicht mit dem Biegemoment $M_{bx}(z)$ stehen:

$$M_{bx}(z) = -\int_A d\, M_{bx} = -\int \sigma_z(y)\, y\, dA = -\frac{\sigma_z(y)}{y}\, \underbrace{\int y^2\, dA}_{= I_x} \tag{10.3}$$

Im letzten Schritt wurde mit y erweitert, so dass das bekannte Integral für das axiale FTM erkennbar wird (siehe Kap. 7.2.1). Die gesuchte Spannung in Abhängigkeit von der Höhenkoordinate y ergibt sich folglich zu:

$$\sigma_z(y) = -\frac{M_{bx}(z)\, y}{I_x} \qquad \text{bei Biegung um die x-Achse} \tag{10.4}$$

Wirkt gemäß der Vorzeichenvereinbarung nach Bild 10.1 ein negatives Moment wie in Bild 10.3, so ergeben sich positive Spannungen (Zug) für positive y-Werte und negative Spannungen (Druck) für negative y-Werte. Bei einem positiven Moment stellen sich für positive y-Werte Druckspannungen und für negative y-Werte Zugspannungen ein. Dies stimmt mit den Erwartungen überein.

Das Ergebnis nach Gl. (10.4) stellt einen einfachen Zusammenhang her zwischen den Längs-Normalspannungen in einem bestimmten Abstand y von der neutralen Faser, dem Biegemoment M_b an der betreffenden Schnittstelle und dem axialen FTM I_a, hier bezogen auf die x-Achse. Man erkennt an Gl. (10.4) auch, dass sich wegen der Abhängigkeit $M_{bx}(z)$ die Spannungen ebenfalls für eine bestimmte Höhenposition y entlang der Balkenachse z ändern: $\sigma_z = f(y, z)$.

Analog zur Torsion bauen sich bei der Biegung umso geringere Spannungen und somit Verformungen auf, je höher das axiale FTM der belasteten Fläche ist – je träger die Fläche gegen Biegung reagiert.

Die für die Festigkeitsauslegung interessierenden Extremwerte der Spannungen betragen mit den Bezeichnungen nach Bild 10.3:

a) Zug

$$\frac{\sigma_{max}}{e_{x1}} = \frac{\sigma_z(y)}{y} \qquad \text{(Strahlensatz oder Tangens)} \qquad (10.5\,a)$$

Mit Gl. (10.4):

$$\sigma_{max} = -e_{x1}\,\frac{M_{bx}(z)}{I_x} = -\frac{M_{bx}(z)}{W_{x1}} \qquad (10.5\,b)$$

b) Druck

$$\frac{\sigma_{min}}{e_{x2}} = \frac{\sigma_z(y)}{y} \qquad (10.6\,a)$$

Mit Gl. (10.4):

$$\sigma_{min} = -e_{x2}\,\frac{M_{bx}(z)}{I_x} = -\frac{M_{bx}(z)}{W_{x2}} \qquad (10.6\,b)$$

Bei negativem Biegemoment treten Zugspannungen für einen positiven Randfaserwert auf (oberhalb der neutralen Faser), bei positivem Biegemoment entsprechend für einen negativen Randfaserwert (unterhalb der neutralen Faser), wie dies in Bild 9.1 c) und d) bereits angedeutet ist. Druckspannungen ergeben sich folgerichtig bei negativem Moment und negativem e-Wert oder bei positivem Moment und positivem e-Wert. Die Schreibweise in den Gln. (10.5 b) und 10.6 b) mit dem Minuszeichen ist in der Literatur unüblich; meist werden die Beträge angegeben und das korrekte Vorzeichen erkennt man aus dem Belastungsfall.

Zweckmäßigerweise wendet man für die Extremwerte der Spannungen die in Kap. 7.2.5 eingeführten FWM ein. Damit gilt auch für Biegung die allgemeine Gl. (8.6), die bereits für Torsion aufgestellt wurde (vgl. Gl. 8.5 b).

Bei Profilen, die bezüglich der x-Achse nicht spiegelsymmetrisch sind, wie in Bild 10.3, sind die unterschiedlichen W_x-Werte zu beachten. Wenn man konsequent die Vorzeichen der Randfaserabstände einsetzt, wie für Gl. (10.5 b) und (10.6 b) geschehen, müssten auch die FWM vorzeichengerecht verwendet werden. Dies ist zwar unüblich, führt aber auf die korrekten Spannungsvorzeichen.

Aufgrund der Abhängigkeit des Biegemomentes von z sind die Spannungen auch über der Balken*länge* nicht konstant: σ_z = f(z). Für die Festigkeitsauslegung ist die Stelle mit dem maximalen Biegemoment ausschlaggebend.

Bei Biegung tritt ein einachsiger Spannungs*zustand* auf, was bedeutet, dass – jeweils für eine einzelne Faser betrachtet – ein Extremwert der Normalspannung nur in einer Richtung von null verschieden ist; in dazu senkrechten Richtungen ist die Normalspannung jeweils null. Die inhomogene Spannungs*verteilung* über dem Querschnitt darf hiermit nicht verwechselt werden. Eine Festigkeitsauslegung für einen einachsigen Spannungszustand kann mit den bisherigen Kenntnissen bereits erfolgen, weil hierfür die Festigkeitskennwerte aus dem Zugversuch vorliegen. Es muss also gelten:

$$\sigma_{max} \leq R_e/S_F \qquad \text{und} \qquad |\sigma_{min}| \leq |\sigma_{dF}|/S_F$$

oder bei spröden Werkstoffen

$$\sigma_{max} \leq R_m/S_B \qquad \text{und} \qquad |\sigma_{min}| \leq |\sigma_{dB}|/S_B$$

Streng genommen ist diese Festigkeitsauslegung nur erlaubt, wenn reine Biegung vorliegt. Überlagerte Scherung kann jedoch in der Regel vernachlässigt werden. Dies gilt für alle folgenden Beispiele.

10.2 Verformungsberechnung

Die Herleitungen für die Spannungs- und Verformungsberechnung bei den bisher vorgestellten Belastungsarten waren vergleichsweise übersichtlich und die daraus entstandenen Gleichungen einfach. Die Verformungsberechnung für Biegung ist dagegen diffiziler: Man kommt nicht umhin, zunächst die gesamte Biegelinie eines Balkens zu erfassen – was die Lösung einer Differenzialgleichung 2. Ordnung erfordert – und dann bestimmte Extremwerte zu errechnen. Der Grund für diese Schwierigkeit liegt darin, dass das innere Biegemoment über der Balkenlänge in der Regel nicht konstant ist. Dies wiederum bedeutet, dass die Biegelinie *keinen* Kreisbogen darstellt, welcher einfach zu berechnen wäre.

Die Herleitung zur Verformungsberechnung bei Biegung vollzieht sich in zwei Schritten: Zunächst wird ein Zusammenhang zwischen dem Biegemoment und dem Krümmungsradius hergestellt, dann wird über den Krümmungsradius eine Formulierung für die gesamte Biegelinie aufgestellt.

Es wird ein Balkenabschnitt gemäß **Bild 10.4** betrachtet mit beliebigem, aber zur y-Achse spiegelsymmetrischen Profil (wie z.B. in Bild 10.3). Unter dem Moment $M_{bx}(z)$ krümmt sich der Träger in der (y; z)-Ebene (wie in Bild 10.2). Wie bereits betont, weist die neutrale Faser keine Längenänderung auf, wird aber gekrümmt. Die Form der *neutralen Faser* unter Belastung nennt man die *Biegelinie*. Die anderen Fasern werden entweder gedehnt oder gestaucht, was durch die Dehnung $\varepsilon_z(y)$ ausgedrückt wird. An die Biegelinie kann in infinitesimalen Abschnitten ds ein Kreis mit dem Radius R angeschmiegt werden. Den Kehrwert 1/R bezeichnet man als Krümmung k. Bei starker Krümmung ist R klein und umgekehrt. In Bild 10.4 ist der Radiusvektor unterbrochen gezeichnet, um anzudeuten, dass bei üblichen elastischen Biegeverformungen die Krümmung gering ist und sich deshalb große Kreisradien ergeben.

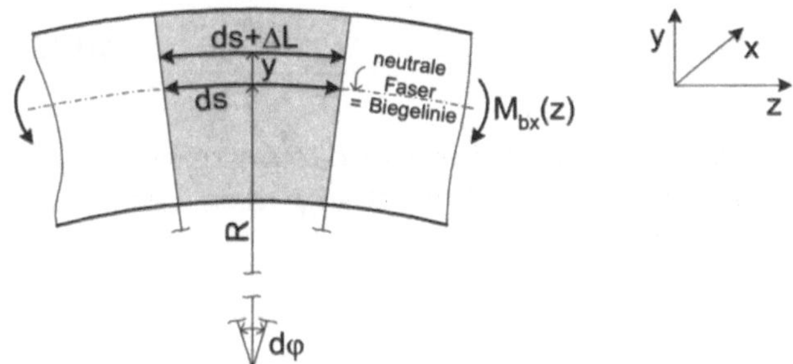

Bild 10.4 Zur Herleitung des Zusammenhangs zwischen dem Krümmungsradius und der Verformung
Das hier angenommene Biegemoment ist negativ zu zählen.

Mit dem Abschnitt ds auf der neutralen Faser und den beiden Radiusstrahlen wird ein Kreissektor aufgespannt mit dem Öffnungswinkel dφ. Näherungsweise kann man diesen Kreissektor in zwei rechtwinklige Dreiecke mit jeweils dem Öffnungswinkel dφ/2 aufteilen, so dass dann gilt:

$$\tan(d\varphi/2) = \frac{ds/2}{R} \approx \frac{d\varphi}{2} \quad \text{oder} \quad d\varphi = \frac{ds}{R} \tag{10.7}$$

Nun wird im Abstand y von der neutralen Faser eine andere Faser betrachtet, die eine Längenänderung ΔL erfährt (positiv oder negativ). Nach Anlegen des Biegemomentes möge die Länge dieser Faser L_1 sein, d.h.

$$L_1 = ds + \Delta L \tag{10.8}$$

oder als Dehnung gemäß Gl. (4.2):

$$\varepsilon_z(y) = \frac{\Delta L}{ds} = \frac{L_1 - ds}{ds} \tag{10.9}$$

Die Winkelbeziehung in dem mit dem Faserabschnitt L_1 erzeugten Kreissektor oder angenähert rechtwinkligen Dreieck lautet:

$$\tan(d\varphi/2) \;=\; \frac{L_1/2}{R+y} \;\approx\; \frac{d\varphi}{2} \tag{10.10}$$

Mit Gl. (10.7) ergibt sich:

$$L_1 = (R+y)d\varphi = (R+y)\frac{ds}{R} = ds + \frac{y\,ds}{R} \tag{10.11}$$

Setzt man Gl. (10.11) in Gl. (10.9) ein, erhält man als Längsdehnung $\varepsilon_z(y)$:

$$\varepsilon_z(y) = \frac{y}{R} \tag{10.12}$$

Im betrachteten elastischen Bereich besteht zwischen der Längsspannung $\sigma_z(y)$ und der Längsdehnung $\varepsilon_z(y)$ der einfache Zusammenhang nach dem Hooke'schen Gesetz, Gl. (4.3):

$$\sigma_z(y) = E\,\varepsilon_z(y) = E\,\frac{y}{R} \tag{10.13}$$

Die Gln. (10.12) und (10.13) können auch verwendet werden zur Berechnung der Dehnung bzw. Spannung, wenn ein Bau- oder Maschinenteil rein elastisch um eine vorgegebene runde Form gelegt wird, **Bild 10.5**. Ein Beispiel dafür ist das Sägeblatt einer Bandsäge, welches über eine Radscheibe mit dem Radius R gespannt wird und dabei außen maximale Zugspannungen erfährt. Das Gleiche gilt für Drähte, Rohre oder Bänder, welche um eine Trommel gewickelt (gehaspelt) werden. Nach dem Abwickeln sollen sie sich wieder in ihre Ursprungsform rückverformen, dürfen also nicht plastisch verformt werden.

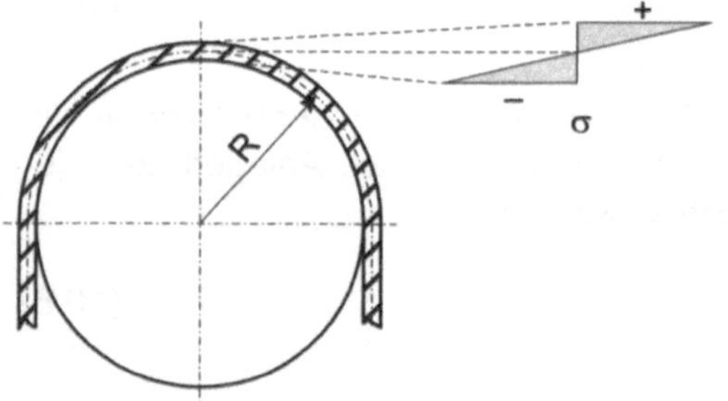

Bild 10.5

Elastische Biegung auf einer Trommel mit konstantem Durchmesser (z.B. Bandsäge, Haspel)
Oben rechts ist die Spannungsverteilung über dem Querschnitt des Bandes dargestellt.

Setzt man Gl. (10.4) mit Gl. (10.13) gleich, erhält man den gesuchten Zusammenhang zwischen dem Krümmungsradius R oder der Krümmung 1/R – als Maß für die Formänderung – und den drei Kenngrößen für die Belastung (M), die Querschnittsform (I) und den Werkstoff (E):

$$k = \frac{1}{R} = \frac{M_{b\,x}(z)}{E\,I_x} = \frac{M_{b\,x}(z)}{S_{b\,x}}$$ Biegung um die x-Achse; Balkenachse z   (10.14)

Hier ist das Vorzeichen weggelassen worden, weil mathematisch streng genommen auch der Krümmungsradius oder die Krümmung $k = 1/R$ mit einem Vorzeichen versehen werden müsste (siehe Bild 10.1 und Erläuterung dazu). Oft werden aber der Krümmungsradius und die Krümmung als positive Größen aufgefasst und in Gl. (10.14) die Absolutbeträge eingesetzt.

Analog zur Torsionssteifigkeit nach Gl. (8.13) mit $S_t = G\,I_p$ definiert man als *Biegesteifigkeit* S_b gemäß Gl. (10.14) das Produkt aus E-Modul und axialem FTM. Eine hohe Biegesteifigkeit bewirkt erwartungsgemäß einen großen Krümmungsradius und eine geringe Krümmung. Um eine möglichst biegesteife Bauteilstruktur zu erreichen, müssen also der *Material*kennwert E und/oder der *Geometrie*wert I hoch sein. Der Begriff Steifigkeit bezieht sich also stets auf die Konstruktion, nicht allein auf den Werkstoff. Er darf nicht mit Festigkeit gleichgesetzt werden (siehe Kap. 8.2). Ein geringerer E-Modul, wie er z.B. bei Aluminium im Vergleich zu Stahl vorliegt ($E_{Al}/E_{St} \approx 1/3$), kann kompensiert werden durch „intelligente" Profile mit einem höheren FTM. Beispiele zeigen Bild 7.6 bis 7.8. Besonders aus Al-Legierungen oder auch aus Kunststoffen, die einen noch geringeren E-Modul aufweisen, lassen sich derartige Bauteilstrukturen fertigungstechnisch gut realisieren, z.B. durch Strangpressen, Druckgießen oder Sandwich-Bauteile. Außerdem wird durch solche Werkstoffe viel Gewicht gespart. Der Ausdruck Leichtbau bezeichnet Konstruktionen, welche sehr steif sind durch ein hohes FTM bei geringem Gewicht und meist auch geringem E-Modul. Die Biologie liefert für solche optimalen Geometrien vielfältige Vorbilder, wie mit einem Minimum an Material ein Maximum an Steifigkeit erzielt wird. Bekanntes Beispiel: Bienenwaben (Bild 7.8). Die Wissenschaft, die diese natürlichen Konstruktionsvorbilder – auch in der Aerodynamik (Flugzeuge, Autos...) – auf die Technik überträgt, nennt man Bionik (aus *Bio*logie und Tech*nik*).

Wenn das Biegemoment überall entlang der Biegelinie konstant ist, wie im Fall des Mittenabschnittes bei Vierpunktbiegung (Bild 9.3), ist auch der Krümmungsradius R nach Gl. (10.14) konstant. In diesem Sonderfall stellt die Biegelinie einen Kreisbogen dar. Bei *veränderlichem* Biegemoment ist der Krümmungsradius in jedem Punkt der Kurve ein anderer und die Biegelinie folglich – wie erwähnt – *kein* Kreisbogen.

Mit Gl. (10.14) kann noch nicht direkt die Durchbiegung eines Balkens unter Wirkung der Kräfte und Momente bestimmt werden. Vielmehr muss in einem zweiten Schritt die Funktion y(z) für die Biegelinie (die neutrale Faser) beschrieben werden in Abhängigkeit vom Krümmungsradius. Dieses Problem ist allgemeiner mathematischer Natur und kann in Mathematikbüchern und Formelsammlungen nachgelesen werden. Die folgende Herleitung ist für das weitere Verständnis der Biegeverformung verzichtbar und wird der Vollständigkeit halber eingeschoben.

Gemäß **Bild 10.6** wird ein Koordinatensystem (y; z) in der Biegeebene wie in den vorherigen Darstellungen verwendet. Um die auftretenden Strecken erkennen zu können, wird der Ausschnitt aus der Biegelinie y(z) übertrieben stark gekrümmt gezeichnet. Es wird wiederum ein infinitesimaler Abschnitt ds entlang der neutralen Faser betrachtet, der näherungsweise als Geradenabschnitt der Tangente an die Biegelinie im gewählten Punkt behandelt wird. Nach Gl. (10.7) ist $1/R = d\varphi/ds$. Die beiden Differenziale $d\varphi$ und ds müssen also mit $y(z)$ in Zusammenhang gebracht werden.

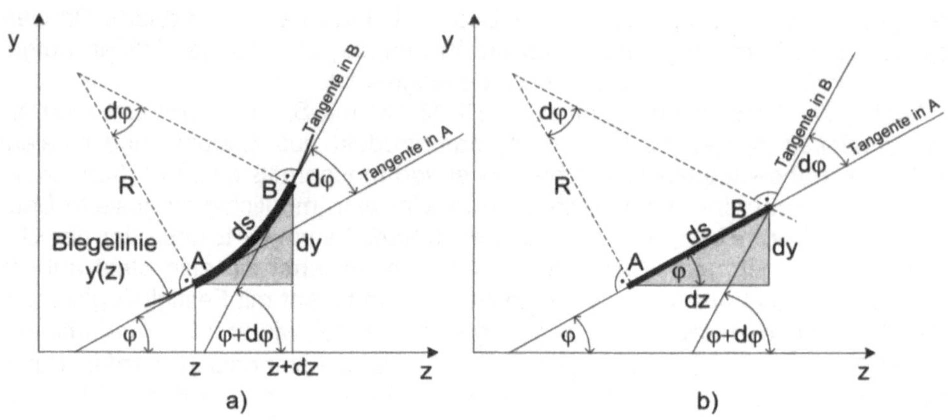

Bild 10.6 Zur Herleitung der Beschreibung für die Biegelinie
a) Infinitesimaler Abschnitt ds der Biegelinie y(z) mit zugehörigem Krümmungsradius R
   und den Tangenten an den beiden Endpunkten A und B
b) Wie a), Abschnitt ds linearisiert zur Herleitung

Der infinitesimale Öffnungswinkel $d\varphi$ für den Kreisbogen ds findet sich wieder als Änderung der Tangentensteigung vom Steigungswinkel φ auf $(\varphi + d\varphi)$, weil sich die Tangente um denselben Winkel weiter aufrichtet, um den ein Radiusstrahl gedreht wird. Allgemein ist der Tangens des Steigungswinkels einer Kurve in einem beliebigen Punkt gleich der ersten Ableitung, wie aus dem punktierten Dreieck in Bild 10.6 hervorgeht:

$$\tan\varphi = \frac{dy}{dz} = y'(z) \tag{10.15 a}$$

Der Steigungswinkel beträgt also:

$$\varphi = \text{arc}\tan y'(z) \tag{10.15 b}$$

Die Ableitung $d\varphi/dz$ erhält man durch Differenzieren von Gl. (10.15 b) nach der Kettenregel, weil „verkettete" Abhängigkeiten existieren: $\varphi = f(y')$ und $y' = f(z)$

$$\frac{d\varphi}{dz} = \frac{d\varphi}{d(y')} \cdot \frac{d(y')}{dz} \tag{10.16 a}$$

Die 1. Ableitung der allgemeinen arctan-Funktion y = arctan x findet man in Formelsammlungen zu: $y' = 1/(1+x^2)$. Auf den vorliegenden Fall übertragen entspricht x der Funktion y'(z). Man erhält also:

$$\frac{d\varphi}{dz} = \frac{1}{1+(y')^2} \cdot y'' \qquad (10.16\ b)$$

Das Differenzial $d\varphi$ ist somit beschreibbar durch:

$$d\varphi = \frac{y''\ dz}{1+y'^2} \qquad (10.16\ c)$$

Das zweite gesuchte Differenzial ds ist nach dem Satz des Pythagoras (Bild 10.6) gegeben durch:

$$ds = \sqrt{dz^2 + dy^2} = dz\ \sqrt{1+\frac{dy^2}{dz^2}} = dz\ \sqrt{1+y'^2} \qquad (10.17)$$

Insgesamt erhält man für die Beschreibung der Biegelinie y(z) mit den Gln. (10.14), (10.16 c) und (10.17) die nicht lineare Differenzialgleichung 2. Ordnung wie folgt:

$$k = \frac{1}{R} = \frac{M_{bx}(z)}{E\,I_x} = \frac{d\varphi}{ds} = \frac{y''}{\left(1+y'^2\right)\sqrt{1+y'^2}} = \frac{y''}{\left(1+y'^2\right)^{3/2}} \qquad (10.18)$$

Dies ist die allgemeine Formel für eine Kurvenkrümmung, wie sie aus mathematischen Formelsammlungen entnommen werden kann.

Der Biegewinkel φ ist klein, wenn sich die Verformungen im elastischen Bereich bewegen und der E-Modul genügend hoch ist. Für diesen Fall kann näherungsweise $\varphi \approx \tan \varphi = y'$ gesetzt werden (Gl. 10.15 a). Das Quadrat y'^2 wird erst recht klein und kann zu null angenähert werden: $y'^2 \approx 0$. Damit wird die Differenzialgleichung einfach lösbar und nimmt die Form an:

$$\boxed{\text{Krümmung}\quad k = \frac{1}{R} = y'' = \frac{M_{bx}(z)}{E\,I_x}} \qquad (10.19)$$

Diese Differenzialgleichung muss zweifach integriert werden, um die Durchbiegung y(z) berechnen zu können. Im Folgenden wird stets von einer konstanten Biegesteifigkeit $E\,I_x$ ausgegangen, d.h. der Querschnitt sowie das Material sind über den gesamten Balken gleich. Die erste Integration ergibt:

$$\text{Steigung der Biegelinie } y' = \int y'' \, dz = \frac{1}{E\,I_x} \int M_{bx}(z)\,dz = \tan[\varphi(z)] \qquad (10.20)$$

$\varphi(z)$ ist der Neigungswinkel der Tangente an der Stelle z, siehe Bild 10.6. Die Biegelinie lässt sich schließlich bestimmen durch die zweite Integration:

$$\text{Biegelinie } y(z) = \int y' \, dz = \frac{1}{E\,I_x} \iint M_{bx}(z)\,dz\,dz \qquad (10.21)$$

Bei der Integration tauchen zwei Integrationskonstanten auf, welche sich aus den Randbedingungen des jeweiligen Belastungsfalles ergeben müssen. Dies verdeutlicht man am besten anhand eines Beispiels.

Nach **Bild 10.7** sei ein einseitig eingespannter Biegebalken mit einer Endlast F belastet. Es sollen die Biegelinie $y(z)$ in ihrem Gesamtverlauf und die maximale Durchbiegung am Ende, $y(L)$, ermittelt werden.

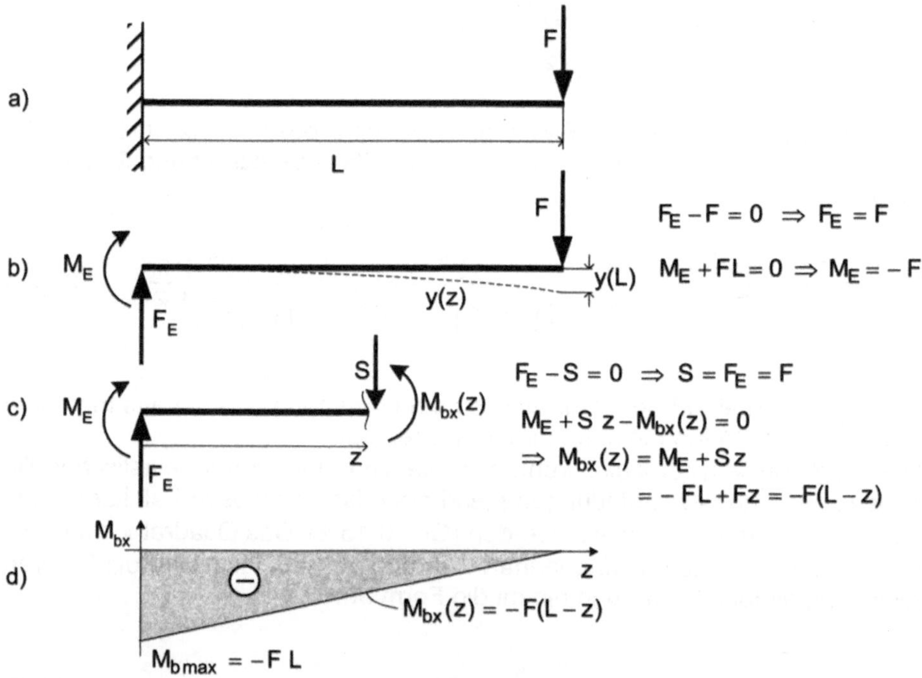

Bild 10.7 Einseitig eingespannter Biegebalken mit Endlast
a) Prinzipskizze
b) Freigeschnittener Balken mit angedeuteter Biegelinie (M_E zunächst positiv angesetzt!)
c) Balkenabschnitt mit inneren Schnittgrößen (Schnittgrößen zunächst positiv angesetzt!)
d) Biegemomentenverlauf
   Das Biegemoment erzeugt eine negative Krümmung, wird also negativ gezählt.

Das innere Biegemoment um die x-Achse berechnet sich zu:

$$M_{bx}(z) = -F\,(L-z) \tag{10.22}$$

Die Krümmung des Balkens ist negativ („Rechtskurve"), folglich ergibt sich auch ein negativer Momentenverlauf. Die Randbedingungen für diesen Fall lauten:

1. $y(z = 0) = 0$. Die Durchbiegung an der Einspannstelle ist null.

2. $y'(z = 0) = 0$. Die Steigung der Biegelinie an der Einspannstelle ist ebenfalls null.

Die 1. Integration gemäß Gl. (10.20) liefert:

$$y'(z) = \frac{-F}{E\,I_x} \int (L-z)\ dz = \frac{-F}{E\,I_x}\left(L\,z - \frac{z^2}{2}\right) + C_1 \tag{10.23 a}$$

Wegen $y'(0) = 0$ ist $C_1 = 0$, so dass

$$y'(z) = \frac{-F}{E\,I_x}\left(L\,z - \frac{z^2}{2}\right) \tag{10.23 b}$$

Diese Funktion wird ebenfalls integriert:

$$y(z) = \frac{-F}{E\,I_x} \int \left(L\,z - \frac{z^2}{2}\right) dz = \frac{-F}{E\,I_x}\left(\frac{L\,z^2}{2} - \frac{z^3}{6}\right) + C_2 \tag{10.24 a}$$

Mit $y(0) = 0$ wird auch $C_2 = 0$. Die Biegelinie wird somit durch folgende Funktion beschrieben:

$$y(z) = \frac{-F}{E\,I_x}\left(\frac{L\,z^2}{2} - \frac{z^3}{6}\right) = \frac{-F\,z^2\,(3L-z)}{6\,E\,I_x} \tag{10.24 b}$$

Die Durchbiegung des Balkens am äußeren Ende beträgt mit $z = L$:

$$y(L) \equiv f = \frac{-F\,L^3}{3\,E\,I_x} \tag{10.25}$$

Durch die Beibehaltung der Vorzeichenvereinbarung ergibt sich ein negativer Duchbiegungswert y, was auch dem Koordinatensystem entspricht. Die maximale Durchbiegung wird in der deutschen Literatur auch als f bezeichnet, in der angelsächsischen Literatur meist als δ.

Die Gleichungen für die Durchbiegung bei symmetrischer Drei- und Vierpunkt-biegung werden in Aufgabe 10.4 hergeleitet.

In Kap. 16 wird eine alternative Methode zur Berechnung von Durchbiegungen und Neigungswinkeln vorgestellt, welche zwar ziemlich rechenaufwändig, aber besonders für komplex belastete Bauteile sinnvoll ist.

Aufgaben zu Kapitel 10

10.1 In Kap. 4 wurde in Aufgabe 4.10 gefragt, was der Sinn von Spannbeton ist. Rekapitulieren Sie diese Frage nun exakter mit den zusätzlichen Kenntnissen aus Kap. 10.

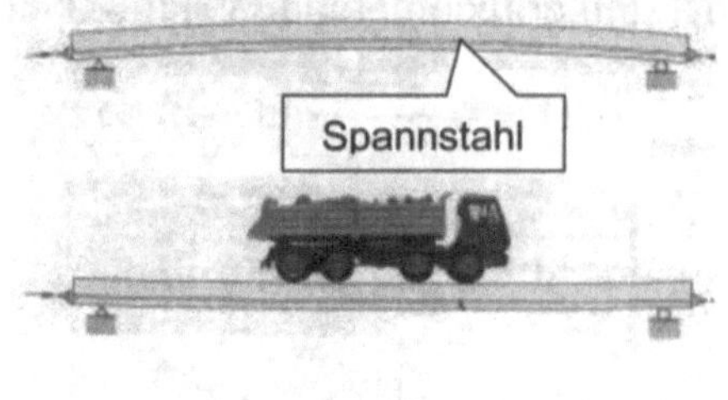

Bild 10.8 Spannbetonbrücke
Links sieht man das Verspannen der Seile, die auf der Unterseite durch den Beton gezogen werden, rechts das Wirkungsprinzip des Spannbetons.

10.2 Diskutieren Sie Methoden des Leichtbaus bei hoher Steifigkeit. Welche Beispiele kennen Sie aus Natur und Technik?

10.3 Ein einseitig eingespannter Biegebalken aus Flachstahl wird gemäß **Bild 10.9** mit einer Endlast F belastet. In der eingezeichneten Position wird ein Dehnungsmess-streifen (DMS) aufgeklebt.

a) Berechnen Sie die Spannung an der Stelle, wo der DMS sitzt.
b) Der DMS gibt einen Messwert von 150 µm/m an. Welcher Spannung entspricht dies? Vergleichen Sie das Ergebnis mit dem aus a).
c) Wie groß ist die maximale Durchbiegung?
d) Wie groß ist die maximale Neigung des Flachstahls in Grad?
Gegeben: $F = 20\ N$; $L = 510\ mm$; $l = 430\ mm$; $b = 40\ mm$; $h = 6{,}5\ mm$; $E = 210\ GPa$
Lösung: $\sigma_{ber.} = 30{,}5\ MPa$; $\sigma_{gem.} = 31{,}5\ MPa$; $y_{max} = -\,4{,}6\ mm$; $\varphi_{max} = -\,0{,}78°$

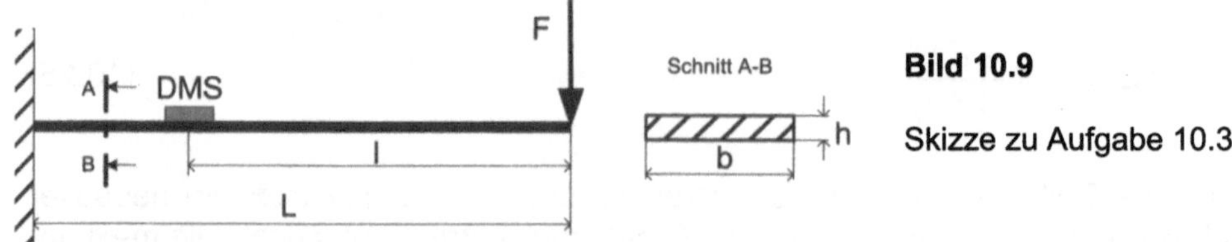

10.4 Eine Keramikprobe wird in einem Dreipunktbiegeversuch gemäß **Bild 10.10 a)** geprüft.

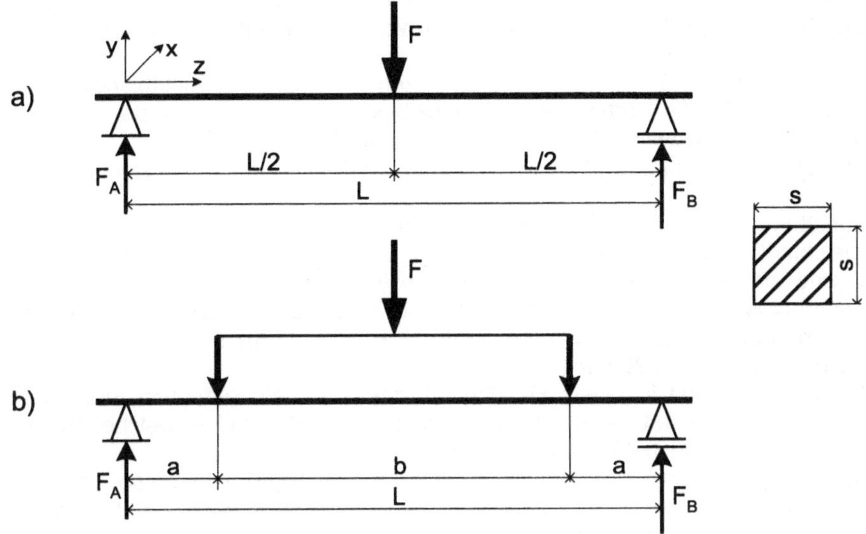

Bild 10.10 Skizze zu Aufgabe 10.4
a)　Symmetrische Dreipunktbiegung
b)　Symmetrische Vierpunktbiegung
In beiden Fällen soll der Balkenquerschnitt (Probenquerschnitt) quadratisch sein.

- a) Berechnen Sie die Auflagerkräfte sowie die Schnittkräfte in der Probe über der gesamten Länge und zeichnen Sie schematisch den Schnittkraftverlauf (ohne Zahlenwerte).
- b) Berechnen und zeichnen Sie in analoger Weise den Biegemomentenverlauf.
- c) Die Probe mit einem quadratischen Querschnitt der Kantenlänge $s = 5$ mm bricht bei einer Kraft $F = 750$ N im Dreipunktversuch. Der Auflagerabstand beträgt 40 mm. Berechnen Sie die Biegefestigkeit σ_{bB} (b: Biegung; B: Bruch) des Werkstoffes.
- d) Wie groß ist die Durchbiegung der Probe bei Bruch? Leiten Sie das Ergebnis ab und entnehmen Sie die Berechnungsformel nicht aus einer Formelsammlung. Der E-Modul beträgt 450 GPa.
  Hinweis: Betrachten Sie bei der Durchbiegung nur *eine* Probenhälfte! Begründen Sie, warum man nicht die gesamte Probenlänge einsetzen darf.
- e) Vergleichen Sie diesen Versuch mit einem Vierpunktbiegeversuch nach **Bild 10.10 b)**. Die Probenabmessungen sind gleich. Welche Kraft wird gemessen, wenn die Biegefestigkeit σ_{bB} identisch ist?
  Gegeben: $a = 10$ mm; $b = 20$ mm.
- f) Wie groß ist die Durchbiegung der Vierpunktbiegeprobe bei Bruch? Rechnen Sie zunächst nur die Durchbiegung im Mittenbereich zwischen den Schneiden aus und dann die gesamte Durchbiegung zwischen den Auflagern. Überlegen Sie im Voraus, warum diese Reihenfolge sinnvoll ist. Tipp: Es liegt an den Randbedingungen, die formuliert werden müssen, um die Integrationskonstanten bestimmen zu können. Welches sind die Randbedingungen für den Seitenteil des Bal-

kens oder der Probe? Wie lautet die Randbedingung an den Angriffsstellen der Schneiden?

Geben Sie eine Gleichung für die Berechnung der Gesamtdurchbiegung an der Stelle y(a + b/2) an (in Kap. 16.3/Gl. 16.19 wird eine solche Gleichung auf anderem Wege hergeleitet; aber Vorsicht: Dort wird als F die Kraft an *jeder* Schneide angesetzt, siehe Bild 16.5).

g) Was besagt das Ergebnis der Bruchspannung beim Dreipunktbiegeversuch? Diskutieren Sie die Vorteile des Vierpunktbiegeversuches gegenüber dem Dreipunktversuch (Hinweise: Ort des Bruches, Statistik).

Lösung: c) $\sigma_{b\,B}$ = 360 MPa; d) $|y_{3P}|$ = 0,043 mm; e) F_{4P} = 1500 N; f) $|y_{4P}|$ = 0,059 mm

10.5 Ein Kunstturner turnt am Hochreck Riesenfelgen mit 0,8 Umdrehungen pro Sekunde (als gleichmäßig angenommene Umschwünge in voll gestreckter Haltung). Er wiegt 75 kg und hat eine Körperlänge bei ausgestreckten Armen von 2,15 m. Sein Schwerpunkt liegt in 1,05 m Entfernung von der Reckstange, welche er im Abstand von 60 cm umgreift. Die Reckstange aus Stahl (E = 205 GPa) ist 2,4 m lang und hat einen Durchmesser von 28 mm (voll).

a) Welche Kraft wirkt in jedem Handgelenk des Turners? Bedenken Sie, woraus sich die *Gesamt*kraft bei der Rotation zusammensetzt und in welcher Position des Turners die höchste Belastung auftritt.

b) Wie groß ist die maximale Durchbiegung der Reckstange? Tun Sie so, als sei die Reckstange an einem Fest- und einem Loslager befestigt, die Ständersäulen sollen also nachgeben können.

c) Wie groß ist die maximale Spannung in der Reckstange?

Lösung: F_{Hand} = 1.363 N ; $|y_{max}|$ = 11,6 cm; σ_{max} = 569 MPa

10.6 Bandstahl wird in einer Kaltwalzstraße auf 0,8 mm Dicke gewalzt und soll am Ende gehaspelt werden. Dabei soll er sich nicht plastisch verformen, damit er nach dem Abwickeln nicht gerichtet zu werden braucht. Wie groß muss der Durchmesser der Haspeltrommel mindestens sein? Der Bandstahl hat nach dem Endwalzen folgende Festigkeitswerte: R_m = 1000 MPa; R_e = 650 MPa; außerdem gegeben: E = 210 GPa.

Lösung: D $\geq$ 258 mm

10.7 Ein Biegebalken mit Rechteckprofil der Breite b und Höhe h soll bei gleicher Biegesteifigkeit zwischen den Werkstoffen Stahl, Aluminium und Glasfaser verstärktem Kunststoff (GfK) verglichen werden (Biegung um die Schwerachsen; x-Achse in Breitenrichtung, y-Achse in Höhenrichtung).

E-Moduln	St: 210	Al: 70	GfK: 48	GPa
Dichten	St: 7,8	Al: 2,7	GfK: 2,0	g/cm^3

a) Wie groß sind die relativen Höhenverhältnisse des Balkens St : Al : GfK bei Biegung um die y-Achse und um die x-Achse bei jeweils gleicher Querschnittsbreite?

b) Wie groß sind die relativen Massenverhältnisse des Balkens St : Al : GfK bei Biegung um die x-Achse?

Setzen Sie den Höhen- und Massenwert für Stahl jeweils zu 1.

Lösung: a) y-Achse: $h_{St} : h_{Al} : h_{GfK}$ = 1 : 3 : 4,38;

x-Achse: $h_{St} : h_{Al} : h_{GfK}$ = 1 : 1,44 : 1,64

b) $m_{St} : m_{Al} : m_{GfK}$ = 1 : 0,5 : 0,42

10.8 Ein Drehmomentschlüssel mit einem maximalen Anzugsmoment von 150 Nm soll konstruiert werden. Die Skala soll in einem Abstand von 350 mm vom Drehmittelpunkt sitzen. Als Hebelarm soll ein Rundprofil (voll) aus dem Federstahl 50 CrV 4 mit einer Mindeststreckgrenze von 1180 MPa verwendet werden; E = 210 GPa.

a) Geben Sie den Durchmesser des Hebelarmes an unter der Annahme, dass beim Maximalmoment gerade eben die Mindeststreckgrenze erreicht werden darf (kein zusätzlicher Sicherheitsbeiwert erforderlich).
b) Welchem Betrag auf der Skala entspricht das maximale Drehmoment (Kreisbogenlänge)?

Lösung: D = 10,9 mm; f_{max} = 42,1 mm

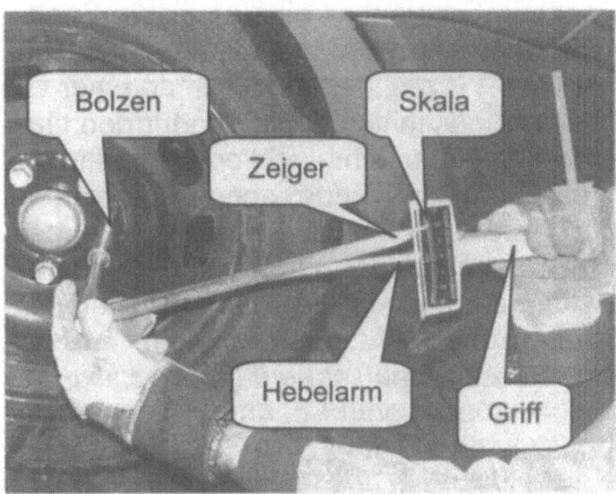

Bild 10.11
Anziehen von Radschrauben mit einem Drehmomentschlüssel

Die Länge des Hebelarmes bis zur Skala betrage 350 mm. Im Bild wird nach rechts gedreht (Pfeil), die Schraube also angezogen.

10.9 Berechnen Sie die maximale Spannung im Balken nach Aufgabe 9.1. Wo tritt diese auf?
Gegeben: L = 3,6 m; F_1 = 15 kN; F_2 = 5 kN; D = 80 mm. Das Eigengewicht des Balkens wird vernachlässigt.
Lösung: σ_{max} = 209 MPa bei L/2

11 Spannungszustände

11.1 Einleitung

Der Begriff des Spannungszustandes ist in den vorangegangenen Kapiteln schon mehrfach vorgekommen. Nun wird detaillierter betrachtet, welche Spannungszustände zu unterscheiden und wodurch diese jeweils gekennzeichnet sind.

Als Spannungszustand bezeichnet man die Gesamtheit aller an einem Spannungselement einer Probe oder eines Bauteils angreifenden Spannungen. Ein Spannungselement ist dabei ein infinitesimaler Würfel, den man sich an einer zu analysierenden Stelle aus dem Körper herausgeschnitten denkt und für den statische Verhältnisse gelten müssen, indem alle an ihm wirkenden Kräfte im Gleichgewicht stehen. Da die Flächen des Würfels im kartesischen Koordinatensystem gleich sind, bedeutet Kräftegleichgewicht auch Gleichheit der entgegengesetzt wirkenden Spannungen. Je nach Belastungsart und möglichen Kombinationen verschiedener Belastungsarten können gleichzeitig Normal- und/oder Schubspannungen in verschiedenen Ebenen und Richtungen wirksam werden. Es wird gezeigt werden, dass es zweckmäßig ist, einen *linearen* (= einachsigen), *ebenen* (= zweiachsigen) und *räumlichen* (= dreiachsigen) Spannungszustand zu unterscheiden. Ein einachsiger Spannungszustand liegt in der Praxis an Bauteilen eher selten vor, z.B. an Seilen, die ausschließlich Zug in einer Richtung übertragen können. Größte Bedeutung kommt dem ebenen Spannungszustand (ESZ) zu, weil er sich sowohl bei den Grundbelastungsarten Scherung und Torsion als auch durch Kombination mehrerer Grundbelastungsarten einstellt. Den räumlichen Spannungszustand (RSZ) findet man immer dann vor, wenn an Bauteilen von außen Kräfte in drei Richtungen wirken (Beispiel: Druckbehälter innen) sowie in der Umgebung von Kerben und Rissen.

Weiterhin wird eine entscheidende Erkenntnis sein, dass bei *sämtlichen* Belastungen – gleichgültig, ob es sich um Grundbelastungen oder kombinierte Belastungen handelt – immer *beide* Spannungsarten, Normal- und Schubspannungen, im Innern des Körpers auftreten. Es gibt lediglich einen einzigen Sonderfall, den so genannten hydrostatischen Spannungszustand, bei dem die Schubspannungen zu null verschwinden. Normalspannungen wirken in *jedem* Fall, d.h. eine Belastung, bei der nur Schubspannungen und im Innern keine Normalspannungen herrschen, existiert nicht.

Die vollständige Analyse des Spannungszustandes an einem Bauteil oder bestimmten, höchstbelasteten Stellen desselben ist Voraussetzung für die Festigkeitsberechnung bei Mehrachsigkeit, welche bisher ausgeklammert wurde. Vorab müssen einige wichtige Begriffsdefinitionen eingeführt werden:

> Die Extremwerte der Normalspannungen heißen *Hauptnormalspannungen*. Ihre Richtungen sind die *Hauptspannungsrichtungen*. Schnitte, in denen die Hauptnormalspannungen auftreten, sind – wie noch gezeigt werden wird – *schubspannungsfrei*; sie werden *Hauptschnitte* genannt.

Es können Hauptnormalspannungen in maximal drei zueinander senkrecht stehenden Richtungen auftreten, nämlich beim räumlichen Spannungszustand. Die Hauptnormalspannungen werden mit σ_1, σ_2 und σ_3 bezeichnet, und zwar in folgender Reihenfolge:

$$\sigma_1 > \sigma_2 > \sigma_3$$

Dabei sind die *relativen* Zahlenwerte unter Beachtung des Vorzeichens maßgeblich. (Anm.: Manchmal werden in der Literatur die Hauptnormalspannungen mit σ_{xx}, σ_{yy} und σ_{zz} bezeichnet, was unlogisch und verwirrend ist. Die Achsen der Hauptnormalspannungen, auf die weiter unten noch eingegangen wird, haben nichts mit den Achsen x, y und z zu tun.) Die drei zu unterscheidenden Spannungszustände sind über die Anzahl der von null verschiedenen Hauptnormalspannungen eindeutig definiert:

Einachsiger (linearer) Spannungszustand: *Eine* Hauptnormalspannung, entweder σ_1 oder σ_3, ist $\neq 0$, die beiden anderen sind null.
Zweiachsiger (ebener) Spannungszustand: *Zwei* Hauptnormalspannungen sind $\neq 0$, die dritte ist null (dies kann σ_1, σ_2 oder σ_3 sein).
Dreiachsiger (räumlicher) Spannungszustand: Alle *drei* Hauptnormalspannungen sind $\neq 0$.

Die Extremwerte der Schubspannungen werden als *Hauptschubspannungen* bezeichnet. Sie liegen immer unter 45° zur Richtung der betreffenden Hauptnormalspannung.

Für die Hauptschubspannungen werden meist die Symbole τ_I, τ_{II} ... verwendet; insgesamt können sechs relative Extremwerte auftreten: drei relative Maxima und drei relative Minima. Es ist zweckmäßig, den absoluten Maximalwert der Schubspannung einer Belastung als τ_{max} anzugeben, weil er für die Festigkeitsberechnung entscheidend ist.

Manchmal werden in der Literatur die größten Schubspannungen nicht gesondert benannt; in diesen Fällen versteht man unter Hauptspannungen nur die größten Normalspannungen. Da die Schubspannungen für die Festigkeitsauslegung ebenso bedeutend sind wie die Normalspannungen, ist die besondere Benennung ihrer Extreme jedoch sinnvoll.

Für den Leser ist es ratsam, all diese Aussagen noch einmal nachzuvollziehen, wenn die neuen Erkenntnisse aus den drei Spannungszuständen hergeleitet und graphisch aufgetragen sind.

Im Folgenden werden Gleichungen für Spannungen entwickelt, die jeweils Kreiskoordinaten beschreiben. **Bild 11.1** dient dazu, die Analogie dieser Gleichungen zur so genannten Parameterdarstellung für Kreiskoordinaten zu erkennen. Es wird sich zeigen, dass der Mittelpunkt stets auf der Abszisse liegt (b = 0), so dass die Gleichungen x = a + r cos α und y = r sin α zu vergleichen sein werden.

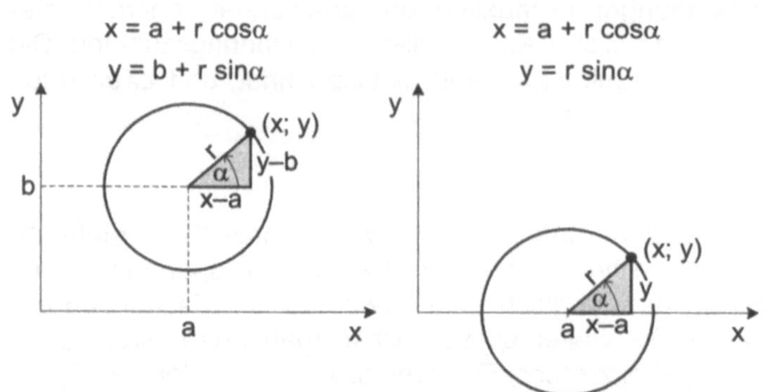

Bild 11.1
Hilfszeichnung für
die Parameterdar-
stellung des Kreises

a und b sind die
Koordinaten des
Mittelpunkts, r der
Radius. Für den
Vergleich mit den
Spannungskreisen
ist die rechte Darstel-
lung relevant.

11.2 Einachsiger (linearer) Spannungszustand

Zur Herleitung der Gleichungen für einen einachsigen oder linearen Spannungszustand wird eine Zugbelastung betrachtet, wie sie in Bild 3.1 a) gezeigt ist. Bei
Druckbelastung würde sich das Vorzeichen der Normalspannung umkehren.
Einachsig ist der Spannungszustand dann, wenn eine außen anliegende Normalspannung nur in einer Richtung wirkt; senkrecht dazu wirken keine Spannungen, weder Normal- noch Schubspannungen.

Die angekündigte vollständige Analyse des Spannungszustandes bedeutet,
dass nicht nur die Spannung in der Querschnittsebene interessiert, die bei äußerer Zug- oder Druckbelastung nur aus der Normalspannung nach Gl. (4.1) besteht. Zusätzlich stellt sich die Frage nach den Normal- *und* Schubspannungen in
geneigten Schnitten, ähnlich wie dies schon bei der Deutung des spröden Torsionsbruches der Fall war (Kap. 8.4). **Bild 11.2** zeigt die Vorgehensweise, wie man
zu diesen Spannungen gelangt.

Es wird ein Zugstab mit rechteckigem Querschnitt betrachtet, was aber gegenüber einem Kreisquerschnitt nur die Berechnung der geneigten Fläche A_φ
vereinfacht (Rechteck statt Ellipse). Im Folgenden wird die Drehrichtung eine
wichtige Rolle spielen: Von der Querschnittsfläche A_0 aus, in der die außen anliegende Spannung σ_a wirkt, wird im mathematisch positiven Drehsinn, also nach
links, entlang einer geneigten Ebene A_φ geschnitten. Für den abgeschnitten Teil
des Stabes wird das Kräftegleichgewicht aufgestellt, wobei in der Schnittebene
Normal- *und* Scherkräfte angreifen, folglich also Normal- und Schubspannungen
herrschen.

Gemäß Bild 11.2 c) wird das Kräftegleichgewicht formuliert, nachdem die
außen anliegende Kraft F in zwei Komponenten parallel zu den beiden Kräften in
der Schnittebene zerlegt wurde. Es ergibt sich:

$$F_n(\varphi) - F \cos \varphi = 0 \quad \text{und} \quad F_q(\varphi) - F \sin \varphi = 0 \qquad \text{(11.1 a und b)}$$

Mit $A_\varphi = A_0/\cos\varphi$ lässt sich für die Spannungen schreiben:

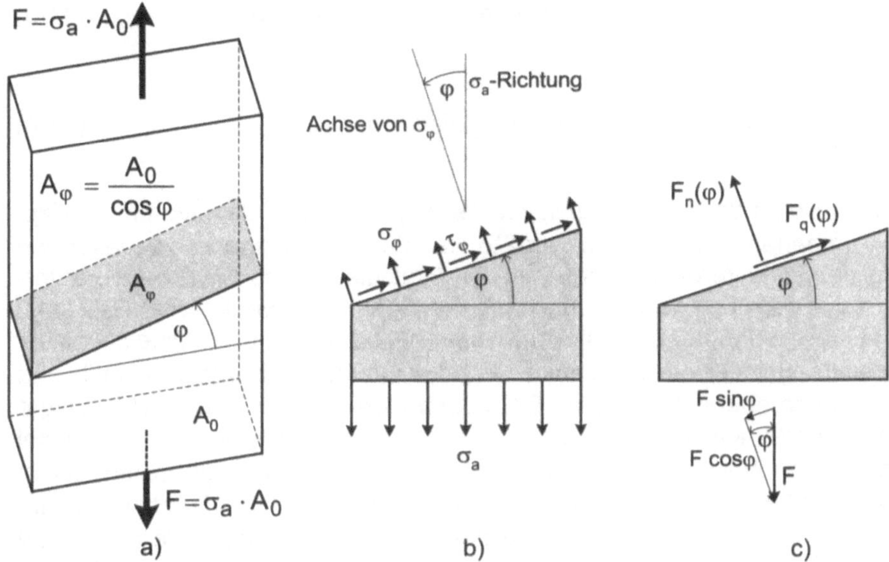

Bild 11.2 Zur Herleitung der Spannungsgleichungen beim einachsigen Spannungszustand am Beispiel der Zugbelastung

a) Prinzipskizze eines rechteckigen Zugstabes mit einer unter dem Winkel φ zur Querschnittsebene geneigten Schnittebene (Drehrichtung: mathematisch positiv)

b) Spannungen an einem schräg abgeschnittenen Element (σ_a: außen anliegende Normalspannung)
Man beachte, dass sich der Neigungswinkel φ in derselben Drehrichtung zwischen den Achsen von σ_a und σ_φ wiederfindet.

c) Kräftegleichgewicht an einem schräg abgeschnittenen Element

$$\sigma_\varphi = \frac{F_n(\varphi)}{A_\varphi} = \frac{F}{A_0}\cos^2\varphi = \sigma_a \cos^2\varphi \tag{11.2 a}$$

und

$$\tau_\varphi = \frac{F_q(\varphi)}{A_\varphi} = \frac{F}{A_0}\sin\varphi\cos\varphi = \sigma_a \sin\varphi\cos\varphi \tag{11.2 b}$$

Um die Analogie zur Parameterdarstellung des Kreises in Bild 11.1 zu erkennen, wird mit den trigonometrischen Funktionen des doppelten Winkels umgeformt:

$$\cos^2\varphi = \frac{1+\cos(2\varphi)}{2} \quad \text{und} \quad \sin\varphi\cos\varphi = \frac{\sin(2\varphi)}{2}$$

Damit gelangt man zu den beiden Gleichungen für die Normal- und Schubspannungen unter beliebigen Schnittwinkeln φ beim einachsigen Spannungszustand:

$$\sigma_\varphi = \frac{\sigma_1}{2} + \frac{\sigma_1}{2}\cos(2\varphi)$$ zum Vergleich: $x = a + r\cos\alpha$ (11.3)

und

$$\tau_\varphi = \frac{\sigma_1}{2}\sin(2\varphi)$$ zum Vergleich: $y = r\sin\alpha$ (11.4)

Die außen anliegende Spannung σ_a ist darin gemäß den Definitionen in Kap. 11.1 in σ_1 umbenannt, weil sie die größte Hauptnormalspannung der gesamten Belastung darstellt. Vergleicht man mit den Kreisgleichungen in Parameterdarstellung nach Bild 11.1, so fällt auf, dass die Spannungswerte nach Gl. (11.3) und (11.4) Kreiskoordinaten darstellen, wobei der Kreis mit dem Mittelpunkt auf der Abszisse liegt mit dem Abschnitt $\sigma_1/2$ (der Ordinatenabschnitt ist null) und einen Radius von ebenfalls $\sigma_1/2$ hat. Der zugehörige Kreis ist in **Bild 11.3** dargestellt. Die Besonderheit liegt darin, dass im Kreis stets der *doppelte* Schnittwinkel 2φ abzutragen ist, wie es sich aus den Gln. (11.3) und (11.4) ergibt (α entspricht dem Parameter **2φ**!). Im behandelten Fall ist von der σ_1-Achse (1-Achse) aus im mathematisch positiven Sinn um 2φ zu drehen, um die Wertepaare (σ_φ; τ_φ) zu erhalten.

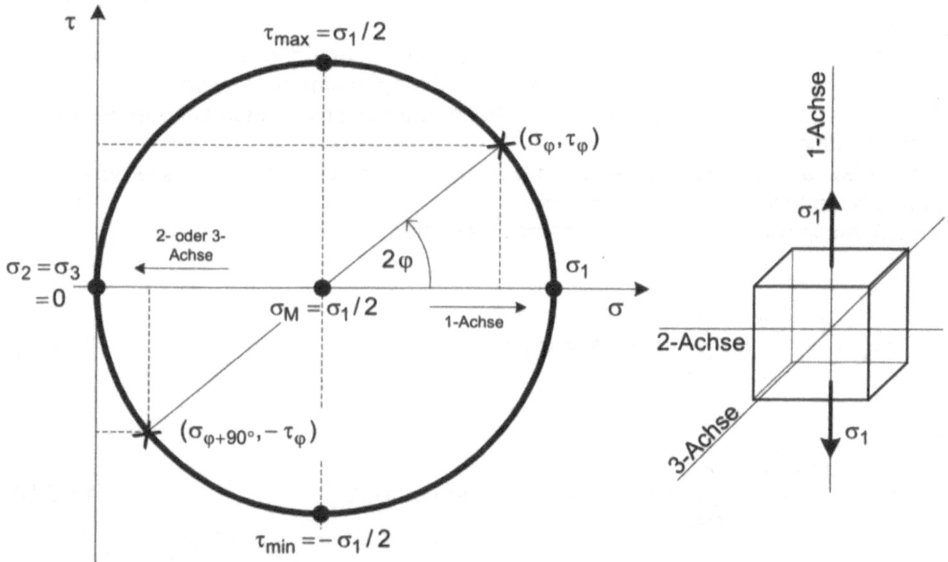

Bild 11.3 Mohr'scher Kreis für den einachsigen Zugspannungszustand mit dem zugehörigen Hauptspannungselement; die 2- und die 3-Achse sind spannungsfrei

Man bezeichnet allgemein den Kreis, auf dem man die Spannungswerte unter beliebigen Schnittwinkeln ablesen kann, als *Mohr'schen Spannungskreis* (*Otto Christian Mohr, 1835-1918, dt. Ingenieur, entwickelte 1882 den nach ihm benannten Spannungskreis*). Die Richtungen, in denen die Hauptnormalspannungen liegen, nennt man *Hauptachsen* und einzeln auch 1-, 2- und 3-Achse. Sie laufen im Mohr'schen Kreis vom Mittelpunkt aus als Radiusstrahlen in Richtung der jeweiligen Hauptnormalspannung. Dasjenige Spannungselement, an welchem nur die Hauptnormalspannungen angreifen, heißt *Hauptspannungselement*, die entsprechenden Schnitte sind *Hauptschnitte*.

In Bild 11.2 a) ist die Schnittebene in eine Richtung gegen die Querschnittsebene geneigt. Ebenso kann man senkrecht dazu Schnittebenen legen, für die sich dieselben Spannungsgleichungen ergeben. Vom Mittelpunkt des Kreises aus sind daher alle drei Hauptachsenrichtungen in Bild 11.3 eingezeichnet.

Auf den Zugversuch (Kap. 4.1) bezogen lässt sich der Mohr'sche Spannungskreis wie folgt anwenden. Während der Belastung vergrößert sich der Kreis, bleibt aber stets mit seinem linken Scheitel im Ursprung, **Bild 11.4**. Bei Erreichen der Streckgrenze ist $\sigma_1 = R_e$, und die dann herrschende maximale Schubspannung heißt *Fließschubspannung* $\tau_F = R_e/2$. Im elastisch-plastischen Bereich vergrößert sich der Kreis weiter, weil sich der Werkstoff bei der Verformung verfestigt. Der größte, auf den Ausgangsquerschnitt bezogene Normalspannungswert ist $\sigma_1 = R_m$. Im Einschnürbereich, also bei Dehnungen nach Überschreiten von R_m, verliert der Kreis für den einachsigen Spannungszustand seine Gültigkeit, weil sich im Einschnürbereich ein mehrachsiger Spannungszustand einstellt.

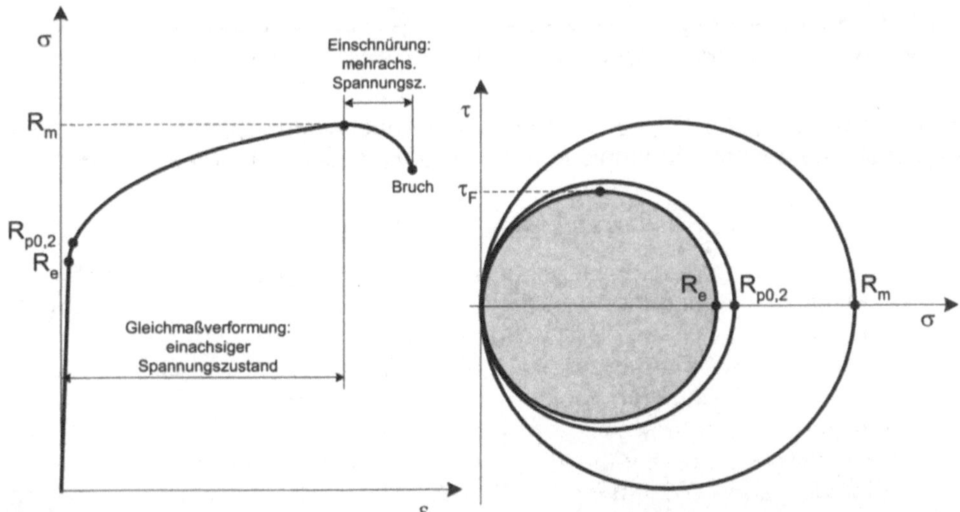

Bild 11.4 Spannung/Dehnung-Diagramm (ohne ausgeprägte Streckgrenze) mit den maßstabsgetreuen Mohr'schen Spannungskreisen für die Punkte der Streckgrenze, der 0,2 %-Dehngrenze sowie der Zugfestigkeit (bis zum grau hinterlegten Kreis ist die Verformung „rein" elastisch; in einem realen Diagramm lässt sich R_e nicht exakt bestimmen)

Bei einachsiger *Druckbelastung* liegt der Mohr'sche Spannungskreis spiegelbildlich im Bereich negativer Normalspannungen; an den Schubspannungen ändert sich nichts, **Bild 11.5**. In diesem Fall muss man konsequent gemäß der Reihenfolgevereinbarung der Hauptnormalspannungen die anliegende Druckspannung (negativer Wert!) als σ_3 bezeichnen und die zu null verschwindenden als σ_2 und σ_1. Die Darstellung im Spannungskreis für den Druckversuch vollzieht sich analog wie zuvor für den Zugversuch. Die Fließschubspannung τ_F ist dieselbe.

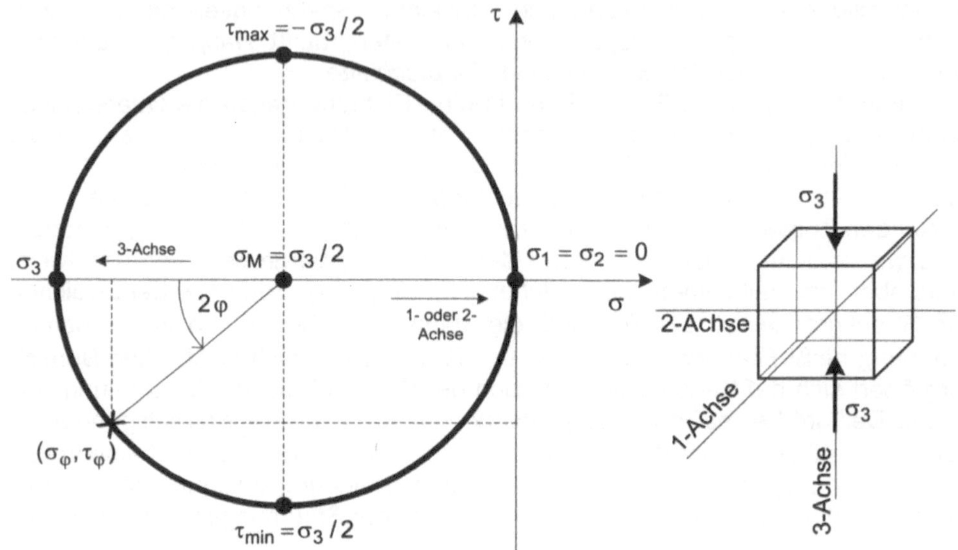

Bild 11.5 Mohr'scher Kreis für den einachsigen Druckspannungszustand mit dem zugehörigen Hauptspannungselement; die 1- und die 2-Achse sind spannungsfrei

Damit sind die beiden Möglichkeiten eines einachsigen Spannungszustandes vorgestellt und dessen Merkmale können wie folgt zusammengefasst werden:

Einachsiger (linearer) Spannungszustand

- *Eine* der drei Hauptnormalspannungen, σ_1 oder σ_3, ist von null verschieden. Der Mohr'sche Spannungskreis liegt also entweder mit dem linken (Zug) oder mit dem rechten Scheitel (Druck) im Koordinatenursprung.
- Bei Zugbelastung tritt die größte Hauptnormalspannung σ_1 bei $\varphi = 0°$ auf; in den beiden unter 90° (im Kreis 180°) dazu liegenden Ebenen verschwinden die beiden anderen Extreme der Normalspannungen zu null: $\sigma_2 = \sigma_3 = 0$.
- Bei Druckbelastung liegt die kleinste Hauptnormalspannung σ_3 bei $\varphi = 0°$; in den beiden unter 90° (im Kreis 180°) dazu liegenden Ebenen verschwinden die beiden anderen Extreme der Normalspannungen zu null: $\sigma_1 = \sigma_2 = 0$.
- ♦ Hauptschnitte sind *generell schubspannungsfrei*. Dort, wo eine Hauptnormalspannung wirkt, ist also stets die Schubspannung null.
- ♦ Die Schubspannungen weisen immer zwei Extreme auf, die betragsmäßig gleich groß sind und sich allgemein zu $\tau_{max} = (\sigma_1 - \sigma_3)/2$ ergeben.
- ♦ Das Schubspannungsmaximum τ_{max} liegt stets unter $+45°$ (im Kreis $+90°$) zur größten Hauptnormalspannung σ_1, das Minimum τ_{min} unter $-45°$ zu σ_1.
- ♦ Die Hauptachsen geben die Richtung von σ_1, σ_2 und σ_3 an und heißen auch 1-, 2- und 3-Achse.

Die mit ♦ markierten Formulierungen gelten für alle Spannungszustände gleichermaßen, wie noch gezeigt werden wird.

Wie schon in Kap. 5 angedeutet, ist es im Mohr'schen Spannungskreis wichtig, die Schubspannungen vorzeichengerecht einzutragen. Dies soll anhand des Zugspannungszustandes nach Bild 11.2 und 11.3 demonstriert werden. Entlang der geneigten Ebene wird ein Spannungselement herausgeschnitten und mit sämtlichen angreifenden Spannungen versehen, **Bild 11.6**. Nach dem Gesetz der zugeordneten Schubspannungen wirken an den senkrecht zur Schnittebene liegenden Flächen gleich große Schubspannungen, die ein entgegengesetzt drehendes Moment erzeugen. Deshalb wird ihnen zweckmäßigerweise ein anderes Vorzeichen gegeben: $-\tau_\varphi$. An diesen Flächen herrscht die Normalspannung $\sigma_{\varphi+90°}$. Das Wertepaar $(\sigma_{\varphi+90°}; -\tau_\varphi)$ ist im Spannungskreis diagonal gegenüber vom Wertepaar $(\sigma_\varphi; \tau_\varphi)$ wiederzufinden (Bild 11.3). Dies ergibt sich auch, wenn man von der 1-Achse aus den doppelten Winkel $2(\varphi + 90°)$ im positiven Drehsinn abträgt.

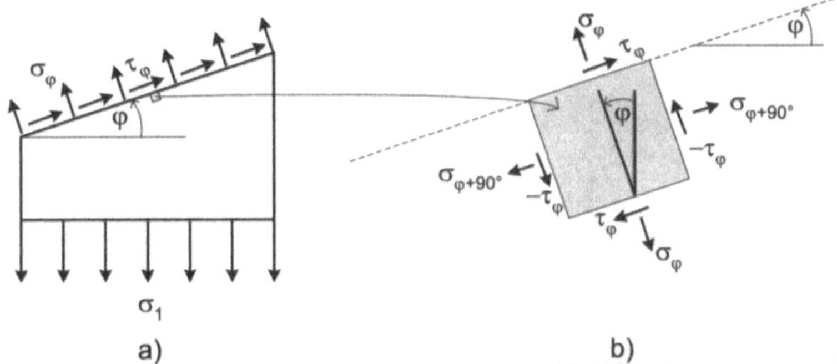

Bild 11.6 Schubspannungen beim einachsigen Zugspannungszustand
a) Spannungen an einem schräg abgeschnittenen Element wie in Bild 11.2 b); zusätzlich ist ein Spannungselement parallel zur geneigten Ebene angedeutet
b) Vergrößertes Spannungselement gegen das Hauptspannungselement um den Winkel φ gedreht, mit allen daran wirkenden Spannungen

Reine Biegebelastung ruft ebenfalls einen einachsigen Spannungszustand hervor. Da sich gemäß Bild 10.1 und 10.2 die Normalspannungen über dem Querschnitt linear von Zug nach Druck ändern, wäre für jede Spannungsfaser ein separater Mohr'scher Kreis aufzustellen, bei dem jeweils nur eine von null verschiedene Hauptnormalspannung, nämlich die in Faserrichtung wirkende Zug- oder Druckspannung, auftritt, **Bild 11.7**. Entlang einer Faser verändert sich die Größe dieser Hauptspannung und damit der Durchmesser des Spannungskreises, sofern das Biegemoment entlang der Balkenachse variiert.

Anhand des Mohr'schen Spannungskreises können recht anschaulich die unterschiedlichen Bruchformen im Zug- und Druckversuch nachvollzogen werden (nähere Ausführungen hierzu siehe Band 2).

Trenn-, Spalt- oder *Sprödbruch* vollzieht sich generell durch Trennen von Atombindungen ohne nennenswerte plastische Verformung unter der Wirkung der größten Hauptnormalspannung σ_1, sofern diese eine Zugspannung ist. Die zugehörigen $(\sigma; \varepsilon)$-Diagramme sind in Bild 4.1 a) und b) abgebildet, im Fall b) nur bei nicht zu hoher Bruchdehnung. Die Bruchfläche verläuft senkrecht zur 1-Achse, im Zugversuch also entlang der Querschnittsebene, **Bild 11.8**. Man spricht auch von einem *normalflächigen Bruch* oder *Normalspannungsbruch*. Die Hauptnormalspannung σ_1 überschreitet dabei die *Trennfestigkeit* σ_T.

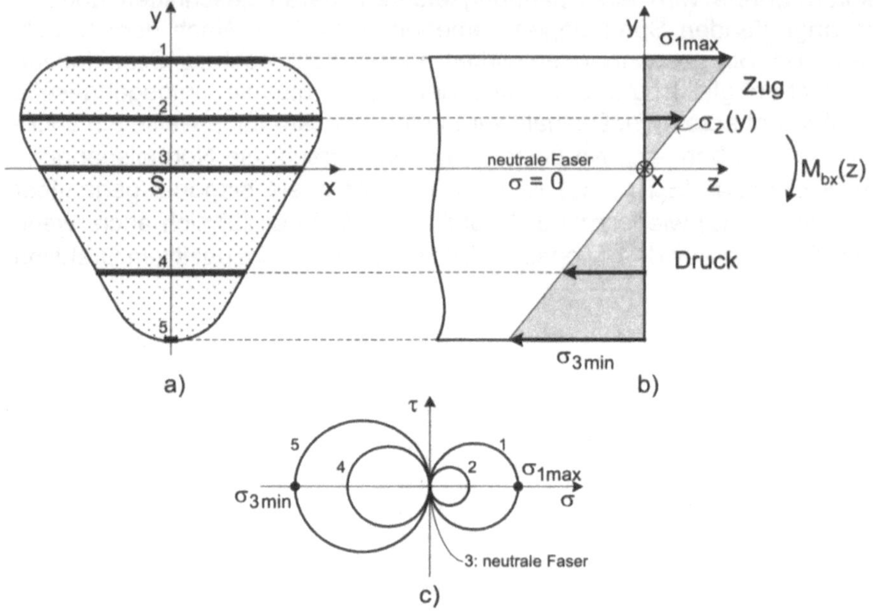

Bild 11.7 Mohr'sche Kreise für reine Biegung
a) Querschnitt des Balkens mit fünf ausgewählten Fasern
b) Seitenansicht mit Spannungsverteilung über der Höhe
c) Mohr'sche Kreise für die fünf Fasern; maßstabsgetreu zu Teilbild b)

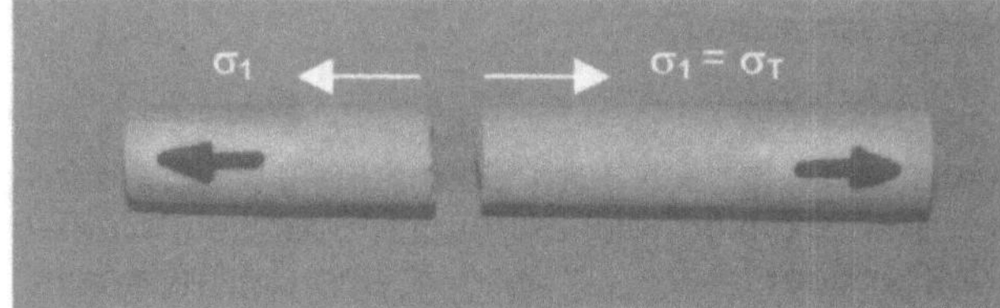

Bild 11.8
Normalspannungsbruch im Zugversuch an einem Stück Tafelkreide

Ein Bruch mit vorangehender deutlicher plastischer Verformung verläuft völlig anders, **Bild 11.9**. Plastische Verformung wird im Werkstoff erzeugt durch das Gleiten einer riesigen Vielzahl so genannter Versetzungen in bestimmten kristallographischen Ebenen und Richtungen (Gleitsysteme). Versetzungen sind linienförmige „Webfehler" im atomaren Aufbau des Kristallgitters, sozusagen „Laufmaschen", die nur mit speziellen Elektronenmikroskopen bei mehrtausendfacher Vergrößerung sichtbar gemacht werden können, indem der Elektronenstrahl eine dünne Folie aus dem Material durchdringt (präziser: die elastische Verspannung um die Versetzung herum wird sichtbar). Für das Versetzungsgleiten und damit für die plastische Verformung ist die in dem betreffenden Gleitsystem wirkende *Schub*spannung maßgeblich. Dadurch lässt sich unmittelbar ein *Verformungs-*

oder *Gleitbruch* unter etwa $\pm 45°$ zur 1-Achse erklären, wie in Bild 11.9 a) gezeigt. Die größte Schubspannung tritt unter diesem Winkel auf, wobei das Vorzeichen für die Versetzungsbewegung unerheblich ist. Andere Ausdrücke für einen solchen Bruch sind *Gleitbruch, scherflächiger Bruch, Scherbruch* oder *Scherspannungsbruch*.

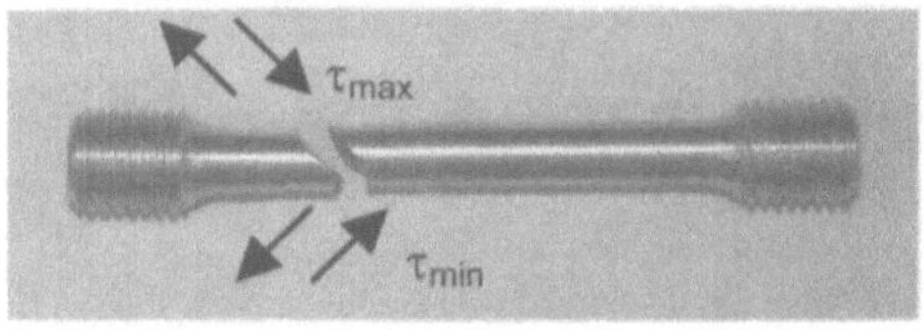

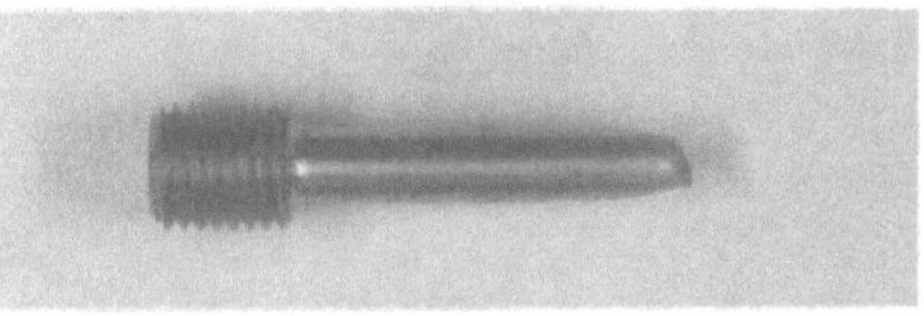

a)   b)

Bild 11.9 Verformungsbrüche im Zugversuch
a) Scherspannungsbruch an einer Probe aus einer Aluminium-Automatenlegierung AlMgCuPb; A = 11 %; Z = 18 %
b) Trichterbruch („Teller-Tassen-Bruch") an einer Probe aus S235; A = 35 %; Z = 65 %

Allerdings lässt sich ein 45°-Bruch nur bei nicht allzu duktilen Werkstoffen beobachten, weil bei höheren Verformungsgraden ein Eindrehen der Gleitebenen in die 1-Richtung, in der die makroskopische Gesamtdehnung stattfindet, geschieht. Außerdem kommt es zu vielen kleinen Anrissen über dem Querschnitt, die sich zu wabenförmigen Hohlräumen langstrecken, deren Brücken letztlich aufreißen und den Bruch hervorrufen (auch Wabenbruch genannt). Damit tritt meist auch deutliche Einschnürung auf (*lokale* Querschnittsverjüngung, so als würde eine Schnur um die Probe gelegt und zusammengezogen werden). Bei einem so genannten Trichter- oder Teller-Tassen-Bruch, Bild 11.9 b), findet man außen Scherlippen unter $\pm 45°$ (die Seiten des „Trichters") und im Mittenbereich einen normalflächigen Bruch (Trichterboden), welcher allerdings von Waben durchsetzt ist und somit keinen vollständig spröden Trennbruch darstellt. Das $(\sigma; \varepsilon)$-Diagramm sieht in diesem Fall wie das in Bild 4.1 c) oder d) aus.

Sprödbruch unter Druckbelastung, welcher z.B. bei Baustoffen wie Steinen und Beton eine Rolle spielt, vollzieht sich unter ca. $\pm 45°$, weil die *Bruchschubspannung* τ_B überschritten wird, **Bild 11.10**. Die Bindungen können unter einer Druckspannung selbstverständlich nicht aufbrechen; vielmehr werden sie dann unter der wirksamen Schubspannung abgeschert. Man misst im Druckversuch an spröden Materialien die so genannte _Druckbruchfestigkeit_ σ_{dB}, welche gemäß Bild 11.5 doppelt so hoch ist wie die Bruchschubspannung: $\tau_B = \sigma_{dB}/2$. Die Druckbruchfestigkeit ist betragsmäßig erheblich größer als die Trennfestigkeit (= Zugfestigkeit spröder Werkstoffe) im Zugversuch: $|\sigma_{dB}| \gg R_m$ (siehe Angaben zu Bild 11.10 a). Dies liegt darin begründet, dass bei Sprödbruch die Zugfestigkeit R_m empfindlich von inneren Fehlern wie Rissen und Kerben beeinflusst wird, die sich unter Druck nicht schädlich auswirken.

Bild 11.10 b) verdeutlicht, dass bei duktilen Werkstoffen keine Druckbruchfestigkeit ermittelt werden kann. Die Probe wird mit zunehmender Belastung immer platter und wegen der Reibung an den Stempelflächen zudem ballig, was einen mehrachsigen Spannungszustand hervorruft.

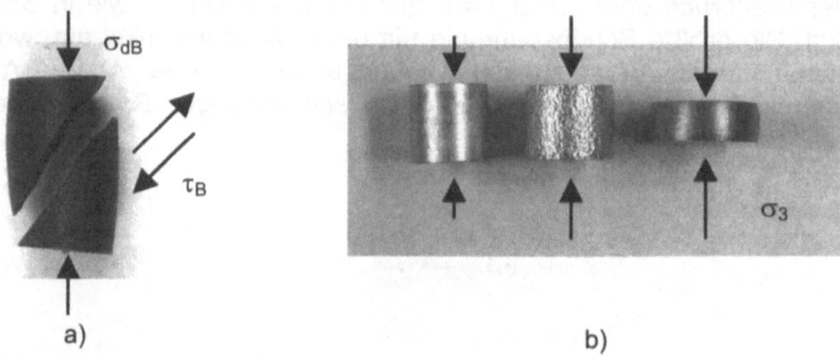

Bild 11.10 Proben nach Druckbelastung
a) Sprödbruch unter Druckbelastung an einer Graugussprobe aus GG-30 (Gusseisen mit Lamellengraphit); Druckbruchfestigkeit σ_{dB} = 960 MPa (Normwerte im Zugversuch: R_m = 300 bis 400 MPa, A < 1%)
b) Duktile Aluminium-Proben aus der aushärtbaren Knetlegierung AlMgSi1 mit verschiedenen Stauchgraden
Bei der rechten, stark abgeplatteten Probe liegt kein einachsiger Spannungszustand mehr vor.

11.3 Zweiachsiger (ebener) Spannungszustand

Der ebene Spannungszustand (ESZ) kommt bei technischen Anwendungen am häufigsten vor. Er ist dadurch gekennzeichnet, dass zwei der drei möglichen Hauptnormalspannungen von null verschieden sind, während die dritte null ist. Ein solcher Spannungszustand tritt in folgenden Fällen auf:

- an allen Oberflächen, an denen *in* der Fläche Kräfte in zueinander senkrechten Richtungen wirken und senkrecht zur Oberfläche keine Last angreift und auch kein Über- oder Unterdruck herrscht; unter diesen Bedingungen stehen dünne Bleche, Scheiben und Platten immer unter einem ESZ;
- bei den Grundbelastungsarten Scherung und Torsion;
- bei kombinierten Zug- und/oder Druckbelastungen mit zwei zueinander senkrecht wirkenden Kräften, ebenso bei kombinierter Biegung um zwei zueinander senkrecht stehenden Achsen sowie allen Kombinationen aus Scherung oder Torsion mit anderen Grundbelastungen.

Ein bereits behandeltes, oft vorkommendes Beispiel für eine Oberfläche mit einem zweiachsigen Zugspannungszustand stellt die Außenoberfläche eines Druckbehälters oder einer innendruckbeaufschlagten Rohrleitung dar (Kap. 4.7). Die Umfangsspannung σ_t ist identisch mit der größten Hauptnormalspannung σ_1 und die Axialspannung σ_a entspricht der mittleren Hauptnormalspannung σ_2. σ_3 ist an der Außenoberfläche null, weil dort nur der Normaldruck herrscht (Lastfreiheit senkrecht zu Oberflächen bezieht sich stets auf Normaldruck). Weitere Beispiele für einen ESZ sind Komponenten mit zweiachsigen Wärmespannungen (Kap. 4.8.2 und 4.8.3).

Für den ESZ werden im Folgenden nach der gleichen Vorgehensweise wie beim einachsigen Spannungszustand die Normal- und Schubspannungen unter einem Schnittwinkel φ berechnet, **Bild 11.11**. Es wird von einem ebenen Zugspannungszustand ausgegangen, bei dem die in der Ebene wirkenden Spannungen σ_1 und $\sigma_2 > 0$ sind und $\sigma_3 = 0$ ist. Dies ist eine willkürliche Wahl in Anlehnung an die Außenoberfläche eines Druckbehälters; ebenso gut könnte man auch eine der anderen Hauptnormalspannungen zu null setzen.

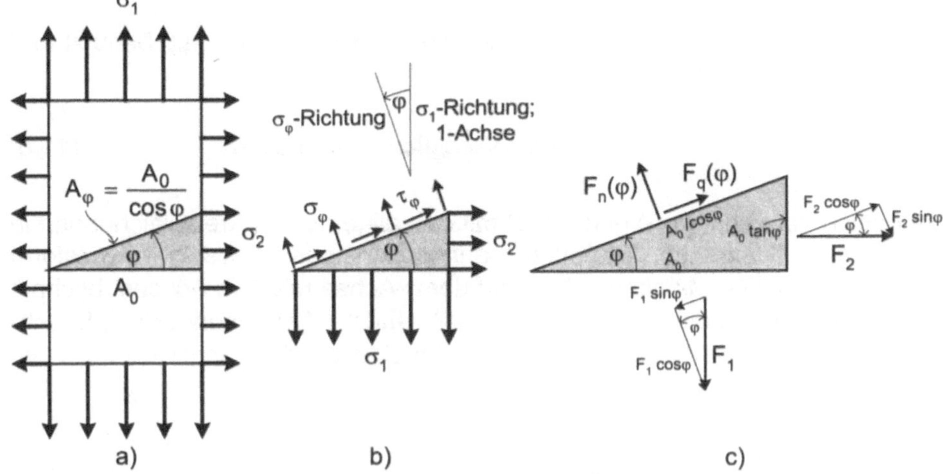

Bild 11.11 Ebener Spannungszustand (hier Zugspannungszustand)
a) Körper oder Element daraus in ebener Darstellung mit den angreifenden Hauptnormalspannungen σ_1 und σ_2 sowie einem Schnittelement mit der geneigten Schnittfläche A_φ
b) Element mit geneigter Schnittfläche und den angreifenden Spannungen
c) Wie b) (vergrößert) mit den angreifenden Kräften und den Kraftecken zur Herleitung des Kräftegleichgewichts

Die Kräftegleichgewichte ergeben folgende Gleichungen:

a) Kräftegleichgewicht senkrecht zur Schnittebene

$$\sum F_n = 0 = F_n(\varphi) - F_1 \cos\varphi - F_2 \sin\varphi = \sigma_\varphi \frac{A_0}{\cos\varphi} - \sigma_1 A_0 \cos\varphi - \sigma_2 A_0 \tan\varphi \sin\varphi$$

(11.5 a)

Mit $\tan\varphi = \sin\varphi/\cos\varphi$ sowie $\sin^2\varphi + \cos^2\varphi = 1$ erhält man:

$$\sigma_\varphi = \sigma_1 \cos^2\varphi + \sigma_2 \sin^2\varphi = \sigma_1 + (\sigma_2 - \sigma_1) \sin^2\varphi$$

(11.5 b)

Formt man mit der trigonometrischen Funktion des doppelten Winkels $\sin^2\varphi = \frac{1}{2}[1 - \cos(2\varphi)]$ um, erhält man letztlich:

$$\sigma_\varphi = \frac{\sigma_1 + \sigma_2}{2} + \frac{\sigma_1 - \sigma_2}{2} \cos(2\varphi) \qquad \text{zum Vergleich: } x = a + r \cos\alpha \qquad (11.6)$$

b) Kräftegleichgewicht parallel zur Schnittebene

$$\sum F_q = 0 = F_q(\varphi) - F_1 \sin\varphi + F_2 \cos\varphi = \tau_\varphi \frac{A_0}{\cos\varphi} - \sigma_1 A_0 \sin\varphi + \sigma_2 A_0 \tan\varphi \cos\varphi$$

$$(11.7\ a)$$

oder mit $\tan\varphi = \sin\varphi/\cos\varphi$ umgeformt:

$$\tau_\varphi = \sigma_1 \sin\varphi \cos\varphi - \sigma_2 \tan\varphi \cos^2\varphi = \sigma_1 \sin\varphi \cos\varphi - \sigma_2 \sin\varphi \cos\varphi \qquad (11.7\ b)$$

Die Funktion des doppelten Winkels $2 \sin\varphi \cos\varphi = \sin(2\varphi)$ wird nun benutzt und man erhält:

$$\boxed{\tau_\varphi = \frac{\sigma_1 - \sigma_2}{2} \sin(2\varphi)} \qquad \text{zum Vergleich:} \quad y = r \sin\alpha \qquad (11.8)$$

Ein Vergleich der Gln. (11.6) und (11.8) mit den allgemeinen Kreisgleichungen in Bild 11.1 zeigt, dass auch die Schnittspannungen eines ESZ sich in Kreisform darstellen lassen: Der Mittelpunkt liegt auf der σ-Achse mit dem Achsenabschnitt $(\sigma_1 + \sigma_2)/2$ und der Radius beträgt $(\sigma_1 - \sigma_2)/2$, **Bild 11.12**. Besonders zu beachten ist wiederum, dass von der 1-Achse aus der *doppelte* Neigungswinkel 2φ im

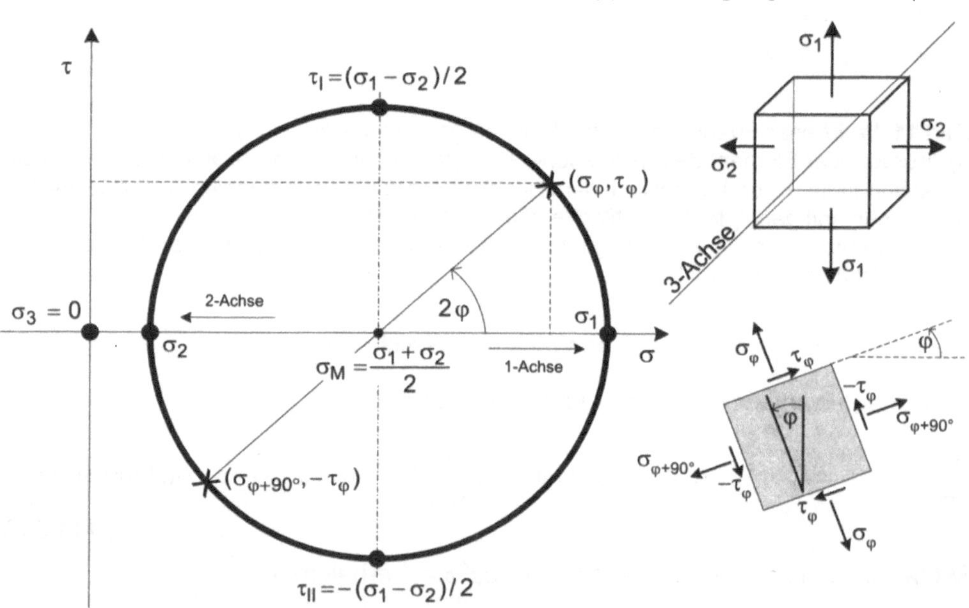

Bild 11. 12 Mohr'scher Spannungskreis für einen ebenen (Zug-)Spannungszustand gemäß Bild 11.11 und den Gln. (11.6) und (11.8) mit dem Hauptspannungselement (oben rechts) und dem vollständigen ebenen Spannungselement mit den Spannungen σ_φ und τ_φ unter dem Winkel φ zur 1-Achse im GUZS

In dieser Darstellung ist der in diesem Fall größte Kreis zwischen σ_1 und σ_3 noch nicht eingezeichnet. Die relativen Extreme der Schubspannungen sind daher *nicht* die Maximal- und Minimalwerte des gewählten Belastungsfalles.

mathematisch positiven Sinn abzutragen ist, so wie in Bild 11.11 die Achse von σ_φ gegen die von σ_1 um den Winkel φ in dieselbe Richtung gedreht ist.

Beim ESZ ist es wichtig, nicht nur den Spannungskreis zu betrachten, welcher sich unmittelbar aus den Belastungsspannungen ergibt oder von den beiden Hauptnormalspannungen aufgespannt wird, die ungleich null sind. Vielmehr müssen zusätzlich die beiden Spannungskreise eingetragen werden, die jeweils von einer von null verschiedenen und der zu null verschwindenden Hauptnormalspannung gebildet werden, **Bild 11.13**. Es müssen also alle *drei* möglichen Kreise konstruiert werden. Der Grund hierfür liegt einzig darin, die absolut größte Schubspannung τ_{max} aufzufinden, die besonders zur Festigkeitsberechnung nach der so genannten Schubspannungshypothese benötigt wird (Kap. 12). Dieser Wert ergibt sich stets durch den von σ_1 und σ_3 aufgespannten Kreis.

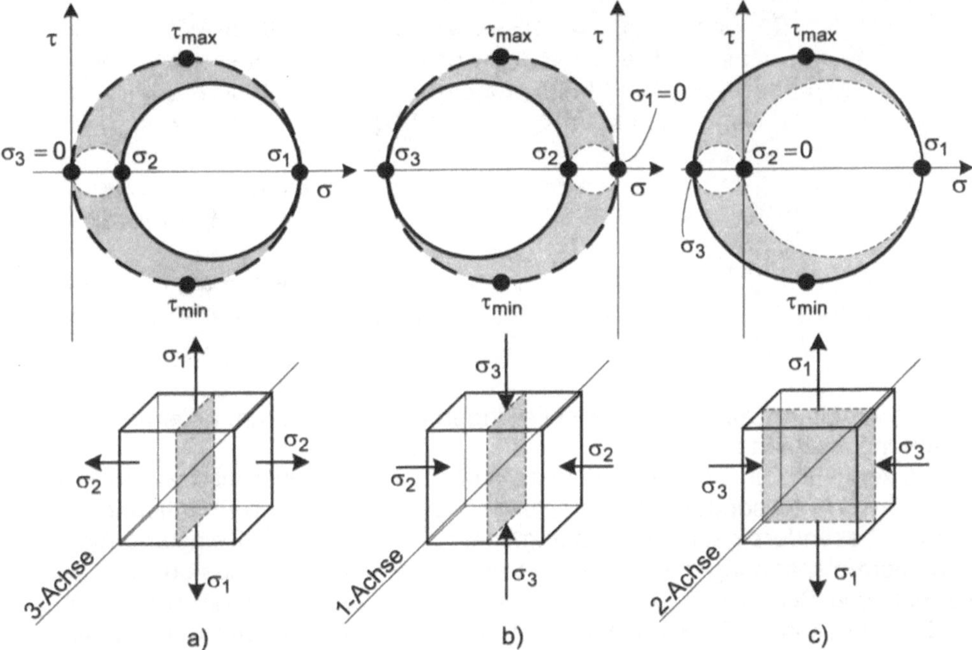

Bild 11. 13 Fallunterscheidungen beim ESZ mit den zugehörigen Hauptspannungselementen
a) $\sigma_1, \sigma_2 > 0$; $\sigma_3 = 0$; b) $\sigma_2, \sigma_3 < 0$; $\sigma_1 = 0$; c) $\sigma_1 > 0$; $\sigma_3 < 0$; $\sigma_2 = 0$
Durchgezogen ist jeweils der Kreis gezeichnet, der sich aus den Belastungsspannungen ergibt. Die gestrichelten Kreise stellen die Spannungen in den beiden senkrecht dazu stehenden Ebenen dar. Sie dienen bei a) und b) dem Auffinden von τ_{max}. In den Spannungselementen ist diejenige Ebene grau gezeichnet, in der sich unter jeweils 45° τ_{max} befindet. Die entsprechenden Kreise sind ebenfalls grau hinterlegt.

Die beiden zusätzlichen Kreise, die jeweils mit einem Scheitel an den Koordinatenursprung grenzen, repräsentieren die *einachsigen* Spannungszustände in den Ebenen, die senkrecht zu derjenigen Ebene stehen, in welcher ein ESZ herrscht.

Falls einer dieser Kreise größer als der für den ESZ ist, ist dort eben auch die maximale Schubspannung größer. In Bild 11.13 ist für alle drei möglichen Fälle des ESZ jeweils die Ebene markiert, in der sich unter 45° die größte Schubspannung τ_{max} ausbildet.

Die Merkmale des ESZ werden wie folgt zusammengefasst:

Zweiachsiger (ebener) Spannungszustand

- *Zwei* der drei Hauptnormalspannungen sind von null verschieden. Der Mohr'sche Spannungskreis liegt mit seinem Mittelpunkt auf der Abszisse und dabei entweder ganz im Zugbereich (ebener Zugspannungszustand), ganz im Druckbereich (ebener Druckspannungszustand) oder er schneidet die τ-Achse.
- Der größte Kreis wird grundsätzlich zwischen den beiden Hauptnormalspannungen σ_1 und σ_3 aufgespannt. Aus diesem Kreis ergeben sich folglich die maximale und minimale Schubspannung. Die absoluten Extreme der Schubspannungen sind betragsmäßig gleich groß und errechnen sich zu $\tau_{max} = \frac{1}{2}\,(\sigma_1 - \sigma_3)$.
- Die relativen Schubspannungsmaxima liegen stets unter $+45°$ (im Kreis $+90°$) zur relativ größten Hauptnormalspannung des jeweiligen Kreises, das Minimum unter $-45°$ dazu.
- Das absolute Schubspannungsmaximum τ_{max} liegt stets unter $+45°$ (im Kreis $+90°$) zur größten Hauptnormalspannung σ_1, das absolute Minimum τ_{min} unter $-45°$ zu σ_1.

Die mit ♦ gekennzeichneten Formulierungen gelten wiederum allgemein für alle Spannungszustände.

Bei kombinierten Belastungen liegen oft nicht unmittelbar die Hauptwerte der Spannungen vor, sondern die *Belastungsspannungen*. Diese Begriffsunterscheidung ist besonders dann zweckmäßig, wenn es sich bei der Belastung nicht um Hauptnormalspannungen handelt. Es treten also durch die Belastung von außen Normal- *und* Schubspannungen auf, wie z.B. bei der Kombination aus Torsion mit Zug/Druck oder Biegung. Man gibt sich für die Richtungen der Belastungsspannungen dann ein Achsenkreuz vor, welches *nicht* mit den 1-, 2- oder 3-Achsen identisch ist. Im Folgenden wird ein (x; y)-Koordinatensystem gewählt, welches allerdings nichts mit den Schwerachsen wie in Kap. 7.1 zu tun hat.

In **Bild 11.14** ist ein Beispiel dargestellt mit Belastungsspannungen σ_x, σ_y und τ_{yx}. σ_x sei eine Druckspannung, σ_y eine Zugspannung und τ_{yx} möge negativ sein. Mit τ_{yx} ist auch τ_{xy} bekannt (positiv). Damit können die beiden Wertepaare $(\sigma_x;\,\tau_{xy})$ und $(\sigma_y;\,\tau_{yx})$ eingetragen werden, von denen man zusätzlich weiß, dass sie im Winkel von 90° zueinander liegen, im Kreis also diagonal gegenüber. Damit ist der Mohr'sche Spannungskreis konstruierbar. Nun kann auch angegeben werden, wie die Hauptachsen zum (x; y)-System liegen. Dazu trägt man zweckmäßigerweise die Radiusstrahlen der Achsen x und y in den Kreis ein, um Verwechslungen zu vermeiden. Es ist dann der Winkel graphisch oder rechnerisch zu bestimmen zwischen den Koordinatenachsen und den gesuchten Hauptachsen. Die Hälfte dieses Winkels gibt die Verdrehung der Achsen in der Realität, d.h. im Spannungselement, gegeneinander an, *unter strenger Beachtung derselben Drehrichtung wie im Spannungskreis*. Im Beispiel gemäß Bild 11.14 muss von der x-Achse aus um den Winkel φ im Gegenuhrzeigersinn gedreht werden, um auf die 3-Achse zu gelangen, und ebenfalls um den Winkel φ im Gegenuhrzeigersinn, um von der y-Achse aus die 1-Achse zeichnen zu können.

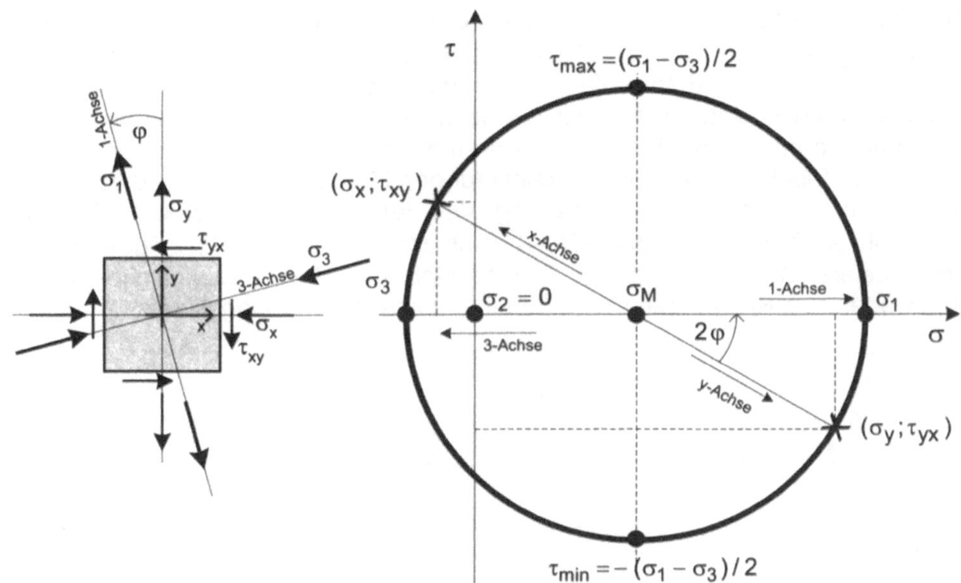

Bild 11.14 Mohr'scher Spannungskreis für einen ebenen Spannungszustand mit den Belastungsspannungen σ_x, σ_y und τ_{yx}
Im Spannungselement sind zusätzlich zu den Lastspannungen die Richtungen und Pfeile der beiden Hauptnormalspannungen σ_1 und σ_3 eingetragen, wie sie sich *nach* der Konstruktion des Mohr'schen Spannungskreises ergeben. Die beiden kleineren Kreise zwischen σ_1 und σ_2 sowie σ_2 und σ_3 sind hier weggelassen, weil τ_{max} aus dem gezeigten Kreis hervorgeht.

In vielen Lehrbüchern wird beim ESZ die zu null verschwindende Hauptnormalspannung ignoriert und beispielsweise in Bild 11.14 die kleinste nicht als σ_3, sondern als σ_2 bezeichnet. Eine solche Angabe ist nicht korrekt! Es müssen stets *alle drei* Hauptnormalspannungen benannt werden.

Wie in Kap. 5 und 8 erwähnt, tritt bei *Scherung* und *Torsion* immer ein ESZ auf. Mit den jetzt gewonnenen Erkenntnissen lässt sich dies so deuten, dass in diesen beiden Fällen maximale Schubspannungen in Ebenen wirken, in denen keine Normalspannungen angreifen. Daraus ist zu folgern, dass der Mohr'sche Spannungskreis für Scherung und Torsion mit seinem Mittelpunkt genau im Koordinatenursprung liegen muss. Für Torsion wurden die Gleichungen für die inneren Spannungen bereits in Kap. 8.4 hergeleitet, um den zunächst ungewöhnlichen Verlauf des spröden Torsionsbruches deuten zu können. Es ergaben sich die Gleichungen:

$$\boxed{\sigma_\alpha = \tau \sin(2\alpha) = \tau \cos(90° - 2\alpha)} \quad \text{z. Vgl.: } x = a + r \cos\alpha \quad \text{(siehe Gl. 8.18 c)}$$

und

$$\boxed{\tau_\alpha = \tau \cos(2\alpha) = \tau \sin(90° - 2\alpha)} \quad \text{z. Vgl.: } y = r \sin\alpha \quad \text{(siehe Gl. 8.19 c)}$$

Um Verwechslungen mit dem Torsionswinkel φ zu vermeiden, wird in diesem Fall der Neigungswinkel der Schnittebene als α bezeichnet (siehe Bild 8.10). Die beiden Gleichungen sind so umformuliert, dass in der Gleichung für die Normalspannungen ein Kosinus und in der für die Schubspannungen ein Sinus auftritt. Man erkennt dann die Ähnlichkeit zur Parameterdarstellung des Kreises gemäß Bild 11.1. Es taucht kein Achsenabschnitt für den Mittelpunkt auf, d.h. dieser liegt – wie erwähnt – im Koordinatenursprung. Von der 1-Achse aus ist im mathematisch positiven Sinn der Winkel $(90° - 2\alpha)$ abzutragen. **Bild 11.15** zeigt eine torsionsbelastete Welle oder einen Torsionsstab mit allen wesentlichen Spannungswerten und Richtungen sowie dem Mohr'schen Spannungskreis.

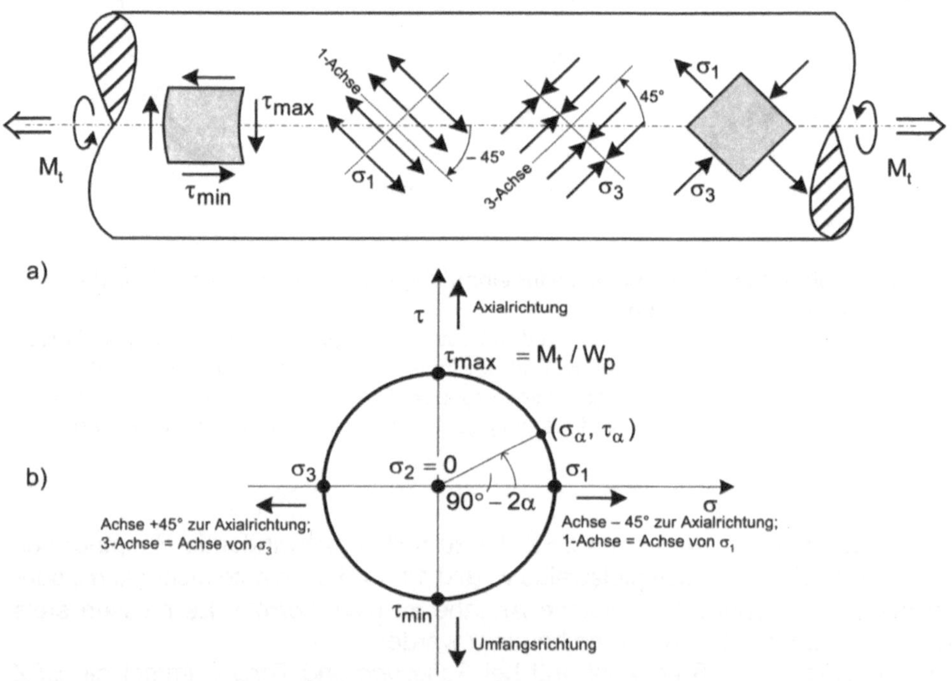

Bild 11.15 Torsionsbelastung an einem Rundstab oder einer Welle
a) Welle mit linksdrehendem Moment (positives Moment) sowie dem ebenen Spannungselement auf der Mantelfläche (links) und den Richtungen der Hauptnormalspannungen für die gewählte Drehmomentenrichtung; rechts ist das Hauptspannungselement dargestellt
b) Mohr'scher Spannungskreis mit Angabe aller Richtungen und Achsen aus a)

Erklärungsbedürftig ist noch der Umgang mit den Neigungswinkeln bei Torsion. Als α wurde in Bild 8.10 der Neigungswinkel einer Schnittfläche gegen die *Querschnittsfläche* definiert. Im Spannungskreis ist der Winkel zwischen *Normalspannungsrichtungen* maßgeblich. Die Axialrichtung, d.h. die auf der Querschnittsfläche senkrecht stehende Achse, ist diejenige, die normalspannungsfrei ist und wo *quer* dazu τ_{max} wirkt bei einem linksdrehenden Moment, siehe linkes Spannungselement in Bild 11.15 a und Richtungsangabe im Mohr'schen Kreis von Teilbild b). Von der Axialrichtung aus muss *im* Uhrzeigersinn um den Winkel α (im Kreis 2α) gedreht werden, um die Richtung von σ_α und damit das Wertepaar (σ_α; τ_α) auf dem Kreis zu erhalten (siehe auch Bild 8.10). Diese Drehung um 2α von der positiven τ-Achse aus im Uhrzeigersinn ist gleichbedeutend mit einer Drehung um ($90° - 2\alpha$) in entgegengesetzte Richtung von der 1-Achse aus. Mit letztgenannter Regelung, die in Bild 11.15 b) eingezeichnet ist, besteht Analogie zur Parameterdarstellung des Kreises, wie oben gezeigt.

Die Achse der zu null verschwindenden Hauptnormalspannung σ_2 bei Torsion verläuft in *radialer* Richtung der Welle (90° zu σ_1 *und* 90° zu σ_3). Sie ist in den Zeichnungen weggelassen, weil sie keine weitere Bedeutung hat. Wie erwähnt ist es aber wichtig, die drei Hauptnormalspannungen korrekt zu benennen und *alle* im Mohr'schen Kreis anzugeben. Folglich heißt die kleinste der drei σ_3 (und nicht – wie oft zu lesen – σ_2!).

Die Merkmale des technisch wichtigen Belastungsfalles Torsion werden folgendermaßen zusammengefasst:

Torsion

- Bei Torsion liegt ein ESZ vor mit $\sigma_2 = 0$, wobei der Mohr'sche Spannungskreis mit seinem Mittelpunkt im Koordinatenursprung liegt.
- Der Extremwert der Schubspannung liegt in der Querschnittsebene und an der Oberfläche des Torsionsstabes. Er errechnet sich durch M_t / W_p. Wirkt ein linksdrehendes Moment, handelt es sich gemäß der Vorzeichenvereinbarung für Schubspannungen um den Extremwert τ_{max}, bei einem rechtsdrehenden Moment entsprechend um τ_{min}.
- Die beiden Hauptnormalspannungen σ_1 (Zug) und σ_3 (Druck) liegen unter $\pm 45°$ zur Stabachse – wiederum abhängig von der Drehrichtung des Torsionsmomentes.
- Alle Hauptwerte der Spannungen (bis auf σ_2) sind betragsmäßig gleich groß: $\tau_{max} = |\tau_{min}| = \sigma_1 = |\sigma_3| = |M_t| / W_p$.

Im Folgenden wird die Kombination aus Torsion und Zug behandelt. Als Beispiel stellt man sich die Antriebswelle eines Hubschrauberrotors vor, auf die das Torsionsmoment vom Motor M_t wirkt sowie die Zugkraft durch den Auftrieb F_A, die (bei konstanter Höhe) gleich der Gewichtskraft des Hubschraubers sein muss. **Bild 11.16** zeigt die Prinzipskizze mit Angabe eines gewählten Koordinatenkreuzes auf der Wellenoberfläche sowie den daraus konstruierten Mohr'schen Spannungskreis. Aus dem Belastungsspannungselement leiten sich zwei Wertepaare ab, von denen man zusätzlich weiß, dass die Spannungen senkrecht zueinander

stehen, im Kreis also diagonal gegenüber. σ_x und τ_{xy} werden aus den vorgegebenen Belastungen berechnet. τ_{xy} bedeutet hier die maximale Schubspannung
$\tau_{t\,max}$ durch alleinige Torsionsbelastung. Aufgrund der überlagerten Zugbelastung
ist dies *nicht* die insgesamt maximale Schubspannung und darf daher auch nicht
als τ_{max} bezeichnet werden.

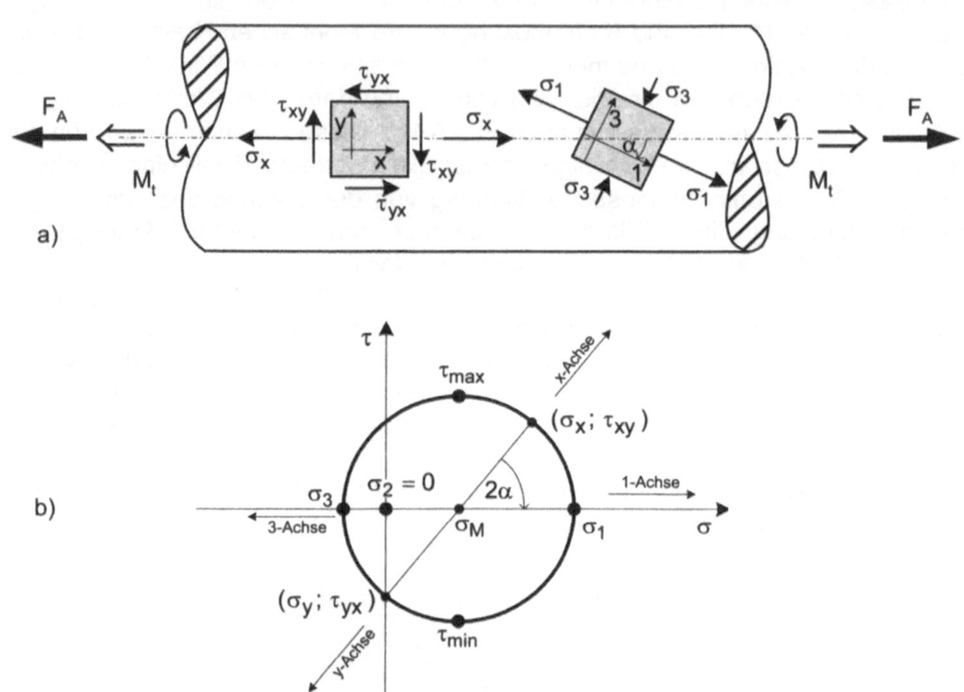

Bild 11.16 Kombination von Torsions- und Zugbelastung
a) Prinzipskizze mit dem Belastungsspannungselement und dem Hauptspannungselement, welches sich aus den Winkeln im Mohr'schen Kreis ergibt
b) Mohr'scher Spannungskreis mit den beiden Belastungswertepaaren sowie den
Hauptwerten und dem Neigungswinkel zwischen x- und 1-Achse (die beiden kleineren
Kreise zwischen σ_1 und σ_2 sowie σ_2 und σ_3 sind hier weggelassen, weil τ_{max} aus dem
gezeigten Kreis hervorgeht)

Damit ist der Spannungskreis eindeutig festgelegt, Bild 11.16 b). Nun können alle
Extremwerte der Spannungen angegeben werden: σ_1, σ_3, τ_{max} und τ_{min} ($\sigma_2 = 0$).
σ_1 und τ_{max} erhöhen sich gegenüber der reinen Torsion. τ_{max} ist im gewählten Fall
direkt aus dem Spannungskreis abzulesen; die beiden kleineren Kreise brauchen
nicht eingetragen zu werden (siehe Bild 11.13). Bei der Richtungsangabe muss
konsequent der aus dem Kreis halbierte Winkel in derselben Drehrichtung von
einer bekannten Achse aus abgetragen werden, um auf eine gesuchte Hauptachse zu gelangen. Hier: Die 1-Achse ist im Uhrzeigersinn um den Winkel α
gegen die x-Achse (die Axialrichtung der Welle) verdreht. Würde man in Rich-

tung der 1-Achse einen Dehnungsmessstreifen (DMS) kleben und die Welle mit den Belastungswerten beaufschlagen, könnte man über die gemessene Dehnung den berechneten Spannungswert σ_1 überprüfen – ebenso wie senkrecht dazu den Wert von σ_3 (der Zusammenhang zwischen den Verformungen und den Spannungen beim ESZ ist nicht ohne weiteres ersichtlich; er wird in Kap. 12 hergeleitet).

Die überlagerte Zugbelastung verschiebt den Spannungskreis erwartungsgemäß nach rechts im Vergleich zu reiner Torsion. Dies ist ebenso der Fall in Kombination von Torsion mit Biegung für die Zugfasern. Bei überlagertem Druck, auch für die Druckzonen bei Biegung, rückt der Mohr'sche Kreis aus dem Ursprung heraus weiter nach links.

Vollzieht man die zusammengesetzte Belastung aus Torsion und Zug gemäß Bild 11.16 an einem Stück Kreide bis zum Bruch nach, so lässt sich der Bruchverlauf qualitativ vorhersagen. σ_1 ist für das Trennen verantwortlich; folglich wird der Anriss senkrecht zu σ_1 entlang der 3-Achse verlaufen (siehe Hauptelement rechts in Bild 11.16 a). Gegenüber der reinen Torsion in Bild 8.9 muss der Winkel zwischen der Axialrichtung und der Anrisslinie größer als 45° sein, aber kleiner als 90° wie bei reiner Zugbelastung (Bild 11.8). **Bild 11.17** zeigt an einem Sprödbruch, dass dies auch tatsächlich zutrifft.

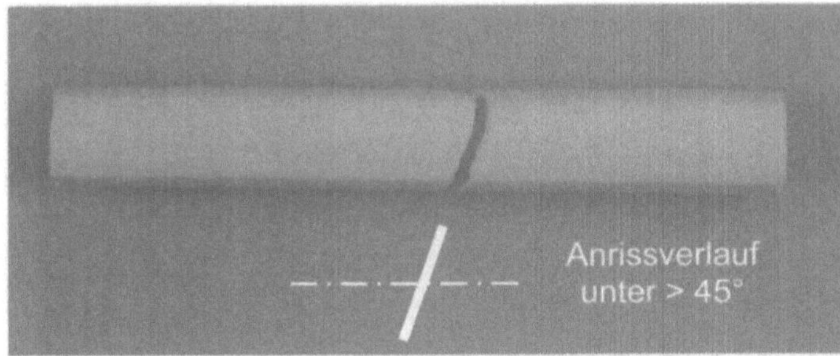

Bild 11.17
Bruch an einem Stück
Tafelkreide durch überlagerte Torsions- und
Zugbelastung wie nach
Bild 11.16

Zwischen der Axialrichtung und der Anrisslinie
beträgt der Winkel >45°.

11.4 Dreiachsiger (räumlicher) Spannungszustand

Der dreiachsige oder räumliche Spannungszustand (RSZ) ist dadurch gekennzeichnet, dass alle drei Hauptnormalspannungen von null verschieden sind. Ein solcher Fall wurde beispielsweise schon beschrieben für die Innenseite eines Druckbehälters, wo in Umfangs- und Axialrichtung eine Zug- und in Radialrichtung zusätzlich eine Druckspannung wirkt (Kap 4.7). Auch das in Bild 2.4 dargestellte räumliche Spannungselement steht unter einem RSZ. Es handelt sich dabei nicht um ein Hauptspannungselement, weil auch Schubspannungen wirken. Für diese gilt: $|\tau_{xy}| = |\tau_{yx}|$, $|\tau_{xz}| = |\tau_{zx}|$ und $|\tau_{yz}| = |\tau_{zy}|$. Ein RSZ wird also entweder vollständig beschrieben durch die drei Hauptnormalspannungen σ_1, σ_2 und σ_3 oder die insgesamt sechs Belastungsspannungen σ_x, σ_y, σ_z, τ_{xy}, τ_{xz} und τ_{yz}. Die Konstruktion der drei Mohr'schen Spannungskreise aus den Belastungsspannungen vollzieht sich in analoger Weise wie beim ESZ (siehe Bild 11.14 und Erläuterungen dazu). **Bild 11.18** zeigt ein Beispiel eines RSZ, welches schematisch für die beschriebene Innenoberfläche eines Druckbehälters zutrifft. In diesem Fall entspricht die Umfangsspannung σ_1, die Axialspannung σ_2 und die Radialspannung σ_3. Jeder der drei Kreise beim RSZ gibt den jeweils ebenen Spannungszustand in der (x; y)-, (y; z)- und (x; z)-Ebene wieder (siehe auch Bild 2.4).

Ein Sonderfall des RSZ liegt beim *hydrostatischen Spannungszustand* vor, welcher durch gleich große Hauptnormalspannungen in allen drei Richtungen gekennzeichnet ist: $\sigma = \sigma_1 = \sigma_2 = \sigma_3$. Alle drei Kreise entarten zu einem einzigen Punkt, d.h. es treten ausschließlich Normalspannungen auf; alle Schubspannungen verschwinden zu null, **Bild 11.19**. In sämtlichen Drehlagen des Spannungselementes herrschen dieselben Normalspannungen σ, es gibt also nur Hauptnormalspannungen. Ein hydrostatischer Spannungszustand liegt z.B. immer dann vor, wenn auf einen Körper allseitig gleicher Druck ausgeübt wird, wie z.B. bei einem Vollkörper unter Wasser oder beim heißisostatischen Pressen (HIP).

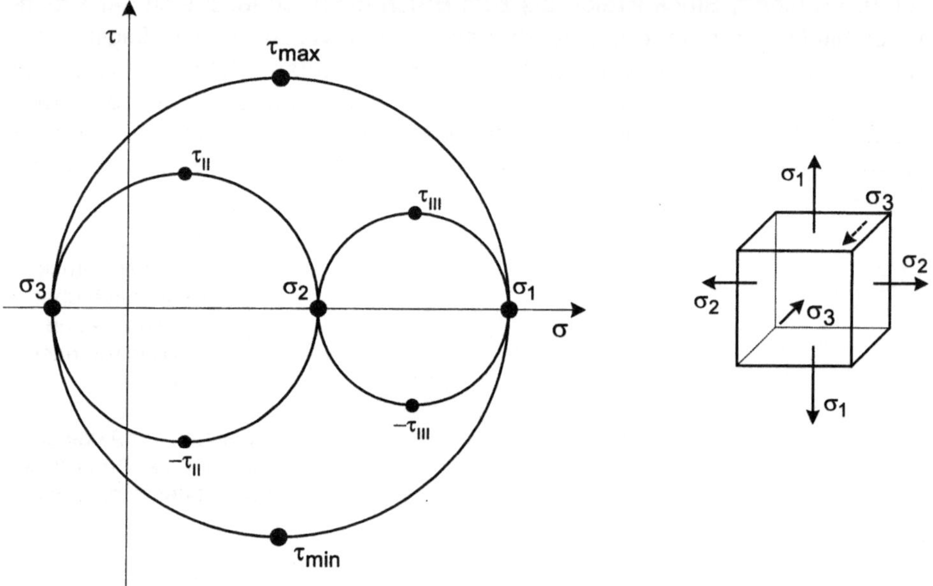

Bild 11.18 Mohr'sche Spannungskreise für den räumlichen Spannungszustand mit einem schematischen Hauptelement

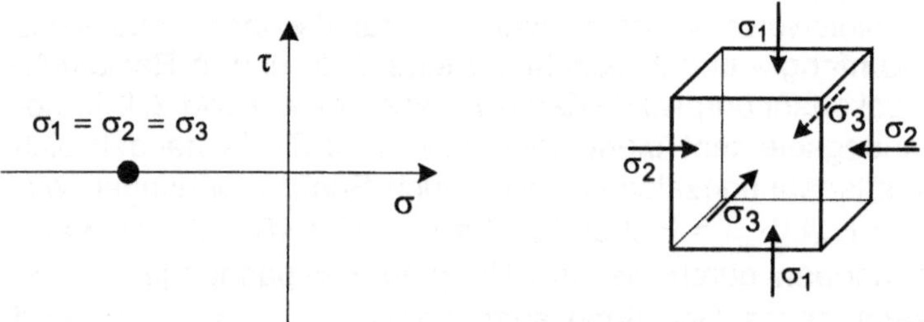

Bild 11.19 Hydrostatischer Druckspannungszustand als Sonderfall eines RSZ mit $\sigma_1 = \sigma_2 = \sigma_3$

Die Merkmale des räumlichen Spannungszustandes lauten zusammengefasst wie folgt:

Dreiachsiger (räumlicher) Spannungszustand

- Alle drei Hauptnormalspannungen sind von null verschieden.
- Es müssen grundsätzlich immer drei Mohr'sche Spannungskreise gezeichnet werden, wobei jeweils zwei sich mit einem Scheitel berühren.
- Der zwischen σ_1 und σ_3 aufgespannte Kreis liefert die größte Schubspannung τ_{max}.
- Im Sonderfall des hydrostatischen Spannungszustandes sind alle drei Hauptnormalspannungen identisch; die Mohr'schen Kreise entarten zu einem einzigen Punkt und Schubspannungen treten nirgends auf.

Aufgaben zu Kapitel 11

11.1 Welche Voraussetzungen müssen erfüllt sein, damit sich Spannungen zu einer Resultierenden addieren lassen?

11.2 Durch wie viele Spannungskomponenten ist ein einachsiger, zweiachsiger und dreiachsiger Spannungszustand vollständig bestimmt? Unterscheiden Sie dabei nach Belastungsspannungen und Hauptnormalspannungen.

11.3 Was lässt sich aus einem Mohr'schen Spannungskreis ablesen?

11.4 Warum können bei einer beliebig zusammengesetzten Belastung die Hauptnormalspannungen nicht unmittelbar angegeben werden?

11.5 Wie groß sind die Schubspannungen in den Hauptschnitten?

11.6 Unter welchem Winkel zu den Hauptnormalspannungen treten die Hauptschubspannungen auf?

11.7 Zeichnen Sie schematisch die Mohr'schen Spannungskreise für die Außen- und die Innenoberfläche eines dünnwandigen, zylindrischen Druckbehälters. Geben Sie sämtliche Extremwerte der Spannungen an und benennen Sie diese korrekt. Verschaffen Sie sich Klarheit darüber, wo all diese Extremspannungen wirken (Richtungen).

11.8 Welche Spannungszustände können an einer Bauteiloberfläche herrschen, an der keine Kraft von außen eingeleitet wird?

11.9 Zeichnen Sie schematisch Mohr'sche Kreise für die Spannungen bei reiner Torsionsbelastung im Abstand r von einer Wellenachse und geben Sie die Extremwerte korrekt an (R sei der Außenradius).

11.10 Gegeben seien die Mohr'schen Spannungskreise in **Bild 11.20**, in denen nur so viele Angaben enthalten sind, wie zur Identifizierung des Spannungszustandes benötigt werden. Welchen *Spannungszustand* und – wo eindeutig – welchen *Belas-*

tungsfall kennzeichnen diese Kreise jeweils? Tragen Sie die Hauptnormalspannungen ein. Markieren Sie außerdem die größte Schubspannung des Belastungsfalles.

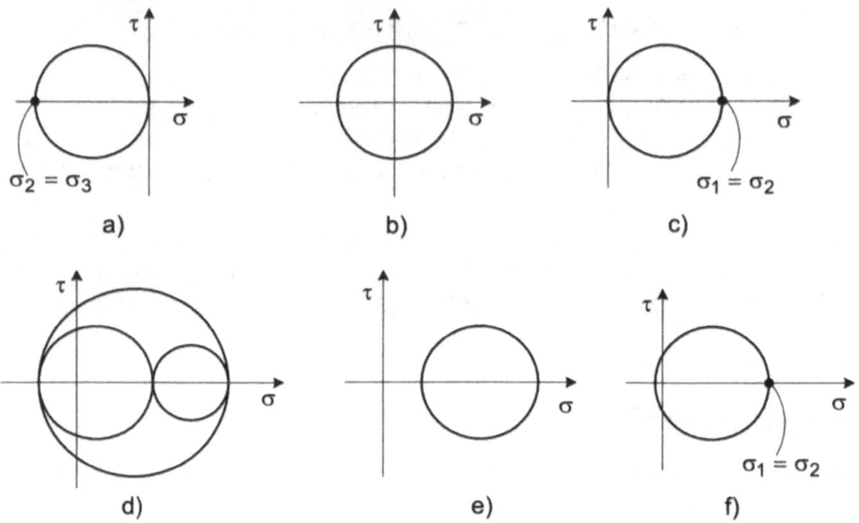

Bild 11.20 Mohr'sche Spannungskreise (zu Aufgabe 11.10)

11.11 Das abgebildete unvollständige Spannungselement ist gegeben (**Bild 11.21**).
   a) Um was für einen Spannungszustand handelt es sich? Ist das abgebildete Spannungselement ein Hauptelement? Begründung!
   b) Das Spannungselement ist zu vervollständigen.
   c) Der Mohr'sche Spannungskreis ist zu zeichnen und alle Extremwerte sind anzugeben (Maßstab: 1 MPa $\widehat{=}$ 1 mm).
   d) Zeichnen Sie das Hauptspannungselement und die daran wirkenden Spannungen. Geben Sie an, wie dieses gegen das abgebildete Element gedreht liegt (exakte Zeichnung mit präzise nachvollziehbarer Winkelangabe).
   Lösung: c) $\sigma_1 = 106$ MPa; $\sigma_2 = 0$; $\sigma_3 = -56$ MPa; $\tau_{max} = 81$ MPa; $\tau_{min} = -81$ MPa;
   d) 1-Achse (3-Achse) liegt um 11° im UZS gegen die y-Achse (x-Achse) gedreht.

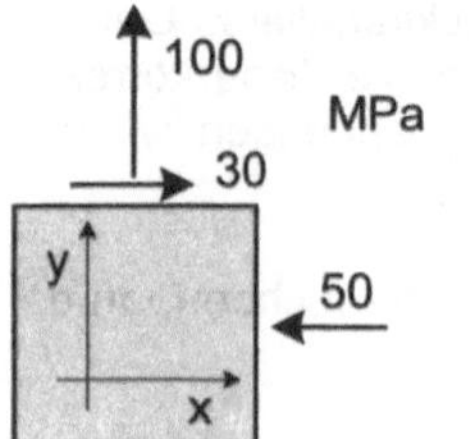

Bild 11.21
Unvollständiges Spannungselement (zu Aufgabe 11.11)

Es sind lediglich die *Beträge* der Spannungen in MPa angegeben.

11.12 An einer kritischen Stelle eines Bauteils herrscht ein ebener Spannungszustand mit den Belastungsspannungen $\sigma_x = 37$ MPa, $\sigma_y = 95$ MPa und $\tau_{yx} = -68$ MPa.
   a) Skizzieren Sie das zugehörige Spannungselement mit den Achsenbezeichnungen und den wirkenden Spannungen (schematisch).

b) Zeichnen Sie maßstabsgetreu den zugehörigen Mohr'schen Spannungskreis (Maßstab: 1 MPa $\triangleq$ 1 mm). Tragen Sie *alle* Spannungen des betrachteten Schnittes darin ein.

c) Ermitteln Sie zeichnerisch und rechnerisch die Hauptnormalspannungen und Hauptschubspannungen.

d) Welcher Winkel liegt zwischen der x-Achse und der 1-Achse (zeichnerische und rechnerische Lösung)? Drücken Sie das Ergebnis exakt in Worten aus: Um wie viel Grad und in welche Drehrichtung ist die x-Achse gegen die 1-Achse gedreht? In gleicher Weise soll geklärt werden, wie ein Dehnungsmessstreifen (DMS) geklebt werden muss, damit er die durch σ_1 hervorgerufene Hauptdehnung erfasst. Überlegen Sie (im Vorgriff auf Kap. 12), woraus sich die Dehnung, die dieser DMS anzeigt, zusammensetzt.

Lösung: c) σ_1 = 139,9 MPa; σ_2 = 0; σ_3 = $-$ 7,9 MPa; τ_{max} = 73,9 MPa;

τ_{min} = $-$ 73,9 MPa; d) 1-Achse liegt um 56,5° im UZS gegen die x-Achse gedreht.

11.13 Lösen Sie Aufgabe 11.12 in gleicher Weise mit den Werten σ_x = 120 MPa, σ_y = $-$ 40 MPa und τ_{xy} = $-$ 80 MPa.

Lösung: c) σ_1 = 153 MPa; σ_2 = 0; σ_3 = $-$ 73 MPa; τ_{max} = 113 MPa; τ_{min} = $-$113 MPa;

d) 1-Achse liegt um 22,5° im GUZS gegen die x-Achse gedreht.

11.14 Eine Welle ist gemäß **Bild 11.22** gelagert und wird auf Torsion sowie auf Biegung beansprucht.

Gegeben: M_t = 1,3 kNm; F = 4 kN; a = 500 mm; D = 50 mm

a) Wo liegt die Stelle mit der kritischen Belastung?

b) Für diese Stelle ist das vollständige Spannungselement zu zeichnen.

c) Die Spannungen dieses Spannungselementes sind zu berechnen (Axialrichtung sei x, Umfangsrichtung sei y).

d) Die Mohr'schen Spannungskreise sind für diese Stelle zu konstruieren und *alle* Extremwerte sind anzugeben (Maßstab: 1 MPa $\triangleq$ 1 mm).

e) Wie liegt die Achse der größten Hauptnormalspannung auf der Wellenoberfläche?

Lösung: c) σ_x = 81,5 MPa; σ_y = 0; τ_{xy} = $-$ 53 MPa; τ_{yx} = 53 MPa;

d) σ_1 = 108 MPa; σ_2 = 0; σ_3 = $-$ 26 MPa; τ_{max} = 67 MPa; τ_{min} = $-$ 67 MPa; e) Die 1-Achse ist um 26,2° im GUZS gegen die Axialrichtung gedreht.

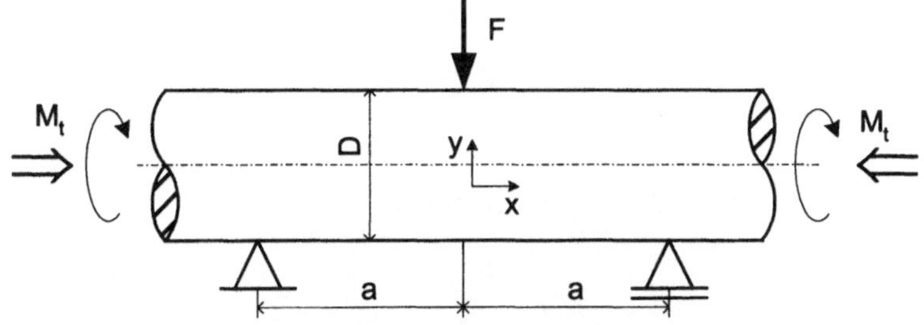

Bild 11.22 Torsions- und biegebelastete Welle (zu Aufgabe 11.14)
Die Lagerung ist symbolisiert dargestellt; es handelt sich um Wälz- oder Gleitlager. Das Moment ist als *rechts*drehend angenommen.

11.15 In Aufgabe 4.16 wurde eine kraftschlüssige Welle-Nabe-Verbindung behandelt. Geben Sie für eine solche Schrumpfverbindung gemäß **Bild 11.23** für die eingezeichneten Spannungselemente die wirkenden Spannungen mit korrekter Bezeichnung und Pfeilrichtung an.

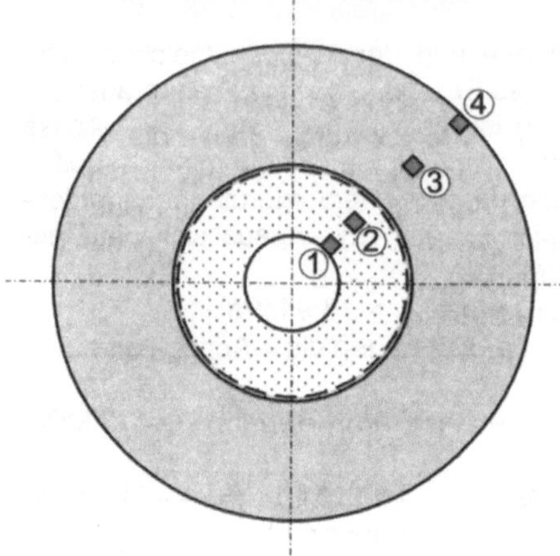

Bild 11.23
Kraftschlüssige Welle-Nabe-Verbindung (zu Aufgabe 11.15)

Die Welle sei hohl. Der gestrichelte Kreis gibt die ursprüngliche Innenkontur der Nabe vor dem Schrumpfen wieder. Die Spannungselemente 1 und 4 sollen direkt an den Oberflächen liegen.

11.16 In Aufgabe 4.20 sollten die Gleichungen für die Hauptnormalspannungen eines kugelförmigen Druckbehälters hergeleitet werden. Zeichnen Sie nun schematisch die Mohr'schen Spannungskreise für die Spannungszustände an der Außen- und Innenoberfläche. Geben Sie jeweils die Gleichung für die maximale Schubspannung an.
Lösung: außen: $\sigma_1 = \sigma_2 = \sigma_t = p\ r/(2\ s)$, $\sigma_3 = 0$, $\tau_{max} = p\ r/(4\ s)$;
innen: $\sigma_1 = \sigma_2 = \sigma_t = p\ r/(2\ s)$, $\sigma_3 = -\,p$, $\tau_{max} = p\ (r+2s)/(4\ s)$

12 Verformungszustände

Analog zu den Spannungszuständen, bei denen die Gesamtheit aller Spannungen – Normal- wie Schubspannungen – in allen Richtungen angegeben wird, bezeichnet man als Verformungszustand die Gesamtheit aller Dehnungen ε und Scherungen γ an einem Körper. Man spricht auch von einem Verzerrungs- oder Dehnungszustand. Dehnungen ε verursachen an den Spannungselementen Änderungen der Kantenlängen und Scherungen γ verändern die ursprünglich rechten Winkel zwischen den Kanten.

Während abhängig von der Belastungsart und der Kombination von verschiedenen Grundbelastungen ein-, zwei- oder dreiachsige Spannungszustände auftreten können, ist der *Verformungszustand in der Regel dreiachsig*. Wie in Kap. 4.2 bereits festgestellt, verursacht ein *einachsiger Spannungszustand*, wie z.B. bei einachsiger Zugbelastung, einen *räumlichen Verformungszustand*. Die Formänderung einer Zugprobe oder allgemein eines würfelförmigen Spannungselementes vollzieht sich in allen drei Richtungen, ohne dass in den beiden senkrechten Querrichtungen eine Spannung angreift. Dies ist eine Folge des Poisson'schen Effektes der Querkontraktion oder -dilatation. Höhere Spannungszustände verursachen selbstverständlich ebenfalls Verformungen in allen Richtungen, d.h. unabhängig vom Spannungszustand tritt bei ungehinderter Verformungsausbreitung immer ein dreidimensionaler Verformungszustand auf.

Ein *ebener* oder ein *linearer Verformungszustand* liegt als Sonderfall dann vor, wenn die Verformung in einer oder in zwei Richtungen vollständig behindert ist, im Extremfall sogar in allen Richtungen. In diesen Richtungen wirken dann Spannungen, die genau den gleichen mechanischen Verformungsbetrag in entgegengesetzter Richtung zur Folge haben, so dass die Summe null ist. Bei der Wärmedehnungsbehinderung wurde dieser Fall bereits diskutiert (Kap. 4.8).

Gleichartige Formänderungen in denselben Richtungen, also Dehnungen *oder* Scherungen, lassen sich analog wie gleich gerichtete Spannungen addieren. Für einen ebenen Spannungszustand wird dies exemplarisch behandelt, weil dieser Zustand für die Dehnungsmessung an Oberflächen besonders wichtig ist, **Bild 12.1**. Wiederum wird linear-elastisches sowie elastisch isotropes (nach allen Richtungen gleiches) Werkstoffverhalten vorausgesetzt.

Durch die Normalspannung σ_x werden gemäß Gl. (4.3) und (4.7) die Längsdehnung in x-Richtung sowie die Querkontraktionen in y- und z-Richtung verursacht:

$$\varepsilon_{x_1} = \frac{\sigma_x}{E} \qquad \text{und} \qquad \varepsilon_{y_1} = \varepsilon_{z_1} = -\nu\,\frac{\sigma_x}{E} \qquad\qquad (12.1\ \text{a, b})$$

Analog treten als Folge der Normalspannung σ_y folgende Dehnungen auf:

$$\varepsilon_{y_2} = \frac{\sigma_y}{E} \qquad \text{und} \qquad \varepsilon_{x_2} = \varepsilon_{z_2} = -\nu\,\frac{\sigma_y}{E} \qquad\qquad (12.2\ \text{a, b})$$

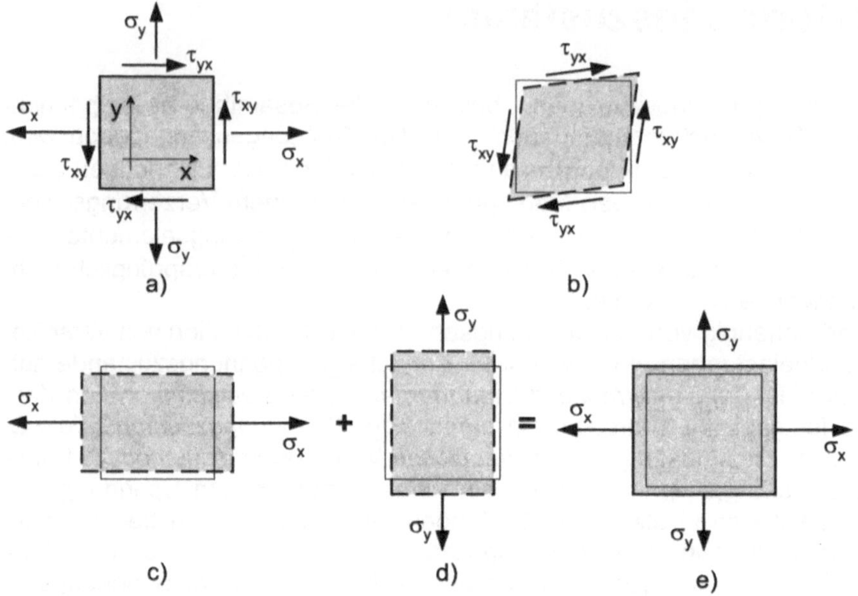

Bild 12.1 Ebener Spannungszustand mit den Dehnungen und Scherungen
a) Ebenes Spannungselement mit den Belastungsspannungen
b) Scherung durch die Schubspannungen
c) Dehnung und Querkontraktion durch σ_x
d) Dehnung und Querkontraktion durch σ_y
e) Gesamtdehnung durch σ_x und σ_y
Nur die Dehnungen in der (x; y)-Ebene sind abgebildet; zusätzlich tritt Querkontraktion in der z-Richtung auf. Die Gesamtverformung durch Überlagerung von b) und e) ist nicht dargestellt.

Als resultierende Dehnungen werden die in jeweils gleichen Richtungen zusammengefasst:

$$\varepsilon_x = \varepsilon_{x_1} + \varepsilon_{x_2} = \frac{1}{E}\left(\sigma_x - \nu\,\sigma_y\right) \tag{12.3}$$

$$\varepsilon_y = \varepsilon_{y_1} + \varepsilon_{y_2} = \frac{1}{E}\left(\sigma_y - \nu\,\sigma_x\right) \tag{12.4}$$

$$\varepsilon_z = \varepsilon_{z_1} + \varepsilon_{z_2} = -\frac{\nu}{E}\left(\sigma_x + \sigma_y\right) \tag{12.5}$$

Oft stellt sich in der Technik die Frage nach den tatsächlich herrschenden Spannungen an bestimmten Stellen eines Bauteils, wenn diese nicht zuverlässig berechnet werden können. Eine direkte Spannungsmessung ist nicht möglich. Vielmehr muss man sie über die Verformungen indirekt ermitteln unter Anwendung eines Stoffgesetzes, welchen den Zusammenhang zwischen Spannung und Verformung herstellt. Im einfachsten Fall gilt das Hooke'sche Gesetz, wie in den obigen Rechnungen angenommen.

Liegt an Bauteiloberflächen ein ebener Spannungszustand vor, wie in Bild 12.1 abgebildet, so können die Dehnungen oder Stauchungen mit Hilfe von Dehnungsmessstreifen (DMS) ermittelt und daraus die Spannungen in den betreffenden Achsen berechnet werden. Bei den DMS, **Bild 12.2**, handelt es sich um mehrere Schleifen sehr dünner Leiterbahnen, die – eingebettet in eine dünne Kunststofffolie – auf die Oberfläche eines Werkstückes geklebt werden. Durch die Dehnung verändert sich der elektrische Widerstand des „Drahtes": $\Delta R/R \sim \varepsilon_e$ (R = ρ L/A; ρ: spezifischer Widerstand des Drahtmaterials, L: Länge des Drahtes, A: Querschnitt des Drahtes, ε_e: elastische Dehnung). Über eine Wheatstone'sche Brückenschaltung und eine geeignete Messverstärkung können auf diese Weise Dehnungen mit einer Empfindlichkeit von etwa $\pm 10^{-6} = \pm 10^{-4}$ % ermittelt werden. Scherungen können damit nicht erfasst, wohl aber durch eine bestimmte Anordnung mehrerer DMS berechnet werden (das führt auf den Mohr'schen Verformungskreis, welcher hier nicht näher behandelt wird).

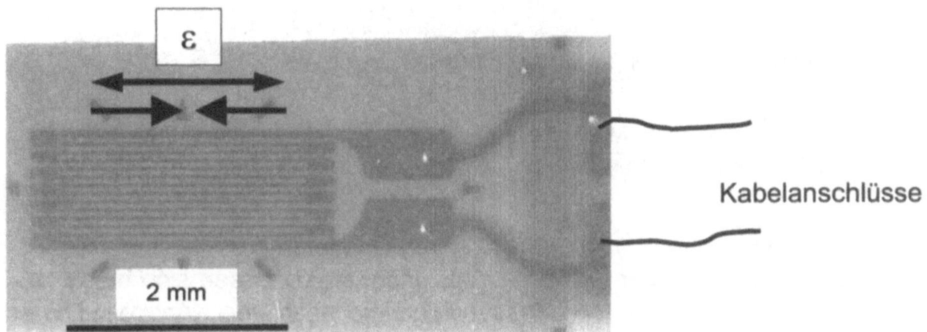

Bild 12.2 Dehnungsmessstreifen (DMS) unter einem Mikroskop fotografiert (man beachte den Maßstab)
Der DMS wird auf die Probe oder das Bauteil geklebt und erfährt dieselbe Dehnung an der betreffenden Stelle. Sein elektrischer Widerstand ändert sich mit der Dehnung oder Stauchung. Über die gemessene Verformung wird die Spannung berechnet: $\sigma = E\,\varepsilon_e$.
Exemplarische Kennwerte des DMS: $\Delta R/R = k\cdot\varepsilon_e$, R = 120,0 $\Omega \pm$ 0,3 %; k = 2,11 $\pm$ 0,5 % bei 24 °C.

Aus den Gln. (12.3) und (12.4) geht hervor, dass zwei zueinander senkrecht stehende Dehnungsrichtungen vermessen werden müssen, um die in diesen Richtungen herrschenden Normalspannungen zu berechnen (zwei Gleichungen mit zwei Unbekannten). Die Dehnung in z-Richtung senkrecht zur Oberfläche wirkt sich auf die Messung selbstverständlich nicht aus. Um die beiden *Haupt-normalspannungen* in der Messebene versuchstechnisch zu bestimmen, müssen die Richtungen maximaler Dehnungen gefunden werden, denn Hauptnormalspannungen verursachen auch die Extreme der Dehnungen, *Hauptdehnungen* genannt. Aus der Verknüpfung der Gln. (12.3) und (12.4) ergeben sich in diesem Fall die beiden Hauptnormalspannungen zu:

$$\sigma_1 = \frac{E\,(\varepsilon_1 + \nu\,\varepsilon_2)}{1 - \nu^2} \qquad \text{und} \qquad \sigma_2 = \frac{E\,(\varepsilon_2 + \nu\,\varepsilon_1)}{1 - \nu^2} \qquad (12.6\ \text{a, b})$$

Es kann sich – je nach Belastungsfall – auch um die Extremwertpaarungen 1 und 3 oder 2 und 3 handeln. Die Indizes von σ und ε sind dann entsprechend anzupassen.

Für den Belastungsfall Torsion wurde bereits in Kap. 8.3 hergeleitet, welche Dehnungen man unter $\pm\,45°$ zur Stab- oder Wellenachse misst. Mit den Gln. (12.6 a, b) erhält man das gleiche Ergebnis unmittelbar. In diesem Fall ist zu setzen: $\sigma_1 = -\,\sigma_3 = \tau_{t\,max} = M_t/W_p$ sowie $\varepsilon_1 = -\,\varepsilon_3$. Man erhält dann aus Gl. (12.6 a) den Zusammenhang:

$$\sigma_1 = \frac{E\,\varepsilon_1(1 - \nu)}{1 - \nu^2} = \frac{E\,\varepsilon_1}{1 + \nu} = \frac{M_t}{W_p} \qquad \text{für Torsion} \qquad (12.7)$$

oder nach der Dehnung ε_1, die unter 45° auftritt, aufgelöst:

$$\varepsilon_1 = \varepsilon(45°) = \frac{1 - \nu^2}{E(1 - \nu)} \cdot \frac{M_t}{W_p} = \frac{1 + \nu}{E}\,\tau_{t\,max} \qquad \text{für Torsion} \qquad (\text{siehe } 8.17\ \text{b})$$

Darin ist die Umformung $(1 - \nu^2) = (1 + \nu)\,(1 - \nu)$ verwendet.

Klebt man zwei DMS unter $\pm\,45°$ zur Axialrichtung, so lassen sich beide Extreme der Dehnungen, ε_1 und ε_3, erfassen, und man hat eine Kontrolle. Diese Messtechnik dient bei der Torsion beispielsweise zur Momentenmessung (Kap. 8.3).

Will man zusätzlich die durch die Schubspannungen hervorgerufenen Scherungen bestimmen, macht man von Gl. (6.4) Gebrauch, um mit den beiden elastischen Konstanten E und ν auszukommen:

$$\gamma_{xy} = \frac{\tau_{xy}}{G} = \frac{\tau_{yx}}{G} = \gamma_{yx} = \frac{2(1 + \nu)}{E}\,\tau_{xy} \qquad (12.8)$$

Die im allgemeinen Fall des räumlichen Spannungszustandes auftretenden Verformungen können in gleicher Weise wie oben für den ebenen Spannungszustand berechnet werden unter Berücksichtigung der zusätzlichen Spannungen σ_z sowie τ_{xz} und τ_{yz}. Man erhält die Gleichungen:

$$\varepsilon_x = \frac{1}{E}\left[\sigma_x - \nu\left(\sigma_y + \sigma_z\right)\right] \qquad (12.9)$$

$$\varepsilon_y = \frac{1}{E}\left[\sigma_y - v\left(\sigma_x + \sigma_z\right)\right] \qquad (12.10)$$

$$\varepsilon_z = \frac{1}{E}\left[\sigma_z - v\left(\sigma_x + \sigma_y\right)\right] \qquad (12.11)$$

$$\gamma_{xy} = \gamma_{yx} = \frac{2(1+v)}{E}\,\tau_{xy} \qquad (12.12)$$

$$\gamma_{xz} = \gamma_{zx} = \frac{2(1+v)}{E}\,\tau_{xz} \qquad (12.13)$$

$$\gamma_{yz} = \gamma_{zy} = \frac{2(1+v)}{E}\,\tau_{yz} \qquad (12.14)$$

Dieses Gleichungssystem bezeichnet man auch als das allgemeine Hooke'sche Gesetz des dreidimensionalen Spannungszustandes. Messen lassen sich die Verformungen eines räumlichen Spannungszustandes nicht direkt.

In den Hauptschnitten und -richtungen sind die Achsen x, y und z – wie gewohnt – durch die Ziffern 1, 2 und 3 zu ersetzen, und man hat es dann mit den Hauptnormalspannungen und Hauptdehnungen zu tun. Die Schubspannungen verschwinden in diesen Schnitten und folglich auch die Scherungen.

Aufgaben zu Kapitel 12

12.1 Wie und wo lassen sich Spannungen in einem Bauteil messen? Was ist bei der Messung zu beachten, wenn ein ebener Spannungszustand herrscht?

12.2 Auf einer Vollwelle mit dem Durchmesser D = 250 mm sind unter ± 45° zur Achse DMS geklebt, die Dehnungen von ± 0,025 % anzeigen.
   a) Wie groß ist die in der Welle auftretende maximale Normalspannung?
   b) Wie groß ist das übertragene Drehmoment?
   c) Welche Leistung liefert die Maschine bei einer Drehzahl von 3000 min^{-1}?
   Gegeben: E = 205 GPa; v = 0,3.
   Lösung: a) σ_1 = 39,4 MPa; b) M_t = 121 kN m; c) P = 38 MW

12.3 An einem zylindrischen Druckbehälter aus Stahl wird außen in *Axial*richtung ein DMS geklebt, welcher eine Dehnung von 0,013 % anzeigt.
   a) Wie groß ist der Innendruck?
   b) Wie groß sind sämtliche Hauptnormalspannungen innen und außen?
   c) Zeichnen Sie die Mohr'schen Spannungskreise für die Belastung an der Innenoberfläche.
   d) Geben Sie die maximale Schubspannung im gesamten Behälter an.
   Gegeben: D = 1200 mm; d = 1180 mm; E = 205 GPa; ; v = 0,3.
   Lösung: a) p = 2,26 MPa = 22,6 bar; b) σ_1 = 133,3 MPa; σ_2 = 66,7 MPa; σ_3 = 0 außen; σ_3 = – 2,3 MPa innen; d) τ_{max} = 67,8 MPa

12.4 Geben Sie für die Belastungszustände in **Bild 12.3** an, welcher Spannungs- und welcher Verformungszustand jeweils herrscht. Skizzieren Sie schematisch die zugehörigen Mohr'schen Spannungskreise mit Benennung *sämtlicher* Hauptspannungen.

   a) Seitlich fest eingespanntes Teil, welches bei T_1 spannungsfrei eingebaut wird und auf die Temperatur T_2 aufgeheizt wird.

   b) Beschichtete Platte, welche vom spannungsfreien Zustand bei T_1 auf eine höhere Temperatur T_2 aufgeheizt wird. Die Verhältnisse sind für die *Beschichtung* nach Erreichen der Temperatur T_2 anzugeben. Für die thermischen Längenausdehnungskoeffizienten soll gelten: $\alpha_{Beschichtung} > \alpha_{Grundwerkstoff}$.

   c) Platte/Blech belastet durch die Kräfte F_1 und F_2 wie abgebildet.

   d) Zugstab mit einem sehr dünnen und kurzen Mittensteg. Hier ist die Frage, welcher Spannungs- und Verformungszustand in diesem Mittenteil auftritt unter der Annahme, dass die massiven Teile als völlig starr angesehen werden (ähnliche Verhältnisse herrschen an umlaufend stark gekerbten oder angerissenen Bauteilen).

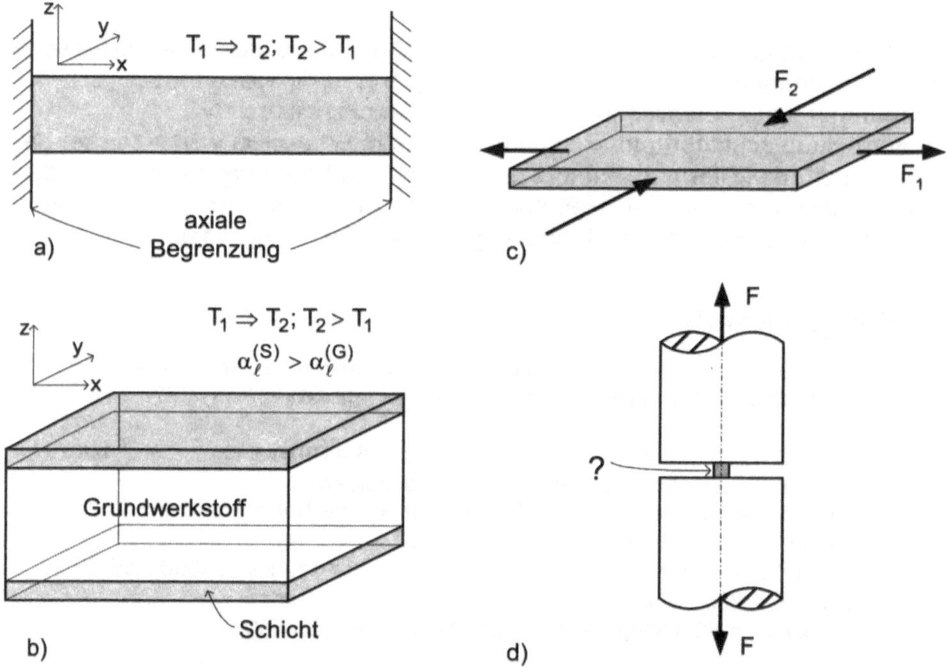

Bild 12.3 Beispiele zu Spannungs- und Verformungszuständen (zu Aufgabe 12.4)

12.5 An einem zweiachsig belasteten Stahlblech werden mittels DMS Hauptdehnungen von $\varepsilon_1 = 0,05\ \%$ und $\varepsilon_2 = 0,025\ \%$ gemessen. Berechnen Sie die Hauptnormalspannungen. Geben Sie außerdem die maximale Schubspannung für den Belastungsfall an.

   Gegeben: $E = 210$ GPa; $\nu = 0,3$.

   Lösung: $\sigma_1 = 133$ MPa; $\sigma_2 = 92$ MPa; $\tau_{max} = 66$ MPa

12.6 Eine rechteckige Stahlplatte mit der Dicke $s = 6$ mm ist wie abgebildet den Spannungen σ_x und σ_y ausgesetzt (**Bild 12.4**). Zwei Dehnungsmessstreifen A und B in x- und y-Richtung sind auf die Oberfläche geklebt und zeigen Werte von $\varepsilon_x = 0{,}062\ \%$ und $\varepsilon_y = -0{,}045\ \%$ an.

Bestimmen Sie die Spannungen σ_x und σ_y sowie die Dickenänderung Δs der Platte bei Belastung. Außerdem gegeben: $E = 207$ GPa; $\nu = 0{,}3$.

Lösung: $\sigma_x = 110$ MPa; $\sigma_y = -60$ MPa; $\Delta s = -0{,}4\ \mu$m

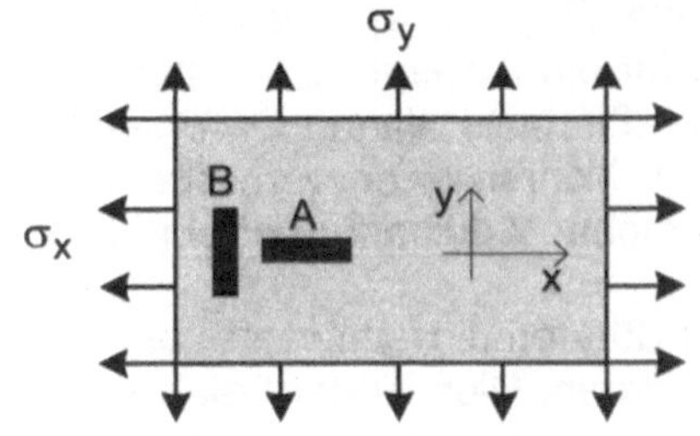

Bild 12.4

Platte belastet mit den Spannungen σ_x und σ_y und beklebt mit zwei DMS (zu Aufgabe 12.6)

13 Festigkeitshypothesen für mehrachsige Spannungszustände

Die Grundbelastungsarten Zug, Druck und querkraftfreie (reine) Biegung erzeugen einachsige Spannungszustände. Zu betonen ist dabei, dass es sich um die *Grundarten* handelt, bei denen die Belastung nur in *einer* Richtung wirkt. Für diese Fälle können die Festigkeitskennwerte R_e oder $R_{p\,0,2}$, für spröde Werkstoffe auch R_m, aus dem einaxialen Zugversuch direkt für die Auslegung benutzt werden. Überlagerungen von Zug, Druck und (querkraftfreier) Biegung *in derselben Richtung* können ebenfalls unmittelbar mit diesen Kennwerten verglichen werden, weil eine resultierende Spannung durch einfache Addition zu errechnen ist und der Spannungszustand einachsig bleibt.

Für ebene und räumliche Spannungszustände dürfen die Kennwerte aus dem einachsigen Zugversuch nicht direkt verwendet werden. Dies ist der Fall bei den Grundbelastungsarten Scherung und Torsion sowie bei *zusammengesetzten Belastungen*, wenn von außen an einem Körper oder Bauteil *gleichartige Spannungen in verschiedenen Richtungen* wirken oder *gleichzeitig Normal- und Schubspannungen* angreifen. Folgende Fälle führen zu mehrachsigen Spannungszuständen:

- Grundbelastungsart Scherung
  Es liegt ein ESZ vor. Schubspannungen wirken nach dem Gesetz der zugeordneten Schubspannungen in verschiedenen Richtungen und die beiden Hauptnormalspannungen σ_1 und σ_3 sind betragsmäßig gleich groß ($\sigma_2 = 0$).
- Grundbelastungsart Torsion
  Es liegt ebenfalls ein ESZ vor. Bezüglich der Lage des Mohr'schen Spannungskreises gelten die gleichen Verhältnisse wie bei Scherung.
- Zug- und/oder Druckbelastung in verschiedenen Richtungen
  Normalspannungen wirken in verschiedenen Richtungen; Beispiel: Druckbehälter (Kap. 4.7) und mehrachsige Wärmespannungen (Kap. 4.8). Eine einfache Addition der Spannungen ist hierbei selbstverständlich nicht erlaubt.
- Biegebelastung in verschiedenen Richtungen (schiefe Biegung)
  Wie zuvor ergeben sich Normalspannungen in verschiedenen Richtungen.
- Kombination aus Zug/Druck und Scherung
  Beispiel: die Bolzen verschraubter Kupplungsflansche von Wellen (Bild 5.6)
- Kombination aus Zug/Druck und Torsion
  Beispiel: Hubschrauber-Antriebswelle (Bild 13.7)
- Kombination aus Scherung und Biegung
  Beispiel: scherkraftüberlagerte Biegung, welche bei der Biegung den Normalfall darstellt. Beachte: Die Schubspannungsverteilung über dem Querschnitt eines Biegebalkens ist nicht homogen.
- Kombination aus Torsion und Biegung
  Dies ist die allgemeine Belastung bei Wellen.
- Mehrfache Kombinationen der Grundbelastungsarten, die zusammen einen mehrachsigen Spannungszustand hervorrufen.

Für die Festigkeitsauslegung stellt sich bei den mehrachsigen Spannungszuständen die Frage, mit welchen Werkstoffkennwerten die berechneten Spannungen verglichen werden können. Die aus dem einachsigen Zugversuch gewonnenen Daten, R_e, $R_{p\,0,2}$ und R_m, können nicht ohne weiteres zur Festigkeitsauslegung herangezogen werden. Grundsätzlich existieren jedoch *keine* Werkstoffkennwerte für zusammengesetzte Normal- und Schubspannungen oder mehrachsig wirkende gleichartige Spannungen.

Nach so genannten Festigkeitshypothesen wird eine Vergleichsspannung σ_V bestimmt, die für das mehrachsig belastete Bauteil äquivalent zu einer Normalspannung wie im einachsigen Zugversuch wirkt. Damit können dann auch die bekannten Kennwerte des Zugversuches herangezogen werden. In **Tabelle 13.1** sind die wesentlichen Erläuterungen und Berechnungsgleichungen zusammengestellt. Um den „Geist" der Hypothesen nachvollziehen zu können, ist ein gewisses Mindestverständnis für die Vorgänge in Werkstoffen erforderlich.

Tabelle 13.1 Festigkeitshypothesen und Berechnungsformeln für die Vergleichsspannungen σ_V bei mehrachsigen Spannungszuständen

Hypothese und Gültigkeitsbereich	Erläuterungen und Gleichungen
Normalspannungshypothese *Nur* für spröde Werkstoffe und/oder zu erwartendem Sprödbruch Kriterium: Der spröde Bruch = das Trennen von Bindungen erfolgt senkrecht zur größten Hauptnormalspannung σ_1.	Für den Bruch ist die größte Zug-Normalspannung maßgeblich, die kleiner als die Zugfestigkeit sein muss, um Bruch auszuschließen: $$\sigma_V^{(N)} = \sigma_1 < R_m \qquad (13.1\ a)$$ Sind bei einem ESZ die Belastungsspannungen z.B. in der (x; y)-Ebene bekannt, errechnet sich σ_1 daraus wie folgt: $$\sigma_V^{(N)} = \sigma_1 = \underbrace{\frac{\sigma_x + \sigma_y}{2}}_{\text{Mittelp.}} + \underbrace{\sqrt{\frac{(\sigma_x - \sigma_y)^2}{4} + \tau_{xy}^2}}_{\text{Radius}} < R_m \qquad (13.1\ b)$$ Anm.: Die Anwendung der Normalspannungshypothese ist nur sinnvoll für $\sigma_1 > 0$ (Zugspannung!)

Forts.

Tabelle 13.1, Forts.

Hypothese und Gültigkeitsbereich	Erläuterungen und Gleichungen
Schubspannungshypothese = *Tresca-Hypothese* Für duktile Werkstoffe und zu erwartenden zähen Bruch Kriterium: Einsetzen plastischer Verformung = Versetzungsbewegung (Fließen) infolge größter Schubspannung τ_{max}	Im einachsigen Zugversuch setzt plastische Verformung ein bei: $\tau_F = R_e/2$ (Index F: Fließen). Folglich wird als Vergleichsspannung nach der SH berechnet: $$\sigma_V^{(S)} = 2\,\tau_{max} \le R_e \qquad (13.2\ a)$$ $2\,\tau_{max}$ entspricht dem Durchmesser des *größten* von drei möglichen Spannungskreisen und errechnet sich folglich zu: $$\sigma_V^{(S)} = 2\,\tau_{max} = \sigma_{max} - \sigma_{min} = \sigma_1 - \sigma_3 \le R_e \qquad (13.2\ b)$$ Für den ESZ ist streng zu beachten, dass τ_{max} aus dem *größten* Spannungskreis bestimmt wird (siehe Bild 11.13). Folgende Fallunterscheidungen ergeben sich gemäß Gl. (13.2 b): a) $\sigma_3 = 0$; $\sigma_1, \sigma_2 > 0$: $\quad \sigma_V^{(S)} = \sigma_1 \le R_e \qquad (13.2\ c)$ b) $\sigma_1 = 0$; $\sigma_2, \sigma_3 < 0$: $\quad \sigma_V^{(S)} = -\sigma_3 \le R_e \qquad (13.2\ d)$ c) $\sigma_2 = 0$; $\sigma_1, \sigma_3 \ne 0$: $\quad \sigma_V^{(S)} = \sigma_1 - \sigma_3 \le R_e \qquad (13.2\ e)$ Sind bei einem ESZ die Belastungsspannungen z.B. in der (x; y)-Ebene bekannt, können diese auch direkt eingesetzt werden: $$\sigma_V^{(S)} = \sqrt{(\sigma_x - \sigma_y)^2 + 4\tau_{xy}^{\ 2}} = 2\,\tau_{max} \le R_e \qquad (13.2\ f)$$ Anm.: Statt R_e kann auch $R_{p\,0,2}$ benutzt werden.
Gestaltänderungsenergiehypothese = *von Mises-Hypothese* Gleichwertig zur Schubspannungsh. für duktile Werkstoffe und zu erwartenden zähen Bruch Kriterium: Mindestenergie zum Einsetzen plastischer Verformung	Formulierung mit den 3 Hauptnormalspannungen für den allgemeinen Fall des *räumlichen* Spannungszustandes: $$\sigma_V^{(G)} = \sqrt{\dfrac{(\sigma_1 - \sigma_2)^2 + (\sigma_2 - \sigma_3)^2 + (\sigma_3 - \sigma_1)^2}{2}} \le R_e \qquad (13.3\ a)$$ Für den ESZ sind drei Fälle zu unterscheiden (siehe Bild 11.13), für die sich gemäß Gl. (13.3 a) Folgendes ergibt: a) $\sigma_3 = 0$; $\sigma_1, \sigma_2 > 0$: $\quad \sigma_V^{(G)} = \sqrt{\sigma_1^{\ 2} - \sigma_1 \sigma_2 + \sigma_2^{\ 2}} \le R_e \quad (13.3\ b)$ b) $\sigma_1 = 0$; $\sigma_2, \sigma_3 < 0$: $\quad \sigma_V^{(G)} = \sqrt{\sigma_2^{\ 2} - \sigma_2 \sigma_3 + \sigma_3^{\ 2}} \le R_e \quad (13.3\ c)$ c) $\sigma_2 = 0$; $\sigma_1, \sigma_3 \ne 0$: $\quad \sigma_V^{(G)} = \sqrt{\sigma_1^{\ 2} - \sigma_1 \sigma_3 + \sigma_3^{\ 2}} \le R_e \quad (13.3\ d)$ Sind bei einem ESZ die Belastungsspannungen z.B. in der (x; y)-Ebene bekannt, können diese auch direkt eingesetzt werden: $$\sigma_V^{(G)} = \sqrt{\sigma_x^{\ 2} + \sigma_y^{\ 2} - \sigma_x \sigma_y + 3\,\tau_{xy}^{\ 2}} \le R_e \qquad (13.3\ e)$$ Anm.: Statt R_e kann auch $R_{p\,0,2}$ benutzt werden.

a) Normalspannungshypothese

Am einfachsten ist die Normalspannungshypothese (NH) zu deuten. Sie gilt *ausschließlich für spröde Werkstoffe* oder *versprödete Werkstoffzustände*. Sprödbruch tritt ohne nennenswerte plastische Verformung durch Trennen von Bindungen zwischen den Bausteinen der Materie auf, d.h. Atomen oder Ionen – je nach Bindungsart. Hierfür ist die größte Zugspannung σ_1 maßgeblich, *unabhängig vom Spannungszustand*. Den Bindungen ist es gewissermaßen „egal", was für ein Spannungszustand herrscht. Die Trennfestigkeit spröder Werkstoffe wird im einachsigen Zugversuch als Zugfestigkeit R_m gemessen, bei $\sigma_1 < R_m$ kann also bei solchen Materialien kein Bruch auftreten. Die gesuchte Vergleichsspannung beträgt somit nach der NH: $\sigma_V = \sigma_1$. Sicherheit gegen Sprödbruch ist folglich gegeben mit:

$$\sigma_V^{(N)} = \sigma_1 \leq \sigma_{zul} = \frac{R_m}{S_B} \tag{13.4}$$

Beispielsweise hat beim spröden Torsionsbruch eines Stückes Kreide in Bild 8.9 die größte Hauptnormalspannung σ_1, die unter 45° zur Achse liegt und genauso groß wie die maximale Schubspannung $\tau_{max} = M_t / W_p$ ist, die Zugfestigkeit der Kreide erreicht.

Wird bei einem mehrachsigen Spannungszustand nach der NH ausgelegt, so ist nach den obigen Ausführungen σ_1 zu identifizieren. Ist diese Spannung von vornherein aufgrund des Belastungsfalles bekannt, braucht nicht zusätzlich gerechnet zu werden. Dies ist dann der Fall, wenn die Belastung aus den Hauptnormalspannungen besteht. Liegen dagegen als Belastungsspannungen Normal- *und* Schubspannungen oder nur Schubspannungen vor, muss σ_1 aus den Mohr'schen Kreisen bestimmt werden. Für einen ESZ ist in Gl. (13.1 b) alternativ angegeben, wie σ_1 aus den Belastungsspannungen berechnet werden kann. Diese Gleichung lässt sich aus den geometrischen Beziehungen im Kreis herleiten: $\sigma_1 = \sigma_{M\,max} + \tau_{max}$ ($\sigma_{M\,max}$ ist der Mittelpunktwert des größten Kreises und τ_{max} ist gleich dem Radius dieses Kreises), siehe Bild 11.12 oder 11.14. Dennoch ist es immer ratsam, den Mohr'schen Kreis zu zeichnen und sich Klarheit über alle Hauptspannungen und deren Achsenlage zu verschaffen.

Wie in Kap. 11.2 ausgeführt, wird Sprödbruch unter *Druck*belastung von der Bruchschubspannung τ_B ausgelöst. In diesem Fall ist verständlicherweise die größte Normalspannung σ_1 ohne Bedeutung für das Versagen, denn sie ist entweder null (ebener Druckspannungszustand) oder negativ (räumlicher Druckspannungszustand). Vielmehr müsste bei einem *mehrachsigen Druckspannungszustand für spröde Werkstoffe* τ_{max} aufgesucht und die Bedingung $\tau_{max} < \tau_B$ erfüllt werden. Aus dem einachsigen Druckversuch ergibt sich $\tau_B = \sigma_{dB}/2$, es muss also bezogen auf die gesuchte Vergleichs-Normalspannung gelten:

$$\sigma_V^{(N)} = 2\tau_B = 2\tau_{max} = \sigma_1 - \sigma_3 \leq \sigma_{zul} = \frac{|\sigma_{dB}|}{S_B} \tag{13.5}$$

b) Schubspannungshypothese (Tresca-Hypothese)

Für *duktile* Werkstoffe ist das Kriterium bei der Festigkeitsauslegung die Vermeidung makroskopischer plastischer Verformung (makroskopisch bedeutet hier, dass das gesamte Werkstoffvolumen zu fließen anfängt). Bei einachsiger Zugbelastung müssen die Normalspannungen unterhalb der Streckgrenze oder 0,2%-Dehngrenze bleiben, um diese Forderung zu erfüllen. Die nach den Festigkeitshypothesen für duktile Materialien zu berechnende Vergleichsspannung muss also die übliche Bedingung $\sigma_V < R_e$ oder $R_{p\,0,2}$ einhalten.

Die Schubspannungshypothese (SH), nach H. Tresca auch Tresca-Hypothese genannt, betrachtet die kritische *Schub*spannung, welche zum Einsetzen makroskopischer plastischer Verformung erforderlich ist. Wie schon in Kap. 11 bei der Deutung eines 45°-Scherbruches erläutert, wird plastische Verformung in kristallin aufgebauten Werkstoffen erzeugt durch das Gleiten einer großen Vielzahl von Versetzungen in bestimmten Gleitsystemen. Für das Versetzungsgleiten und damit für die plastische Verformung ist die in dem betreffenden Gleitsystem wirkende *Schub*spannung maßgeblich.

Im einachsigen Zugversuch setzt das makroskopische Fließen bei der Normalspannung R_e ein; die maximale Schubspannung ist dann $\tau_{max} = R_e/2$ und wird Fließschubspannung τ_F genannt (siehe Bild 11.4). Nun basiert die SH auf der Annahme, dass es für die Versetzungsbewegung „egal" ist, welcher Spannungszustand herrscht: Die Fließschubspannung ist immer die gleiche. Folglich ist – unabhängig vom Spannungszustand – immer τ_{max} aufzusuchen und der Bedingung $\tau_{max} < R_e/2$ oder $R_{p\,0,2}/2$ zu genügen. Dies führt auf die einfache Gleichung für die Normalspannung als Vergleichsspannung:

$$\sigma_V^{(S)} = 2\,\tau_F = 2\,\tau_{max} = \sigma_1 - \sigma_3 \leq \sigma_{zul} = \frac{R_e \text{ oder } R_{p\,0,2}}{S_F} \qquad (13.6)$$

Nun wird auch verständlich, warum es so wichtig ist, in den verschiedenen Fällen des ESZ den größten Kreis zwischen σ_1 und σ_3 und damit τ_{max} zu identifizieren (siehe Bild 11.13 und Erläuterung dazu). Die Vergleichsspannung entspricht nach der SH stets dem Durchmesser des größten Kreises.

Liegen nicht die Hauptnormalspannungen von vornherein vor, sondern Belastungsspannungen in Form von Normal- und Schubspannungen oder nur Schubspannungen, kann man die Werte in Gl. (13.2 f) einsetzen, die den Durchmesser des größten Kreises beschreibt.

c) Gestaltänderungsenergiehypothese (von Mises-Hypothese)

Die auf R. von Mises zurückgehende Gestaltänderungsenergiehypothese (GEH) lässt sich nicht in einfacher Form erklären wie die beiden Hypothesen zuvor. Grundsätzlich wird auch bei der GEH ein Kriterium für das Fließen definiert, allerdings über einen Energieansatz (daher der Name) und nicht über die kritische Schubspannung. Im Folgenden werden die Berechnungsgleichung für die Vergleichsspannung nach der GEH lediglich zur Kenntnis genommen und auf die Herleitung verzichtet:

$$\sigma_V^{(G)} = \sqrt{\frac{(\sigma_1 - \sigma_2)^2 + (\sigma_2 - \sigma_3)^2 + (\sigma_3 - \sigma_1)^2}{2}} \leq \sigma_{zul} = \frac{R_e \text{ oder } R_{p\,0,2}}{S_F} \quad (13.7)$$

Die Gln. (13.3 b–d) geben die vereinfachten Gleichungen für den ESZ wieder mit den drei Fallunterscheidungen bei diesem Spannungszustand. In Gl. (13.3 e) sind die Belastungsspannungen eines ESZ benutzt, falls diese nicht aus den Hauptnormalspannungen bestehen.

Zu betonen ist, dass die GEH zunächst völlig gleichwertig neben der SH für duktile Werkstoffe gilt. Es gibt vom Ansatz her noch keine eindeutige Präferenz für die eine oder andere Hypothese.

d) Vergleich der Festigkeitshypothesen

Ein Vergleich der σ_V-Werte aus der SH und der GEH zeigt, dass stets $\sigma_V^{(S)} > \sigma_V^{(G)}$ gilt. Wie hoch der Unterschied der Zahlenwerte ist, hängt vom konkreten Belastungsfall ab. Ein *höherer* Vergleichsspannungswert bedeutet immer eine *konservativere* Festigkeitsauslegung, weil $\sigma_V < \sigma_{zul}$ gelten muss. Falls diese Bedingung nicht erfüllt wäre, müsste entweder ein Werkstoff mit einer höheren Festigkeit gewählt, die Belastung reduziert oder die Bauteilabmessung vergrößert werden. Mit der SH liegt man bei duktilen Werkstoffen also immer auf der sicheren Seite. Die GEH trifft jedoch meist die Bauteilverhältnisse gut und nutzt den Werkstoff besser aus, weil sie eine höhere Belastung erlaubt. In der maschinenbaulichen Praxis wird daher oft mit der GEH gerechnet; es gibt allerdings auch Regelwerke, welche die konservativere SH vorschreiben (Beispiel: Druckbehälterbau).

Für den Belastungsfall der reinen *Torsion* errechnen sich die Vergleichsspannungen nach den drei Festigkeitshypothesen:

$$\sigma_V^{(N)} = \sigma_1 = \tau \qquad\qquad\qquad\qquad (13.8)$$

$$\sigma_V^{(S)} = \sigma_1 - \sigma_3 = \tau - (-\tau) = 2\tau \qquad\qquad (13.9)$$

$$\sigma_V^{(G)} = \sqrt{\sigma_1{}^2 - \sigma_1\ \sigma_3 + \sigma_3{}^2} = \sqrt{\tau^2 - \tau(-\tau) + (-\tau)^2} = \sqrt{3}\ \tau \approx 1{,}73\tau \quad (13.10)$$

τ bedeutet hier die maximale Schubspannung an der Oberfläche: $\tau_{max} = M_t/W_p$ (siehe Gl. 8.5 b). Gl. (13.10) kann auch sofort aus Gl. (13.3 e) hergeleitet werden, weil für $\tau = \tau_{max}$ die Normalspannungen σ_x und σ_y bei Torsion verschwinden (siehe Bild 11.15). Wie zuvor dargestellt, liefert die SH gegenüber der GEH eine höhere Vergleichsspannung; im Falle der reinen Torsion beträgt der Unterschied 2 : 1,73 = 1,16 (vgl. Gln. 13.9 und 13.10).

In gleicher Weise wie die Torsion wird der Belastungsfall *Scherung* behandelt, wobei von einer gleichmäßigen Schubspannungsverteilung über dem Scherquerschnitt ausgegangen wird (Kap. 5). Die so errechnete Schubspannung entspricht dem Mittelwert, weil die Verteilung in Wirklichkeit nicht homogen ist.

Im Fall eines ebenen Zugspannungszustandes mit σ_1, $\sigma_2 > 0$ und $\sigma_3 = 0$, wobei der Kreis rechts von der τ-Achse liegt, kommt nach der NH und SH das gleiche Ergebnis für die Vergleichsspannung heraus, nämlich $\sigma_V = \sigma_1$. Ist $\sigma_2 = 0$, d.h. der Kreis schneidet beide Achsen, so liefern die SH und die GEH *höhere* Vergleichsspannungen als die NH für spröde Materialien, d.h. sie sind konservativer für die Festigkeitsauslegung. Dieses auf den ersten Blick überraschende Ergebnis ist in Zusammenhang mit den zulässigen Spannungen für die jeweiligen Werkstoffe und Werkstoffzustände zu sehen. Spröde Materialien könnten höher als duktile ausgenutzt werden, falls *allein* die Festigkeit betrachtet wird. Bei gleicher Zugfestigkeit R_m fängt ein duktiler Werkstoff bei deutlich geringerer Spannung an zu fließen. Für die Bauteilsicherheit ist es jedoch wichtig, dass nach eventuellem Überschreiten des rein elastischen Verformungsbereiches nicht sofort Bruch aufträte, sondern es zu einem „gutmütigen" Werkstoffverhalten mit plastischer Deformation käme. Bei spröden Werkstoffen muss man einen deutlich höheren Sicherheitsbeiwert ansetzen, weil diese Verformungsreserve fehlt (Kap. 4.5).

Bei dreiachsigen *Zug*spannungszuständen (alle Spannungen im Zugbereich!) liefern die Festigkeitshypothesen für duktile Werkstoffe generell Vergleichsspannungen, für die $\sigma_V < \sigma_1$ gilt (sofort erkennt man dies anhand der SH: $\sigma_V = \sigma_1 - \sigma_3$). Fließbeginn träte bei $\sigma_V = R_e$ ein, so dass σ_1 in diesen Fällen die Streckgrenze überschreitet. Verglichen mit *ein*achsiger Zugbelastung, bei welcher Fließbeginn durch $\sigma_1 = R_e$ gegeben ist, wird die plastische Verformung im räumlichen Zugspannungszustand folglich behindert. Es kommt erst bei höherer außen anliegender Normalspannung σ_1 zum Fließen, als es der Streckgrenze bei einachsiger Belastung entspricht. Bei den Vorgängen im Bereich von Kerben und Rissen spielt diese Erkenntnis eine besondere Rolle.

e) Vorgehen bei mehrachsigen Spannungszuständen

Im folgenden Schema wird eine systematische Reihenfolge des Vorgehens bei der Festigkeitsauslegung unter kombinierter, mehrachsiger Belastung angegeben, nach dem man sich zweckmäßigerweise richten sollte.

1. Welche Belastungsart oder Kombination von Belastungsarten liegt vor?
2. Wo liegt die höchst belastete Stelle?
Es kann sich um einen Punkt, eine Linie, eine Fläche oder ein Volumen handeln, wo die Belastung maximal und konstant ist. Ist diese Stelle nicht unmittelbar zu identifizieren, muss für mehrere infrage kommende Stellen gerechnet werden.
3. Welcher Spannungszustand herrscht an der höchst belasteten Stelle?
4. Für die höchst belastete Stelle ist das Spannungselement zu zeichnen mit sämtlichen Belastungsspannungen.
5. Die Belastungsspannungen sind zu berechnen, falls die äußeren Lasten bekannt sind.
6. Die Mohr'schen Spannungskreise sind für die höchst belastete Stelle zu konstruieren.

... ➤

7. *Sämtliche Hauptspannungen sind für diese Stelle zu bestimmen.*
8. *Bei mehrachsigen Spannungszuständen ist eine für den Werkstoff zutreffen-
    de oder nach einem Regelwerk vorgegebene Festigkeitshypothese anzuset-
    zen. Mit dieser ist die Vergleichsspannung σ_V zu berechnen, wobei $\sigma_V \leq \sigma_{zul}$
    gelten muss. σ_{zul} ist aus dem zutreffenden Festigkeitskennwert und dem Si-
    cherheitsbeiwert zu ermitteln.*

Aufgaben zu Kapitel 13

13.1 Für welche Belastungsfälle benötigt man zur Festigkeitsauslegung Festigkeits-
      hypothesen? Nennen Sie Beispiele. Was versteht man unter einer Vergleichs-
      spannung?

13.2 Interpretieren Sie die Normalspannungshypothese und die Schubspannungshypo-
      these. Wie kommt man auf die Gleichungen für die Vergleichsspannung?

13.3 Welche Festigkeitshypothese würden Sie bei einem martensitisch gehärteten, nicht
      angelassenen Stahl anwenden, welche bei einem vergüteten Stahl?

13.4 Erläutern Sie die Begriffe Trennbruch, Gleitbruch, Scherspannungsbruch, Normal-
      spannungsbruch und Sprödbruch. Welches sind jeweils Synonyme? Begründen
      Sie die Begriffswahl anhand der ablaufenden Bruchmechanismen.

13.5 Ein einseitig fest eingespannter Stab aus S355J2G3 (W.-Nr. 1.0570) mit
      Hohlkreisquerschnitt wird durch ein Kräftepaar tordiert (**Bild 13.1**).

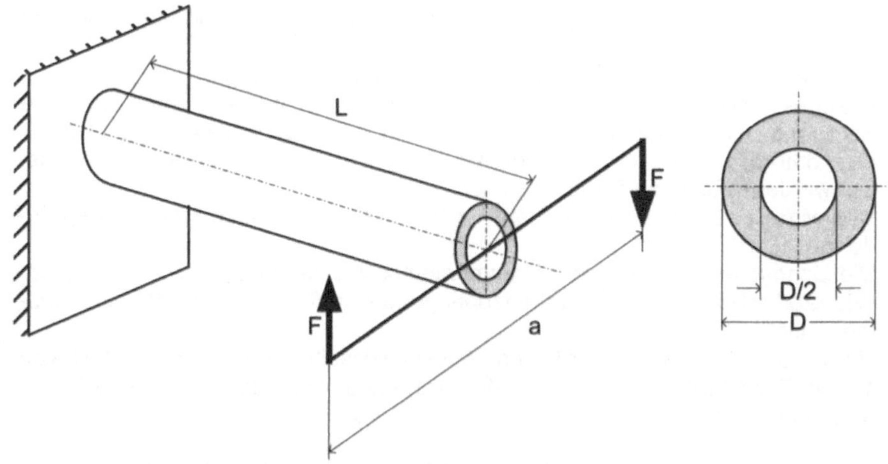

Bild 13.1 Torsionsstab (zu Aufgabe 13.5)

      a) Der Innendurchmesser soll D/2 betragen. Wie groß muss der Außendurchmes-
          ser D mindestens sein? Wählen Sie die konservativste Auslegung für diesen
          Werkstoff.

b) Wie groß wird am Endquerschnitt der verdrehte Kreisbogen sein (im Bogenmaß, in Grad und in mm)?

Gegeben: a = 200 mm; L = 500 mm; F = 2 kN; σ_{zul} = 270 MPa; E = 210 GPa; ν = 0,3.

Lösung: a) D $\geq$ 25,2 mm; b) $\hat{\varphi}$ = 0,0667 ; $\varphi°$ = 3,8°; b = 0,84 mm

13.6 Eine Vollwelle aus vergütetem Stahl soll auf einer Länge von 2,5 m ein Drehmoment von M_t = 100 Nm übertragen. Der Verdrehwinkel darf 0,25° nicht überschreiten. Wie groß muss der Wellendurchmesser mindestens sein (Auslegung nach GEH)?

Gegeben: E = 210 GPa; ν = 0,3; R_e = 370 MPa; S_F = 1,5

Lösung: D $\geq$ 51,8 mm (der zulässige Verdrehwinkel entscheidet hier, nicht die Festigkeitsberechnung!)

13.7 Der Mindestdurchmesser des Zugankerbolzens in **Bild 13.2** soll bestimmt werden. Wählen Sie die konservativste Festigkeitsauslegung für den verwendeten Werkstoff.

Gegeben: Werkstoff Einsatzstahl Ck 10; $R_{p\,0,2}$ = 300 MPa; S_F = 1,5; F = 10 kN.

Lösung: D $\geq$ 8 mm

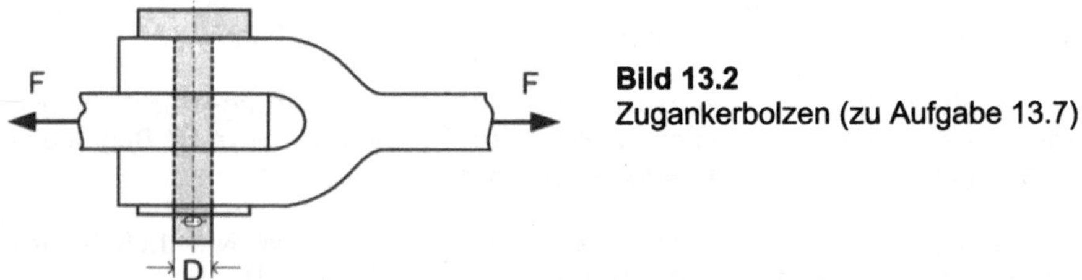

Bild 13.2
Zugankerbolzen (zu Aufgabe 13.7)

13.8 Eine M10-Schraube aus S235 hat sich „festgefressen" und soll herausgedreht werden.

a) Welcher Spannungszustand liegt bei diesem Belastungsvorgang vor?

b) Welches Drehmoment darf höchstens angesetzt werden, damit sich die Schraube beim Herausdrehen nicht *verformt*? Kerndurchmesser des Gewindes: 8mm, R_e = 370 MPa (Kerbeffekte durch das Gewinde sollen vernachlässigt werden). Rechnen Sie konservativ.

c) Wie wird der *Bruch* verlaufen, falls es bei Überlastung dazu kommt? Begründung!

d) Die Schraube wird mit einem Drehmomentschlüssel der Länge 60 cm gelöst. Wie groß ist die am Griffende aufzubringende Kraft beim maximalen Drehmoment nach a)?

e) Um welchen Betrag wird der Drehmomentschlüssel mit Vollkreisquerschnitt von 12 mm Durchmesser bei dieser Kraft am Griffende verbogen? E = 210 GPa.

Lösung: b) M_{max} = 18,6 N m; d) F = 31 N; e) f = 10,4 mm

13.9 Eine zylindrische Welle wird nach **Bild 13.3** durch ein linksdrehendes Torsionsmoment sowie eine Zugkraft belastet.

Gegeben: D = 20 mm; F = 140 kN; M_t = 500 Nm; E = 210 GPa; ν = 0,3.

a) Der Mohr'sche Spannungskreis ist für die zusammengesetzte Belastung zu zeichnen und *alle* Extremwerte der Spannungen sind anzugeben. Bezeichnen Sie die Axialrichtung als x und die Umfangsrichtung als y.

a) Der Stab bestehe aus martensitisch gehärtetem (nicht angelassenen) Stahl. Wie groß ist die Vergleichsspannung und woran orientiert sich die zulässige Spannung?

b) Der Stab bestehe aus vergütetem Stahl. Wie werden die Vergleichsspannungen berechnet und wie groß sind sie? Woran orientiert sich die zulässige Spannung in diesem Fall?

a) In Richtung der 1-Achse wird ein DMS appliziert. Wie liegt diese Achse gegen die x-Achse gedreht? Welche Dehnung muss der DMS anzeigen, wenn das Ergebnis unter a) korrekt ist?

Lösung: a) $\sigma_1 = 611$ MPa; $\sigma_2 = 0$; $\sigma_3 = -166$ MPa; $\tau_{max} = 389$ MPa;

$\tau_{min} = -389$ MPa; b) $\sigma_1 = 611$ MPa $\leq R_m/S_B$; c) $\sigma_V^{(S)} = 776$ MPa $\leq R_e/S_F$;

$\sigma_V^{(G)} = 708$ MPa $\leq R_e/S_F$; d) 1-Achse um 27,5° im UZS gegen die x-Achse gedreht;

$\varepsilon_1 = 0{,}31$ %

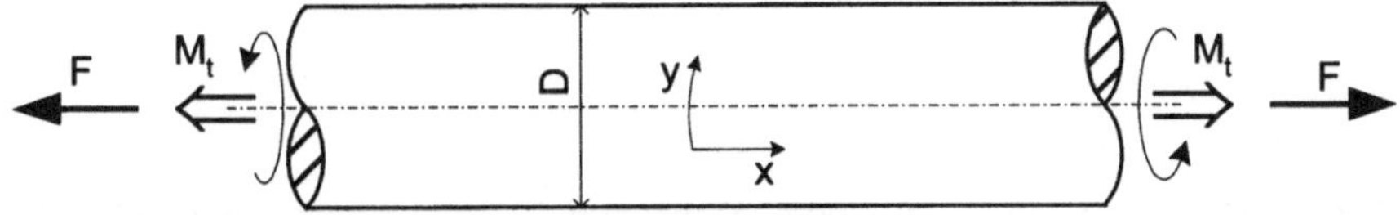

Bild 13.3 Torsions- und zugbelastete Welle (zu Aufgabe 13.9)

13.10 Für ein Innendruck belastetes Rohr sollen nach der Schubspannungshypothese und der Gestaltänderungsenergiehypothese die Formeln für die Wanddicke ermittelt werden. Dabei ist von der *Innen*seite des Rohres auszugehen. Geben Sie auch vergleichend die Formeln an für die *Außen*oberfläche des Rohres.

Mit den Werten p = 20 bar = 2 MPa, σ_{zul} = 150 MPa und R = 500 mm ist ein Zahlenbeispiel nach beiden Hypothesen für die Innen- und die Außenoberfläche zu rechnen.

$$\text{Lösung: } s^{(S)} \geq \frac{p\,R}{\sigma_{zul} - p}\;;\; s_{1,2}^{(G)} \geq \frac{-3R \pm R\sqrt{-3 + \dfrac{12\,\sigma_{zul}^2}{p^2}}}{4\left(1 - \dfrac{\sigma_{zul}^2}{p^2}\right)} \quad \text{(nur} - \text{sinnvoll)}$$

Innenoberfläche: $s^{(S)} \geq 6{,}76$ mm; $s^{(G)} \geq 5{,}84$ mm;
Außenoberfläche: $s^{(S)} \geq 6{,}7$ mm; $s^{(G)} \geq 5{,}8$ mm

13.11 Ein einseitig eingespanntes Winkelrohr wird gemäß **Bild 13.4** belastet. Die auftretenden Scherkräfte aufgrund der Biegung können vernachlässigt werden.

Gegeben: F = 8 kN; a = 500 mm; b = 300 mm; D = 150 mm; σ_{zul} = 90 MPa.

a) Wie groß ist der Innendurchmesser d des Rohres höchstens zu wählen, damit $\sigma_V \leq \sigma_{zul}$ erfüllt ist? Rechnen Sie mit beiden infrage kommenden Festigkeitshypothesen.

b) Berechnen Sie die Hauptnormalspannungen für den Fall, dass der Innendurchmesser gleich dem nach a) berechneten Maximalwert nach der GEH ist.

c) Ab welchem a/b-Hebelarmverhältnis wird die Stelle B für die Festigkeitsauslegung die kritische? Rechnen Sie zunächst mit der GEH. Stellen Sie dann die gleiche Rechnung an nach der SH. Es kommt ein überraschendes Ergebnis heraus. Diskutieren Sie dieses.

Lösung: a) $d \leq 144$ mm nach GEH; $d \leq 143{,}75$ mm nach SH; b) nach GEH: $\sigma_z = 80$ MPa; $\tau_{zx} = -24$ MPa; $\sigma_1 = 87$ MPa; $\sigma_2 = 0$; $\sigma_3 = -7$ MPa; $\tau_{max} = 47$ MPa; $\tau_{min} = -47$ MPa; c) Ab $b > 2\,a$ ist nach der GEH Stelle B höher belastet als A; nach der SH rechnerisch ab $a < 0$, d.h. nach der SH ist Stelle A *immer* die höher belastete.

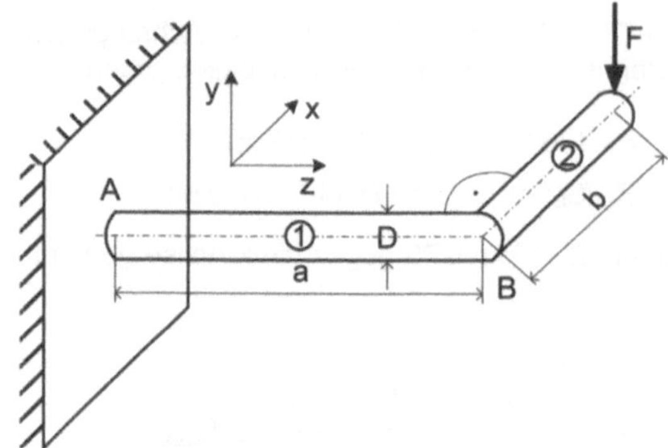

Bild13.4
Winkelrohr (zu Aufgabe 13.11)

13.12 Ein Rohr ist wie abgebildet unter einem Winkel von 45° spiralgeschweißt (**Bild 13.5** und **13.6**).
  a) Welche Normal- und Schubspannungen herrschen in der Schweißnaht an der Oberfläche, wenn das Rohr unter Innendruck steht?
  b) Wie hoch ist die maximale Schubspannung im Rohr?
  Gegeben: Innendurchmesser $d = 100$ mm; Wanddicke $s = 2$ mm; Überdruck $p = 20$ bar $= 2$ MPa
  Lösung: a) $\sigma_N = 37{,}5$ MPa; $\tau_N = -12{,}5$ MPa (Vorzeichen wegen der angenommenen Nahtrichtung); b) $\tau_{max} = 26$ MPa

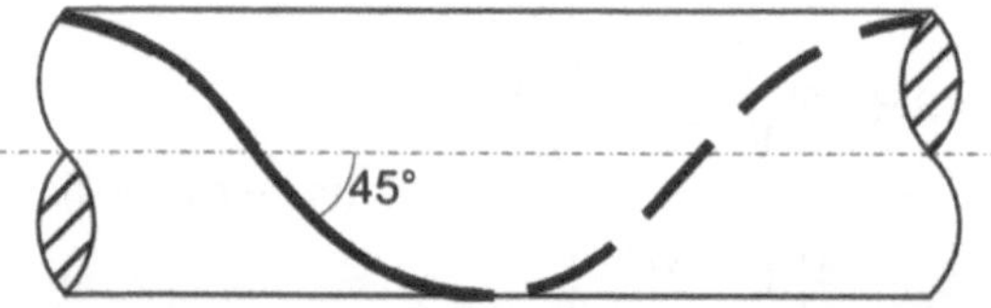

Bild 13.5

Spiralgeschweißtes Rohr
(zu Aufgabe 13.12)

Bild 13.6

45°-spiralgeschweißtes Rohr (hier der Ständer einer Sesselliftanlage, welcher auf Druck und Biegung belastet wird)

13.13 Die Rotorwelle eines Hubschraubers soll festigkeitsmäßig berechnet werden, **Bild 13.7**. Es handelt sich um eine Vollwelle, die das Moment vom Antrieb (Turbine) auf die Rotorblätter überträgt. Das Drehmoment beträgt M_t = 2,4 kNm. Über die Rotorblätter wird eine Auftriebskraft von F_A = 125 kN erzeugt. Die Rotorwelle soll aus dem Vergütungsstahl 30 CrMoV 9 V gefertigt werden, welcher eine 0,2%-Dehngrenze von 1000 MPa aufweist. Der Sicherheitsbeiwert S_F soll 3 betragen. Welchen Durchmesser muss die Welle mindestens haben (konservative Auslegung)?

Hinweis: Zum Schluss der Rechnung muss eine Potenzfunktion 6. Grades gelöst werden. Benutzen Sie dazu möglichst ein Rechenprogramm.

Lösung: $D \geq 42,4$ mm

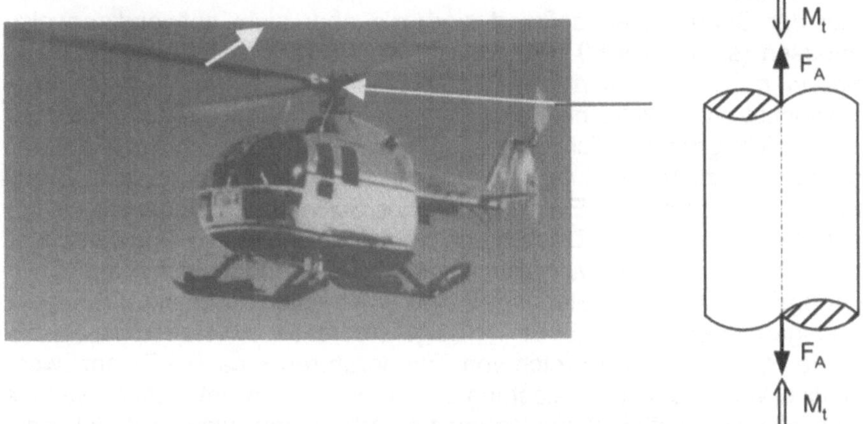

Bild 13.7 Hubschrauber-Antriebswelle mit dem Torsionsmoment M_t und der Auftriebskraft F_A (zu Aufgabe 13.13)
Der Pfeil am Rotorblatt deutet die Drehrichtung an. Auf die Antriebswelle muss also ein rechtsdrehendes Moment wirken (man mache sich die Verdrillung der Welle klar).

14 Festigkeitskennwerte unter schwingender Belastung

Von ruhender Belastung spricht man, wenn die Spannungen zeitlich konstant sind oder sich nur unwesentlich in ihrer Höhe ändern, siehe Tabelle 1.1. Als *zyklische Belastung* bezeichnet man dagegen allgemein jede Form von zeitlicher Veränderung, sowohl An- und Abfahrvorgänge von Anlagen und Bauteilen als auch schwingende Belastung mit höherer Frequenz. Der Begriff „Wechselbelastung" sollte vermieden werden, weil damit im engeren Sinne zeitliche Vorzeichenwechsel der Spannungen definiert sind, die aber nicht notwendigerweise vorliegen müssen (siehe DIN 50 100). Unter *Ermüdung* versteht man die *werkstoffschädigenden Folgeerscheinungen* der zyklischen Belastung in Form langsamen Risswachstums. Zyklische Belastung allein bedeutet noch nicht Ermüdung, weil sich nicht grundsätzlich immer Risse bilden – technisch gesehen zum Glück. Falls es doch zu Rissbildung und –wachstum kommt und diese im Bruch enden, spricht man von einem *Ermüdungs-* oder *Schwingungsbruch* (der leider häufig anzutreffende Ausdruck „Dauerbruch" ist leider ungeschickt gewählt, weil bei der so genannten Dauerschwingfestigkeit *kein* Bruch auftritt, siehe unten).

Alle bisherigen Festigkeitsauslegungen sind von zeitlich konstanter, ruhender Belastung ausgegangen. Wie Tabelle 1.1 zeigt, sind dafür die statischen Festigkeitskennwerte R_e und R_m im Bereich von Temperaturen < ca. 0,4 T_S anzuwenden. Bei zeitlich veränderlicher Belastung sind diese Werte untauglich, weil sie eine zu optimistische Festigkeitsauslegung hervorbrächten, welche meist recht schnell im Bruch enden würde. Selbst bei Spannungsoberwerten unterhalb der Streckgrenze können noch Schwingungsbrüche vorkommen.

Als anschauliches Beispiel für zeitlich veränderliche und ziemlich gleichmäßige sinusförmige Belastung wird die *Umlaufbiegung* einer Eisenbahnwaggonachse betrachtet, **Bild 14.1** und **Bild 14.2**. Ein Punkt auf der Wellenoberfläche erfährt einen zeitlichen Wechsel von Zug- und Druckspannungen um den Mittelwert null. In diesem Fall spricht man von reiner Wechselbelastung. Ließe man als Oberspannung Werte bis zur Streckgrenze zu, träte nach einer für einen Waggon viel zu geringen Zyklenzahl (hier: Umdrehungen) Achsbruch ein.

Bild 14.1
Achsen von Eisenbahnwaggons

Die Auflagerkräfte wirken an den Berührungspunkten mit den Schienen. Die Gewichtskräfte greifen an den Lagerböcken außen an. Man erkennt außen deutlich die Halterungen, auf welche die Waggons gesteckt werden.

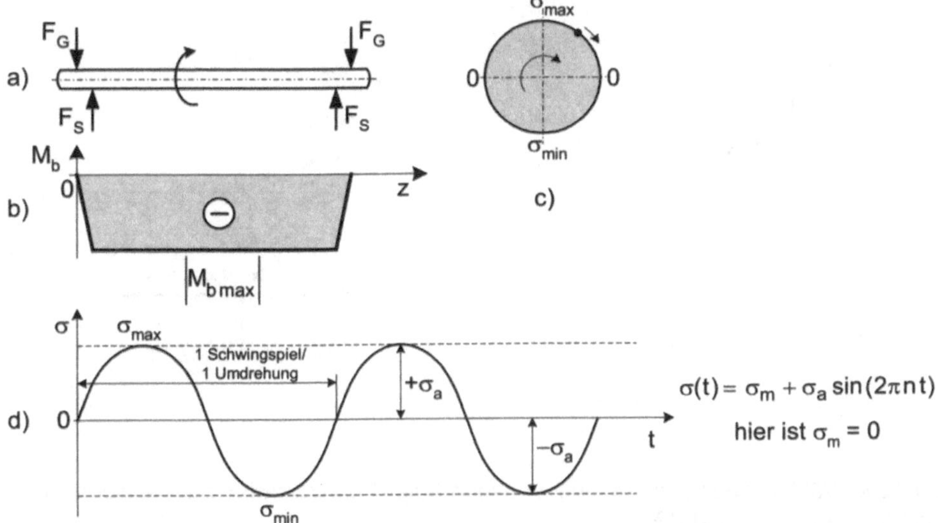

Bild 14.2 Umlaufbiegung am Beispiel einer Eisenbahnwaggonachse
a) Prinzipskizze (F_G: Gewichtskraft pro Lager; F_S: Gegenkraft von der Schiene)
b) Momentenverlauf für die Vierpunktbiegung (gemäß der Vorzeichenvereinbarung für Biegemomente ist hier das Moment negativ)
c) Extremwerte der Spannungen für einen Punkt ● auf dem Umfang
d) Zeitlicher Spannungsverlauf eines Punktes auf der Wellenoberfläche (n: Drehzahl)

Bild 14.3 gibt eine Übersicht über die Belastungsbereiche und deren normgerechte Bezeichnungen gemäß DIN 50 100.

Bild 14.4 zeigt die Abhängigkeit der Zyklenzahl (andere Bezeichnungen: Lastspiel- oder Schwingspielzahl) von der Spannungsamplitude bei fester Mittelspannung in einfach-logarithmischer Darstellung. In einem Schwingversuch wird *eine* Mittelspannung und *eine* Amplitude eingestellt; das Diagramm basiert also auf einer Vielzahl von Einzeltests bei jeweils konstanter Mittelspannung und variierender Amplitude.

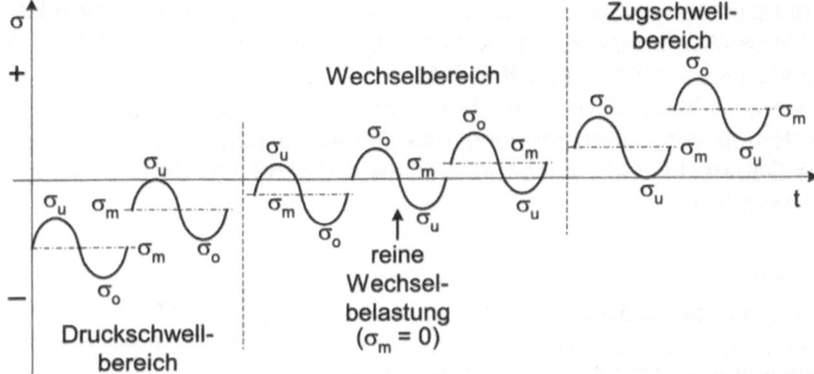

Bild 14.3 Bezeichnungen für die Bereiche der Schwingungsbelastung (man beachte die Festlegungen für die Oberspannung σ_o und die Unterspannung σ_u gemäß DIN 50 100)

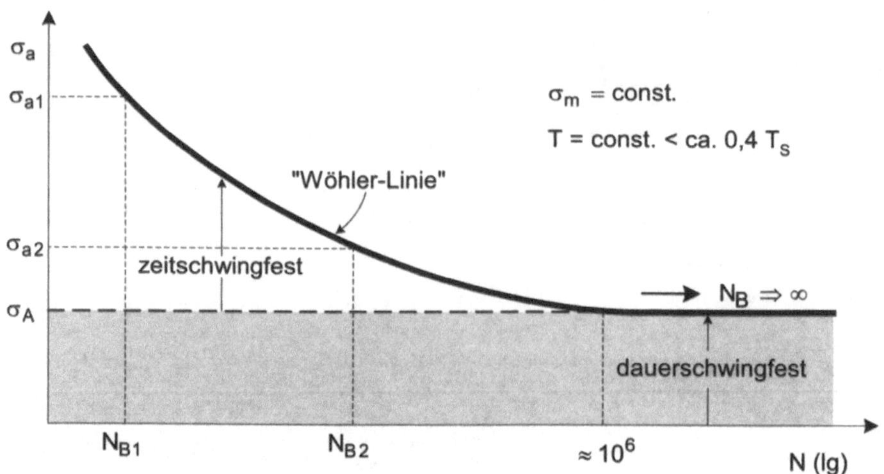

Bild 14.4 Wöhler-Diagramm mit einem ausgeprägten Dauerschwingfestigkeitsbereich beginnend ab ca. 10^6 Zyklen
Bei den Spannungsamplituden σ_{a1} und σ_{a2} tritt nach den Zyklenzahlen N_{B1} bzw. N_{B2} Bruch ein. Die Spannungsamplitude, die dauerschwingfest ertragen wird ($N_B = \infty$), wird mit dem Index A versehen: σ_A. Im grau markierten Bereich liegt Dauerschwingfestigkeit vor.

Derartige Schwingfestigkeitsversuche wurden erstmals von Wöhler durchgeführt und werden – zumindest im deutschsprachigen Schrifttum – als Wöhler-Versuche bezeichnet (*August Wöhler, 1819-1914, dt. Ingenieur, Begründer der modernen Werkstoffprüfung*). Anlass der damaligen Untersuchungen waren Brüche an Eisenbahnachsen, welche eine Umlaufbiegebelastung wie in Bild 14.2 gezeigt erfahren (*A. Wöhler: Versuche über die Festigkeit von Eisenbahnwagen-Achsen, Zeitschrift Bauwesen, 1860*). Wöhler fand, dass bei den Kohlenstoffstählen, die er untersuchte, ab ca. 10^6 Zyklen kein Bruch mehr auftritt, die dabei anliegende Amplitude also dauerschwingfest ertragen wird. Gemäß dem Kriterium, ob Bruch auftritt oder nicht, spricht man vom Bereich der *Zeitschwingfestigkeit* oder der *Dauerschwingfestigkeit* (Anm.: Das Infix „schwing" sollte stets mitgeführt werden, um deutlich zu machen, dass es sich um *Schwing*festigkeitswerte handelt, und um Verwechselungen zu vermeiden, z.B. mit der Zeitstandfestigkeit, die etwas völlig anderes bedeutet, siehe Kap. 15).

Als Dauerschwingfestigkeit σ_D bezeichnet man einen Festigkeitskennwert, der aus dem *Wertepaar* von Mittelspannung und Daueramplitude besteht (bei den Werten für die Dauerschwingfestigkeit werden nach DIN 50 100 Großbuchstaben als Indizes verwendet):

$$\sigma_D = \sigma_M \pm \sigma_A \tag{14.1}$$

Die alleinige Angabe der Daueramplitude wäre unvollständig. Im oft vorkommenden Sonderfall mit $\sigma_m = 0$, wie bei der Umlaufbiegung einer Welle, heißt die Dauerschwingfestigkeit nach DIN 50 100 auch *Wechselfestigkeit*:

$$\sigma_D(\sigma_m = 0) = \pm \sigma_W \tag{14.2}$$

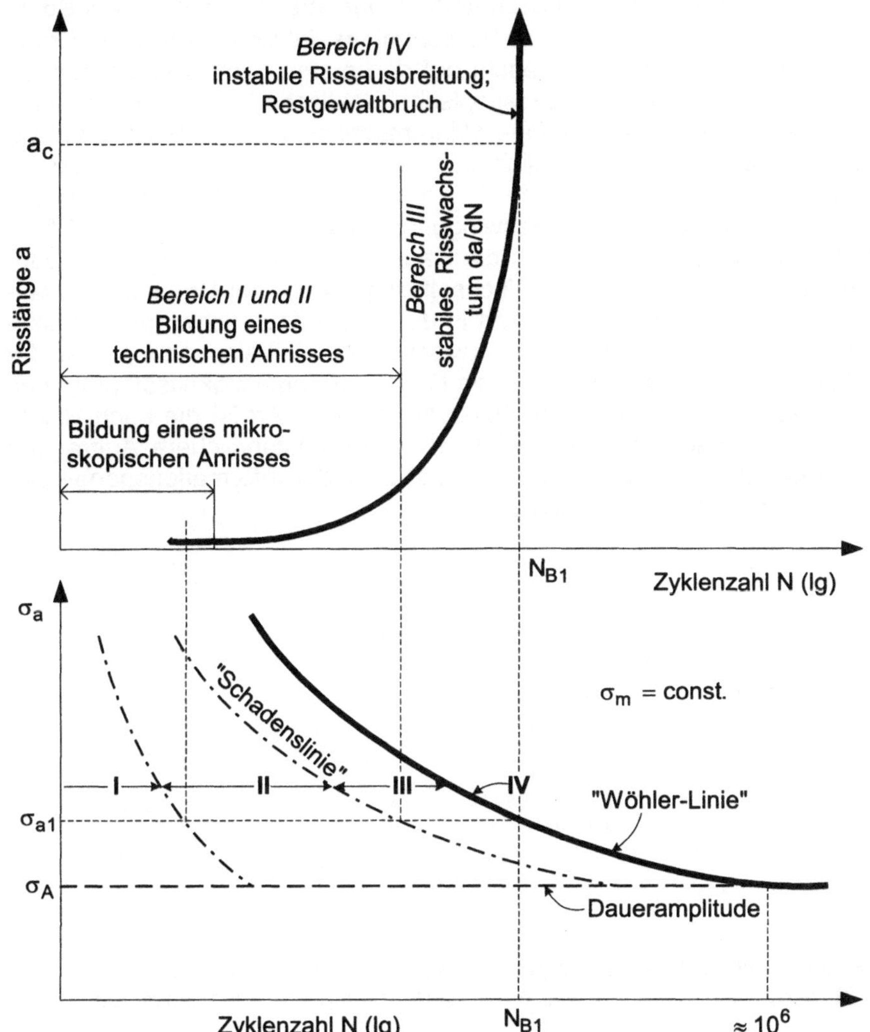

Bild 14.5 Schematisches Wöhler-Diagramm (unten) mit den Bereichen I–IV im Zeitschwingfestigkeitsgebiet sowie dem Verlauf der Ermüdungsrissbildung und –ausbreitung (oben) in Abhängigkeit von der Zyklenzahl für eine Spannungsamplitude $\sigma_{a\,1}$ und die Bruchlastspielzahl $N_{B\,1}$

I   Aufbau einer Versetzungsstruktur im gesamten Volumen durch zyklische Verformung

II Verformungslokalisierung und lokalisierte Risskeimbildung; Wachsen zu einem Mikroriss = technischer Anriss mit nachweisbarer Länge (Größenordnung: 1 mm)

III Stabiles Risswachstum mit konstantem Längenzuwachs pro Zyklus da/dN (logarithmische Abszissenteilung beachten!). Den Übergang zum Bereich III bezeichnet man als Schadenslinie, weil ab dieser Linie der Anriss so lang ist, dass er auch bei Spannungen unterhalb der Daueramplitude wachsen könnte. Bei Vorbelastung bis zur Schadenslinie bleibt die Dauerschwingfestigkeit unbeeinflusst.

IV Instabile Rissausbreitung und Restgewaltbruch im letzten Zyklus; a_c ist die kritische Risslänge, ab der spontanes Versagen auftritt.

Die Wechselfestigkeit σ_W liegt deutlich unterhalb der Streckgrenze R_e; bei Spannungsausschlägen zwischen σ_W und R_e kommt es folglich bereits zu Ermüdungsbrüchen. Dieser Befund überrascht auf den ersten Blick, weil im Zugversuch erst ab der Streckgrenze makroskopische plastische Verformung beginnt. Bei häufig wiederkehrenden Belastungszyklen macht sich jedoch plastische Mikroverformung bemerkbar, die schließlich an Spannungskonzentrationen – besonders an Oberflächenunebenheiten oder inneren Kerben – zu Anrissbildung und Risswachstum und schließlich zum Schwingungsbruch führen kann, **Bild 14.5**.

Mit der Mittelspannung ändert sich die Daueramplitude: Bei Zug-Mittelspannungen nimmt sie im Vergleich zur Wechselfestigkeit ab, bei Druck-Mittelspannungen nimmt sie zu. Da Konstruktionen in der Regel dauerschwingfest auszulegen sind, muss der Zusammenhang zwischen der Mittelspannung und der Daueramplitude bekannt sein, welcher den Dauerschwingfestigkeitsdiagrammen entnommen wird. Die anschaulichste Darstellung dieser Art ist die nach Haigh, **Bild 14.6**. Im deutschen Schrifttum wird meist die umständlichere Auftragung nach Smith gewählt, auf welche hier verzichtet wird; der Informationsgehalt beider Diagrammformen ist völlig identisch.

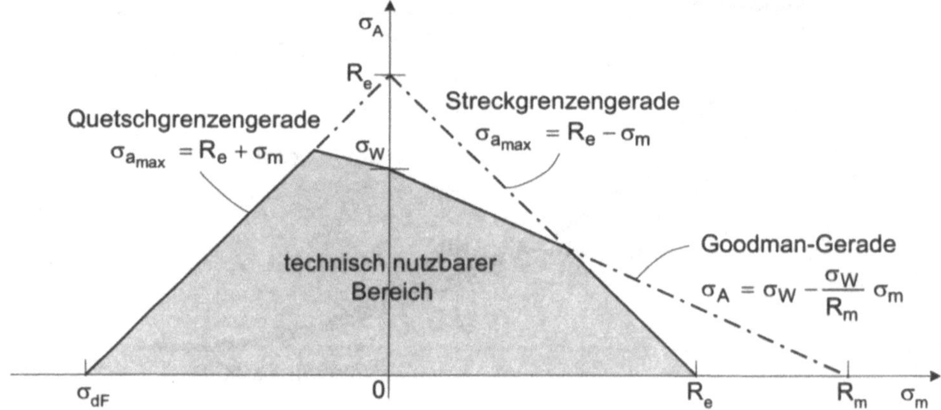

Bild 14.6 Schematisches Dauerschwingfestigkeitsschaubild nach Haigh (Haigh-Diagramm) für den Zusammenhang zwischen Mittelspannung und Daueramplitude

Die lineare Verbindung zwischen σ_W und R_m nach der Goodman-Regel bedeutet eine konservative Näherung; die tatsächlichen Werte liegen meist auf einer gekrümmten Linie etwas darüber. Im Druck-Mittelspannungsbereich sind die Amplitudenwerte willkürlich auf einem Geradenabschnitt bis zur Quetschgrenzenlinie eingezeichnet (*keine* Verlängerung der Goodman-Geraden!)

Der technisch nutzbare Bereich wird durch die Streck- und die Quetschgrenze eingeschränkt, um keine makroskopische plastische Verformung auftreten zu lassen. Nach einer empirischen Regel, der so genannten Goodman-Regel, wird die experimentell zu messende Wechselfestigkeit σ_W mit der Zugfestigkeit R_m linear verbunden, was zu konservativen Daueramplitudenwerten im Interpolationsbereich führt (im Druck-Mittelspannungsbereich gilt die Goodman-Regel nicht; in Bild 14.6 ist willkürlich ein linearer Verlauf mit geringerer Steigung als der Goodman-Geraden angenommen). Bestimmt man die Daueramplituden für

$\sigma_m \neq 0$ durch eine Vielzahl von Wöhler-Versuchen, so wird man feststellen, dass die tatsächlichen Werte meist etwas oberhalb der Goodman-Geraden liegen.

Die Schwingfestigkeitsdaten können in unterschiedlichen Versuchsarten gewonnen werden: durch Zug/Druck-, Biege- oder Torsionsbelastung. Die Ergebnisse weichen etwas voneinander ab. In **Tabelle 14.1** sind einige Beispiele aufgeführt, wie die Werte bezeichnet werden und wie sie zu interpretieren sind.

Tabelle 14.1 Beispiele für Dauerschwingfestigkeitswerte, deren Bezeichnungen und Bedeutung

Zeichen und Wert	Bedeutung
$\sigma_{bW} = \pm\,220$ MPa	Biegewechselfestigkeit = Dauerschwingfestigkeit bei $\sigma_M = 0$; ermittelt durch Umlaufbiegung mit einer Randfaserspannung von ± 220 MPa, die der Amplitude entspricht.
$\sigma_{zdW} = \pm\,200$ MPa	Zug/Druck-Wechselfestigkeit = Dauerschwingfestigkeit bei $\sigma_M = 0$; ermittelt durch Zug/Druck-Belastung mit gleichmäßiger Spannungsverteilung über dem Querschnitt bei $\sigma_M = 0$ und einer Amplitude von ± 200 MPa.
$\sigma_{zD} = +50 \pm 170$ MPa	Dauerschwingfestigkeit im Zugwechselbereich bei $\sigma_M = +50$ MPa; ermittelt durch Zug/Druck-Belastung mit gleichmäßiger Spannungsverteilung über dem Querschnitt bei $\sigma_M = +50$ MPa und einer Amplitude von ± 170 MPa (Oberspannung $\sigma_o = 220$ MPa, Unterspannung $\sigma_u = -120$ MPa).
$\sigma_{dD} = -50 \pm 190$ MPa	Dauerschwingfestigkeit im Druckwechselbereich bei $\sigma_M = -50$ MPa; ermittelt durch Zug/Druck-Belastung mit gleichmäßiger Spannungsverteilung über dem Querschnitt bei $\sigma_M = -50$ MPa und einer Amplitude von ± 190 MPa (Oberspannung $\sigma_o = -240$ MPa, Unterspannung $\sigma_u = +140$ MPa; es zählen nach DIN 50 100 die Absolutwerte).
$\sigma_{zD} = +150 \pm 80$ MPa	Dauerschwingfestigkeit im Zugschwellbereich bei $\sigma_M = +150$ MPa; ermittelt durch Zugbelastung mit gleichmäßiger Spannungsverteilung über dem Querschnitt mit $\sigma_M = +150$ MPa bei einer Amplitude von ± 80 MPa (Oberspannung $\sigma_o = +230$ MPa, Unterspannung $\sigma_u = +70$ MPa).
$\sigma_{bD} = +150 \pm 100$ MPa	Dauerschwingfestigkeit im Biegeschwellbereich bei $\sigma_M = +150$ MPa; ermittelt durch Biegebelastung (keine Umlaufbiegung!) mit $\sigma_M = +150$ MPa an *einer* Außenfaser bei einer Amplitude von ± 100 MPa (Oberspannung $\sigma_o = +250$ MPa, Unterspannung $\sigma_u = +50$ MPa).
$\sigma_{zSch} = +120 \pm 120$ MPa	Zugschwellfestigkeit; ermittelt durch Zugbelastung mit gleichmäßiger Spannungsverteilung über dem Querschnitt mit $\sigma_M = +120$ MPa bei einer Amplitude von ± 120 MPa (Oberspannung $\sigma_o = +240$ MPa, Unterspannung $\sigma_u = 0$ MPa). Es handelt sich um einen Wert, der sich durch Interpolation benachbarter σ_D-Wertepaare ergibt und der nicht gezielt experimentell bestimmt wird (wäre Zufall).
$\tau_W = \pm\,150$ MPa	Torsionswechselfestigkeit = Dauerschwingfestigkeit bei Torsionswechselbelastung mit $\tau_M = 0$ und einer Schubspannungsamplitude am Rand von $\tau = \pm 150$ MPa.

Tabelle 14.2 beinhaltet ungefähre Anhaltswerte für Dauerschwingfestigkeiten im Verhältnis zur Zugfestigkeit, die bei den unterschiedlichen Versuchsformen ermittelt werden. Diese Angaben dürfen nur zu einer ersten Abschätzung benutzt werden, nicht als belastbare Konstruktionsdaten.

Tabelle 14.2 Anhaltswerte für Dauerschwingfestigkeiten von ferritischem Stahl, Grauguss und Leichtmetallen relativ zur Zugfestigkeit und relativ zueinander bei verschiedenen Belastungsarten
Diese Werte sind Anhaltswerte! Sie dürfen nur zur ungefähren Abschätzung der Schwingfestigkeit verwendet werden. Die Werte der Schwellfestigkeiten sind die Oberspannungen bei der Unterspannung 0.

Werkstoff	Zug		Biegung		Torsion	
	σ_W	σ_{zSch}	σ_{bW}	σ_{bSch}	τ_W	τ_{Sch}
Baustahl	$0{,}45\,R_m$	$1{,}3\,\sigma_W$	$0{,}49\,R_m$	$1{,}5\,\sigma_{bW}$	$0{,}35\,R_m$	$1{,}1\,\tau_W$
Vergütungsstahl	$0{,}41\,R_m$	$1{,}7\,\sigma_W$	$0{,}44\,R_m$	$1{,}7\,\sigma_{bW}$	$0{,}30\,R_m$	$1{,}6\,\tau_W$
Einsatzstahl	$0{,}40\,R_m$	$1{,}6\,\sigma_W$	$0{,}41\,R_m$	$1{,}7\,\sigma_{bW}$	$0{,}30\,R_m$	$1{,}4\,\tau_W$
Grauguss*)	$0{,}25\,R_m$	$1{,}6\,\sigma_W$	$0{,}37\,R_m$	$1{,}8\,\sigma_{bW}$	$0{,}36\,R_m$	$1{,}6\,\tau_W$
Leichtmetalle	$0{,}30\,R_m$		$0{,}40\,R_m$		$0{,}25\,R_m$	

*) für Grauguss ist $\sigma_{dSch} \approx 3\,\sigma_{zSch}$

Bei mehrachsigen Spannungszuständen berechnet man unter schwingender Belastung die Vergleichsspannung in der Regel nach der *von Mises-Hypothese* (Gestaltänderungsenergiehypothese, GEH, siehe Kap. 13). Zwar ist ein Schwingungsbruch makroskopisch spröde, jedoch darf man daraus nicht schlussfolgern, die Normalspannungshypothese träfe besser zu. Im Mikrobereich verformen sich die Werkstoffe bei der Ermüdung sehr wohl plastisch, auch wenn der Bruch *makroskopisch* der größten Hauptnormalspannung σ_1 folgt.

Bild 14.7 zeigt einen Schwingungsanriss an einer Turbinenwelle infolge Torsionsüberbelastung. Die Rissfläche verläuft etwa unter 45° zur Wellenachse, was – wie zuvor erwähnt – der Wirkung von σ_1 entspricht. Dies bedeutet keinesfalls, dass ein spröder Wellenwerkstoff verwendet wurde (was wegen großer Folgeschäden niemals der Fall sein darf). Vielmehr folgt das Ermüdungsriss*wachstum* generell der größten Hauptnormalspannung σ_1, allerdings nicht der erste winzige Anriss, welcher meist nach τ_{max} ausgerichtet ist.

Unter *Gestaltfestigkeit* versteht man die Dauerschwingfestigkeit eines Bauteils oder einer gesamten Konstruktion (und nicht die einer Probe!) unter Berücksichtigung aller festigkeitsmindernden Einflüsse, wie Oberflächenbeschaffenheit, Größe des Teiles (Volumen) und Kerbwirkung. Mit den Wöhler-Versuchen an genormten Proben werden Basisdaten geschaffen, und über mehrere Beiwerte wird dann die Gestaltfestigkeit abgeschätzt. 1:1-Bauteilschwingversuche liegen in den vielen Fällen nicht vor.

Wie aus Tabelle 1.1 hervorgeht, existiert bei *hohen Temperaturen* oberhalb ca. 40 % der absoluten Schmelztemperatur des Materials keine Dauerschwingfestigkeit – *die Lebensdauer ist dann in jedem Falle endlich.*

Nähere Ausführungen zur zyklischen Belastung und der Ermüdungsschädigung finden sich in Band 2.

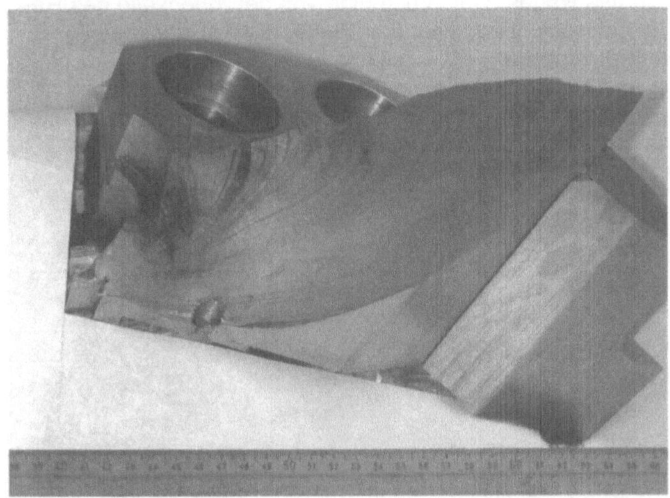

Bild 14.7 Ermüdungsanriss an einer Turbinenwelle durch Torsion
Der Riss verläuft spiralförmig unter etwa 45° zur Wellenachse, weil Schwingungsrisse unter der Wirkung von σ_1 wachsen. Hier ist der Anriss von einer Kupplungsbohrung ausgegangen, wo in der Ansenkung des Sackloches eine Kerbwirkung besteht.

Aufgaben zu Kapitel 14

14.1 Erklären Sie, warum die ersten Eisenbahnachsen Mitte des 19. Jahrhunderts, die nach Streckgrenze ausgelegt waren, oft gebrochen sind.

14.2 Erklären Sie, warum bei schwingend belasteten Bauteilen eine Druck-Vorspannung günstig ist. Überlegen Sie, wie man diese einbringen könnte und wo über dem Querschnitt Druckvorspannungen (Druckeigenspannungen) sinnvoll sind. Gehen Sie dabei von Biege- oder Torsionsbelastung aus, die bei den meisten Bauteilen allein oder in Kombination mit anderen Grundbelastungsarten auftreten.

14.3 Der Vergütungsstahl Ck 35 V besitzt eine Zugfestigkeit von $R_m = 650$ MPa und eine 0,2 %-Dehngrenze von $R_{p\,0,2} = 380$ MPa. Schätzen Sie seine Biegewechsel- und Biegeschwellfestigkeit ab. Konstruieren Sie mit diesen Daten ein ungefähres Biege-Dauerschwingfestigkeitsdiagramm nach Haigh für den Bereich von Zug-Mittelspannungen.
Lösung: $\sigma_{bW} \approx \pm\,286$ MPa; $\sigma_{bSch} \approx 243 \pm 243$ MPa

14.4 Am 03.06.1998 ereignete sich bei Eschede ein tragisches ICE-Unglück aufgrund eines Radreifenbruches mit unvorhersehbaren, schicksalhaften Folgeschäden. Es handelte sich um eine gummigefederte Radkonstruktion mit einem Stahlkern (Radscheibe), einer Gummi-Zwischenschicht zur Schwingungsdämpfung sowie einem Stahl-Außenring, dem Radreifen (**Bild 14.8**). Der Reifen, der im Neuzustand einen Durchmesser von 920 mm aufwies, hatte sich durch die Reibung mit der Schiene allmählich auf 862 mm Durchmesser nach einer Fahrstrecke von ca. 1,8 Mio. km abgenutzt.

Erklären Sie prinzipiell den Schadenhergang.

Hinweise: Verschaffen Sie sich Klarheit über die Belastung des Reifens und bedenken Sie das Umlaufen des Rades. Der Bruch ging von der *Innenseite* des Reifens aus, also der der Gummischicht zugewandten Seite, nicht schienenseitig. Erklären Sie dies! Stellen Sie außerdem den Zusammenhang mit dem Verschleiß des Radreifens her. Wie ändert sich durch diesen Verschleiß die Belastungshöhe? War die Radreifenkonstruktion im Neuzustand dauerschwingfest (grobe Überschlagsrechnung aufgrund der Fahrstrecke und des Umfangs)? Stellen Sie die Verhältnisse schematisch gemäß Bild 14.4 und 14.5 dar.

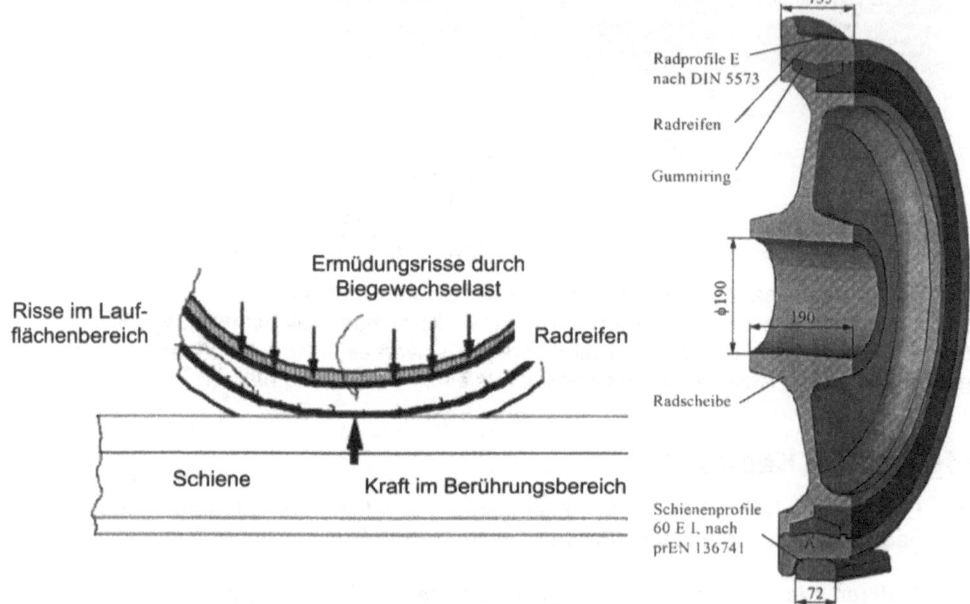

Bild 14.8 Prinzipskizze der Radkonstruktion des verunglückten ICE-Zuges (rechtes Teilbild nach [E. Hüls, H.-J. Oestern (Hrsg.): Die ICE-Katastrophe von Eschede, Springer, Berlin, 1999], mit freundlicher Genehmigung durch Springer Science and Business Media)

15 Festigkeitsauslegung für hohe Temperaturen

Die Besonderheiten der Festigkeitsauslegung bei hohen Temperaturen bereiten vielen Konstrukteuren und Nicht-Werkstofftechnikern Schwierigkeiten. Dies liegt daran, dass bei hohen Temperaturen einige ungewohnte Phänomene auftreten, für deren Verständnis besondere werkstoffphysikalische Kenntnisse erforderlich sind, die in einer üblichen maschinenbaulichen Ausbildung nicht vermittelt werden. In Wirklichkeit laufen bei hohen Temperaturen keine neuen oder anderen Prozesse im Werkstoff ab; sie finden nur viel schneller statt als bei tiefen Temperaturen. Im Tieftemperaturbereich machen sich zeitliche Veränderungen im Werkstoff so gut wie nicht bemerkbar – sie sind quasi „unendlich" lange eingefroren. Man mag dies vergleichen mit verderblichen Lebensmitteln, deren Haltbarkeit im Kühlschrank oder in einer Kühltruhe verlängert wird, wogegen sie sich bei Raumtemperatur oder gar in der prallen Sonne schnell zersetzen.

Auf die metallkundlichen Grundlagen kann an dieser Stelle nicht näher eingegangen werden; der interessierte Leser wird hierzu auf Band 2 verwiesen. Es werden lediglich einige Fakten aufgezählt, die für die Festigkeitsauslegung wichtig sind (siehe auch Kap. 1 und Tabelle 1.1):

- Die Bezeichnungen „tiefe" und „hohe" Temperaturen sind relativ und beziehen sich immer auf den Schmelzpunkt des jeweiligen Werkstoffes. Unter hohen Temperaturen versteht man bei metallischen Werkstoffen solche oberhalb *etwa* 40 % der *absoluten* Schmelztemperatur T_S. Ab dieser relativen Temperatur sind bestimmte, für die Festigkeit und Verformung relevante Vorgänge in den Werkstoffen nicht mehr „eingefroren". *Für Stähle liegt die 0,4 T_S-Temperatur bei ca. 450 °C, für Aluminium bei rund 100 °C* (rückgerechnet auf die gewohnten Celsius-Grade). Es handelt sich um einen fließenden Übergang und keineswegs um eine scharfe Grenze.

- Bei hohen Temperaturen ist die *mechanische Lebensdauer der Bauteile in jedem Fall endlich*, sowohl unter statischer (ruhender) Belastung als auch unter zyklischer. Unter *allen* Spannungen tritt früher oder später Bruch ein, abhängig von der Temperatur und der Höhe der Spannung.

- In die Festigkeitskennwerte muss eine Zeitangabe einfließen. Je länger die geforderte Einsatzdauer sein soll, umso geringer kann verständlicherweise die Belastung bei gegebener Temperatur sein. Die Streck- oder 0,2 %-Dehngrenze verlieren für Festigkeitsberechnungen bei hohen Temperaturen ihre Bedeutung.

Bild 15.1 zeigt als Beispiel ein Flugtriebwerk, in welchem aufgrund der Verbrennung die Komponenten im heißen Teil, besonders die Turbinenbeschaufelung und die Brennkammer, sehr hohen Temperaturen von bis zu rund 1000 °C, stellenweise sogar darüber, ausgesetzt sind.

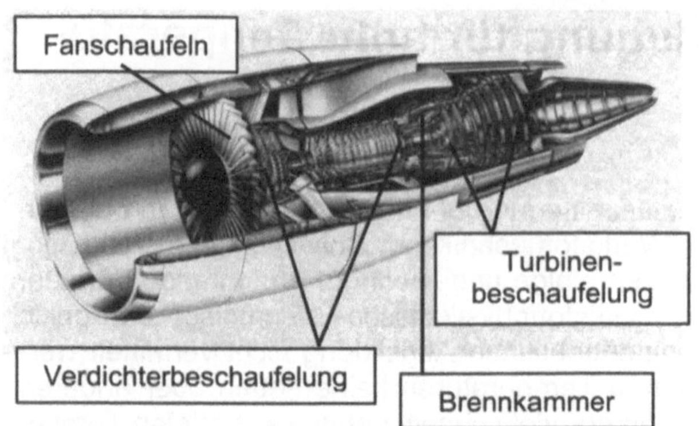

Bild 15.1

Mantelstrom-Triebwerk *CF6-80C2* als Beispiel für eine Maschine mit thermisch-mechanisch extrem belasteten Bauteilen

Schub: bis zu 282 kN; Flugzeugtypen: *A300, A310, B-747, B-767, MD11*

Unter zeitlich konstanter Belastung spricht man bei hohen Temperaturen von *Zeitstandbeanspruchung*. Dem Zeitstandverhalten liegt das *Kriechen* des Werkstoffes zugrunde. Darunter wird ein zeitlich fortschreitender Verformungsprozess unter Anliegen einer Spannung verstanden. Während bei tiefen Temperaturen die Werkstoffe unterhalb einer bestimmten Spannung – der Streckgrenze – imstande sind, die Belastung praktisch rein elastisch zu ertragen, verlieren sie diese Fähigkeit bei hohen Temperaturen: Egal wie niedrig die Spannung ist, kommt es zu bleibender Verformung durch Kriechen.

Während bei tiefen Temperaturen weitere Verformung nur durch Erhöhen der Spannung möglich ist, kommt bei hohen Temperaturen ständig fortschreitende Kriechverformung bei gleich bleibender Belastung zustande. Kriechen tritt bei allen Spannungen auf und führt – wie oben erwähnt – zum Bruch, auch bei Spannungen unterhalb der Streckgrenze. **Tabelle 15.1** stellt die wesentlichen Merkmale der Vorgänge unter ruhender Belastung bei tiefen und hohen Temperaturen gegenüber. Um einem in der maschinenbaulichen Literatur manchmal anzutreffenden Irrtum vorzubeugen, sei angemerkt, dass die aufgezählten Phänomene bei hohen Temperaturen nichts mit Rekristallisation (Kornneubildung) zu tun haben. Rekristallisieren dürfen Bauteile *im Betrieb nicht*.

Bild 15.2 zeigt eine typische Kriechkurve, wie man sie bei hoher Temperatur in einem Kriechversuch nach DIN 50 118 misst, indem man eine Probe bei *konstanter* Spannung prüft (zu DIN 50118 siehe Anmerkung unter „Zeichen und Einheiten"). Die Kriechgeschwindigkeit $\dot{\varepsilon}$, d.h. der Verformungsbetrag pro Zeit, der identisch ist mit der Steigung der Kriechkurve, ändert sich entlang der Kurve. Im sekundären (stationären) Abschnitt ist sie minimal und bleibt über einen gewissen Dehnbetrag etwa konstant. Die Kriechgeschwindigkeit hängt sowohl stark von der *Spannung* als auch von der *Temperatur* ab. Die sekundäre Kriechgeschwindigkeit folgt der Spannung nach einer Potenzfunktion mit $\dot{\varepsilon} \sim \sigma^n$ ($n \approx 5$ für viele metallische Werkstoffe) und der Temperatur nach einer e-Funktion mit $\dot{\varepsilon} \sim e^{-C/T}$ (C: Werkstoffkonstante).

Für die Festigkeitsauslegung sind zwei Kennwerte im Kriechbereich bedeutend: die *Zeitstandfestigkeit* und die *Zeitdehngrenze*. Diese Werte sind nach DIN 50 118 wie folgt zu bezeichnen und zu interpretieren:

$R_{m\,t/\vartheta}$	Die *Zeitstandfestigkeit* ist diejenige Spannung, die bei der Temperatur ϑ (in °C) nach der Zeit t (in h) zum *Bruch* führt.

$R_{p\,\varepsilon/t/\vartheta}$	Die *Zeitdehngrenze* ist diejenige Spannung, die bei der Temperatur ϑ (in °C) nach der Zeit t (in h) zu einer *bleibenden Dehnung* ε (in %) führt.

Tabelle 15.1 Gegenüberstellung der Merkmale ruhender Belastung bei tiefen und bei hohen Temperaturen

Temperaturen < ca. $0{,}4\,T_S$	Temperaturen > ca. $0{,}4\,T_S$
Plastische Verformung findet nur oberhalb einer Mindestspannung (= Fließgrenze) statt.	Kriechverformung ist bei allen Spannungen möglich. Eine rein elastisch ertragene Belastung gibt es nicht.
Der Verformungsbetrag bei konstanter Spannung stellt sich praktisch spontan und zeit*un*abhängig ein.	Der Verformungsbetrag stellt sich zeitabhängig ein. Er schreitet mit der Zeit immer weiter voran.
Weitere Verformung ist nur bei Spannungssteigerung möglich.	Bei konstanter Spannung findet stetige Kriechverformung statt.
Die Festigkeitskennwerte sind zeit*un*abhängig (Streck-/Dehngrenze, Zugfestigkeit).	Die Festigkeitskennwerte sind zeitabhängig (Zeitdehngrenze, Zeitstandfestigkeit).
Bruch tritt nur bei Überschreiten der Bruchfestigkeit, im Zugversuch gleich der Zugfestigkeit, ein.	Zum Bruch kommt es zeitabhängig in jedem Fall. Die Auslegung erfolgt oft für 10^5 h ($\approx$ 11,4 Jahre) oder mehr.

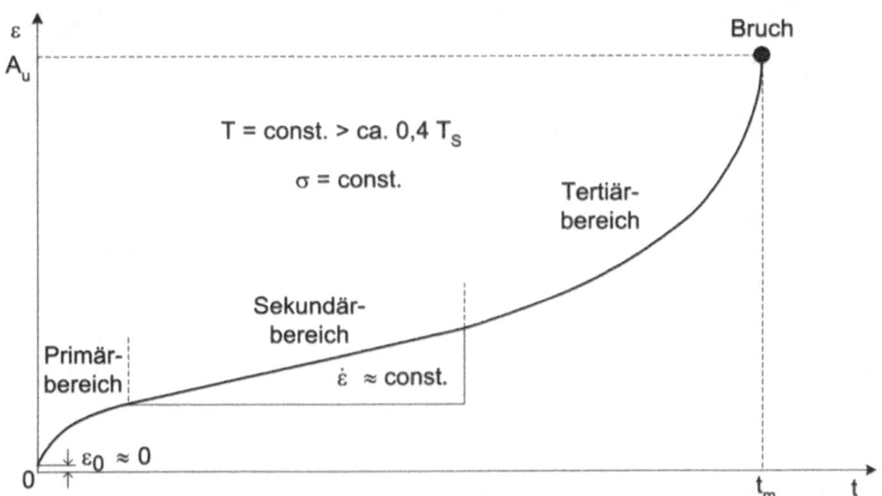

Bild 15.2 Kriechkurve (schematisch)

Im sekundären Kriechbereich ist die Kriechgeschwindigkeit etwa konstant. Der tatsächliche Verlauf hängt stark vom Werkstoff, der Spannung und der Temperatur ab. Die Anfangsdehnung ε_0 setzt sich aus der elastischen Dehnung σ/E und einer eventuellen plastischen Anfangsdehnung zusammen. Bei technisch relevanten Spannungen ist $\varepsilon_0 \approx 0$.

Die Bezeichnungen lehnen sich an die bekannten Werte R_m und $R_{p\,0,2}$ im Zugversuch an, beinhalten aber zusätzlich die Zeit- und Temperaturangabe. Da Zeitstandversuche üblicherweise bei konstanter *Zugkraft* gefahren werden, bedeuten die Zeitstandfestigkeit und die Zeitdehngrenze *Anfangs*spannungen, denn die wahre Spannung steigt mit der Dehnung an. Die Zeit*stand*festigkeit ist selbstverständlich ein völlig anderer Wert als die Zeit*schwing*festigkeit (Kap. 14), weshalb das Infix „-schwing" stets verwendet werden sollte, um Verwechselungen sicher auszuschließen. Bei der Zeitdehngrenze beträgt ein typischer Dehngrenzwert 1%, d.h. bis zu diesem Wert wird die Kriechdehnung am Bauteil zugelassen (eine Begrenzung auf nur 0,2 % beim Kriechen ist selten; mit der aus völlig anderen Gründen definierten 0,2 %-Dehngrenze im Zugversuch hat die Zeitdehngrenze nichts zu tun).

Die Zeitstandfestigkeit benutzt man für die Auslegung, wenn es sich um kriechspröde Werkstoffe handelt oder wenn die Kriechverformung nicht begrenzt ist. In den anderen Fällen legt man nach der Zeitdehngrenze aus (siehe auch Tabelle 1.1). **Bild 15.3** gibt schematisch ein Zeitstanddiagramm wieder, aus welchem die Zeitstandfestigkeiten abgelesen werden können. Die Zeitdehnlinien

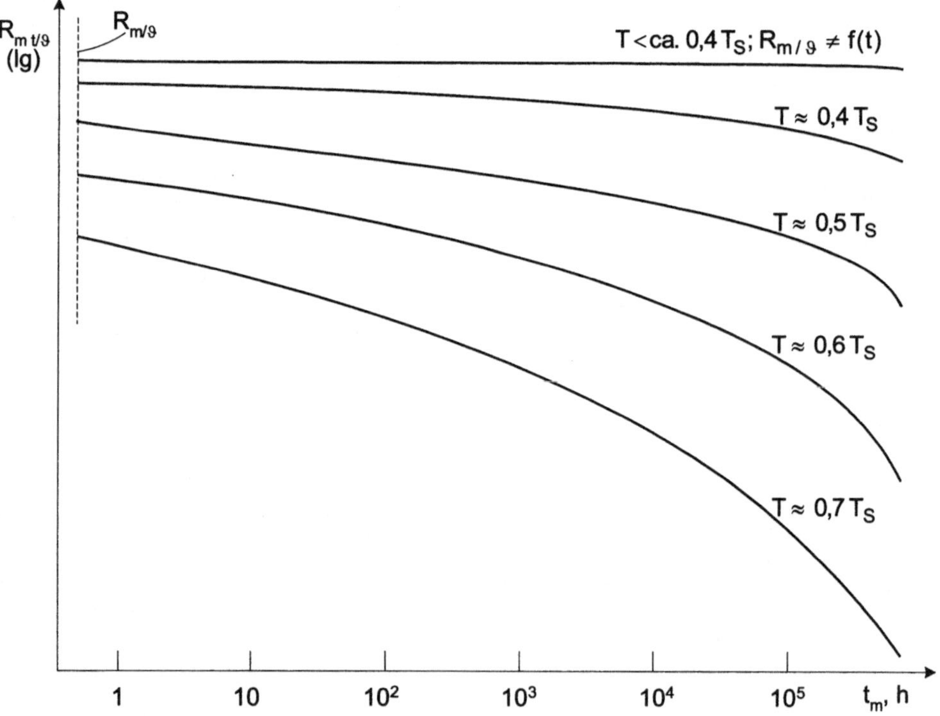

Bild 15.3 Zeitstanddiagramm (doppelt-logarithmisch)
Die eingezeichneten Zeitbruchlinienverläufe sind schematisch; die relativen Temperaturangaben sind sehr grobe Anhaltswerte, um den starken Einfluss der Temperatur zu verdeutlichen (Spannungsachse ist auch logarithmisch geteilt!). Bei ca. 0,5 h trägt man die Zugfestigkeiten $R_{m/\vartheta}$ ein. 10^5 h $\approx$ 11,4 Jahre

sind der Übersicht halber nicht mit angegeben; sie liegen unterhalb der Zeitstandlinie – je nach Dehnbetrag und Zeitbruchdehnung. Die Daten eines Zeitstanddiagramms resultieren aus einer großen Vielzahl von Kriechversuchen bei verschiedenen Spannungen und Temperaturen.

Im Festigkeitsschaubild, **Bild 15.4**, sind die Verläufe der Festigkeitskennwerte aus Zugversuchen sowie aus Zeitstandversuchen in Abhängigkeit von der Temperatur dargestellt. Ein Beispiel, welches für einen hochwarmfesten martensitischen 12 % Cr-Stahl in etwa zutrifft, könnte wie folgt lauten:
R_m = 850 MPa; $R_{p\,0,2}$ = 700 MPa; $R_{m/500}$ = 500 MPa; $R_{p\,0,2/500}$ = 380 MPa; $R_{m\,100.000/500}$ = 200 MPa und $R_{p\,1/100.000/500}$ = 120 MPa.

Zum besseren Verständnis trage man diese Daten schematisch in ein Diagramm gemäß Bild 15.4 ein und mache sich die Bedeutung dieser Werte bewusst. Ähnlich wie bei der Streckgrenze und Zugfestigkeit (Kap. 4.5) benutzt man Sicherheitsbeiwerte für die Zeitdehngrenze und Zeitstandfestigkeit, die aber nicht pauschal angegeben werden können. Für sicherheitsrelevante Bauteile sind sie in Regelwerken vorgeschrieben, ansonsten firmenintern festgelegt.

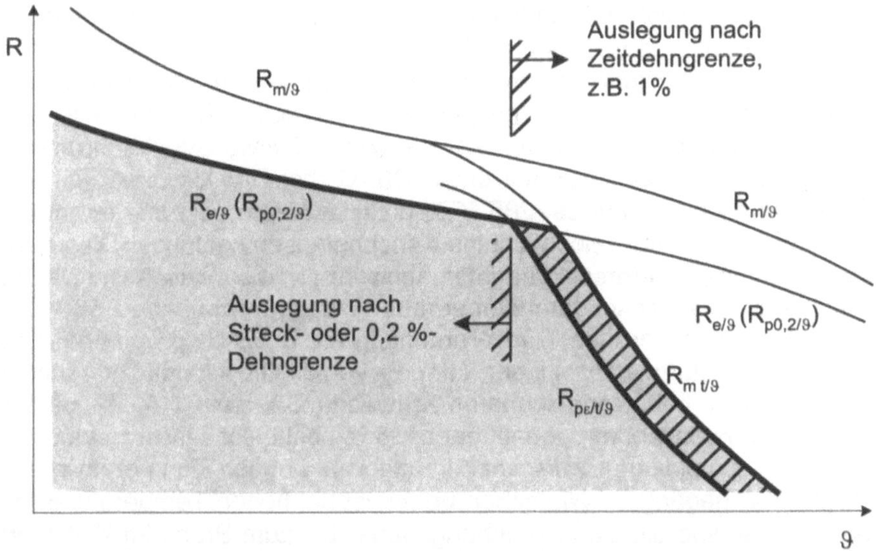

Bild 15.4 Schematisches Festigkeitsschaubild für tiefe und hohe Temperaturen mit Angabe des ungefähren Übergangs in der Festigkeitsauslegung von der Streckgrenze (oder 0,2 %-Dehngrenze) zur Zeitdehngrenze bei duktilen Werkstoffen
Der technisch nutzbare Spannungsbereich ist grau hinterlegt; bei Auslegung nach Zeitstandfestigkeit ist der zusätzlich nutzbare Bereich schraffiert.

Ebenso wie bei tiefen Temperaturen die Festigkeitskennwerte R_e oder $R_{p\,0,2}$ sowie R_m im *einaxialen* Zugversuch gewonnen werden, liegen für hohe Temperaturen generell die Zeitdehngrenzen und Zeitstandfestigkeiten aus Kriechversuchen mit einem linearen Spannungszustand vor. Für Kriechen unter einem *mehrachsigen Spannungszustand* liefert die Berechnung einer Vergleichsspannung nach der Gestaltänderungsenergiehypothese (GEH) oft eine gute Übereinstimmung mit Experimenten. Eine Kombination der von Mises- mit der Normalspannungshypothese ist treffender, wenn für das Zeitstandversagen die maximale Hauptnormalspannung σ_1 maßgebend ist. Es gibt aber auch Regelwerke, welche die Verwendung der Schubspannungshypothese vorschreiben, wie beispielsweise die Wanddickenberechnung von Rohrleitungen unter innerem Überdruck gemäß der Arbeitsgemeinschaft Druckbehälter (AD-Merkblatt B1). Unter Zeitstandbelastung gilt für die Festigkeitsauslegung analog zu tiefen Temperaturen (Kap. 4.5):

$$\sigma_V \leq \sigma_{zul} = \frac{R_{p\varepsilon/t/\vartheta}}{S_F} \quad \text{oder} \quad \sigma_V \leq \sigma_{zul} = \frac{R_{m\,t/\vartheta}}{S_B} \tag{15.1}$$

Hier bedeutet der Beiwert S_F nicht Sicherheit gegen Fließen überhaupt, denn Kriechverformung findet ja bis zum vorgegebenen Grenzwert ε (z.B. 1 %) statt, sondern Sicherheit gegen Fließen über dieses Limit hinaus.

Festigkeitsauslegungen für hohe Temperaturen erfordern aus den dargelegten Gründen eine erheblich aufwändigere Spannungs- und Verformungsanalyse sowie eine umfangreichere und damit sehr viel kostspieligere Werkstoffdatenbasis (Langzeitversuche!). Werkstoffgesetze, welche die Verformung als Funktion von Spannung, Temperatur und Zeit einigermaßen exakt beschreiben, existieren nur vereinzelt. So begrenzt man beispielsweise bei Leichtwasser-Kernreaktoren die Kühlmitteltemperatur auf maximal etwa 330 °C (bei Druckwasserreaktoren; am Turbineneintritt sind es nur ca. 285 °C) unter anderem deshalb, um mit den Werkstoffen im nuklearen Bereich nicht ins Kriechgebiet zu gelangen. Dies erforderte einen viel komplizierteren Integritätsnachweis. In konventionellen Dampfkraftwerken liegen die Frischdampftemperaturen dagegen bei rund 550 °C, in neueren Anlagen auch darüber. Der Wirkungsgrad, der sich proportional zum abgebauten Temperaturgefälle in der Turbine verhält, liegt somit um rund 10 Prozentpunkte höher bei vergleichbarer Kraftwerkgröße (etwa 45 % bei fortschrittlichen Dampfkraftwerken gegenüber ca. 35 % bei Leichtwasserreaktoren).

Auf das noch komplexere *zyklische* Verhalten bei hohen Temperaturen wird hier nicht näher eingegangen. Wie schon betont ist bei hohen Temperaturen die Zyklenzahl, ebenso wie die Beanspruchungsdauer bis zum Bruch im Zeitstandversuch, *endlich*; eine Dauerschwingfestigkeit existiert *nicht* (siehe auch Tabelle 1.1). Gleichgültig, ob die Belastung ruhend oder zyklisch ist, spielen sich im Werkstoff immer Kriechvorgänge ab, welche Schädigung in Form von Mikrorissen und irgendwann Bruch hervorrufen. Wegen der Überlagerung mehrerer, für sich einzeln nur sehr kompliziert zu beschreibender Vorgänge ist eine rechnerische Handhabung bisher kaum oder nur recht grob möglich, und man ist auf eine aufwändige versuchstechnische Simulation angewiesen.

Zur Anhebung der Wirkungsgrade in thermischen Maschinen und Anlagen ist man bestrebt, die Prozesstemperaturen zu erhöhen. Wie prinzipiell aus Bild 15.3 und 15.4 hervorgeht, verlieren die Werkstoffe jedoch mit zunehmender Temperatur stark an Festigkeit bei gleicher Betriebsdauer (exponentieller Temperatureinfluss!). Wirkungsgradverbesserungen – und damit ein Beitrag zur Umweltschonung – erfolgen u.a. durch die Entwicklung kriechfesterer Materialien, die eine höhere thermische Beanspruchung zulassen. Treibstoff sparende Flugtriebwerke, wie in Bild 15.1, sind hierfür treffende Beispiele. Auch Dampf- und Gaskraftwerke, über die in Deutschland rund 350 TWh elektrische Energie erzeugt werden (entsprechend ca. 60 % der gesamten Stromerzeugung in deutschen Kraftwerken), werden ständig mit verbesserten Werkstoffen ausgerüstet. Dadurch werden die Primärenergieträger geschont und der CO_2-Ausstoß reduziert.

Aufgaben zu Kapitel 15

15.1 Welche Bauteile kennen Sie, die bei hohen Temperaturen im werkstoffphysikalischen Sinne betrieben werden?

15.2 In welchen Fällen benutzt man für die Festigkeitsauslegung den Wert der Zeitstandfestigkeit und in welchen den der Zeitdehngrenze?

15.3 Welcher Wert liegt höher: die 1 %-Zeitdehngrenze oder die 2 %-Zeitdehngrenze bei derselben Temperatur und Zeit?

15.4 Aus welchen Daten setzt sich ein Zeitstanddiagramm zusammen und was liest man aus diesem Diagramm ab?

15.5 Machen Sie sich klar, warum in einem Festigkeitsschaubild nach Bild 15.4 die $R_{m\,t/\vartheta}$-Linie in die $R_{m/\vartheta}$-Linie einmündet, ohne diese zu schneiden. Warum kommt es demgegenüber zum Schneiden der $R_{p\,0,2/\vartheta}$-Linie mit der Linie für z.B. die 1 %-Zeitdehngrenze $R_{p\,1/t/\vartheta}$?

15.5 Für Konstrukteure sind so genannte isochrone Zeitstandlinien oder Zeitdehnlinien nützlich. Dies sind Linien gleicher Bruchzeiten oder gleicher Zeiten bis zu einem bestimmten Dehnbetrag in Abhängigkeit von der Temperatur. Beschreiben Sie, wie man zu einer solchen Darstellung gelangt auf Basis eines Zeitstanddiagramms. Skizzieren Sie ein solches Schaubild schematisch für verschieden lange Zeiten.

15.6 Am 11. Sept. 2001 schlugen bei einem barbarischen Terroranschlag zwei Flugzeuge in die Zwillingstürme des World Trade Centers in New York ein. Es handelte sich bei diesen 416 m hohen Gebäuden um eine Konstruktion aus vielen tragenden Stahlsäulen, vorwiegend im Außenbereich des quadratischen Grundrisses. Erläutern Sie festigkeitsmäßig und werkstoffkundlich, warum es nicht sofort zum Einsturz der Türme kam, sondern erst über eine Stunde nach den Einschlägen und den dadurch ausbrechenden Bränden. Der Südturm wurde etwa 10 Stockwerke tiefer getroffen als der Nordturm und kollabierte nach 62 Minuten, der Nordturm nach 103 Minuten. Geben Sie auch für diese Zeitdifferenz eine festigkeitsmäßig und werkstoffkundlich plausible Erklärung.

16 Energiemethode zur Bestimmung von Durchbiegungen und Neigungswinkeln

Zur Berechnung von Durchbiegungen und Neigungswinkeln bei Bauteilen, die durch mehrere Kräfte und Momente belastet werden, besonders bei Rohrleitungssystemen, wird die Formänderungsarbeit herangezogen. Nach dem Satz von Castigliano ist diese mit der Formänderung verknüpft. Im Folgenden wird zunächst der Begriff der Formänderungsarbeit und dann die Energiemethode zur Bestimmung der Durchbiegung nach dem Satz von Castigliano vorgestellt. Mit Hilfe dieses Verfahrens werden mehrere Beispiele von Biegebalken sowie einer Rohrleitung bei thermischer Beanspruchung berechnet.

16.1 Formänderungsarbeit

In der Physik wird unter Arbeit (Formelzeichen: W; nicht zu verwechseln mit dem Flächenwiderstandsmoment) das Produkt aus Kraft mal Weg verstanden. Trägt man den Verlauf der Kraft über dem Weg auf, so ergibt sich die Arbeit als Fläche unter der (F; s)-Kurve in einem Wegintervall s_1 bis s_2, in welchem die Arbeit geleistet wird:

$$W = \int_{s_1}^{s_2} F\,ds \qquad (16.1)$$

Ein unter mechanischer Spannung stehender Körper, der sich rein elastisch verhält, besitzt eine Verzerrungsenergie U_e, die von der Höhe der Spannung sowie vom E-Modul abhängt und außerdem proportional zum Volumen des Körpers ist. Diese elastische Verzerrungsenergie U_e stellt einen mechanischen Anteil der gesamten inneren Energie U dar. Bei der Verformung wird Formänderungsarbeit verrichtet, die gleich der Verzerrungsenergie ist, um welche die innere Energie des Werkstoffes erhöht wird. Sie entspricht der Fläche unter der *Kraft/Verlängerung-Kurve*, **Bild 16.1 a)**.

Für Zugbelastung ergibt sich nach dem Hooke'schen Gesetz:

$$W = U_e = \int_0^{L_1-L_0} F\,d(\Delta L) = \frac{F_1}{L_1-L_0} \int_0^{L_1-L_0} \Delta L\,d(\Delta L) = \frac{F_1}{L_1-L_0} \cdot \frac{\Delta L^2}{2}\bigg|_0^{L_1-L_0}$$

$$= \frac{F_1(L_1-L_0)}{2} = \frac{F_1 \cdot L_0 \cdot \varepsilon}{2} = \frac{F_1 \cdot L_0 \cdot \sigma}{2\,E} = \frac{\sigma^2 \cdot S_0 \cdot L_0}{2\,E} = \frac{\sigma^2 \cdot V_0}{2\,E} \qquad (16.2)$$

Als *spezifische* Formänderungsarbeit w wird die auf das Volumen bezogene Formänderungsarbeit definiert:

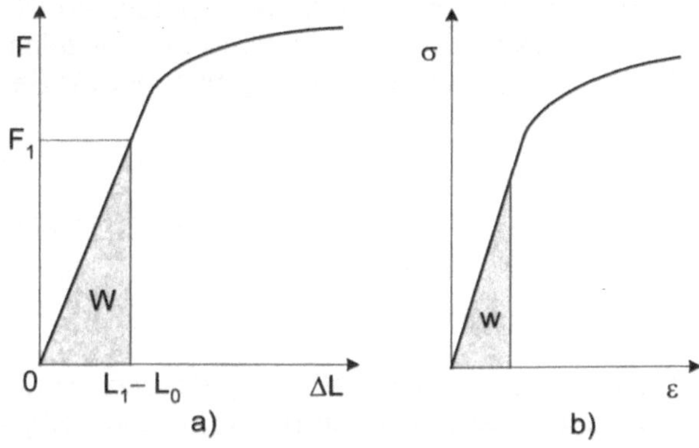

Bild 16.1 Formänderungsarbeit bei Zugbelastung im rein elastischen Bereich
a) Formänderungsarbeit W im elastischen Bereich des Kraft/Verlängerung-Diagramms
b) Spezifische Formänderungsarbeit im Spannung/Dehnung-Diagramm

$$w = \frac{W}{V_0} = \frac{\sigma^2}{2E} = \frac{\sigma\,\varepsilon}{2} \qquad\qquad (16.3)$$

Die spezifische Formänderungsarbeit ergibt sich folglich als Fläche unter der *Spannung/Dehnung-Kurve*, **Bild 16.1 b)**. Im Fall der Scherung oder Torsion gilt analog:

$$w = \frac{W}{V_0} = \frac{\tau^2}{2G} = \frac{\tau\,\gamma}{2} \qquad\qquad (16.4)$$

Für die Biegung wird zunächst exemplarisch der Fall eines einseitig eingespannten Balkens mit Endlast betrachtet, wie er in Kap. 10.2 (Bild 10.7) bereits behandelt wurde, **Bild 16.2**. Als Weg ist hier die Verschiebung *am Lastangriffspunkt*, d.h. die Durchbiegung f an dieser Stelle einzusetzen. Sollte die Kraft F nicht am Ende, sondern an irgendeinem Punkt des Balkens angreifen, so wird das überstehende Ende geradlinig nach rechts unten zeigen (= Tangente an die Biegelinie im Lastangriffspunkt). Die *maximale* Durchbiegung wäre dann größer als die am Lastangriffspunkt, jedoch wird im unbelasteten Abschnitt keine Formänderungsarbeit geleistet.

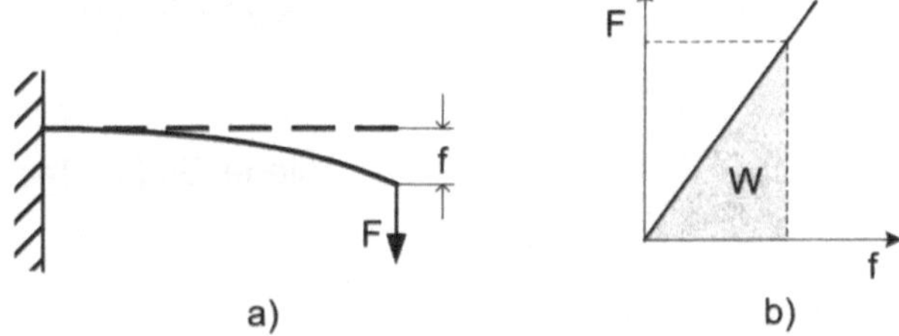

Bild 16.2 Einseitig eingespannter Balken mit Endlast F
a) Prinzipskizze mit Enddurchbiegung f
b) Kraft/Durchbiegung-Diagramm mit Formänderungsarbeit W

Im Folgenden wird in Übereinstimmung mit den meisten deutschsprachigen Büchern und Formelsammlungen der Absolutwert der Durchbiegung als f bezeichnet. Gemäß Gl. (10.25) beträgt die Durchbiegung am Lastangriffspunkt für das Beispiel in Bild 16.2:

$$ f = \underbrace{\frac{L^3}{3\,E\,I}}_{=\,\text{const.}} F \qquad\qquad \text{siehe Gl. (10.25)} $$

Die Durchbiegung steigt linear mit der Kraft an, so wie es im Zugversuch mit der Verlängerung auch der Fall ist. Die Formänderungsarbeit beträgt folglich allgemein im Hooke'schen Bereich:

$$ W = \frac{F\,f}{2} \qquad\qquad (16.5) $$

Diese Gleichung lässt sich lediglich benutzen, wenn nur eine einzige Kraft angreift. Im gezeigten Beispiel (und nur für dieses gilt die nachfolgende Formel) errechnet sich die Formänderungsarbeit demnach zu:

$$ W = \frac{F^2\,L^3}{6\,E\,I} \qquad\qquad (16.6) $$

Hier ist die Formänderungsarbeit W aus der bereits bestimmten Durchbiegung f berechnet worden. Für das weitere Vorgehen, bei dem mehrere Kräfte und/oder Momente angreifen sollen, ist es erforderlich, für W eine allgemeine Formulierung in Abhängigkeit vom Momentenverlauf über der gesamten Balkenlänge zu finden.

Dazu wird gemäß **Bild 16.3 a)** ein infinitesimales Element aus einem Balken betrachtet, an dessen Stelle das Biegemoment $M_{bx}(z)$ herrscht. Das Element wird gebogen und der zugehörige Öffnungswinkel beträgt $d\varphi$ mit dem Kreisradius R, wie in Bild 10.4 bereits dargestellt. Die Gln. (10.7) und (10.14) liefern die Beziehung zwischen dem Öffnungswinkel und dem Biegemoment:

$$ d\varphi = \frac{dz}{R} \qquad\qquad \text{siehe Gl. (10.7)} $$

und

$$ R = \frac{E\,I_x}{M_{bx}} \qquad\qquad \text{siehe Gl. (10.14)} $$

Daraus:

$$ d\varphi = \frac{M_{bx}(z)\,dz}{E\,I_x} \qquad\qquad (16.7) $$

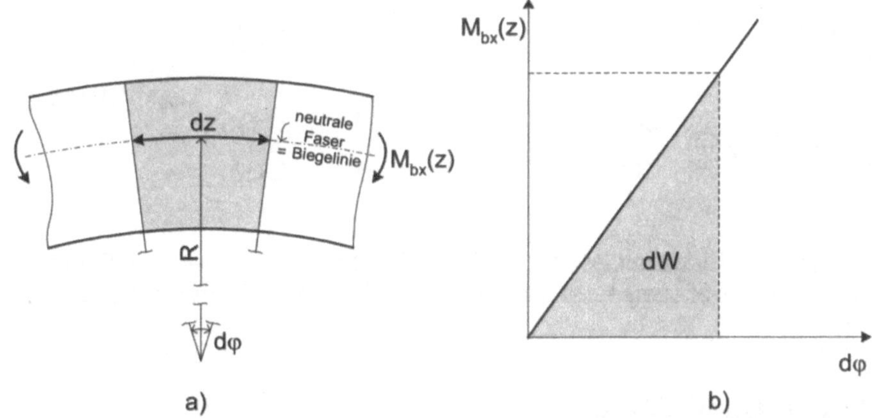

Bild 16.3 Zur Herleitung der Formänderungsarbeit bei der Biegung
a) Infinitesimales Balkenelement dz, zugehöriger Kreissektor mit Öffnungswinkel dφ und Krümmungsradius R
b) Moment/Öffnungswinkel-Diagramm mit der Formänderungsarbeit W

Der Öffnungswinkel steigt linear mit dem Biegemoment an, was in **Bild 16.3 b)** dargestellt ist. Die Fläche unter der Kurve entspricht der Formänderungsarbeit analog zu Gl. (16.5). Zusammen mit Gl. (16.7) erhält man:

$$dW = \frac{M_{bx}(z)\, d\varphi}{2} = \frac{[M_{bx}(z)]^2\, dz}{2\,E\,I_x} \qquad (16.8\ a)$$

Die Formänderungsarbeit muss über die gesamte Balkenlänge vom Anfangspunkt A bis zum Endpunkt B integriert werden, um auf die insgesamt geleistete Arbeit zu gelangen:

$$W = \frac{1}{2\,E\,I_x} \int_A^B [M_{bx}(z)]^2\, dz \qquad (16.8\ b)$$

Die Integrationsgrenzen sind allgemein von A nach B gesetzt worden. Dies ist der *gesamte* Abschnitt, in welchem Formänderungsarbeit geleistet wird. Ändert sich die Momentengleichung entlang der Balkenachse, was bei Belastung durch mehrere Kräfte und/oder Momente der Fall ist, so muss auch in mehreren Teilabschnitten integriert und dann die Summe der einzelnen Formänderungsarbeiten gebildet werden. Wendet man Gl. 16.8 b) auf den einfachen Fall nach Bild 10.7 oder Bild 16.2 an, so erhält man mit Gl. (10.22) für den Momentenverlauf $M_{bx}(z) = - F(L - z)$:

$$W = \frac{1}{2\,E\,I} \int_0^L [-F(L-z)]^2 \, dz = \frac{1}{2\,E\,I} \int_0^L \left[F^2 L^2 - 2F^2 Lz + F^2 z^2 \right] dz$$

$$= \frac{F^2}{2\,E\,I} \left(L^2 z \Big|_0^L - L z^2 \Big|_0^L + \frac{z^3}{3} \Big|_0^L \right) = \frac{F^2}{2\,E\,I} \left(L^3 - L^3 + \frac{L^3}{3} \right) = \frac{F^2 L^3}{6\,E\,I} \qquad \text{siehe Gl. (16.6)}$$

Das Ergebnis ist identisch mit dem nach Gl. (16.6). Da das Moment zum Quadrat eingeht, kommt sinnvollerweise stets ein positiver Wert für die Formänderungsarbeit heraus.

16.2 Satz von Castigliano

Die bisher vorgestellte Berechnung der Durchbiegung beschränkt sich auf Fälle, bei denen nur *eine* Last angreift. Wirken jedoch mehrere Kräfte und/oder Momente, so gestaltet sich die Durchbiegungsberechnung durch Lösen der Differenzialgleichung, wie in Kap. 10.2 vorgestellt, sehr aufwändig. Nach dem Satz von Castigliano ist der Rechenaufwand zwar auch hoch, wird jedoch vergleichsweise immer geringer, je mehr Kräfte und Momente zu berücksichtigen sind.

Nach dem Satz von Castigliano ist die Durchbiegung f_i an einer beliebigen Stelle i gleich der Ableitung der Formänderungsarbeit W nach der bei i angreifenden Kraft F_i. Mit Gl. (16.8 b) ergibt sich:

$$f_i = \frac{\partial W}{\partial F_i} = \frac{1}{E\,I} \cdot \frac{\partial}{\partial F_i} \int_A^B \frac{M^2}{2} \, dz \qquad\qquad (16.9)$$

(Im Folgenden wird anstelle der umständlichen Schreibweise $M_{bx}(z)$ stets kurz M geschrieben, ebenso bei I_x). Es handelt sich um eine partielle Ableitung, weil W von mehreren Kräften abhängt. Wendet man diesen Ansatz für den einfachen Fall nach Bild 10.7 oder Bild 16.2 an, so ergibt die Ableitung von Gl. (16.8 b) mit $M = - F(L - z)$ nach der (in diesem Fall einzigen) Kraft F:

$$\frac{\partial W}{\partial F_i} = \frac{1}{E\,I} \cdot \frac{\partial}{\partial F} \int_0^L \frac{F^2 (L-z)^2}{2} \, dz = \frac{1}{2\,E\,I} \cdot \frac{\partial}{\partial F} \int_0^L (F^2 L^2 - 2F^2 Lz + F^2 z^2) \, dz$$

$$\frac{\partial W}{\partial F_i} = \frac{1}{2\,E\,I} \cdot \frac{\partial}{\partial F} \left(\frac{F^2 L^3}{3} \right) = \frac{1}{2EI} \cdot \frac{2F L^3}{3} = \frac{F L^3}{3\,E\,I} = f \qquad \text{siehe Gl. (10.25)}$$

Es kommt in der Tat die auf anderem Wege errechnete Durchbiegung nach Gl. (10.25) heraus. Aufgrund des Quadrates von M in Gl. (16.9) spielt das Vorzeichen keine Rolle.

Auf die Herleitung des Satzes von Castigliano für den allgemeinen Fall mit mehreren angreifenden Lasten wird hier verzichtet (siehe dazu z.B.: *J.M. Gere, S.P. Timoshenko, Mechanics of Materials, PWS Publ. Comp., Boston, 4. Aufl., 1997, 646 ff.*).

Für den Neigungswinkel φ_i infolge eines an der Stelle i angreifenden Momentes M_i gilt analog zu Gl. (16.9):

$$\varphi_i = \frac{\partial W}{\partial M_i} = \frac{1}{E\,I} \cdot \frac{\partial}{\partial M_i} \int_A^B \frac{M^2}{2}\, dz \tag{16.10}$$

Wenn nun gemäß der Gln. (16.9) und (16.10) differenziert wird, so müsste die gesamte Gleichung für das Moment zum Quadrat eingesetzt und dann (meist sehr aufwändig) integriert werden. Dies lässt sich vereinfachen, indem man direkt den Integranden $M^2/2$ nach der Kraft (für f) bzw. dem Moment (für φ) differenziert. Hierbei ist die Kettenregel anzuwenden, weil der Integrand allgemein in folgender Weise als Funktion g(M) geschrieben werden kann, wobei das Moment M wiederum von der Kraft F abhängt:

$$g\left[M(F)\right] = \frac{M(F)^2}{2}$$

Dessen Ableitung nach F ist:

$$\frac{\partial\, g[M(F)]}{\partial F} = \frac{2\,M}{2} \cdot \frac{\partial M}{\partial F} = M\,\frac{\partial M}{\partial F}$$

Es ergeben sich damit die so genannten modifizierten Sätze von Castigliano:

$$f_i = \frac{\partial W}{\partial F_i} = \frac{1}{E\,I} \cdot \frac{\partial}{\partial F_i} \int_A^B \frac{M^2}{2}\, dz = \frac{1}{E\,I} \int_A^B M \cdot \frac{\partial M}{\partial F_i}\, dz \tag{16.11}$$

und

$$\varphi_i = \frac{\partial W}{\partial M_i} = \frac{1}{E\,I} \cdot \frac{\partial}{\partial M_i} \int_A^B \frac{M^2}{2}\, dz = \frac{1}{E\,I} \int_A^B M \cdot \frac{\partial M}{\partial M_i}\, dz \tag{16.12}$$

Die Momentengleichungen müssen bekannt sein, und es können dann die Durchbiegungen oder Neigungswinkel bei gegebenen Kräften und/oder Momenten berechnet werden. Umgekehrt kann auch bei bekannten (gemessenen) Formänderungen auf die Kräfte und Momente geschlossen werden. Man beachte, dass zur Berechnung von f und φ an der Stelle i die Ableitungen *aller* Momentengleichungen entlang des Balkens oder Balkensystems – also von A nach B – nach der an der Stelle i wirkenden Kraft F_i bzw. des Momentes M_i zu bilden und die Integrale für *sämtliche* Balkenabschnitte zu addieren sind. Der Rechengang für eine andere Stelle – sei sie j genannt – unterscheidet sich gegenüber der für die Stelle i dadurch, dass F_j bzw. M_j anders ist und damit die partiellen Ableitungen andere sind. Es ist in jedem Fall dieselbe Anzahl von Integralen zu bilden und zu addieren. Dieses etwas komplizierte Vorgehen wird am besten anhand von Beispielen veranschaulicht.

Als erstes Beispiel wird der Biegebalken aus Aufgabe 9.1 betrachtet, **Bild 16.4**. Die Schnittmomente in den drei Abschnitten werden M_1, M_2 und M_3 genannt. Für sie erhält man nach dem in Kap. 9 beschriebenen Vorgehen folgende Gleichungen (siehe Lösung zu Aufgabe 9.1):

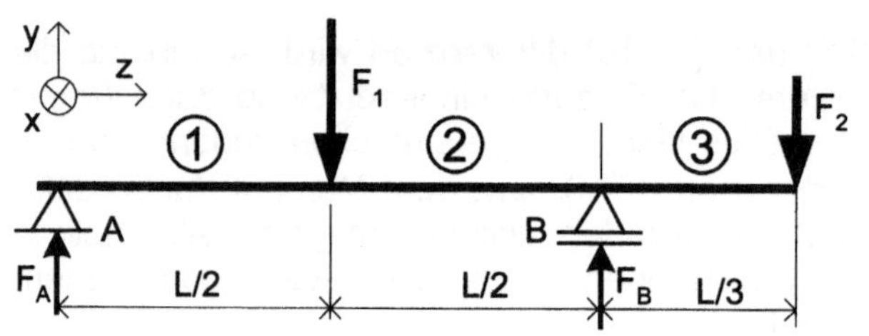

Bild 16.4

Biegebalken als Beispiel zur Durchbiegungsberechnung nach dem Satz von Castigliano

$$M_1 = \frac{F_1\,z}{2} - \frac{F_2\,z}{3} \qquad\qquad (16.13\ a)$$

$$M_2 = \frac{F_1\,L}{2} - \frac{F_1\,z}{2} - \frac{F_2\,z}{3} \qquad\qquad (16.13\ b)$$

$$M_3 = F_2\,z - \frac{4\,F_2\,L}{3} \qquad\qquad (16.13\ c)$$

Nun wird berechnet, wie groß beispielsweise die Durchbiegung an der Stelle L/2 ist: $f_{L/2}$. Da an dieser Stelle die Kraft F_1 angreift, müssen gemäß Gl. (16.11) die Ableitungen der Momentengleichungen (16.13) nach F_1 gebildet werden. Sie betragen:

$$\frac{\partial M_1}{\partial F_1} = \frac{z}{2}\,; \qquad \frac{\partial M_2}{\partial F_1} = \frac{L}{2} - \frac{z}{2}\,; \qquad \frac{\partial M_3}{\partial F_1} = 0$$

Für die Durchbiegung $f_{L/2}$ ergibt sich nun in Gl. (16.11) eingesetzt der Ausdruck:

$$f_{L/2} = \frac{1}{E\,I}\left[\int_0^{L/2} M_1\,\frac{\partial M_1}{\partial F_1}\,dz + \int_{L/2}^{L} M_2\,\frac{\partial M_2}{\partial F_1}\,dz + \int_{L}^{4L/3} M_3\,\frac{\partial M_3}{\partial F_1}\,dz\right] \qquad (16.14\ a)$$

Die Integrationsgrenzen folgen aus den Gültigkeitsbereichen der Einzelmomente. Man setzt nun die Momentengleichungen und die Ableitungen ein:

$$f_{L/2} = \frac{1}{E\,I}\left[\int_0^{L/2}\left(\frac{F_1\,z^2}{4} - \frac{F_2\,z^2}{6}\right)dz\right.$$

$$\left. + \int_{L/2}^{L}\left(\frac{F_1 L^2}{4} - \frac{F_1 L z}{2} + \frac{F_1\,z^2}{4} - \frac{F_2 L z}{6} + \frac{F_2\,z^2}{6}\right)dz\right] \qquad (16.14\ b)$$

Das dritte Integral verschwindet zu null. Der nächste Schritt besteht darin, die Integrale zu lösen (was „per Hand" etwas mühsam ist; hierfür bietet sich ein Rechenprogramm an, z.B. „*MuPAD*"):

$$f_{L/2} = \frac{1}{E\,I}\left(\left.\frac{F_1\,z^3}{12}\right|_0^{L/2} - \left.\frac{F_2\,z^3}{18}\right|_0^{L/2} + \left.\frac{F_1 L^2 z}{4}\right|_{L/2}^{L} - \left.\frac{F_1 L z^2}{4}\right|_{L/2}^{L}\right.$$

$$\left. + \left.\frac{F_1\,z^3}{12}\right|_{L/2}^{L} - \left.\frac{F_2 L z^2}{12}\right|_{L/2}^{L} + \left.\frac{F_2\,z^3}{18}\right|_{L/2}^{L}\right) \qquad (16.14\ c)$$

$$f_{L/2} = \frac{1}{E\,I}\left(\frac{F_1 L^3}{96} - \frac{F_2 L^3}{144} + \frac{F_1 L^3}{4} - \frac{F_1 L^3}{8} - \frac{F_1 L^3}{4} + \frac{F_1 L^3}{16}\right.$$

$$\left. + \frac{F_1 L^3}{12} - \frac{F_1 L^3}{96} - \frac{F_2 L^3}{12} + \frac{F_2 L^3}{48} + \frac{F_2 L^3}{18} - \frac{F_2 L^3}{144}\right) \qquad (16.14\ d)$$

Die Zusammenfassung der Terme ergibt für die Durchbiegung $f_{L/2}$:

$$f_{L/2} = \frac{L^3(F_1 - F_2)}{48\,E\,I} \qquad (16.14\ e)$$

Will man beispielsweise die Durchbiegung an der Stelle 4/3 L, d.h. am Balkenende, berechnen, müssten die Ableitungen der Momentengleichungen nach F_2 eingesetzt werden; der übrige Rechengang wäre analog (siehe Aufgabe 16.2).

Den Neigungswinkel φ_i kann man für das gewählte Beispiel nicht ohne weitere Annahmen ermitteln. Man müsste nach Gl. (16.12) für die interessierende Stelle i ein Moment M_i einsetzen, welches aber an dem Balken nach Bild 16.4 nirgends angreift. Wie man in solchen Fällen verfährt, in denen an einer zu berechnenden Stelle keine äußere Kraft oder kein äußeres Moment wirkt, wird in Kap. 16.3 erläutert. Auf die Berechnung des Neigungswinkels wird am Ende jenes Kapitels dann noch einmal eingegangen.

16.3 Prinzip der virtuellen Kräfte und Momente

In Kap. 9/Bild 9.3 sowie in Aufgabe 10.4 und 10.5 wird die Vierpunktbiegung behandelt, welche in der Werkstoffprüfung eine Rolle spielt und bei einigen Belastungsfällen vorkommen kann, z.B. den Achsen von Eisenbahnwaggons (Bild 14.1 und 14.2). Die Durchbiegung eines Balkens bei Vierpunktbiegung soll in Aufgabe 10.4 mit Hilfe der Differenzialgleichung für die Biegelinie bestimmt werden. Im Folgenden wird alternativ zu diesem Rechenverfahren die Durchbiegung über den Satz von Castigliano berechnet. Dieses Beispiel wird gewählt, um das *Prinzip der virtuellen Kräfte* vorzustellen.

Wenn die maximale Durchbiegung, die in der Mitte des Balkens auftritt, bestimmt werden soll, besteht die prinzipielle Schwierigkeit darin, dass an dieser Stelle gar keine Kraft angreift. Somit kann nach den bisherigen Ausführungen zum Satz von Castigliano an dieser Stelle auch nicht die Ableitung der Formänderungsarbeit nach der dort wirkenden Kraft gebildet werden. Man bedient sich zur Lösung eines Tricks: An der betreffenden Stelle wird eine virtuelle, d.h. scheinbare (fiktive) Kraft eingeführt. Selbstverständlich ändern sich dadurch die Formeln für den Momentenverlauf. Man erhält dann eine Gleichung für die Durchbiegung und setzt darin die virtuelle Kraft wieder zu null.

In **Bild 16.5** ist das freigeschnittene System mit der virtuellen Kraft Q dargestellt. Es treten nun *vier* (vorher drei) zu unterscheidende Balkenabschnitte auf, für die eine Momentengleichung aufgestellt werden muss:

$$M_1 = F\,z + \frac{Q\,z}{2} \qquad\qquad\qquad (16.15\ a)$$

$$M_2 = F\,a + \frac{Q\,z}{2} \qquad\qquad\qquad (16.15\ b)$$

$$M_3 = F\,a + Q\left(a + \frac{b}{2}\right) - \frac{Q\,z}{2} \qquad\qquad\qquad (16.15\ c)$$

$$M_4 = 2\,F\,a + F\,b - F\,z + Q\,a + \frac{Q\,b}{2} - \frac{Q\,z}{2} \qquad\qquad\qquad (16.15\ d)$$

Man überzeuge sich, dass mit Q = 0 dieselben Gleichungen herauskommen wie in Bild 9.3 angegeben.

Im nächsten Schritt müssen die Ableitungen der Momentengleichungen nach der Kraft Q gebildet werden, weil an der Stelle (a+b/2), wo Q angreift, die Durchbiegung gefragt ist. Diese Ableitungen werden gemäß Gl. (16.11) benötigt:

$$\frac{\partial M_1}{\partial Q} = \frac{z}{2}; \quad \frac{\partial M_2}{\partial Q} = \frac{z}{2}; \quad \frac{\partial M_3}{\partial Q} = a + \frac{b}{2} - \frac{z}{2}; \quad \frac{\partial M_4}{\partial Q} = a + \frac{b}{2} - \frac{z}{2}$$

Nun kann nach Gl. (16.11) die Durchbiegung für die Stelle (a+b/2) berechnet werden. Dabei müssen die einzelnen Abschnitte der Reihe nach integriert werden:

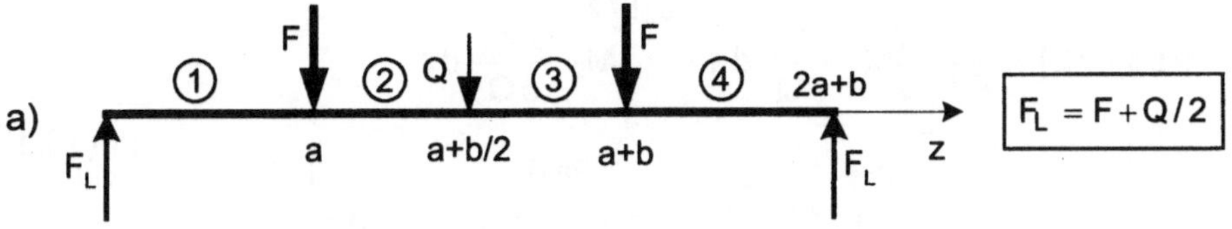

b) $0 < z < a$

$$S_1 = F_L$$
$$S_1 z - M_1 = 0$$

$$M_1 = Fz + Qz/2$$

c) $a < z < (a+b/2)$

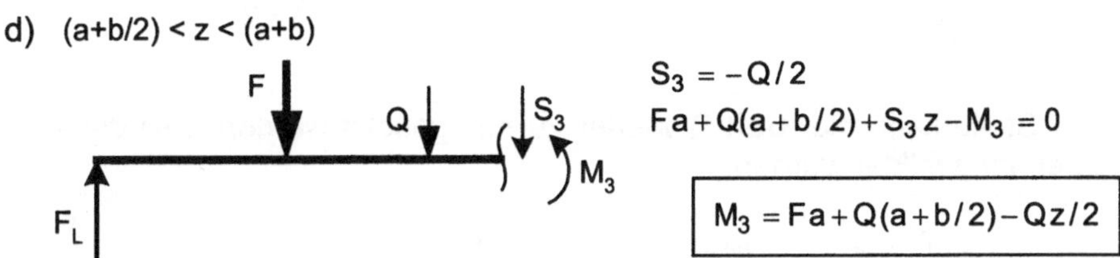

$$S_2 = Q/2$$
$$Fa + S_2 z - M_2 = 0$$

$$M_2 = Fa + Qz/2$$

d) $(a+b/2) < z < (a+b)$

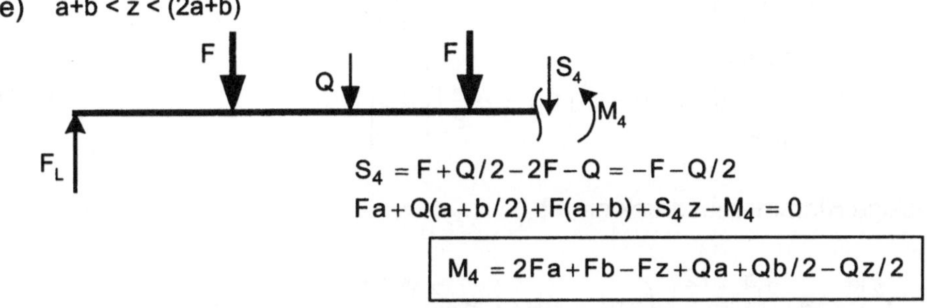

$$S_3 = -Q/2$$
$$Fa + Q(a+b/2) + S_3 z - M_3 = 0$$

$$M_3 = Fa + Q(a+b/2) - Qz/2$$

e) $a+b < z < (2a+b)$

$$S_4 = F + Q/2 - 2F - Q = -F - Q/2$$
$$Fa + Q(a+b/2) + F(a+b) + S_4 z - M_4 = 0$$

$$M_4 = 2Fa + Fb - Fz + Qa + Qb/2 - Qz/2$$

Bild 16.5 Vierpunktbiegung mit virtueller Kraft Q
Die Abstände sind wie in Bild 9.3 gewählt.

$$f(a+b/2) = \frac{1}{EI}\left[\int_0^a M_1 \frac{\partial M_1}{\partial Q}\,dz + \int_a^{a+b/2} M_2 \frac{\partial M_2}{\partial Q}\,dz \right.$$

$$\left. + \int_{a+b/2}^{a+b} M_3 \frac{\partial M_3}{\partial Q}\,dz + \int_{a+b}^{2a+b} M_4 \frac{\partial M_4}{\partial Q}\,dz\right] \tag{16.16}$$

Die Momentengleichungen (16.15) und deren Ableitungen nach Q eingesetzt:

$$f(a+b/2) = \frac{1}{EI}\left[\int_0^a \left(Fz+\frac{Qz}{2}\right)\frac{z}{2}\,dz + \int_a^{a+b/2}\left(Fa+\frac{Qz}{2}\right)\frac{z}{2}\,dz \right.$$

$$+ \int_{a+b/2}^{a+b}\left(Fa+Qa+\frac{Qb}{2}-\frac{Qz}{2}\right)\left(a+\frac{b}{2}-\frac{z}{2}\right)dz$$

$$\left. + \int_{a+b}^{2a+b}\left(2Fa+Fb-Fz+Qa+\frac{Qb}{2}-\frac{Qz}{2}\right)\left(a+\frac{b}{2}-\frac{z}{2}\right)dz\right] \tag{16.17}$$

An dieser Stelle kann die Kraft Q wieder zu null gesetzt werden, weil die Ableitungen bereits gebildet wurden:

$$f(a+\frac{b}{2}) = \frac{F}{EI}\left[\int_0^a \frac{z^2}{2}\,dz + \int_a^{a+b/2}\frac{a\,z}{2}\,dz + \int_{a+b/2}^{a+b} a\left(a+\frac{b}{2}-\frac{z}{2}\right)dz \right.$$

$$\left. + \int_{a+b}^{2a+b}\left[(2a+b-z)\left(a+\frac{b}{2}-\frac{z}{2}\right)\right]dz\right] \tag{16.18}$$

Der eckige Klammerausdruck ergibt:

$$\frac{z^3}{6}\Bigg|_0^a + \frac{az^2}{4}\Bigg|_a^{a+b/2} + \left(a^2 z+\frac{abz}{2}-\frac{az^2}{4}\right)\Bigg|_{a+b/2}^{a+b}$$

$$+ \left(2a^2 z+abz-\frac{az^2}{2}+abz+\frac{b^2 z}{2}-\frac{bz^2}{4}-\frac{az^2}{2}-\frac{bz^2}{4}+\frac{z^3}{6}\right)\Bigg|_{a+b}^{2a+b}$$

$$= \frac{z^3}{6}\Bigg|_0^a + \frac{az^2}{4}\Bigg|_a^{a+b/2} + \left(a^2 z + \frac{abz}{2} - \frac{az^2}{4}\right)\Bigg|_{a+b/2}^{a+b}$$

$$+ \left(2a^2 z + 2abz - az^2 + \frac{b^2 z}{2} - \frac{bz^2}{2} + \frac{z^3}{6}\right)\Bigg|_{a+b}^{2a+b}$$

Nun muss man die Integrationsgrenzen einsetzen und alles ausmultiplizieren, was recht mühsam ist (oder man benutzt wiederum ein Rechenprogramm, z.B. „*MuPAD*"). Das Ergebnis lautet letztlich:

$$f(a + \frac{b}{2}) = f_{max} = \frac{F}{E\,I}\left(\frac{a^3}{3} + \frac{a^2\,b}{2} + \frac{a\,b^2}{8}\right) \tag{16.19}$$

Setzt man die Zahlenwerte aus Aufgabe 10.4 ein ($a = 10$ mm; $b = 20$ mm; $E = 450$ GPa; $F = 750$ N; $I = 5^4/12$ mm^4), erhält man für die Durchbiegung in der Balkenmitte das gleiche Ergebnis wie mit Hilfe der Differenzialgleichung für die Biegelinie: $f_{max} = 0{,}059$ mm.

In Kap. 16.2 zu Bild 16.4 war die Frage aufgetreten, wie der Neigungswinkel an einer interessierenden Stelle berechnet werden kann. Gemäß Gl. (16.12) wird für die partiellen Ableitungen das an der Stelle i wirkende Moment M_i benötigt. Sofern es dort gar keines gibt, läuft das Rechenverfahren analog zum Prinzip der virtuellen Kräfte ab: Man bringt an der Stelle i ein virtuelles Hilfsmoment $M_0 = 0$ an, wie in **Bild 16.6** am *Ende des Balkens* geschehen, wenn der Neigungswinkel $\varphi_{4L/3}$ ermittelt werden soll, und bestimmt sämtliche Momentenverläufe von neuem, so dass darin M_0 vorkommt.

Die Auflagerkräfte betragen mit dem virtuellen Moment M_0:

$$F_A = \frac{F_1}{2} - \frac{F_2}{3} + \frac{M_0}{L} \quad \text{und} \quad F_B = \frac{F_1}{2} + \frac{4F_2}{3} - \frac{M_0}{L}$$

Die Momentengleichungen lauten (siehe Herleitung in Bild 16.6):

$$M_1 = \frac{F_1 z}{2} - \frac{F_2 z}{3} + \frac{M_0 z}{L} \tag{16.20 a}$$

$$M_2 = \frac{F_1 L}{2} - \frac{F_1 z}{2} - \frac{F_2 z}{3} + \frac{M_0 z}{L} \tag{16.20 b}$$

$$M_3 = F_2 z - \frac{4 F_2 L}{3} + M_0 \tag{16.20 c}$$

Gemäß Gl. (16.12) werden die Ableitungen der Momentengleichungen nach M_0 gebildet, um den Neigungswinkel $\varphi_{4L/3}$ am Balkenende zu berechnen:

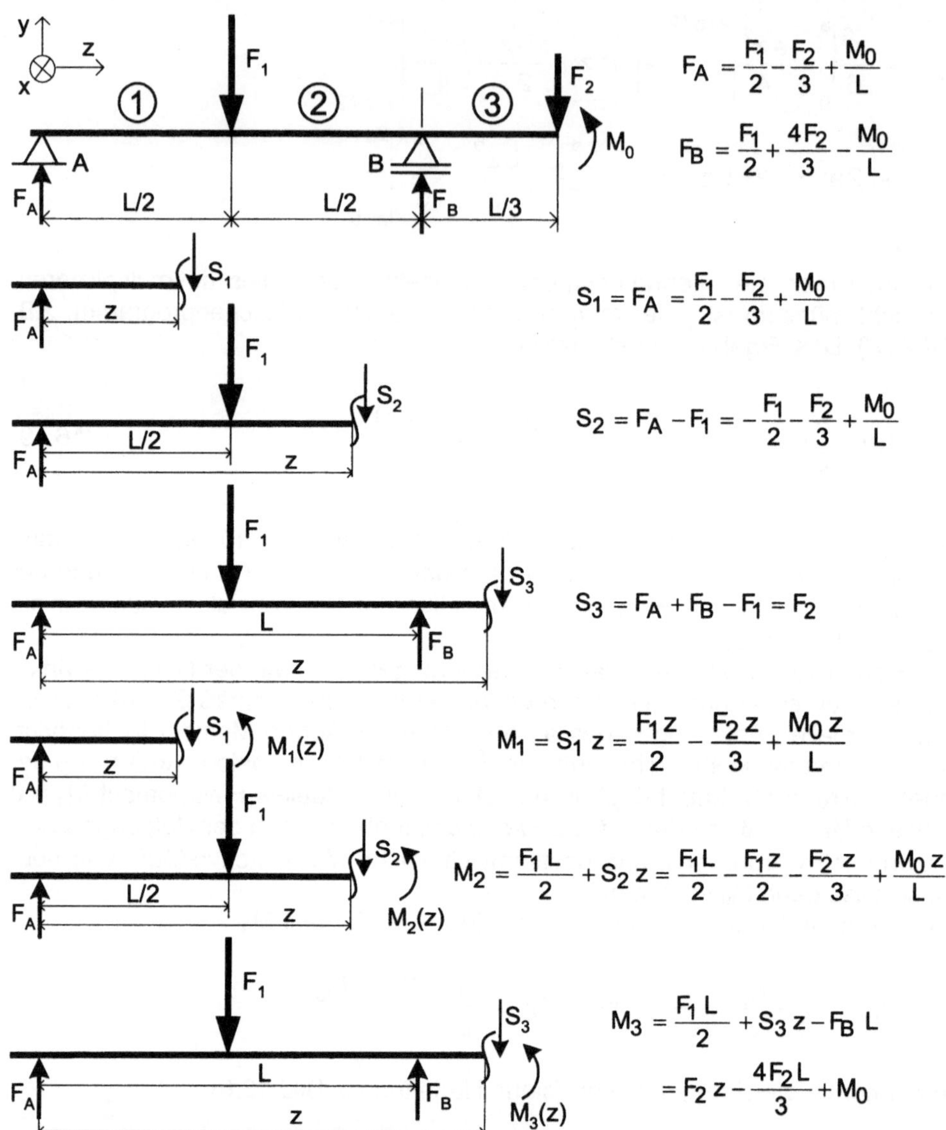

$$F_A = \frac{F_1}{2} - \frac{F_2}{3} + \frac{M_0}{L}$$

$$F_B = \frac{F_1}{2} + \frac{4F_2}{3} - \frac{M_0}{L}$$

$$S_1 = F_A = \frac{F_1}{2} - \frac{F_2}{3} + \frac{M_0}{L}$$

$$S_2 = F_A - F_1 = -\frac{F_1}{2} - \frac{F_2}{3} + \frac{M_0}{L}$$

$$S_3 = F_A + F_B - F_1 = F_2$$

$$M_1 = S_1\, z = \frac{F_1 z}{2} - \frac{F_2 z}{3} + \frac{M_0 z}{L}$$

$$M_2 = \frac{F_1 L}{2} + S_2 z = \frac{F_1 L}{2} - \frac{F_1 z}{2} - \frac{F_2 z}{3} + \frac{M_0 z}{L}$$

$$M_3 = \frac{F_1 L}{2} + S_3 z - F_B L$$

$$= F_2 z - \frac{4 F_2 L}{3} + M_0$$

Bild 16.6 Biegebalken wie in Bild 16.4 mit einem virtuellen Moment M_0 an der Stelle $4L/3$ zur Berechnung des Neigungswinkels an dieser Stelle

$$\frac{\partial M_1}{\partial M_0} = \frac{z}{L}; \qquad \frac{\partial M_2}{\partial M_0} = \frac{z}{L}; \qquad \frac{\partial M_3}{\partial M_0} = 1$$

Für den Neigungswinkel $\varphi_{4L/3}$ gilt:

$$\varphi_{4L/3} = \frac{1}{EI}\left[\int_0^{L/2} M_1 \frac{\partial M_1}{\partial M_0}\,dz + \int_{L/2}^{L} M_2 \frac{\partial M_2}{\partial M_0}\,dz + \int_L^{4L/3} M_3 \frac{\partial M_3}{\partial M_0}\,dz\right] \quad (16.21)$$

Eingesetzt und anschließend alle Terme mit M_0 gestrichen ($M_0 = 0$) ergibt:

$$\varphi_{4L/3} = \frac{1}{EI}\left[\int_0^{L/2}\left(\frac{F_1 z^2}{2L} - \frac{F_2 z^2}{3L}\right)dz\right.$$

$$+ \int_{L/2}^{L}\left(\frac{F_1 z}{2} - \frac{F_1 z^2}{2L} - \frac{F_2 z^2}{3L}\right)dz \quad (16.22\,a)$$

$$\left. + \int_L^{4L/3}\left(F_2 z - \frac{4 F_2 L}{3}\right)dz\right]$$

$$\varphi_{4L/3} = \frac{1}{EI}\left[\frac{F_1 z^3}{6L}\Big|_0^{L/2} - \frac{F_2 z^3}{9L}\Big|_0^{L/2}\right.$$

$$+ \frac{F_1 z^2}{4}\Big|_{L/2}^{L} - \frac{F_1 z^3}{6L}\Big|_{L/2}^{L} - \frac{F_2 z^3}{9L}\Big|_{L/2}^{L} \quad (16.22\,b)$$

$$\left. + \frac{F_2 z^2}{2}\Big|_L^{4L/3} - \frac{4 F_2 L z}{3}\Big|_L^{4L/3}\right]$$

$$\varphi_{4L/3} = \frac{1}{EI}\left(\frac{F_1 L^3}{48L} - \frac{F_2 L^3}{72L} + \frac{F_1 L^2}{4} - \frac{F_1 L^2}{16} - \frac{F_1 L^3}{6L} + \frac{F_1 L^3}{48L} - \frac{F_2 L^3}{9L} + \frac{F_2 L^3}{72L}\right.$$

$$\left. + \frac{16 F_2 L^2}{18} - \frac{F_2 L^2}{2} - \frac{16 F_2 L^2}{9} + \frac{4 F_2 L^2}{3}\right) \quad (16.22\,c)$$

$$\varphi_{4L/3} = \frac{1}{EI}\left(\frac{F_1 L^2}{48} + \frac{F_1 L^2}{4} - \frac{F_1 L^2}{16} - \frac{F_1 L^2}{6} + \frac{F_1 L^2}{48}\right.$$

$$\left. - \frac{F_2 L^2}{72} - \frac{F_2 L^2}{9} + \frac{F_2 L^2}{72} + \frac{8 F_2 L^2}{9} - \frac{F_2 L^2}{2} - \frac{16 F_2 L^2}{9} + \frac{4 F_2 L^2}{3}\right) \quad (16.22\,d)$$

Die Zusammenfassung der Terme führt schließlich auf den Neigungswinkel im Bogenmaß:

$$\varphi_{4L/3} = \frac{L^2}{EI}\left(\frac{F_1}{16} - \frac{F_2}{6}\right) \quad (16.23)$$

Die bisher gewählten Beispiele dienten dazu, die Anwendung des Satzes von Castigliano zu demonstrieren. Eine Vereinfachung gegenüber der Berechnung mit Hilfe der Biegelinie nach Gl. (10.20) für den Neigungswinkel oder Gl. (10.21) für die Durchbiegung ist bei diesen Fällen noch nicht erkennbar. Im nächsten Beispiel bietet die Methode nach Castigliano jedoch die einzig sinnvolle, um zu einem Ergebnis zu gelangen.

16.4 Lagerreaktionen eines Rohrleitungssystems

Als weiteres Beispiel für die Anwendung des Satzes von Castigliano wird ein Rohrleitungssystem gemäß **Bild 16.7** betrachtet. Das System möge bei einer Bezugstemperatur (Raumtemperatur, 20 °C) spannungsfrei eingebaut werden und erreicht im Betrieb die Temperatur T. Aufgrund der thermischen Ausdehnung verformt sich das Rohrsystem wie gestrichelt angedeutet. Weitere Formänderungen durch das Eigengewicht sowie eine überlagerte Innendruckbelastung sollen vernachlässigt werden. In diesem Fall sind die Verformungen also bereits bekannt, weil die thermische Ausdehnung einfach berechnet werden kann (Kap. 4.8). Die Castigliano'sche Methode wird hier umgekehrt dazu verwandt, um die Lagerreaktionen – die Kräfte und Momente – sowie daraus dann den gesamten Biegespannungsverlauf zu berechnen, was ansonsten nicht ohne weiteres möglich wäre.

Es bauen sich in den Festlagern A und B Horizontal- und Vertikalkräfte sowie Einspannmomente auf, wie im freigeschnittenen System abgebildet. Aus dem Gleichgewicht der Kräfte ergibt sich, dass die Durchbiegung von Rohr 1 eine Vertikalkraft in beiden Festlagern von $F_{Av} = F_{Bv} = F_v$ erzeugt und die Durchbiegung von Rohr 2 eine Horizontalkraft von $F_{Ah} = F_{Bh} = F_h$. Man kann sich die thermisch bedingte Formänderung auch so vorstellen, als greife im Knickpunkt eine Vertikalkraft F_v an, welche die Verschiebung f_1 hervorruft, und eine Horizontalkraft F_h, die f_2 auslöst (bei unveränderter Temperatur).

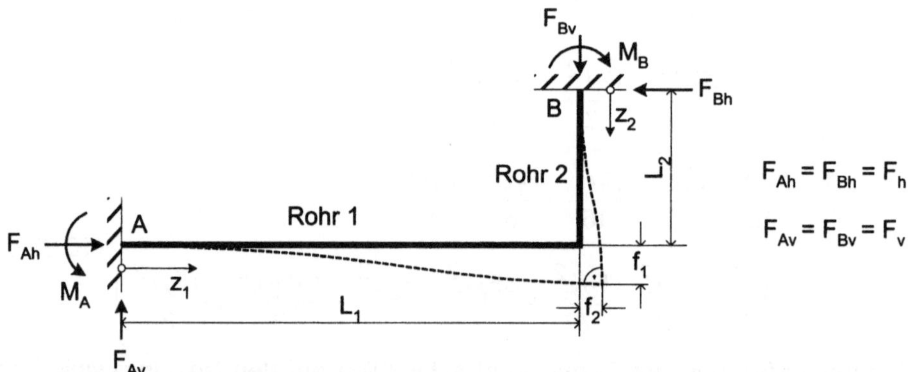

Bild 16.7 Freigeschnittenes, thermisch belastetes Rohrleitungssystem
Die gestrichelten Linien deuten an, wie sich die Rohrschenkel nach dem Aufheizen verformen. An der Eckverbindung bleibt ein rechter Winkel erhalten (steife Verbindung), so dass die Biegelinien S-förmig verlaufen und jeweils einen Wendepunkt aufweisen, was sich im Momenten- und Spannungsverlauf bemerkbar machen wird.

Betrachtet man die Summe aller Momente um die Festlager A und B, so ergibt sich für beide:

$$M_A + F_h \, L_2 - F_v \, L_1 - M_B = 0 \qquad (16.24)$$

Die thermischen Dehnungen, welche der Durchbiegung des jeweils anderen Rohrschenkels entsprechen, errechnen sich mit dem thermischen Längenausdehnungskoeffizienten α_ℓ wie folgt (siehe Gl. 4.25 b):

$$\text{Rohr 1:} \qquad f_1 = \alpha_\ell \, L_2 \, \Delta T \qquad (16.25)$$
$$\text{Rohr 2:} \qquad f_2 = \alpha_\ell \, L_1 \, \Delta T \qquad (16.26)$$

Weiterhin gilt als Randbedingung, dass der Neigungswinkel der Rohre in den Lagern jeweils null ist, weil es sich um Festlager handelt:

$$\varphi_A = \varphi_B = 0 \qquad (16.27)$$

Ziel der Berechnung nach dem Satz von Castigliano ist es, die Lagerkräfte und -momente zu bestimmen sowie die in den Rohren auftretenden maximalen Biegespannungen. Die Rechenmethode wird in diesem Fall also dazu benutzt, um bei bekannten Durchbiegungen die Belastungen zu ermitteln. Die Verschiebungen errechnen sich aus den partiellen Ableitungen der Formänderungsarbeit nach der Kraft, welche die jeweilige Verschiebung hervorruft (Gl. 16.11). Hier gilt demnach:

$$f_1 = \frac{\partial W}{\partial F_v} = \frac{1}{E \, I} \int_A^B M \cdot \frac{\partial M}{\partial F_v} \, dz = \alpha_\ell \, L_2 \, \Delta T \qquad (16.28)$$

und

$$f_2 = \frac{\partial W}{\partial F_h} = \frac{1}{E \, I} \int_A^B M \cdot \frac{\partial M}{\partial F_h} \, dz = \alpha_\ell \, L_1 \, \Delta T \qquad (16.29)$$

Außerdem wird eine weitere Gleichung benötigt, um eines der Einspannmomente berechnen zu können. Dazu wird für den Neigungswinkel am Festlager A gemäß Gl. (16.12) und (16.27) folgende Beziehung aufgestellt:

$$\varphi_A = \frac{\partial W}{\partial M_A} = \frac{1}{E \, I} \int_A^B M \cdot \frac{\partial M}{\partial M_A} \, dz = 0 \qquad (16.30)$$

Für das Festlager B ließe sich eine analoge Beziehung zu Gl. (16.30) formulieren, welche aber nicht zusätzlich benötigt wird. Die Integration über die gesamte

Rohrlänge vom Festlager A bis B bedeutet eine Aufteilung in die zwei Rohrschenkel L_1 und L_2 mit dem zugehörigen jeweiligen Momentenverlauf:

$$f_1 = \frac{1}{E\,I} \int_A^B M \cdot \frac{\partial M}{\partial F_v}\, dz = \frac{1}{E\,I}\left[\int_0^{L_1} M_1 \cdot \frac{\partial M_1}{\partial F_v}\, dz_1 + \int_0^{L_2} M_2 \cdot \frac{\partial M_2}{\partial F_v}\, dz_2 \right] = \alpha_\ell\, L_2\, \Delta T$$

$$(16.31)$$

$$f_2 = \frac{1}{E\,I} \int_A^B M \cdot \frac{\partial M}{\partial F_h}\, dz = \frac{1}{E\,I}\left[\int_0^{L_1} M_1 \cdot \frac{\partial M_1}{\partial F_h}\, dz_1 + \int_0^{L_2} M_2 \cdot \frac{\partial M_2}{\partial F_h}\, dz_2 \right] = \alpha_\ell\, L_1\, \Delta T$$

$$(16.32)$$

$$\varphi_A = \frac{1}{E\,I} \int_A^B M \cdot \frac{\partial M}{\partial M_A}\, dz = \frac{1}{E\,I}\left[\int_0^{L_1} M_1 \cdot \frac{\partial M_1}{\partial M_A}\, dz_1 + \int_0^{L_2} M_2 \cdot \frac{\partial M_2}{\partial M_A}\, dz_2 \right] = 0$$

$$(16.33)$$

Im nächsten Schritt müssen die Gleichungen für die Momentenverläufe aufgestellt werden, damit die partiellen Ableitungen gebildet werden können und anschließend integriert werden kann. Gemäß **Bild 16.8** werden sukzessiv vom Lager A ausgehend Schnitte gelegt und die Kräfte- und Momentengleichgewichte um den Lagerpunkt A gebildet. Die Schnittkräfte sind in jedem Fall F_h und F_v. Die Schnittmomente ergeben sich abschnittsweise für die Rohrschenkel 1 und 2, indem man das Gleichgewicht um die Stelle A aufstellt.

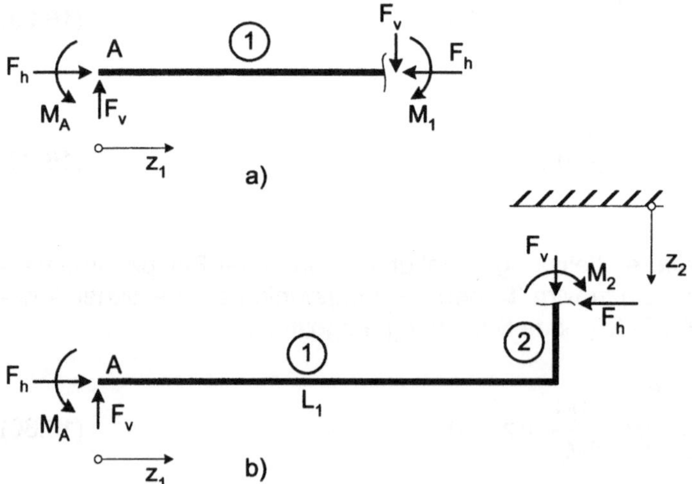

Bild 16.8 Zur Herleitung der Momentenverläufe in den Rohrschenkeln
a) Innere Schnittkräfte und –momente im Rohrschenkel 1
b) Innere Schnittkräfte und –momente im Rohrschenkel 2

a) *Momentenverlauf für den Rohrschenkel 1, Bild 16.8 a)*

$$\sum_A M = 0 = M_A - M_1(z_1) - F_v \, z_1$$

oder

$$M_1(z_1) = M_A - F_v \, z_1 \qquad (16.34)$$

b) *Momentenverlauf für den Rohrschenkel 2, Bild 16.8 b)*

$$\sum_A M = 0 = M_A - M_2(z_2) - F_v \, L_1 + F_h \, (L_2 - z_2)$$

oder

$$M_2(z_2) = M_A - F_v \, L_1 + F_h \, (L_2 - z_2) = M_1(L_1) + F_h \, (L_2 - z_2) \qquad (16.35)$$

Streng zu beachten ist, dass man an einem Lager beginnt und um das gesamte Rohrsystem herum zum anderen Lager läuft. An der Verbindungsstelle bei $z_1 = L_1$ und $z_2 = L_2$ sind beide Momente erwartungsgemäß gleich.

Nun werden all die Ableitungen gebildet, wie sie gemäß der Gln. (16.31)–(16.33) benötigt werden:

$$\frac{\partial M_1}{\partial F_v} = -z_1; \quad \frac{\partial M_2}{\partial F_v} = -L_1; \quad \frac{\partial M_1}{\partial F_h} = 0; \quad \frac{\partial M_2}{\partial F_h} = L_2 - z_2;$$

$$\frac{\partial M_1}{\partial M_A} = 1; \quad \frac{\partial M_2}{\partial M_A} = 1$$

Diese Beziehungen werden dann in die Gleichungen für die Durchbiegungen und den Neigungswinkel eingesetzt:

a) *Durchbiegung f_1*

$$f_1 = \frac{1}{E\,I} \left[\int_0^{L_1} (M_A - F_v \, z_1)(-z_1) \, dz_1 + \int_0^{L_2} [M_A - F_v \, L_1 + F_h(L_2 - z_2)](-L_1) \, dz_2 \right]$$

$$f_1 = \frac{1}{E\,I} \left[\int_0^{L_1} (F_v \, z_1^2 - M_A \, z_1) \, dz_1 + \int_0^{L_2} (F_v \, L_1^2 - M_A \, L_1 - F_h \, L_1 L_2 + F_h \, L_1 z_2) \, dz_2 \right]$$

$$f_1 = \frac{1}{E\,I} \left(\frac{F_v \, L_1^3}{3} - \frac{M_A \, L_1^2}{2} + F_v \, L_1^2 L_2 - M_A \, L_1 L_2 - F_h \, L_1 L_2^2 + \frac{F_h \, L_1 L_2^2}{2} \right)$$

$$f_1 = \frac{1}{E\,I}\left(\frac{F_v L_1^3}{3} - \frac{M_A L_1^2}{2} + F_v L_1^2 L_2 - M_A L_1 L_2 - \frac{F_h L_1 L_2^2}{2}\right) = \alpha_\ell \, L_2 \, \Delta T \qquad (16.36)$$

b) Durchbiegung f_2

$$f_2 = \frac{1}{E\,I}\left[\int_0^{L_1}(M_A - F_v z_1)\cdot 0 \; d z_1 + \int_0^{L_2}[M_A - F_v L_1 + F_h(L_2 - z_2)]\,(L_2 - z_2)\, d z_2\right]$$

(Das 1. Integral entfällt.)

$$f_2 = \frac{1}{E\,I}\int_0^{L_2}(M_A L_2 - M_A z_2 - F_v L_1 L_2 + F_v L_1 z_2 + F_h L_2^2 - F_h L_2 z_2 - F_h L_2 z_2 + F_h z_2^2)\, d z_2$$

$$f_2 = \frac{1}{E\,I}\left(M_A L_2^2 - M_A \frac{L_2^2}{2} - F_v L_1 L_2^2 + F_v L_1 \frac{L_2^2}{2} + F_h L_2^3 - F_h \frac{L_2^3}{2} - F_h \frac{L_2^3}{2} + F_h \frac{L_2^3}{3}\right)$$

$$f_2 = \frac{1}{E\,I}\left(\frac{M_A L_2^2}{2} - \frac{F_v L_1 L_2^2}{2} + \frac{F_h L_2^3}{3}\right) = \alpha_\ell \, L_1 \, \Delta T \qquad (16.37)$$

c) Neigungswinkel φ_A

$$\varphi_A = \frac{1}{E\,I}\left[\int_0^{L_1}(M_A - F_v z_1)\, d z_1 + \int_0^{L_2}[M_A - F_v L_1 + F_h(L_2 - z_2)]\, d z_2\right] = 0$$

$$\varphi_A = \frac{1}{E\,I}\left(M_A L_1 - \frac{F_v L_1^2}{2} + M_A L_2 - F_v L_1 L_2 + F_h L_2^2 - \frac{F_h L_2^2}{2}\right) = 0$$

$$\varphi_A = \frac{1}{E\,I}\left(M_A L_1 - \frac{F_v L_1^2}{2} + M_A L_2 - F_v L_1 L_2 + \frac{F_h L_2^2}{2}\right) = 0 \qquad (16.38)$$

Insgesamt stehen nun drei Gleichungen zur Berechnung der drei Unbekannten F_h, F_v und M_A zur Verfügung. Das Einspannmoment M_B errechnet sich dann nach Gl. (16.24). Die Verknüpfung dieser Gleichungen wird mit den allgemeinen Zeichen sehr unübersichtlich. Es werden deshalb in einem Beispiel Zahlenwerte eingesetzt.

Zahlenbeispiel

Mit den Zahlenwerten nach **Tabelle 16.1** soll ein Beispiel für ein Rohrsystem gemäß Bild 16.7 durchgerechnet werden. Die Maßeinheiten sind so gewählt, dass sich Kräfte in N und Momente in N mm ergeben. In **Tabelle 16.2** sind die Koeffizienten aus den Gln. (16.36)–(16.38) mit diesen Maßeinheiten angegeben. Mit diesen Koeffizienten ergeben sich die zugeschnittenen Größengleichungen in **Tabelle 16.3**.

Tabelle 16.1 Zahlenwerte als Beispiel für ein Rohrleitungssystem nach Bild 16.7

$D = 220$ mm	$d = 207$ mm	$\Delta T = 55$ K	$L_1 = 3000$ mm	$L_2 = 1500$ mm
$\alpha_\ell = 12 \cdot 10^{-6}\,\mathrm{K}^{-1}$	$E = 2{,}1 \cdot 10^5\,\mathrm{N/mm^2}$		$I_{ax} = \dfrac{\pi}{64}(D^4 - d^4) = 2{,}486 \cdot 10^7\,\mathrm{mm^4}$	
$E\,I_{ax} = 5{,}221 \cdot 10^{12}\,\mathrm{N\,mm^2}$		$W_{ax} = \dfrac{\pi}{32} \cdot \dfrac{D^4 - d^4}{D} = 2{,}26 \cdot 10^5\,\mathrm{mm^3}$		

Tabelle 16.2 Koeffizienten aus den Gleichungen (16.36)–(16.38) mit den Zahlenwerten und Maßeinheiten aus Tabelle 16.1

für f_1	$\dfrac{L_1^3}{3\,E\,I} = 1{,}724 \cdot 10^{-3}$	$\dfrac{L_1^2}{2\,E\,I} = 8{,}619 \cdot 10^{-7}$	$\dfrac{L_1^2\,L_2}{E\,I} = 2{,}586 \cdot 10^{-3}$
	$\dfrac{L_1\,L_2}{E\,I} = 8{,}619 \cdot 10^{-7}$	$\dfrac{L_1\,L_2^2}{2\,E\,I} = 6{,}464 \cdot 10^{-4}$	$\alpha_\ell\,L_2\,\Delta T = 0{,}99$
für f_2	$\dfrac{L_2^2}{2\,E\,I} = 2{,}155 \cdot 10^{-7}$	$\dfrac{L_1 L_2^2}{2\,E\,I} = 6{,}464 \cdot 10^{-4}$	$\dfrac{L_2^3}{3\,E\,I} = 2{,}155 \cdot 10^{-4}$
	$\alpha_\ell\,L_1\,\Delta T = 1{,}98$		
für φ_A	$\dfrac{L_1}{E\,I} = 5{,}746 \cdot 10^{-10}$	$\dfrac{L_1^2}{2\,E\,I} = 8{,}619 \cdot 10^{-7}$	$\dfrac{L_2}{E\,I} = 2{,}873 \cdot 10^{-10}$
	$\dfrac{L_1 L_2}{E\,I} = 8{,}619 \cdot 10^{-7}$	$\dfrac{L_2^2}{2\,E\,I} = 2{,}155 \cdot 10^{-7}$	

Tabelle 16.3 Zugeschnittene Größengleichungen aus den Gln. (16.36)–(16.38) und den Daten aus Tabelle 16.2 (Kräfte in N und Momente in N mm)

$$f_1 = 1{,}724 \cdot 10^{-3}\,F_V + 2{,}586 \cdot 10^{-3}\,F_V - 6{,}464 \cdot 10^{-4}\,F_h$$

$$-\,8{,}619 \cdot 10^{-7}\,M_A - 8{,}619 \cdot 10^{-7}\,M_A = 0{,}99$$

oder

$$F_V - 0{,}15\,F_h - 4 \cdot 10^{-4}\,M_A = 229{,}698 \qquad \text{①}$$

$$f_2 = -6{,}464 \cdot 10^{-4}\,F_V + 2{,}155 \cdot 10^{-4}\,F_h + 2{,}155 \cdot 10^{-7}\,M_A = 1{,}98$$

oder

$$F_V - 0{,}333\,F_h - 3{,}333 \cdot 10^{-4}\,M_A = -3.063{,}119 \qquad \text{②}$$

Forts.

Tabelle 16.3 Forts.

$\varphi_A = -8{,}619 \cdot 10^{-7}\,F_v - 8{,}619 \cdot 10^{-7}\,F_v + 2{,}155 \cdot 10^{-7}\,F_h$ $\qquad + 5{,}746 \cdot 10^{-10}\,M_A + 2{,}873 \cdot 10^{-10}\,M_A = 0$ oder $F_v - 0{,}125 F_h - 4{,}999 \cdot 10^{-4}\,M_A = 0$ ③
aus ① − ②: $0{,}183\,F_h - 6{,}67 \cdot 10^{-5}\,M_A = 3.292{,}817$ oder $F_h - 3{,}645 \cdot 10^{-4}\,M_A = 17.993{,}536$ ④
aus ② − ③: $-0{,}208\,F_h + 1{,}666 \cdot 10^{-4}\,M_A = -3.063{,}119$ oder $F_h - 8{,}01 \cdot 10^{-4}\,M_A = 14.726{,}534$ ⑤
aus ④ − ⑤: $4{,}365 \cdot 10^{-4}\,M_A = 3.267{,}002$ oder   **$M_A = 7.484.541$ N mm $= 7.485$ N m**   ⑥
⑥ in ⑤: **$F_h = 20.722$ N**   ⑦
⑥ und ⑦ in ③: **$F_v = 6.332$ N**
Durch Einsetzen in Gl. (16.24)   **$M_B = 19.572$ N m**

Die Biegespannungen an der Außenfaser der Rohre errechnen sich gemäß Gl. (10.5) und Gl. (16.34) wie folgt:

$$\sigma_b(z_1) = \frac{M_1(z_1)}{W_{ax}} = \frac{M_A - F_v\,z_1}{W_{ax}} \qquad (16.39)$$

Anmerkung zu den Vorzeichen: Die Vorzeichenregelung gemäß Bild 9.1 und nach Gl. (10.5 b) wurde hier außer Acht gelassen. Streng genommen müssten die Momente M_A, M_B, $M_1(z_1)$ und $M_2(z_2)$ mit einem Minuszeichen versehen werden und ebenso die Biegespannung in Gl. (16.39). Das Spannungsvorzeichen – und nur auf dieses kommt es letztlich an – ist aus dem Belastungsfall offensichtlich.

Für den Rohrschenkel 1 werden die Biegespannungen für die *3 Uhr-Faser* mit Blickrichtung auf das Lager A bestimmt. Am Festlager A ergibt sich mit $z_1 = 0$:

$$\sigma_b^{(1)}(0) = 33 \text{ MPa}$$

Am Ende von Rohrschenkel 1 ist mit $z_1 = L_1$:

$$\sigma_b^{(1)}(L_1) = -51\ \text{MPa}$$

Für den Rohrschenkel 2 wird die Biegemomentengleichung für $M_2(z_2)$ gemäß Gl. (16.35) eingesetzt:

$$\sigma_b(z_2) = \frac{M_2(z_2)}{W_{ax}} = \frac{M_A - F_v\,L_1 + F_h\,(L_2 - z_2)}{W_{ax}} \tag{16.40}$$

Man erhält in diesem Fall für die *9 Uhr-Faser* mit Blickrichtung auf das Lager B die Biegespannungen:

$$\sigma_b^{(2)}(0) = 87\ \text{MPa}$$

$$\sigma_b^{(2)}(L_2) = -51\ \text{MPa}$$

In **Bild 16.9** ist der Biegemomenten- und der Biegespannungsverlauf dargestellt. Wie schon in Bild 16.7 angedeutet, wird die Eckverbindung als starr betrachtet, mit der Konsequenz, dass die Biegelinien beider Rohrschenkel einen Wendepunkt aufweisen und folglich die Biegemomente ihr Vorzeichen ändern müssen. Damit einher geht auch ein Vorzeichenwechsel der Biegespannungen entlang einer betrachteten Faser. Beides ist Bild 16.9 auch tatsächlich zu entnehmen.

Bisher wurden lediglich die *Biege*spannungen berechnet und diskutiert. Zusätzlich tritt in beiden Rohrschenkeln eine gleichmäßige *Druck*belastung in Axialrichtung auf. Die Horizontalkraft F_h bewirkt auf den Rohrabschnitt 1 eine Druckspannung nach:

$$\sigma_d^{(1)} = \frac{F_h}{A} = \frac{4F_h}{\pi(D^2 - d^2)} \tag{16.41}$$

Es errechnet sich ein Wert von:

$$\sigma_d^{(1)} = -5\ \text{MPa}$$

Da die Normalspannungen durch Druck und Biegung in derselben Richtung liegen, werden sie einfach addiert. Analog zu Rohrschenkel 1 ruft die Vertikalkraft F_v auf den Rohrabschnitt 2 folgende Druckspannung hervor:

$$\sigma_d^{(2)} = \frac{F_v}{A} = \frac{4F_v}{\pi(D^2 - d^2)} \tag{16.42}$$

mit einem Wert von:

$$\sigma_d^{(2)} = -1{,}5\ \text{MPa}$$

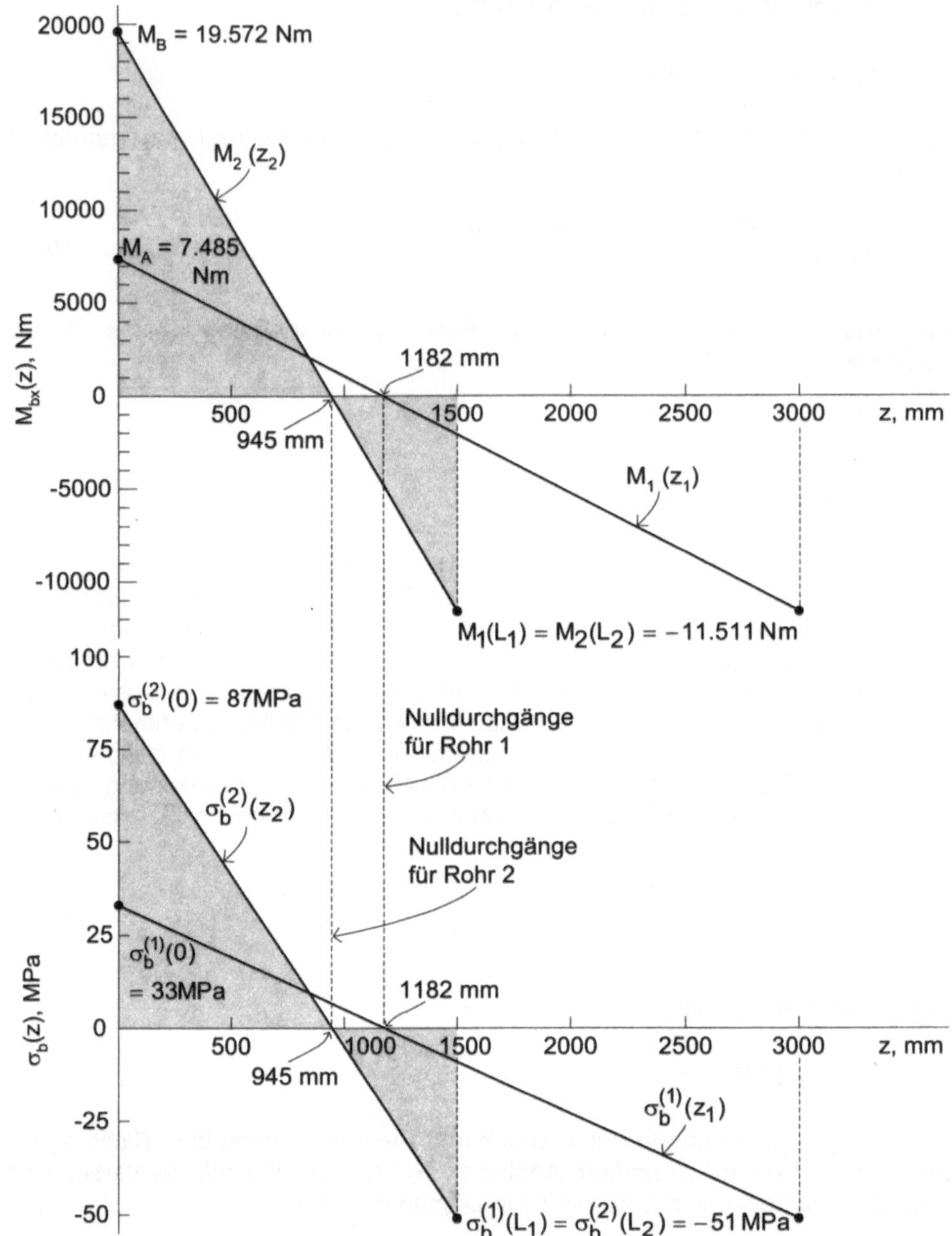

Bild 16.9 Biegemomenten- und Biegespannungsverläufe der beiden Rohrschenkel Für Rohr 1 sind die Verläufe in 3 Uhr-Position, für Rohr 2 in 9 Uhr-Position angegeben (jeweils mit Blickrichtung auf das Festlager). Die Verläufe für Rohr 2 (höhere Werte) sind grau hinterlegt.

Bild 16.10 gibt die Spannungswerte in ausgewählten Schnitten beider Rohre wieder.

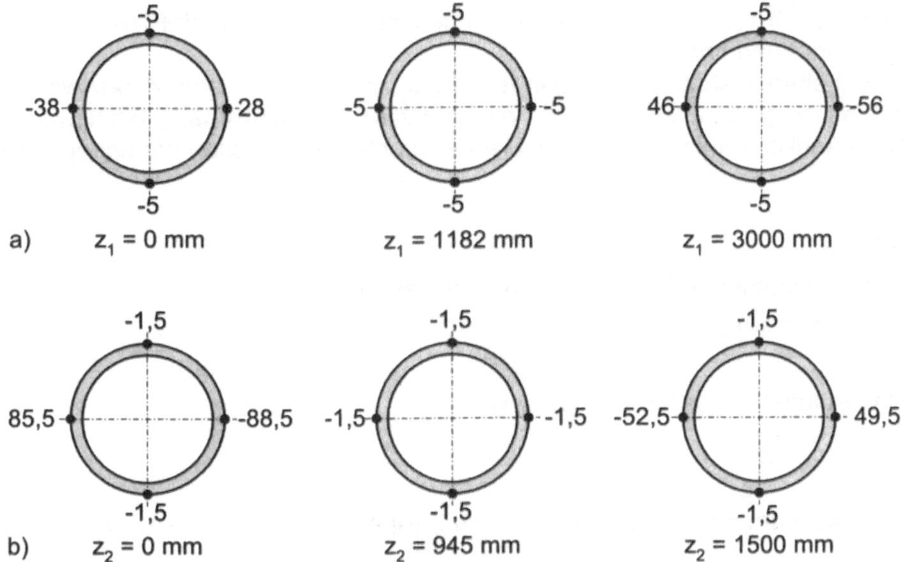

Bild 16.10 Spannungswerte (in MPa) in verschiedenen Rohrschnitten in den Extremwert-positionen 12, 3, 6 und 9 Uhr außen
Die Blickrichtung ist jeweils *auf* das betreffende Lager gerichtet.
a) Rohrschenkel 1
b) Rohrschenkel 2

Aufgaben zu Kapitel 16

16.1   Überprüfen Sie das Ergebnis aus Aufgabe 10.5 b) mit Hilfe des Satzes von Castigliano. Achten Sie darauf, welchen Wert Sie für F ansetzen.
Lösung: $f_{max} = 11,6$ cm

16.2   Berechnen Sie mit Hilfe des Satzes von Castigliano für Aufgabe 9.1 die Durchbie-gungen an den Stellen L/2 und 4L/3 sowie den Neigungswinkel bei 4L/3. Zusätzlich gegeben: E = 205 GPa.

Lösung: $f_{L/2} = 23,6$ mm (nach unten); allgemein: $f_{4L/3} = \dfrac{L^3}{EI}\left(\dfrac{-F_1}{48} + \dfrac{4F_2}{81}\right)$, hier:

$f_{4L/3} = -7,4$ mm (nach oben); $\varphi_{4L/3} = 0,0033 = 0,19°$ (nach oben zeigend)

Lösungen zu den Rechenaufgaben

Die Verständnisfragen werden nicht behandelt; sie lassen sich mit Hilfe des Textes ausarbeiten und beantworten.

Die Einheiten werden im Folgenden stets getrennt von den Zahlenwerten geschrieben, was das Rechnen mit den Einheiten übersichtlicher gestalten soll. Selbstverständlich müssen zu *jedem* Rechenschritt *alle* Einheiten mit angegeben werden.

Aufgabe 4.2

F_S sei die Gewichtskraft des Seiles und F_L die anhängende Last.

$$F_{ges} = F_S + F_L = (m_S + m_L)g = (\rho \underbrace{A_S L_S}_{V_S} + m_L)g$$

V_S ist das Volumen des Seiles (Zylinder).

$$\sigma_{zul} = \frac{R_{p0,2}}{S_F} \geq \frac{F_{ges}}{A_S}$$

Es handelt sich um reine Zugbelastung, wie bei Seilen nicht anders möglich.

$$A_S R_{p0,2} \geq F_{ges} S_F = (\rho A_S L_S + m_L)g S_F$$

$$A_S (R_{p0,2} - \rho L_S g S_F) \geq m_L g S_F$$

$$A_S = \frac{\pi d_S^2}{4} \geq \frac{m_L g S_F}{R_{p0,2} - \rho L_S g S_F}$$

$$d_S \geq \sqrt{\frac{4 m_L g S_F}{\pi(R_{p0,2} - \rho L_S g S_F)}}$$

$$d_S \geq \sqrt{\frac{4 \cdot 2000 \cdot 9,81 \cdot 1,5}{\pi\left(250 - 7,8 \cdot 10^3 \cdot 50 \cdot 9,81 \cdot 1,5\right)}} \quad \frac{kg\,m}{s^2\left(\dfrac{N}{mm^2} - \dfrac{kg\,m\,m}{m^3\,s^2}\right)}$$

$$d_S \geq \sqrt{\frac{4 \cdot 2000 \cdot 9,81 \cdot 1,5}{\pi\left(250 - 7,8 \cdot 10^3 \cdot 50 \cdot 9,81 \cdot 1,5\right)}} \quad \frac{N}{\dfrac{N}{mm^2} - \dfrac{kg\,m}{m^2\,s^2}}$$

$$d_S \geq \sqrt{\frac{4 \cdot 2000 \cdot 9,81 \cdot 1,5}{\pi\left(250 - 7,8 \cdot 10^3 \cdot 50 \cdot 9,81 \cdot 1,5 \cdot 10^{-6}\right)}} \quad \frac{N}{\dfrac{N}{mm^2}}$$

$$d_S \geq \sqrt{\frac{4 \cdot 2000 \cdot 9{,}81 \cdot 1{,}5}{\pi \left(250 - 7{,}8 \cdot 10^3 \cdot 50 \cdot 9{,}81 \cdot 1{,}5 \cdot 10^{-6}\right)}} \ mm^2 = \sqrt{153{,}4 \ mm^2}$$

$$\boxed{d_S \geq 12{,}4 \ mm}$$

Unter Berücksichtigung des Seilgewichts muss das Kabel einen Mindestdurchmesser von 12,4 mm haben. Ohne die Masse des Seiles vereinfacht sich die Rechnung wie folgt:

$$F = F_L = m_L \, g$$

$$\sigma_{zul} = \frac{R_{p0{,}2}}{S_F} \geq \frac{m_L \, g}{A_S} = \frac{4 m_L \, g}{\pi \, d_S^{*\,2}}$$

$$d_S^* \geq \sqrt{\frac{4 m_L \, g \, S_F}{\pi \, R_{p0{,}2}}}$$

$$d_S^* \geq 2 \sqrt{\frac{2000 \cdot 9{,}81 \cdot 1{,}5}{\pi \, 250} \frac{kg \, m \, mm^2}{s^2 \, N}} = 2\sqrt{37{,}47 \ mm^2}$$

$$\boxed{d_S^* \geq 12{,}2 \ mm}$$

Der Unterschied ist minimal und in diesem Fall könnte das Eigengewicht des Seiles vernachlässigt werden.

Aufgabe 4.3

$$\sigma = \frac{F_{ges}}{A_{ges}} = \frac{F_S + F_L}{i \, A_i} = \frac{4(F_S + F_L)}{i \, \pi \, d_i^2} \leq \frac{R_{p0{,}2}}{S_F}$$

$$F_S = m_S \, g = \rho \, V_S \, g = \rho i A_i L g = \rho i \frac{\pi d_i^2}{4} L g$$

$$\frac{4 \left(\rho i \dfrac{\pi d_i^2}{4} L g + F_L \right)}{i \, \pi \, d_i^2} = \rho L g + \frac{4 F_L}{i \pi \, d_i^2} \leq \frac{R_{p0{,}2}}{S_F}$$

$$d_i \geq \sqrt{\frac{4 F_L}{\pi \, i \left(\dfrac{R_{p0{,}2}}{S_F} - \rho L g \right)}}$$

$$d_i \geq \sqrt{\frac{4 \cdot 5000}{114\pi \left(\dfrac{250}{1{,}5} - 7{,}8 \cdot 10^3 \cdot 50 \cdot 9{,}81 \right)} \frac{N}{\dfrac{N}{mm^2} - \dfrac{kg \, m \, m}{m^3 \, s^2}}}$$

$$d_i \geq \sqrt{\dfrac{4 \cdot 5000}{114\pi\left(\dfrac{250}{1,5} - 7,8 \cdot 10^3 \cdot 50 \cdot 9,81 \cdot 10^{-6}\right)} \dfrac{N}{\dfrac{N}{mm^2} - \dfrac{N}{mm^2}}} = \sqrt{0,343 \ mm^2}$$

$$\boxed{d_i \geq 0,59 \ mm \approx 0,6 \ mm}$$

Jeder einzelne Draht muss einen Durchmesser von mindestens 0,6 mm aufweisen.

Aufgabe 4.4

Die maximale Belastung beträgt:

$$F_{max} = \sigma_{zul}\, A = \sigma_{zul}\, i\, \frac{\pi d^2}{4}$$

$$F_{max} = 13.572 \ N \approx 13,6 \ kN$$

Unter Berücksichtigung des Eigengewichts des Seiles errechnet sich die Nutzlast wie folgt:

$$F_{Nutz} = F_{max} - F_S = F_{max} - m_S\, g = F_{max} - V_S\, \rho g = F_{max} - i\, \frac{\pi d^2}{4}\, L \rho g$$

$$F_{Nutz} = 13.572 \ N - 150 \cdot \frac{\pi\, 0,8^2}{4} \cdot 250 \cdot 7,8 \cdot 10^3 \cdot 9,81\ \frac{mm^2\ m\ kg\ m}{m^3\ s^2}$$

$$F_{Nutz} = 13.572 \ N - 150 \cdot \frac{\pi\, 0,8^2}{4} \cdot 250 \cdot 7,8 \cdot 10^3 \cdot 9,81\ \frac{mm^2\ m\ N}{m^3}$$

$$F_{Nutz} = 13.572 \ N - 150 \cdot \frac{\pi\, 0,8^2}{4} \cdot 250 \cdot 7,8 \cdot 10^3 \cdot 9,81 \cdot 10^{-6}\ \ N$$

$$\boxed{F_{Nutz} = 12.130 \ N \approx 12,1 \ kN}$$

Aufgabe 4.5

a) Es müssen zwei Randbedingungen formuliert werden: die Verformungskompatibilität und das Kräftegleichgewicht.

1. Verformungskompatibilität:

$$\varepsilon = const. = \frac{\sigma_{Al}}{E_{Al}} = \frac{\sigma_{Ho}}{E_{Ho}}$$

2. Kräftegleichgewicht
Die Kraft, mit welcher der Block zusammengedrückt wird, teilt sich auf in eine Gegenkraft aus dem Holz und jeweils eine aus den Deckplatten:
$$F = F_{Ho} + 2\, F_{Al} = A_{Ho}\, \sigma_{Ho} + 2\, A_{Al}\, \sigma_{Al}$$

Damit stehen zwei Gleichungen für zwei Unbekannte zur Verfügung. Ineinander eingesetzt ergibt:

$$F = F_{Ho} + 2\,F_{Al} = A_{Ho}\,\frac{\sigma_{Al}\,E_{Ho}}{E_{Al}} + 2\,A_{Al}\,\sigma_{Al}$$

$$\sigma_{Al} = \frac{F}{2\,A_{Al} + A_{Ho}\,\dfrac{E_{Ho}}{E_{Al}}} = \frac{F}{2\,b\,a_1 + b\,a_2\,\dfrac{E_{Ho}}{E_{Al}}}$$

$$\boxed{\sigma_{Al} = -6{,}8\ \text{MPa}}$$

$$\sigma_{Ho} = \frac{E_{Ho}\,\sigma_{Al}}{E_{Al}}$$

$$\boxed{\sigma_{Ho} = -1{,}1\ \text{MPa}}$$

Zur Kontrolle wird die Kräfteaufteilung berechnet:

$$F = A_{Ho}\,\sigma_{Ho} + 2\,A_{Al}\,\sigma_{Al} = b\,a_2\,\sigma_{Ho} + 2\,b\,a_1\,\sigma_{Al}$$

$$F = 100\cdot 42\cdot(-1{,}08)\ \text{N} + 2\cdot 100\cdot 4\cdot(-6{,}83)\ \text{N} = \underbrace{-4536\ \text{N}}_{Ho}\ \underbrace{-5464\ \text{N}}_{Al} = -10.000\ \text{N}\ \checkmark$$

Hier müssen bei den Spannungen zwei Dezimalstellen eingesetzt werden, weil sonst das Ergebnis zu ungenau werden würde.

b) $\quad \Delta L = \dfrac{\sigma_{Al}}{E_{Al}}\,L_0$

$$\boxed{\Delta L = -0{,}045\ \text{mm}}$$

Aufgabe 4.6

a) Gleiche Überlegungen und Ansätze wie bei Aufgabe 4.4.

1. Verformungskompatibilität:

$$\varepsilon = \text{const.} = \frac{\sigma_{St}}{E_{St}} = \frac{\sigma_K}{E_K}$$

2. Kräftegleichgewicht

$$F = F_{St} + F_K = A_{St}\,\sigma_{St} + A_K\,\sigma_K = \frac{\pi D^2}{4}\,\sigma_{St} + \frac{\pi}{4}\Big[(D+2s)^2 - D^2\Big]\sigma_K$$

$$F = \frac{\pi D^2}{4}\cdot\frac{\sigma_K\,E_{St}}{E_K} + \frac{\pi}{4}\Big[(D+2s)^2 - D^2\Big]\sigma_K = \sigma_K\left\{\frac{\pi D^2}{4}\cdot\frac{E_{St}}{E_K} + \frac{\pi}{4}\Big[(D+2s)^2 - D^2\Big]\right\}$$

$$\sigma_K = \frac{F}{\left\{\dfrac{\pi D^2}{4}\cdot\dfrac{E_{St}}{E_K} + \dfrac{\pi}{4}\Big[(D+2s)^2 - D^2\Big]\right\}}$$

$$\sigma_K = \frac{30.000}{\dfrac{\pi 10^2}{4} \cdot \dfrac{210}{380} + \dfrac{\pi}{4}\left(11^2 - 10^2\right)} \ \frac{N}{mm^2}$$

$$\boxed{\sigma_K = 500{,}9 \ MPa}$$

$$\sigma_{St} = \frac{\sigma_K \, E_{St}}{E_K}$$

$$\boxed{\sigma_{St} = 276{,}8 \ MPa}$$

b) $\quad \Delta L = \varepsilon \, L_0 = \dfrac{\sigma_{St}}{E_{St}} L_0 = \dfrac{\sigma_K}{E_K} L_0$

$$\boxed{\Delta L = 0{,}132 \ mm}$$

$$\boxed{\varepsilon = 0{,}00132 \ \hat{=} \ 0{,}132 \ \%}$$

Aufgabe 4.7

a) $\quad g_S = \dfrac{G_S}{\ell} = \dfrac{m_s \, g_E}{\ell} = \dfrac{\rho_{St} \, A_{St} \, \ell + \rho_{Al} \, A_{Al} \, \ell}{\ell} \ g_E = \left(\rho_{St} \, A_{St} + \rho_{Al} \, A_{Al}\right) g_E$

ℓ ist darin eine beliebige Längeneinheit, die sich herauskürzt.

$$g_S = \left(7{,}8 \cdot 10^3 \cdot 40 + 2{,}7 \cdot 10^3 \cdot 240\right) 9{,}81 \ \frac{kg \, mm^2 \, m}{m^3 \, s^2}$$

$$g_S = \left(7{,}8 \cdot 10^3 \cdot 40 + 2{,}7 \cdot 10^3 \cdot 240\right) 9{,}81 \ \frac{N \, mm^2}{m \, m^2}$$

$$g_S = \left(7{,}8 \cdot 10^3 \cdot 40 + 2{,}7 \cdot 10^3 \cdot 240\right) 9{,}81 \cdot 10^{-6} \ \frac{N}{m}$$

$$\boxed{g_S = 9{,}42 \ N/m}$$

Auf die Masse bezogen errechnet sich ein spezifischer Wert von:

$$\frac{m_s}{\ell} = \rho_{St} \, A_{St} + \rho_{Al} \, A_{Al}$$

$$\frac{m_s}{\ell} = 0{,}96 \ kg/m \approx 1 \ kg/m$$

b) Die halbe Seillänge zwischen den Masten wird freigeschnitten und das Momentengleichgewicht um die Stelle ① gebildet. Für die Bestimmung des Schwerpunktes bei L/4 kann der Durchhang vernachlässigt werden, für das Momentengleichgewicht jedoch nicht.

$$F_h \, f - G_S \, \frac{L}{4} = 0$$

Daraus ergibt sich die Horizontalkraft:

$$F_h = \frac{G_S\,L}{4\,f} = \frac{g_S\,\frac{L}{2}\,L}{4\,f} = \frac{g_S\,L^2}{8\,f}$$

$$\boxed{F_h = 19.367\ \text{N} \approx 19{,}4\ \text{kN}}$$

Diese Kraft stellt die Zugkraft im Seil dar. Man beachte: Je größer der Durchhang ist, umso geringer ist die Horizontalkraft. Bei $f \to 0$ geht $F_h \to \infty$. Man kann ein Seil niemals so stark spannen, dass es gar keinen Durchhang besitzt.

c) Überlegungen und Ansätze wie bei Aufgabe 4.4 und 4.5.

$$\varepsilon_{St} = \varepsilon_{Al} = \frac{\sigma_{St}}{E_{St}} = \frac{\sigma_{Al}}{E_{Al}}$$

$$F_h = F_{h\,St} + F_{h\,K} = A_{St}\,\sigma_{St} + A_{Al}\,\sigma_{Al}$$

$$\sigma_{St} = \frac{F_h - A_{Al}\,\sigma_{Al}}{A_{St}}$$

$$\frac{F_h - A_{Al}\,\sigma_{Al}}{A_{St}\,E_{St}} = \frac{\sigma_{Al}}{E_{Al}}$$

$$\frac{F_h}{A_{St}\,E_{St}} = \sigma_{Al}\left(\frac{1}{E_{Al}} + \frac{A_{Al}}{A_{St}\,E_{St}}\right)$$

$$\sigma_{Al} = \frac{F_h}{A_{St}\,E_{St}\left(\dfrac{1}{E_{Al}} + \dfrac{A_{Al}}{A_{St}\,E_{St}}\right)}$$

$$\sigma_{Al} = \frac{19.367}{40\cdot 205\left(\dfrac{1}{70} + \dfrac{240}{40\cdot 205}\right)}\ \frac{\text{N}}{\text{mm}^2}$$

$$\boxed{\sigma_{Al} = 54\ \text{MPa}}$$

$$\sigma_{St} = \frac{\sigma_{Al}\,E_{St}}{E_{Al}}$$

$$\boxed{\sigma_{St} = 158\ \text{MPa}}$$

d) Die Spannungen sinken, weil der Durchgang zunimmt und damit F_h abnimmt.

Aufgabe 4.8

$$L_m = \frac{R_m}{\rho\,g}$$

$$L_m = \frac{350}{7{,}8\cdot 10^3 \cdot 9{,}81}\,\frac{\text{N m}^3\,\text{s}^2}{\text{mm}^2\,\text{kg m}} = \frac{350}{7{,}8\cdot 10^3 \cdot 9{,}81}\,\frac{\text{m}^3}{\text{mm}^2} = \frac{350\cdot 10^6}{7{,}8\cdot 10^3 \cdot 9{,}81}\,\text{m}$$

$$\boxed{L_m = 4.574\ \text{m} = 4{,}574\ \text{km}}$$

Bei einer *Ausgangslänge* von 4,574 km würde der Stab an der Einspannstelle abreißen.

Elastische Dehnlänge:

$$L_e = \frac{R_e}{\rho\, g}$$

$$L_e = \frac{220 \cdot 10^3}{7,8 \cdot 9,81}\ m$$

$$\boxed{L_e = 2875\ m = 2,875\ km}$$

Ab einer *Ausgangslänge* von 2,875 km fängt der Stab an der Aufhängung an, sich zusätzlich plastisch zu verformen.

Aufgabe 4.9

$$\sigma = \frac{F}{A} = \frac{4\,F}{\pi\, D_0^{\,2}}$$

$$\sigma = \frac{4 \cdot 85 \cdot 10^3}{\pi\, 30^2} \cdot \frac{N}{mm^2}$$

$$\boxed{\sigma = 120,3\ MPa}$$

$$\varepsilon = \frac{\sigma}{E}$$

$$\varepsilon = \frac{120,3}{70.000}$$

$$\boxed{\varepsilon = 0,0017 \,\hat{=}\, 0,17\ \%}$$

$$\Delta L = \varepsilon L_0$$

$$\boxed{\Delta L = 5,15\ mm}$$

$$\varepsilon_q = -\nu\,\varepsilon$$

$$\varepsilon_q = -0,3 \cdot 0,0017$$

$$\boxed{\varepsilon_q = -0,0005 \,\hat{=}\, -0,05\ \%}$$

$$\Delta D = D_0\,\varepsilon_q$$

$$\boxed{\Delta D = -0,015\ mm}$$

$$\Delta V = V_0\,\varepsilon(1 - 2\nu) = \frac{\pi D_0^{\,2}}{4}\, L_0\,\varepsilon(1 - 2\nu)$$

$$\Delta V = \frac{\pi \cdot 30^2}{4}\, 3 \cdot 10^3 \cdot 0,0017\,(1 - 2 \cdot 0,3)\ mm^2\ mm$$

$$\boxed{\Delta V = 1442\ mm^3 = 1,442\ cm^3}\quad \text{Volumenzunahme}$$

Aufgabe 4.11

$$F_z = A\rho\omega^2 \int_r^L r\, dr = A\rho\omega^2 \left.\frac{r^2}{2}\right|_r^L = \frac{1}{2}A\rho\omega^2\left(L^2 - r^2\right)$$

$$\boxed{\sigma(r) = \frac{F_z(r)}{A} = \frac{1}{2}\rho\,\omega^2\left(L^2 - r^2\right)}$$

$$\sigma(0) = \sigma_{max} = \frac{1}{2}\rho\,\omega^2 L^2$$

$$\sigma(L) = 0$$

Verlauf $\sigma(r)$:

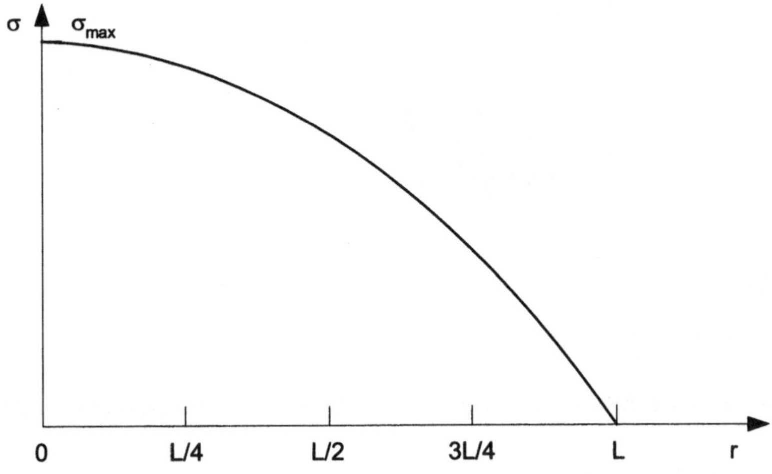

Aufgabe 4.12

$$\sigma_{max} = \frac{1}{2}\rho\,\omega^2 L^2 = 2\rho\,(\pi\,n\,L)^2$$

$$\sigma_{max} = 2\cdot 7{,}8\cdot 10^3 (\pi\,10^4 \cdot 200)^2\;\frac{kg\,mm^2}{m^3\,min^2}$$

$$\sigma_{max} = 2\cdot 7{,}8\cdot 10^3 (\pi\,10^4 \cdot 200)^2 \cdot \frac{1}{60^2}\;\frac{kg\,mm^2}{m^3\,s^2}$$

$$\sigma_{max} = 2\cdot 7{,}8\cdot 10^3 (\pi\,10^4 \cdot 200)^2 \cdot \frac{1}{60^2}\;\frac{N\,mm^2}{m^4}$$

$$\sigma_{max} = 2\cdot 7{,}8\cdot 10^3 (\pi\,10^4 \cdot 200)^2 \cdot \frac{1}{60^2}\cdot 10^{-12}\;\frac{N\,mm^2}{mm^4}$$

$$\boxed{\sigma_{max} \; = \; 171,1 \, MPa}$$

Der Verlauf $\sigma(r)$ errechnet sich wie in Aufgabe 4.11.

Aufgabe 4.13

a) $\sigma_t = \rho \, (\omega R)^2 = \rho \, R^2 (2\pi n)^2 \; \leq \; \sigma_{zul}$

$$n \leq \frac{1}{2\pi R} \sqrt{\frac{\sigma_{zul}}{\rho}} = \frac{1}{\pi D} \sqrt{\frac{\sigma_{zul}}{\rho}}$$

$$n \leq \frac{1}{\pi \, 500} \sqrt{\frac{150}{2,7}} \; \frac{1}{mm} \sqrt{\frac{N \, cm^3}{mm^2 \, g}}$$

$$n \leq \frac{1}{\pi \, 500} \sqrt{\frac{150}{2,7}} \; \frac{1}{mm} \sqrt{\frac{kg \, m \, cm^3}{s^2 \, mm^2 \, g}}$$

$$n \leq \frac{1}{\pi \, 500} \sqrt{\frac{150}{2,7}} \; \sqrt{10^3 \cdot 10^3 \cdot 10^3} \; \frac{1}{mm} \sqrt{\frac{mm^4}{s^2 \, mm^2}}$$

$$n \leq \frac{1}{\pi \, 500} \sqrt{\frac{150 \cdot 10^9}{2,7}} \; \frac{1}{s}$$

$$\boxed{n \leq \; 150 \, s^{-1} \; = 9000 \, min^{-1}}$$

b) Bei der Rotation vergrößert sich der Umfang, welcher proportional zum Durchmesser ist.

$$\sigma = E \, \varepsilon = E \, \frac{\Delta U}{U_0} = E \, \frac{\pi \, \Delta D}{\pi \, D_0} = E \, \frac{\Delta D}{D_0}$$

$$\Delta D = \frac{\sigma \, D_0}{E}$$

$$\boxed{\Delta D = \frac{150 \cdot 500}{70 \cdot 10^3} \, mm = 1,07 \, mm}$$

Aufgabe 4.14

a) $\varepsilon_{th} = \alpha_\ell \, \Delta T = \dfrac{\Delta L}{L_0}$

$$\Delta T = \frac{\Delta L}{L_0 \, \alpha_\ell}$$

$$\boxed{\Delta T = +178,6 \, K}$$

b) $\sigma = \dfrac{F}{A} = -\varepsilon_{th}\, E$

$$F = -\varepsilon_{th}\, A\, E = -\frac{\Delta L}{L_0}\cdot\frac{\pi D^2}{4}\, E$$

$$\boxed{F = -141.372\,\text{N} \approx -141,4\ \text{kN}}$$

c) $\sigma = \dfrac{4\,F}{\pi\, D^2}$

$$\boxed{\sigma = \frac{-141.372\cdot 4}{\pi\, 20^2}\ \frac{\text{N}}{\text{mm}^2} = -450\ \text{MPa}}$$

oder

$\sigma = -\varepsilon_{th}\, E = -\alpha_\ell\, \Delta T\, E$

$$\boxed{\sigma = -12\cdot 10^{-6}\cdot 178,6\cdot 210\cdot 10^3\ \frac{\text{K MPa}}{\text{K}} = -450\ \text{MPa}}$$

Aufgabe 4.15

$\sigma_{th} = -\alpha_\ell\, \Delta T\, E$

$\dfrac{\sigma_{th}}{\Delta T} = -\alpha_\ell\, E$

$$\boxed{\frac{\sigma_{th}}{\Delta T} = -1,4\ \text{MPa}/\text{K}}$$

$\Delta T = \dfrac{R_e}{\alpha_\ell\, E}$

$$\boxed{\Delta T = 129\ \text{K}}$$

Das Vorzeichen wurde weggelassen, weil diese Berechnung sowohl fürs Aufheizen als auch fürs Abkühlen gilt.

Aufgabe 4.16

a) Es handelt sich um eine *kraft*schlüssige Welle/Nabe-Verbindung. Das Längenmaß, welches sich ändert, ist der Umfang des Stahlringes. Dieser verhält sich zwar proportional zum Durchmesser, doch zum besseren Verständnis sollte zunächst die Umfangsänderung angesetzt werden (im Durchmesser befindet sich „Luft").

$\Delta L = \Delta U = U_1 - U_0 = \pi d_1 - \pi d_0 = \alpha_\ell\, U_0\, \Delta T = \alpha_\ell\, \pi d_0\, \Delta T$

$$\Delta T = \frac{\pi(d_1 - d_0)}{\alpha_\ell\, \pi d_0} = \frac{d_1 - d_0}{\alpha_\ell\, d_0}$$

$$\Delta T = \frac{850 - 849,2}{12 \cdot 10^{-6} \cdot 849,2} \; K = +78,5 \; K$$

b) $\sigma_{th} = -\varepsilon_{th} \, E = -\alpha_\ell \, \Delta T \, E$

$$\sigma_{th} = -12 \cdot 10^{-6} \, (-78,5) \, 210 \cdot 10^3 \; MPa = 198 \; MPa$$

Es handelt sich selbstverständlich um eine Zugspannung im Ring nach dem Abkühlen (ΔT negativ!).

$$\varepsilon = \frac{\Delta U}{U_0} = \frac{\sigma}{E} = -\alpha_\ell \, \Delta T$$

$$\varepsilon = \frac{198}{210 \cdot 10^3} = 0,00094 \; \hat{=} \; 0,094 \; \%$$

oder

$$\varepsilon = -12 \cdot 10^{-6} \, (-78,5) = 0,00094 \; \hat{=} \; 0,094 \; \%$$

c) Berechnung wie bei einer Zentrifuge:

$$\sigma_t = \rho \, (\omega R)^2 = \rho \, \frac{D^2}{4} (2\pi \, n)^2 = \rho \, (D \pi \, n)^2$$

$$n_{max} = \frac{1}{\pi D} \sqrt{\frac{\sigma_t}{\rho}}$$

$$n_{max} = \frac{1}{\pi \, 850} \sqrt{\frac{198}{7,8 \cdot 10^3}} \; \frac{1}{mm} \sqrt{\frac{N \, m^3}{mm^2 \, kg}}$$

$$n_{max} = \frac{1}{\pi \, 850} \sqrt{\frac{198}{7,8 \cdot 10^3}} \; \frac{1}{mm} \sqrt{\frac{kg \, m^4}{mm^2 \, kg \, s^2}}$$

$$n_{max} = \frac{1}{\pi \, 850} \sqrt{\frac{198 \cdot 10^{12}}{7,8 \cdot 10^3}} \; \frac{1}{mm} \sqrt{\frac{mm^4}{mm^2 \, s^2}}$$

$$n_{max} = 60 \; s^{-1}$$

Aufgabe 4.17

$\sigma = -\alpha_\ell \, \Delta T \, E$

$$\sigma = -12 \cdot 10^{-6} \, (253 - 303) \cdot 210 \cdot 10^3 \; MPa = 126 \; MPa$$

Die Temperaturen werden zweckmäßigerweise in K eingesetzt, damit sich das korrekte Vorzeichen für ΔT ergibt. Dann folgt auch eine vorzeichenkorrekte Spannung, in diesem Fall eine Zugspannung.

Aufgabe 4.18

$$\sigma^{(k)} = -\sigma^{(w)} = \frac{E \cdot \alpha_\ell \, (T_{max} - T_{min})}{2 \, (1-\nu)}$$

$$\sigma^{(k)} = -\sigma^{(w)} = \frac{170 \cdot 10^3 \cdot 16 \cdot 10^{-6} \, (700 - 350)}{2 \, (1-0,3)} \, \frac{MPa \, K}{K}$$

$$\boxed{\sigma^{(k)} = +680 \, MPa}$$

$$\boxed{\sigma^{(w)} = -680 \, MPa}$$

Aufgabe 4.20

Siehe Aufgabe 11.16

Aufgabe 4.23

$$\sigma_t = \frac{p \, d}{2s}$$

$$\sigma_t = \frac{0,57 \cdot 3,7}{2 \cdot 0,91} \, \frac{bar \, m}{mm} = \frac{0,057 \cdot 3,7 \cdot 10^3}{2 \cdot 0,91} \, \frac{MPa \, mm}{mm}$$

$$\boxed{\sigma_t = 115,9 \, MPa}$$

$$\boxed{\sigma_a = \sigma_t / 2 = 57,9 \, MPa}$$

$$\sigma_r = -p$$

$$\boxed{\sigma_r = -0,057 \, MPa}$$

Aufgabe 5.2

Es handelt sich um eine *form*schlüssige Welle/Nabe-Verbindung.

$$M_t = F_t \, \frac{D}{2}$$

$$\overline{\tau} = \frac{F_t}{b \, L} = \frac{2 \, M_t}{D \, b \, L}$$

$$\overline{\tau} = \frac{2 \cdot 120}{20 \cdot 8 \cdot 15} \, \frac{Nm}{mm^3} = \frac{2 \cdot 120 \cdot 10^3}{20 \cdot 8 \cdot 15} \, \frac{N}{mm^2}$$

$$\boxed{\overline{\tau} = 100 \, MPa}$$

Aufgabe 5.3

$$M_t = i \, F_t \, R$$

F_t ist die tangential auf dem Bohrungskreis wirkende Kraft. i ist die Anzahl der Bolzen, auf die sich das Moment verteilt.

$$\tau = \frac{4F_t}{\pi D^2} = \frac{4M_t}{i\,R\,\pi D^2}$$

$$\tau = \frac{4\cdot 160}{10\cdot 185\,\pi\,40^2}\,\frac{kN\,m}{mm\,mm^2} = \frac{4\cdot 160\cdot 10^3\cdot 10^3}{10\cdot 185\,\pi\,40^2}\,\frac{N}{mm^2}$$

$$\boxed{\tau = 68{,}8\ MPa}$$

Aufgabe 5.4

a) Momentengleichgewicht

$$F_P\,L = F_K\,R$$

$$F_K = \frac{F_P\,L}{R}$$

$$\boxed{F_K = 1059\ N}$$

b) $\quad \tau = \dfrac{F_K/2}{\pi D^2/4} = \dfrac{2F_K}{\pi D^2}$

Die Zugkraft in der Kette teilt sich auf zwei Scherflächen in den Bolzen auf.

$$\boxed{\tau = 108\ MPa}$$

Aufgabe 6.1

$$G = \frac{E}{2(1+\nu)}$$

Mit $\nu = 0{,}3$ und $E_{St} = 205$ GPa, $E_{Cu} = 130$ GPa und $E_{Al} = 70$ GPa ergeben sich:
$G_{St} \approx 79$ GPa; $G_{Cu} \approx 50$ GPa; $G_{Al} \approx 27$ GPa

---

Aufgabe 6.2

Kontrolle der Querkontraktionszahl:

$$\nu = \frac{E}{2\,G} - 1; \qquad \text{es wäre:} \qquad \nu = \frac{113\ GPa}{2\cdot 36{,}5\ GPa} - 1 \approx 0{,}55$$

Ein Wert $\nu > 0{,}5$ ist unmöglich! Tatsächlich ist stets $\nu < 0{,}5$ bei rein elastischer Verformung. Der E-Modul ist für eine Messinglegierung realistisch (siehe Tabelle 4.1), der Schubmodul ist jedoch zu niedrig (sollte ca. 43 GPa betragen).

Aufgabe 7.2

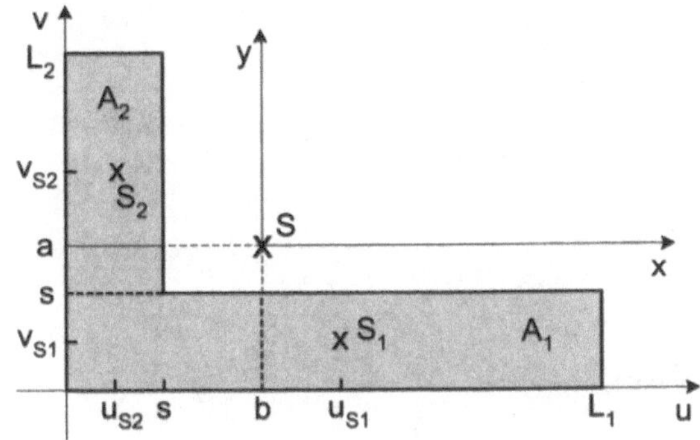

$$A = A_1 + A_2 = L_1 s + (L_2 - s)s = s(L_1 + L_2 - s)$$

$$Ab = \sum_1^2 (A_i u_{S_i}) = A_1 u_{S_1} + A_2 u_{S_2}$$

$$u_{S_1} = \frac{L_1}{2} \; ; \; u_{S_2} = \frac{s}{2}$$

$$Ab = L_1 s \frac{L_1}{2} + (L_2 - s) s \frac{s}{2} = \frac{s}{2}\left(L_1^2 + L_2 s - s^2\right)$$

$$b = \frac{L_1^2 + L_2 s - s^2}{2(L_1 + L_2 - s)}$$

$$\boxed{b = 35 \text{ mm}}$$

$$Aa = \sum_1^2 (A_i v_{S_i}) = A_1 v_{S_1} + A_2 v_{S_2}$$

$$v_{S_1} = \frac{s}{2} ; \; v_{S_2} = s + \frac{L_2 - s}{2} = \frac{L_2 + s}{2}$$

$$Aa = L_1 s \frac{s}{2} + (L_2 - s) s \frac{L_2 + s}{2} = L_1 \frac{s^2}{2} + \frac{1}{2}\left(L_2^2 s - s^3\right)$$

$$a = \frac{\dfrac{L_1 s}{2} + \dfrac{L_2^2}{2} - \dfrac{s^2}{2}}{L_1 + L_2 - s} = \frac{L_1 s + L_2^2 - s^2}{2(L_1 + L_2 - s)}$$

$$\boxed{a = 15 \text{ mm}}$$

Aufgabe 7.3

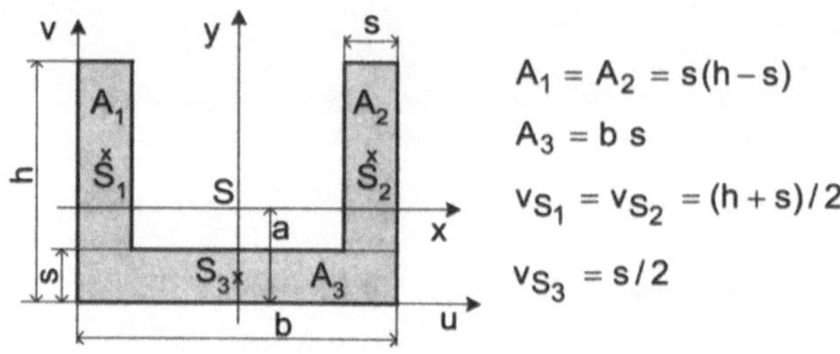

$$A_1 = A_2 = s(h-s)$$
$$A_3 = b\,s$$
$$v_{S_1} = v_{S_2} = (h+s)/2$$
$$v_{S_3} = s/2$$

$$A = A_1 + A_2 + A_3 = 2\,s(h-s) + bs = s(2h - 2s + b)$$

$$Aa = \sum_1^3 (A_i\,y_{S_i}) = A_1\,y_{S_1} + A_2\,y_{S_2} + A_3\,y_{S_3}$$

$$y_{S_1} = y_{S_2} = s + \frac{h-s}{2} = \frac{h+s}{2}\,; \quad y_{S_3} = \frac{s}{2}$$

$$Aa = 2\,s(h-s)\,\frac{h+s}{2} + bs\frac{s}{2} = (sh - s^2)(h+s) + \frac{b\,s^2}{2} = sh^2 - s^3 + \frac{b\,s^2}{2}$$

$$a = \frac{sh^2 - s^3 + \dfrac{b\,s^2}{2}}{s(2h - 2s + b)} = \frac{h^2 - s^2 + \dfrac{b\,s}{2}}{2h - 2s + b}$$

$$\boxed{a = 18{,}03 \text{ mm}}$$

Aufgabe 7.4

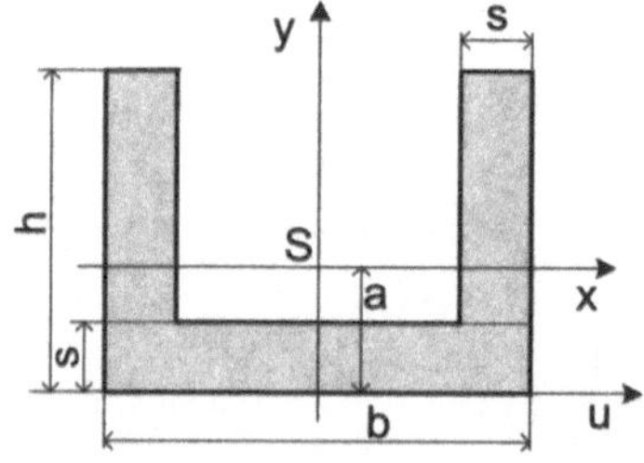

I_y ist am einfachsten zu bestimmen. Dazu wird das Prinzip „voll minus Ausschnitt" verwendet, das Profil also oben geschlossen und das FTM des inneren Rechtecks abgezogen:

$$I_y = \frac{h\,b^3}{12} - \frac{(h-s)(b-2s)^3}{12} = \frac{h\,b^3 - (h-s)(b-2s)^3}{12}$$

$$I_y = \frac{55 \cdot 10^6 \text{ mm}^4 - (55-10)(100-20)^3 \text{ mm}^4}{12} = \frac{55 \cdot 10^6 - (55-10)(100-20)^3}{12 \cdot 10^4} \text{ cm}^4$$

$$\boxed{I_y = 266{,}33 \text{ cm}^4}$$

I_x kann auf unterschiedliche Weise bestimmt werden. Hier wird der Satz von Steiner verwendet. Dazu wird die Hilfsachse u eingeführt und zunächst das FTM bezüglich der u-Achse errechnet. I_u wird wiederum nach der Regel „voll minus Ausschnitt" ermittelt:

$$I_u = b \int_0^h y^2 \, dy - (b-2s) \int_s^h y^2 \, dy$$

$$I_u = b \left. \frac{y^3}{3} \right|_0^h - (b-2s) \left. \frac{y^3}{3} \right|_s^h = \frac{bh^3}{3} - (b-2s)\left(\frac{h^3}{3} - \frac{s^3}{3} \right)$$

$$I_u = \frac{bs^3}{3} + \frac{2sh^3}{3} - \frac{2s^4}{3} = \frac{s(bs^2 + 2h^3 - 2s^3)}{3}$$

$$I_u = 113{,}58 \text{ cm}^4$$

Mit a und A aus Aufgabe 7.3:

$$I_x = I_u - a^2 A = I_u - \left(\frac{h^2 - s^2 + \dfrac{b\,s}{2}}{2h - 2s + b} \right)^2 \left[s(2h - 2s + b) \right]$$

$$a = 1{,}803 \text{ cm} \quad \text{und} \quad A = 19 \text{ cm}^2$$

$$\boxed{I_x = 51{,}81 \text{ cm}^4}$$

Aufgabe 7.5

a)

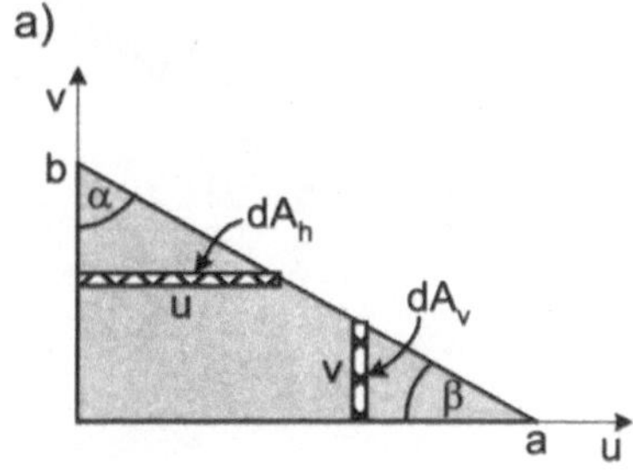

$$\tan\alpha = \frac{a}{b} = \frac{u}{b-v} \quad \Rightarrow \quad u = \frac{a(b-v)}{b}$$

$$\tan\beta = \frac{b}{a} = \frac{v}{a-u} \quad \Rightarrow \quad v = \frac{b(a-u)}{a}$$

$$dA_h = u\,dv = \frac{a(b-v)}{b}\,dv$$

$$dA_v = v\,du = \frac{b(a-u)}{a}\,du$$

$$I_u = \int v^2\,dA_h = \int_0^b \left[v^2\,\frac{a(b-v)}{b} \right] dv$$

$$I_u = \int_0^b \left(av^2 - \frac{a}{b}\,v^3 \right) dv = a\int_0^b v^2\,dv - \frac{a}{b}\int_0^b v^3\,dv$$

$$I_u = a\,\frac{v^3}{3}\bigg|_0^b - \frac{a}{b}\,\frac{v^4}{4}\bigg|_0^b = \frac{a\,b^3}{3} - \frac{a\,b^4}{4\,b}$$

$$\boxed{I_u = \frac{a\,b^3}{12}}$$

$$I_v = \int u^2\,dA_v = \int_0^a \left[u^2\,\frac{b(a-u)}{a} \right] du$$

$$I_v = \int_0^a \left(bu^2 - \frac{b}{a}\,u^3 \right) du = b\int_0^a u^2\,du - \frac{b}{a}\int_0^a u^3\,du$$

$$I_v = b\,\frac{u^3}{3}\bigg|_0^a - \frac{b}{a}\,\frac{u^4}{4}\bigg|_0^a = \frac{b\,a^3}{3} - \frac{b\,a^4}{4\,a}$$

$$\boxed{I_v = \frac{b\,a^3}{12}}$$

b)

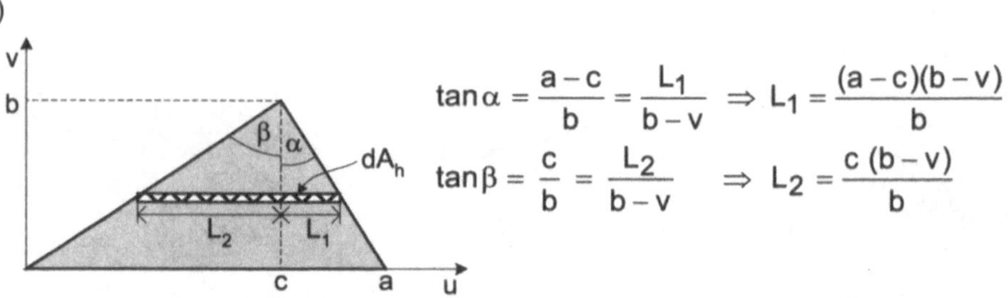

$$\tan\alpha = \frac{a-c}{b} = \frac{L_1}{b-v} \;\Rightarrow\; L_1 = \frac{(a-c)(b-v)}{b}$$

$$\tan\beta = \frac{c}{b} = \frac{L_2}{b-v} \;\Rightarrow\; L_2 = \frac{c\,(b-v)}{b}$$

$$dA_h = L\,dv = (L_1 + L_2)\,dv = \frac{a(b-v)}{b}\,dv$$

$$I_u = \int v^2 \, dA = \int_0^b \left[v^2 \, \frac{a(b-v)}{b} \right] dv$$

$$I_u = \int_0^b \left(a v^2 - \frac{a}{b} v^3 \right) dv = a \int_0^b v^2 \, dv - \frac{a}{b} \int_0^b v^3 \, dv$$

$$I_u = a \, \frac{v^3}{3} \bigg|_0^b - \frac{a}{b} \, \frac{v^4}{4} \bigg|_0^b = \frac{a \, b^3}{3} - \frac{a \, b^4}{4 \, b}$$

$$\boxed{I_u = \frac{a \, b^3}{12}}$$

Bei der Berechnung von I_v müssen zwei Teildreiecke betrachtet und die Summe der FTM gebildet werden.

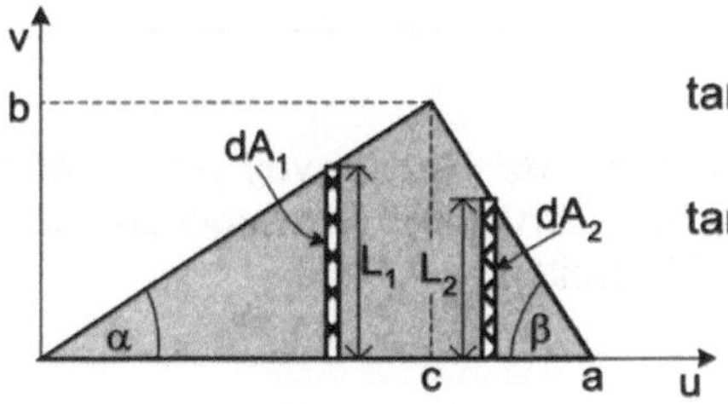

$$\tan\alpha = \frac{b}{c} = \frac{L_1}{u} \qquad \Rightarrow L_1 = \frac{b \, u}{c}$$

$$\tan\beta = \frac{b}{a-c} = \frac{L_2}{a-u} \qquad \Rightarrow L_2 = \frac{b \, (a-u)}{a-c}$$

$$dA_1 = L_1 \, du = \frac{b \, u}{c} \, du$$

$$dA_2 = L_2 \, du = \frac{b \, (a-u)}{a-c} \, du$$

$$I_v = \int u^2 \, dA_1 + \int u^2 \, dA_2$$

$$I_v = \frac{b}{c} \int_0^c u^3 \, du + \int_c^a u^2 \, \frac{b(a-u)}{a-c} \, du$$

$$I_v = \frac{b}{c} \int_0^c u^3 \, du + \frac{b}{a-c} \left[a \int_c^a u^2 \, du - \int_c^a u^3 \, du \right]$$

$$I_v = \frac{b}{c} \, \frac{u^4}{4} \bigg|_0^c + \frac{b}{a-c} \left[a \, \frac{u^3}{3} \bigg|_c^a - \frac{u^4}{4} \bigg|_c^a \right]$$

$$I_V = \frac{b}{c}\frac{u^4}{4}\bigg|_0^c + \frac{b}{a-c}\left[\frac{a^4}{3} - a\frac{c^3}{3} - \frac{a^4}{4} + \frac{c^4}{4}\right]$$

$$I_V = \frac{bc^3}{4} + \frac{b}{a-c}\cdot\frac{4a^4 - 4ac^3 - 3a^4 + 3c^4}{12}$$

$$I_V = \frac{3\,bc^3(a-c) + 4a^4b - 4abc^3 - 3a^4b + 3bc^4}{12(a-c)}$$

$$I_V = \frac{a^4b - abc^3}{12(a-c)}$$

$$\boxed{I_V = \frac{a\,b}{12}\cdot\frac{a^3 - c^3}{a-c} = \frac{a\,b}{12}(a^2 + ac + c^2)}$$

Kontrolle des letzten Umformschrittes: $(a-c)(a^2 + ac + c^2) = a^3 - c^3$

Aufgabe 7.6

Beide FTM lassen sich am geschicktesten nach der Regel „voll minus Ausschnitt" berechnen. Die FTM für Rechtecke bezüglich ihrer Schwerachsen werden als bekannt vorausgesetzt (Herleitung im Textteil).

$$I_x = \frac{b\,h^3}{12} - \frac{b_1\,h_1^3}{12}$$

$$\boxed{I_x = 487.019 \text{ mm}^4 = 48,7 \text{ cm}^4}$$

$$I_y = \frac{h\,b^3}{12} - \frac{h_1\,b_1^3}{12}$$

$$\boxed{I_y = 33.899 \text{ mm}^4 = 3,39 \text{ cm}^4}$$

Aufgabe 7.7

I_x errechnet sich nach der Regel „voll minus Ausschnitt", indem der Mittensteg halbiert und jeweils eine Hälfte nach außen verschoben wird (siehe nachfolgende Skizze). Dadurch ändert sich die Integrationsgrenzen für I_x nicht.

$$I_x = \frac{100 \cdot 120^3}{12}\text{ mm}^4 - \frac{(100-14)\cdot(120-36)^3}{12}\text{ mm}^4$$

$$\boxed{I_x = 1.015,23 \text{ cm}^4}$$

Für I_y wird die Summe der FTM aus den drei Teilrechtecken gebildet:

$$I_y = 2\,\frac{18 \cdot 100^3}{12}\text{ mm}^4 + \frac{84 \cdot 14^3}{12}\text{ mm}^4$$

$$\boxed{I_y = 301{,}92 \text{ cm}^4}$$

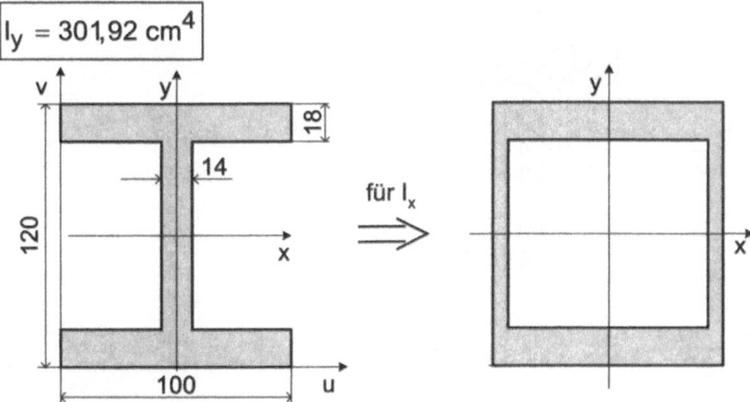

I_u und I_v werden nach dem Satz von Steiner berechnet:

$$A = 2 \cdot 100 \cdot 18 \text{ mm}^2 + 84 \cdot 14 \text{ mm}^2 = 4776 \text{ mm}^2$$

$$I_u = I_x + a^2\, A$$

$$I_u = 1015{,}23 \text{ cm}^4 + 6^2 \cdot 47{,}76 \text{ cm}^4$$

$$\boxed{I_u = 2.734{,}59 \text{ cm}^4}$$

$$I_v = I_y + b^2\, A$$

$$I_v = 301{,}92 \text{ cm}^4 + 5^2 \cdot 47{,}76 \text{ cm}^4$$

$$\boxed{I_v = 1.495{,}92 \text{ cm}^4}$$

Aufgabe 7.8

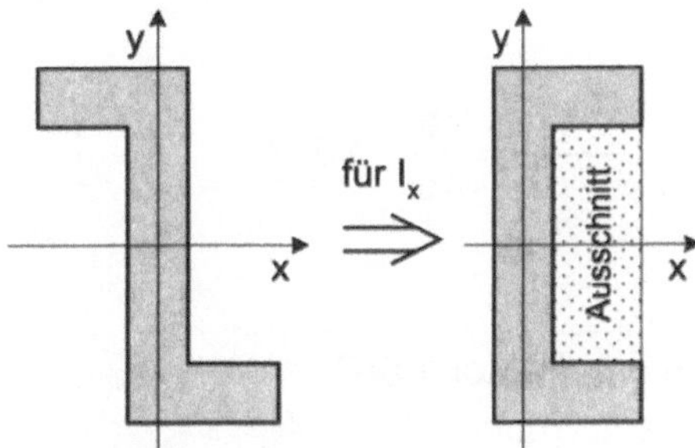

$$I_x = \frac{b\, h^3}{12} - \frac{(b-s)(h-2s)^3}{12}$$

$$\boxed{I_x = 246 \text{ cm}^4}$$

Zur Berechnung von I_y gibt es verschiedene Möglichkeiten, siehe Bild 7.5. Die einfachste ist die Verschiebung von Teilflächen zu einem T-Profil.

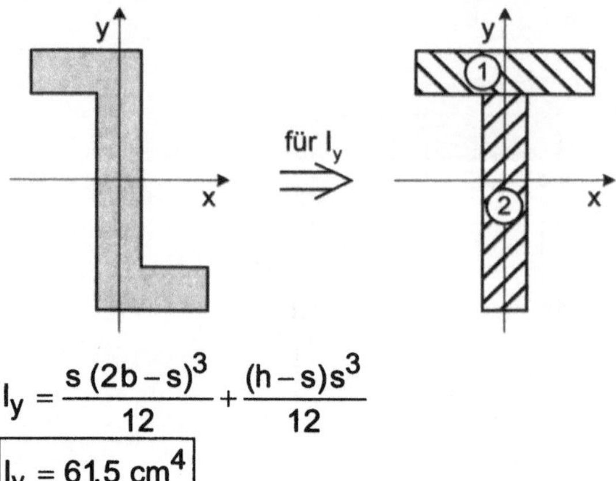

$$I_y = \frac{s\,(2b-s)^3}{12} + \frac{(h-s)s^3}{12}$$

$$\boxed{I_y = 61{,}5 \text{ cm}^4}$$

Aufgabe 8.1

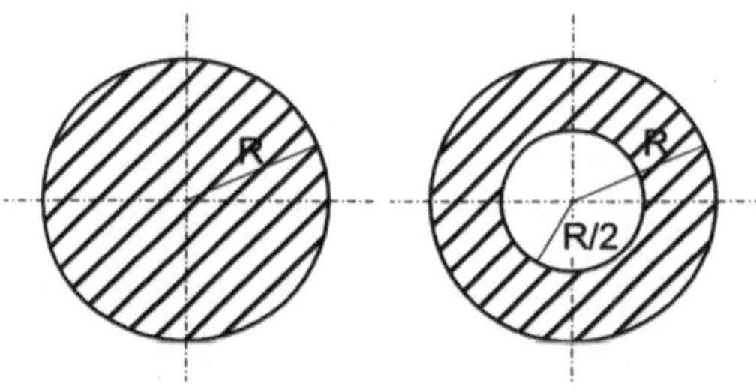

a) $\tau_{max} = \dfrac{M_t}{W_p}$ mit M_t = const.

Index „v": Vollprofil; Index „h": Hohlprofil

$$\tau_{max_v}\, W_{p_v} = \tau_{max_h}\, W_{p_h}$$

$$\frac{\tau_{max_h}}{\tau_{max_v}} = \frac{W_{p_v}}{W_{p_h}} = \frac{\dfrac{\pi}{2}R^3}{\dfrac{\pi}{2}\dfrac{R^4-\left(\dfrac{R}{2}\right)^4}{R}} = \frac{R^4}{R^4-\left(\dfrac{R}{2}\right)^4} = \frac{1}{1-\dfrac{1}{16}} = \frac{16}{15} = \underline{1{,}067}$$

Die maximale Schubspannung erhöht sich um den Faktor 1,067.

b)   Die Gewichte verhalten sich wie die Querschnittsflächen:

$$\frac{G_v}{G_h} = \frac{A_v}{A_h} = \frac{\pi R^2}{\pi\,(R^2-R^2/4)} = \frac{4}{3}$$

$$\boxed{G_h = \frac{3}{4}\,G_v}$$

Das Gewicht reduziert sich um ¼.

c) $\quad \varphi = \dfrac{M_t\,L}{G\,I_p}$ $\qquad$ mit $\qquad$ $\dfrac{M_t\,L}{G} = \text{const.}$

$$\frac{\varphi_h}{\varphi_v} = \frac{I_{p_v}}{I_{p_h}} = \frac{16}{15} = \underline{1{,}067}$$

Ebenso wie die maximale Schubspannung erhöht sich auch der Verdrehwinkel um den Faktor 1,067, wie zu erwarten war.

d)

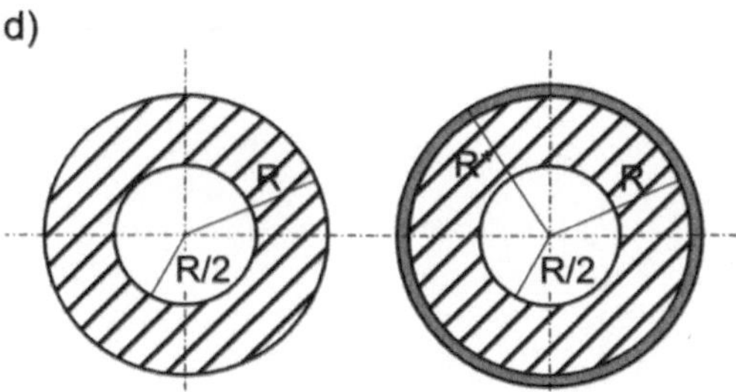

$$\tau_{max} = \frac{M_t}{W_p} = \text{const.} = \frac{M_t}{W_{p_v}} = \frac{M_t}{W_{p_h}{}^{*}} \quad \Rightarrow \quad W_{p_v} = W_{p_h}{}^{*}$$

$$\frac{\pi}{2}R^3 = \frac{\pi}{2}\frac{R^{*4}-\left(\dfrac{R}{2}\right)^4}{R^*} = \frac{\pi}{2}\frac{R^{*4}-\dfrac{R^4}{16}}{R^*}$$

$$R^3 = \frac{R^{*4}-\dfrac{R^4}{16}}{R^*}$$

Auf die allgemeine Form der algebraischen Gleichung gebracht:

$$R^* R^3 - R^{*4} + \frac{R^4}{16} = 0$$

Gesucht wird das Verhältnis $x = R^*/R$; deshalb wird durch R^4 geteilt:

$$\frac{R^*}{R} - \left(\frac{R^*}{R}\right)^4 + \frac{1}{16} = 0$$

$$x - x^4 + \frac{1}{16} = 0$$

In Normalform geschrieben:

$$x^4 - x - \frac{1}{16} = 0$$

Von dieser Gleichung werden die Nullstellen gesucht (Programmierung im Taschenrechner). Dabei kommt nur eine Nullstelle im positiven Bereich infrage:

$$\boxed{x = R^*/R = 1{,}02}$$

Der Außendurchmesser muss also um den Faktor 1,02 erhöht werden, um im Hohlprofil dieselbe maximale Schubspannung auftreten zu lassen wie beim Vollprofil.

e) $\quad \dfrac{G^*}{G_V} = \dfrac{A^*}{A_V} = \dfrac{\pi\,(1{,}02^2\,R^2 - R^2/4)}{\pi\,R^2} = \underline{0{,}79}$

Das Gewicht des Hohlprofils mit erweitertem Außendurchmesser wiegt 79 % vom Vollprofil; die Gewichtsersparnis beträgt also 21 %.

Aufgabe 8.2

a)

$P = M_t\,\omega = 2\,\pi\,n\,M_t$

$M_t = \dfrac{P}{2\,\pi\,n}$

$M_t = \dfrac{50}{2\,\pi\cdot 50}\,\text{MW s} = \dfrac{50\cdot 10^6}{2\,\pi\cdot 50}\,\dfrac{\text{J s}}{\text{s}}$

$\boxed{M_t = 159.155\,\text{N m} \approx 159{,}2\,\text{kN m}}$

b) $\quad \tau_{max} = \dfrac{M_t}{W_p} = \dfrac{16\,M_t}{\pi\,D^3}$

$\boxed{\tau_{max} = 52\,\text{MPa}}$

c) $\quad \boxed{\sigma_{max} = \tau_{max} = 52\,\text{MPa}}$

Siehe Bild 8.11 für ein linksdrehendes Torsionsmoment. Bei einem rechtsdrehenden Moment liegt σ_{max} um 90° gedreht.

d) $\quad \varepsilon(45°) = \dfrac{1+\nu}{E}\cdot\dfrac{M_t}{W_p} = \dfrac{1+\nu}{E}\cdot\dfrac{16\,P}{2\,\pi^2\,n\,D^3}$

$P = \dfrac{\pi^2\,n\,D^3\,E\,\varepsilon(45°)}{8(1+\nu)}$

$P = \dfrac{\pi^2\cdot 50\cdot 250^3\cdot 205\cdot 10^3\cdot 0{,}0003}{8(1+0{,}3)}\,\dfrac{\text{mm}^3\,\text{N}}{\text{s mm}^2}$

$P = \dfrac{\pi^2\cdot 50\cdot 250^3\cdot 205\cdot 10^3\cdot 0{,}0003}{8(1+0{,}3)\cdot 10^3}\,\underset{=\text{W}}{\underline{\dfrac{\text{N m}}{\text{s}}}}$

$\boxed{P = 45{,}6\,\text{MW}}$

Aufgabe 9.1

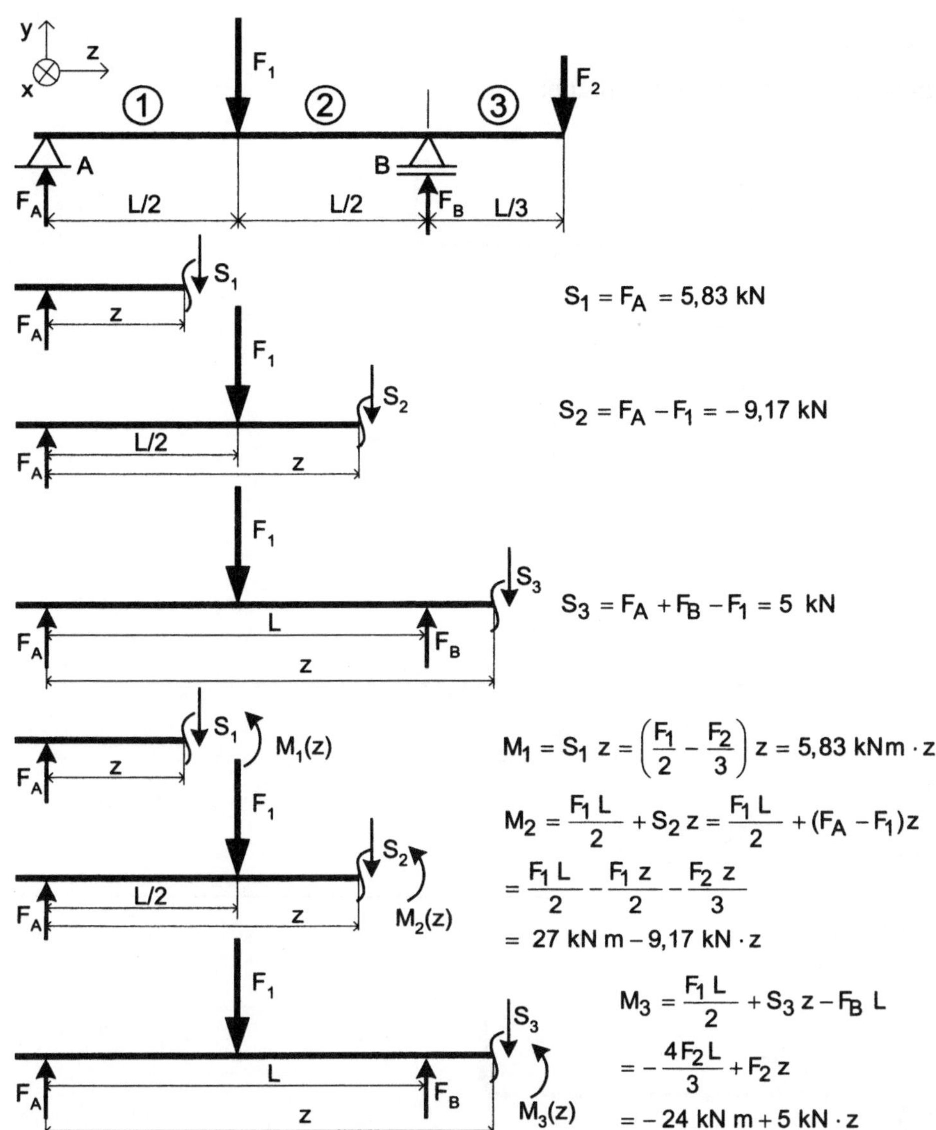

$$S_1 = F_A = 5{,}83\ \text{kN}$$

$$S_2 = F_A - F_1 = -9{,}17\ \text{kN}$$

$$S_3 = F_A + F_B - F_1 = 5\ \text{kN}$$

$$M_1 = S_1\, z = \left(\frac{F_1}{2} - \frac{F_2}{3}\right) z = 5{,}83\ \text{kNm} \cdot z$$

$$M_2 = \frac{F_1\, L}{2} + S_2\, z = \frac{F_1\, L}{2} + (F_A - F_1)z$$

$$= \frac{F_1\, L}{2} - \frac{F_1\, z}{2} - \frac{F_2\, z}{3}$$

$$= 27\ \text{kN m} - 9{,}17\ \text{kN} \cdot z$$

$$M_3 = \frac{F_1\, L}{2} + S_3\, z - F_B\, L$$

$$= -\frac{4 F_2\, L}{3} + F_2\, z$$

$$= -24\ \text{kN m} + 5\ \text{kN} \cdot z$$

Kräftegleichgewicht: $F_1 + F_2 - F_A - F_B = 0$

Momentengleichgewicht: $-F_1 \dfrac{L}{2} + F_B\, L - F_2 \dfrac{4L}{3} = 0$

$$F_B = \frac{F_1}{2} + \frac{4}{3} F_2$$

$$\boxed{F_B = 14{,}17\ \text{kN}}$$

$$F_A = F_1 + F_2 - F_B = \frac{F_1}{2} - \frac{F_2}{3}$$

$$\boxed{F_A = 5,83 \text{ kN}}$$

Graphische Darstellung der Verläufe:

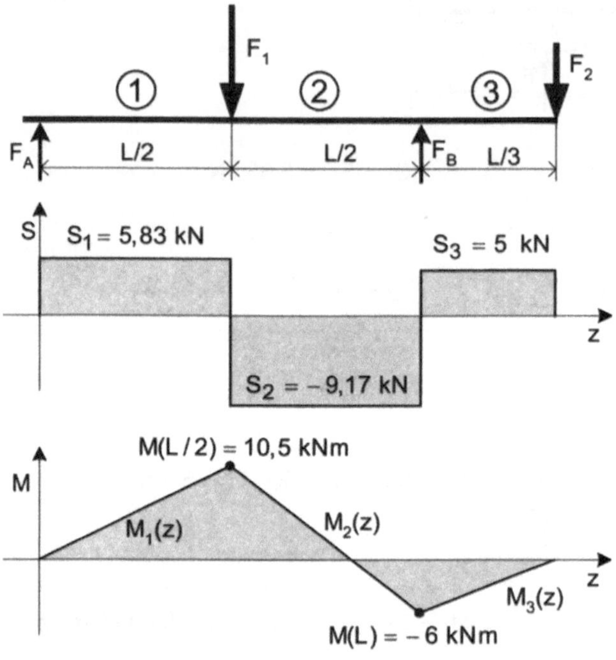

$$\boxed{M_{b\,max} = M(L/2) = 10,5 \text{ kN m}}$$

Aufgabe 10.3

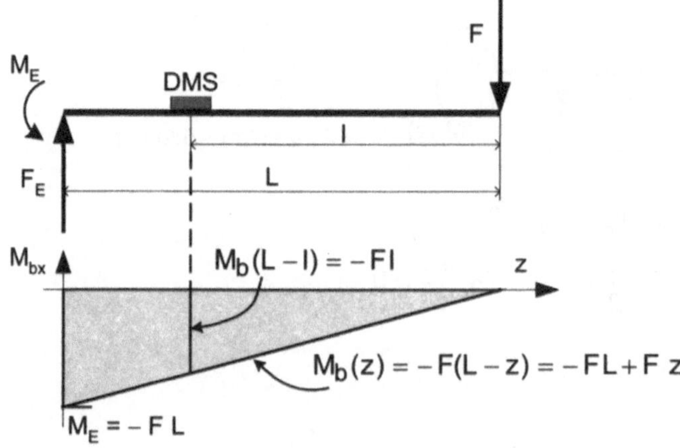

a) $\quad \sigma(z) = \dfrac{-M_{bx}(z)}{W_x} = \dfrac{-6\,M_{bx}(z)}{b\,h^2} = \dfrac{6\,F\,(L-z)}{b\,h^2}$

An der Stelle z = L – l:

$$\sigma(L-l) = \dfrac{6\,F\,l}{b\,h^2}$$

$$\sigma(80\,mm) = \dfrac{6 \cdot 20 \cdot 430}{40 \cdot 6{,}5^2}\ \dfrac{N\ mm}{mm\ mm^2}$$

$$\boxed{\sigma(80\,mm) = 30{,}5\ MPa}$$

b) $\quad \varepsilon_{DMS} = 150\ \mu m/m = 150 \cdot 10^{-6}$

$\sigma = E\,\varepsilon$

$\sigma = 210 \cdot 10^3 \cdot 150 \cdot 10^{-6}\ MPa$

$$\boxed{\sigma = 31{,}5\ MPa}$$

Unter Berücksichtigung der Messungenauigkeiten stimmen der berechnete und der gemessene Spannungswert gut überein.

c) $\quad$ Für diesen Fall gilt für die maximale Durchbiegung Gl. (10.25):

$$y(L) = \dfrac{-F\,L^3}{3\,E\,I_x} = \dfrac{-4\,F\,L^3}{E\,b\,h^3}$$

$$\boxed{y(L) = f = -4{,}6\ mm}$$

d) $\quad$ Die Neigung errechnet sich für diesen Belastungsfall gemäß Gl. (10.23 b):

$$y'(L) = \tan\varphi_{max} = \dfrac{-F}{E\,I_x}\left(L^2 - \dfrac{L^2}{2}\right) = \dfrac{-6\,F\,L^2}{E\,b\,h^3}$$

$\tan\varphi_{max} = -0{,}01353$

$\varphi_{max} = \arctan(-0{,}01353)$

$$\boxed{\varphi_{max} = -0{,}775° \approx -0{,}8°}$$

Aufgabe 10.4

Diese Aufgabe dient exemplarisch dazu, die Berechnungsgleichungen für symmetrische Drei- und Vierpunktbiegung herzuleiten.

a), b)
Die symmetrische Dreipunktbiegung ist hier noch einmal aufgezeichnet. Sie kann auch aus der allgemeinen Dreipunktbiegung nach Bild 9.2 hergeleitet werden mit a = b = L/2.

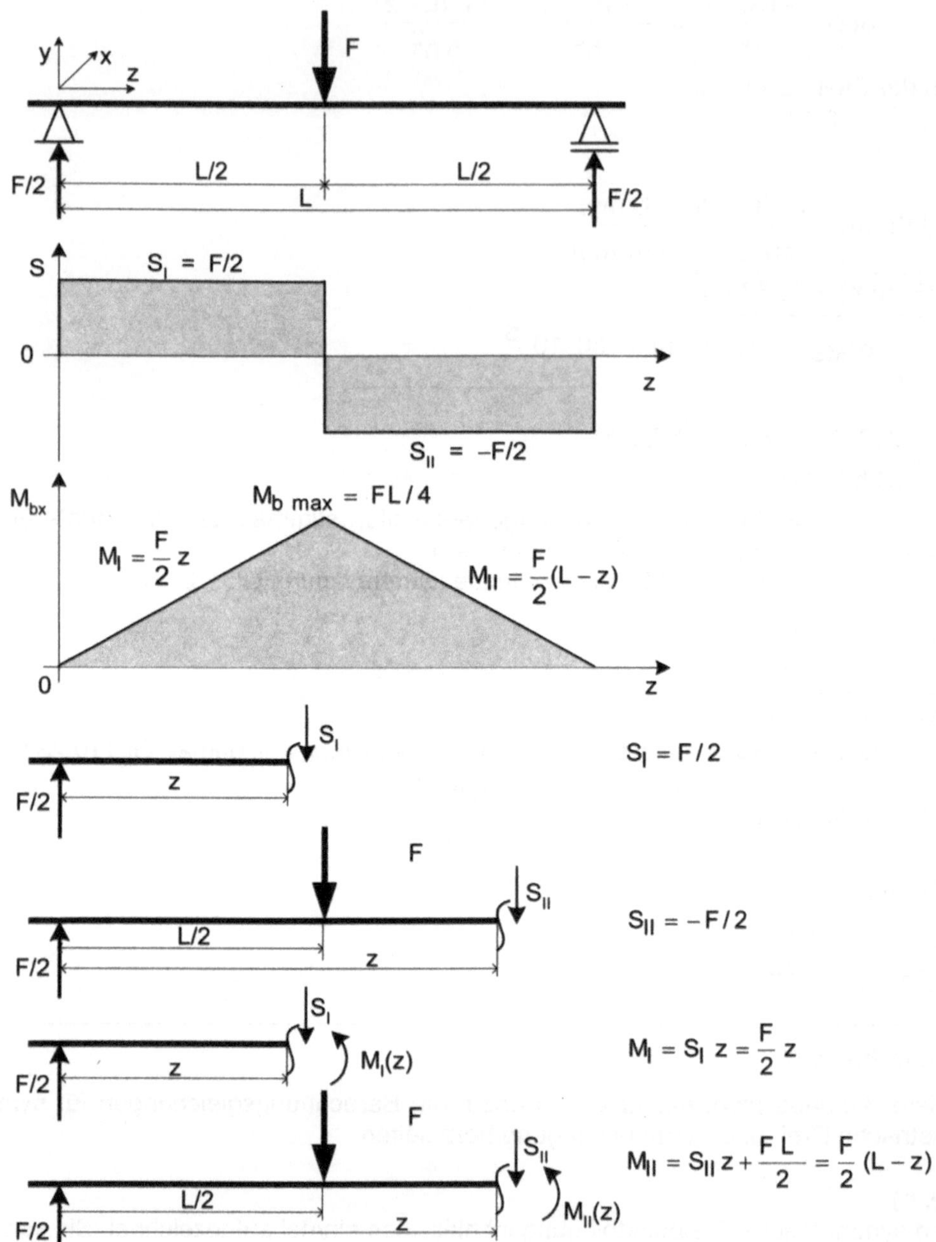

c)   Für den quadratischen Probenquerschnitt gilt:

$$I_x = \frac{s^4}{12} \quad \text{und} \quad W_x = \frac{s^3}{6}$$

$$\sigma_{bB} = \frac{M_{b\,max}}{W_x} = \frac{6\,F\,L}{4\,s^3} = \frac{3\,F\,L}{2\,s^3}$$

$$\boxed{\sigma_{bB} = 360\ \text{MPa}}$$

d)   Berechnung der Biegelinie

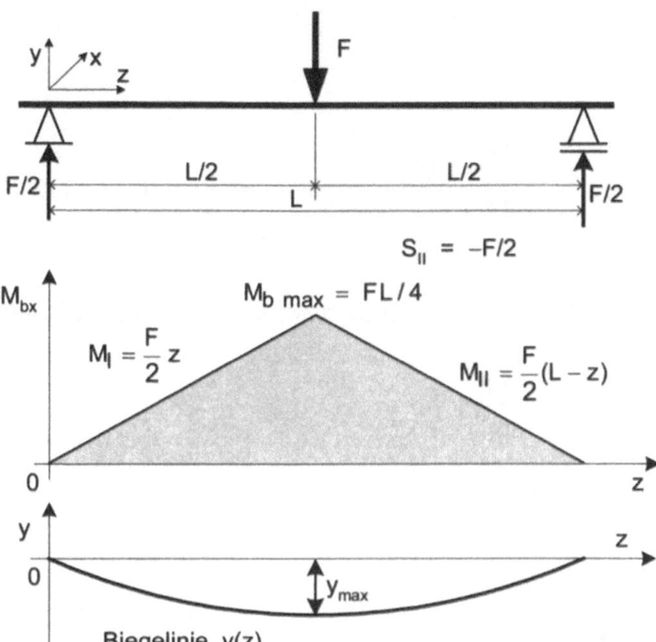

$$\frac{1}{R} = y'' = \frac{M_{bx}(z)}{E\,I_x}$$

Da für das Biegemoment $M_{bx}(z)$ zwei Gleichungen existieren, darf nur *eine* Hälfte der Biegelinie berechnet werden. Sinnvollerweise rechnet man mit der ersten Hälfte, d.h. mit $M_I(z)$. Für $z = L/2$ wird sich die gesuchte maximale Durchbiegung ergeben.

$$y'' = \frac{M_I(z)}{E\,I_x} = \frac{F\,z}{2\,E\,I_x}$$

$$y' = \frac{F}{2\,E\,I_x} \int z\,dz = \frac{F}{2\,E\,I_x}\,\frac{z^2}{2} + C_1$$

$$y(z) = \int \left(\frac{F}{2\,E\,I_x}\,\frac{z^2}{2} + C_1 \right) dz = \frac{F}{2\,E\,I_x}\,\frac{z^3}{6} + C_1\,z + C_2$$

Die Randbedingungen für die symmetrische Dreipunktbiegung lauten wie folgt:

1. Am Auflager ist die Durchbiegung 0:
$y(z = 0) = 0$ und daraus: $C_2 = 0$

2. In der Mitte ist die Steigung der Biegelinie 0:

$y'(z = L/2) = 0$

[Selbstverständlich darf *nicht* die Randbedingung $y(z = L) = 0$ eingesetzt werden, denn dieser Punkt gehört nicht mehr zur Gleichung von $M_I(z)$.]

In die Gleichung für y' eingesetzt:

$$0 = \frac{F}{2\,E\,I_x}\,\frac{L^2}{8} + C_1$$

$$C_1 = -\frac{F\,L^2}{16\,E\,I_x}$$

$$\boxed{y(z) = \frac{F}{2\,E\,I_x}\,\frac{z^3}{6} - \frac{F\,L^2}{16\,E\,I_x}\,z = \frac{F z\,(4z^2 - 3L^2)}{48\,E\,I_x}}\qquad \text{gilt im Bereich } 0 \le z \le L/2$$

$$\boxed{y_{max} = y(L/2) = \frac{FL\,(L^2 - 3L^2)}{96\,E\,I_x} = \frac{-FL^3}{48\,E\,I_x}}\qquad \textit{für symmetrische Dreipunktbiegung}$$

$$y_{max} = -\frac{750\cdot 40^3\cdot 12}{48\cdot 450\cdot 10^3\cdot 5^4}\;\frac{N\,mm^3\,mm^2}{N\,mm^4}$$

$$\boxed{y_{max} = -0{,}043\ mm}$$

e)

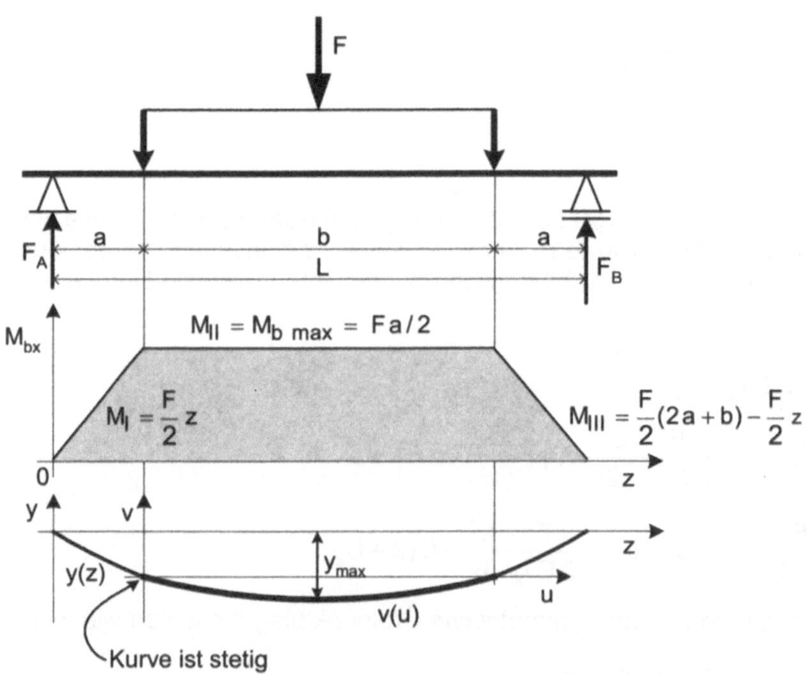

Für die Vierpunktbiegung gilt:

$$\sigma_{bB} = \frac{M_{b\,max}}{W_x} = \frac{F_{max}\,a\cdot 6}{2\,s^3} = \frac{3\,F_{max}\,a}{s^3}$$

Bei gleicher Biegefestigkeit wie bei Dreipunktbiegung stellt sich im Vierpunktbiegeversuch folgende Bruchlast ein:

$$F_{max} = \frac{\sigma_{bB}\,s^3}{3\,a}$$

$$\boxed{F_{max} = 1500\ \text{N}}$$

f)   Im Mittenbereich ist das Biegemoment konstant; die Biegelinie ist dort also ein Kreisbogen. Aufgrund der unterschiedlichen Momentengleichungen müssen die Durchbiegungen für die einzelnen Abschnitte separat berechnet und dann addiert werden. Wegen der Randbedingungen ist es zweckmäßig, zunächst den Mittenabschnitt zu berechnen. Dazu wird hilfsweise ein (u; v)-Koordinatenkreuz eingeführt.

$$v'' = \frac{M_{b\,max}}{E\,I} \overset{!}{=} \text{const.}$$

$$v' = \int \frac{M_{b\,max}}{E\,I}\,du = \frac{F\,a}{2\,E\,I}\,u + C_1$$

$$v = \frac{F\,a}{2\,E\,I}\,\frac{u^2}{2} + C_1\,u + C_2$$

Randbedingungen:
1. $v(u = 0) = 0$
Daraus: $C_2 = 0$

2. $v(u = b) = 0$
Diese Randbedingung ist gültig, weil mit dem Moment $M_{b\,max}$ der gesamte Mittenbereich beschrieben wird. Daraus:

$$0 = \frac{F\,a\,b^2}{4\,E\,I} + C_1\,b$$

$$C_1 = -\frac{F\,a\,b}{4\,E\,I}$$

Alternativ hätte man auch die Randbedingung $v'(b/2) = 0$ verwenden können.

$$v' = \frac{F\,a\,u}{2\,E\,I} - \frac{F\,a\,b}{4\,E\,I} = \frac{F\,a}{2\,E\,I}\left(u - \frac{b}{2}\right)$$

$$v = \frac{F\,a\,u^2}{4\,E\,I} - \frac{F\,a\,b\,u}{4\,E\,I} = \frac{F\,a\,u}{4\,E\,I}(u - b)$$

$$v(u=b/2) = \frac{F\,a\,b}{8E\,I}\left(\frac{b}{2}-b\right) = \frac{-F\,a\,b^2}{16\,E\,I} = \frac{-12\,F\,a\,b^2}{16\,E\,s^4} = \frac{-3\,F\,a\,b^2}{4\,E\,s^4}$$

$$v(u=b/2) = \frac{-3\cdot 1500\cdot 10\cdot 20^2}{4\cdot 450\cdot 10^3\cdot 5^4}\;\frac{N\,mm\,mm^2\,mm^2}{N\,mm^4}$$

$$v(u=b/2) = \underline{-0{,}016\ mm}$$

Als nächstes muss die Durchbiegung des Seitenteiles berechnet werden.

$$y'' = \frac{M_l(z)}{E\,I_x} = \frac{F\,z}{2\,E\,I}$$

$$y' = \frac{F}{2\,E\,I}\int z\,dz = \frac{F\,z^2}{4\,E\,I} + C_1$$

$$y = \frac{F}{4\,E\,I}\frac{z^3}{3} + C_1\,z + C_2$$

Randbedingungen für die seitliche Biegelinie:
1. $y(z=0)=0$
Daraus: $C_2 = 0$

$$y = \frac{F}{4\,E\,I}\frac{z^3}{3} + C_1\,z$$

2. An der Stelle $z = a$ muss die Steigung der beiden Abschnitte der Biegelinie gleich sein, d.h. es tritt kein Knick auf und die Kurve ist stetig. Daraus ergibt sich die zweite Randbedingung wie folgt:

$$v'(u=0) = \frac{F\,a}{2\,E\,I}\left(-\frac{b}{2}\right) = \frac{-F\,a\,b}{4\,E\,I} = y'(z=a)$$

Dies wird in die obige Gleichung für y' eingesetzt:

$$y'(z=a) = \frac{F\,a^2}{4\,E\,I} + C_1 = -\frac{F\,a\,b}{4\,E\,I}$$

$$C_1 = -\frac{F\,a\,b}{4\,E\,I} - \frac{F\,a^2}{4\,E\,I} = -\frac{F\,a}{4\,E\,I}(a+b)$$

Damit erhält man für die seitliche Biegelinie:

$$y(z) = \frac{F}{12\,E\,I}z^3 - \frac{F\,a(a+b)}{4\,E\,I}z = \frac{F\,z}{4\,E\,I}\left(\frac{z^2}{3} - a^2 - a\,b\right)$$

$$y(z=a) = \frac{F\,a}{4\,E\,I}\left(\frac{a^2}{3} - a^2 - a\,b\right) = -\frac{F\,a^2}{4\,E\,I}\left(\frac{2a}{3} + b\right) = -\frac{3\,F\,a^2}{E\,s^4}\left(\frac{2a}{3}+b\right)$$

$$y(z=a) = \underline{-0{,}043\ mm}$$

Nun können die beiden Durchbiegungsanteile addiert werden:

$$y_{max} = y(z=a) + v(u=b/2) = -0{,}043\ mm - 0{,}016\ mm$$

$$\boxed{y_{max} = f_{ges} = -0,059 \text{ mm}}$$

Die allgemeine Formel zur Berechnung der Durchbiegung bei symmetrischer Vierpunktbiegung lautet wie folgt:

$$y(a) + v(b/2) = f_{ges} = -\frac{F\,a^2}{4\,E\,I}\left(\frac{2a}{3}+b\right) - \frac{F\,a\,b^2}{16\,E\,I}$$

$$\boxed{f_{ges} = -\frac{F}{E\,I}\left(\frac{a^3}{6} + \frac{a^2\,b}{4} + \frac{a\,b^2}{16}\right)} \quad \textit{für symmetrische Vierpunktbiegung}$$

Bei Verwendung dieser Formel und Vergleich mit der Literatur muss beachtet werden, wie die Kraft F definiert ist. Hier ist F gemäß der obigen Skizzen die *Gesamt*kraft.

Aufgabe 10.5

a) $F_z = m\,\omega^2\,r = m\,(2\pi n)^2\,r$

Die größte Belastung besteht im unteren Durchschwingpunkt, in dem sich die Fliehkraft und die Gewichtskraft addieren:

$$F_{ges} = F_z + F_G = m\,(2\pi n)^2\,r + m\,g$$

$$F_{ges} = 75\,(2\pi 0{,}8)^2 \cdot 1{,}05\,\frac{kg\,m}{s^2} + 75 \cdot 9{,}81\,\frac{kg\,m}{s^2}$$

$$F_{ges} = 1990\,\text{N} + 736\,\text{N}$$

$$F_{ges} = 2726\,\text{N}$$

An jeder Hand wirkt die Hälfte dieser Gesamtkraft:

$$F_H = F_{ges}/2$$

$$\boxed{F_H = 1.363\,\text{N}}$$

b)   Hier wird die in Aufgabe 10.4 hergeleitete Gleichung für die Durchbiegung bei symmetrischer Vierpunktbiegung benutzt. Als Kraft F ist die Gesamtkraft F_{ges} einzusetzen.

$$f = -\frac{F_{ges}}{E\,I}\left(\frac{a^3}{6} + \frac{a^2\,b}{4} + \frac{a\,b^2}{16}\right) = -\frac{64\,F_{ges}}{E\,\pi\,D^4}\left(\frac{a^3}{6} + \frac{a^2\,b}{4} + \frac{a\,b^2}{16}\right)$$

$$f = -\frac{64 \cdot 2726}{205 \cdot 10^3\,\pi\,28^4}\left(\frac{900^3}{6} + \frac{900^2 \cdot 600}{4} + \frac{900 \cdot 600^2}{16}\right)\frac{N\,mm^2\,mm^3}{N\,mm^4}$$

$$\boxed{f = -116\,\text{mm} = -11{,}6\,\text{cm}}$$

c) $\sigma_{max} = \dfrac{M_{b\,max}}{W_x} = \dfrac{F_{ges}\,a}{2\,W_x} = \dfrac{16\,F_{ges}\,a}{\pi\,D^3}$

$$\boxed{\sigma_{max} = 569{,}2\,\text{MPa}}$$

Aufgabe 10.6

$$\sigma(y) = \frac{E\,y}{R} = \frac{E\,y}{\dfrac{D}{2} + \dfrac{s}{2}} = \frac{2\,E\,y}{D+s}$$

Der Radius ist der der neutralen Faser. Der y-Wert außen beträgt s/2:

$$\sigma_{max} = \sigma(s/2) = \frac{2\,E\,\dfrac{s}{2}}{D+s} = \frac{E\,s}{D+s} \le R_e$$

$$D \ge \frac{E\,s}{R_e} - s$$

$$\boxed{D \ge 258 \text{ mm}}$$

Aufgabe 10.7

a)   Für Biegung um die y-Achse gilt das FTM:

$$I_y = \frac{h\,b^3}{12} \quad \text{mit} \quad b = \text{const.}$$

Die Biegesteifigkeit soll konstant sein:

$$S_{b_y} = \text{const.} = E\,I_y = E_{St}\,h_{St} = E_{Al}\,h_{Al} = E_{GfK}\,h_{GfK}$$

$$\frac{h_{Al}}{h_{St}} = 3 \qquad \text{und} \qquad \frac{h_{GfK}}{h_{St}} = 4,4$$

$$\boxed{h_{St} : h_{Al} : h_{GfK} = 1 : 3 : 4,4} \qquad \text{für Biegung um die y-Achse}$$

Für Biegung um die x-Achse:

$$I_y = \frac{b\,h^3}{12} \quad \text{mit} \quad b = \text{const.}$$

Die Biegesteifigkeit soll konstant sein:

$$S_{b_x} = \text{const.} = E\,I_x = E_{St}\,h_{St}^{\,3} = E_{Al}\,h_{Al}^{\,3} = E_{GfK}\,h_{GfK}^{\,3}$$

$$\frac{h_{Al}}{h_{St}} = \sqrt[3]{3} = 1,44 \quad \text{und} \quad \frac{h_{GfK}}{h_{St}} = \sqrt[3]{4,4} = 1,64$$

$$\boxed{h_{St} : h_{Al} : h_{GfK} = 1 : 1,44 : 1,64} \qquad \text{für Biegung um die x-Achse}$$

b) $\rho = \dfrac{m}{V} = \dfrac{m}{b\,h\,L} \qquad \text{mit} \qquad b\,L = \text{const.}$

$$b\,L = \text{const.} = \frac{m}{h\,\rho} = \frac{m_{St}}{h_{St}\,\rho_{St}} = \frac{m_{Al}}{h_{Al}\,\rho_{Al}} = \frac{m_{GfK}}{h_{GfK}\,\rho_{GfK}}$$

$$\frac{m_{St}}{m_{Al}} = \frac{h_{St}\,\rho_{St}}{h_{Al}\,\rho_{Al}} = \frac{1 \cdot 7,8}{1,44 \cdot 2,7} = 2$$

$$\frac{m_{St}}{m_{GfK}} = \frac{7,8}{1,64 \cdot 2} = 2,4$$

$$\boxed{m_{St} : m_{Al} : m_{GfK} = 1 : 0,5 : 0,42}\quad \text{für Biegung um die x-Achse}$$

Aufgabe 10.8

a) $$\sigma_{max} = \frac{M_{b\,max}}{W_{ax}} = \frac{32\,M_{b\,max}}{\pi\,D^3} = R_e$$

$$D = \sqrt[3]{\frac{32\,M_{b\,max}}{\pi\,R_e}}$$

$$D = \sqrt[3]{\frac{32 \cdot 150}{\pi\,1180}\,\frac{N\,m\,mm^2}{N}} = \sqrt[3]{\frac{32 \cdot 150 \cdot 10^3}{\pi\,1180}}\;mm$$

$$\boxed{D = 10,9\;mm}$$

b) $$y(L) = \frac{F\,L^3}{3\,E\,I} = \frac{64\,F\,L^3}{3\,\pi\,E\,D^4}$$

F ist die Kraft, welche im Abstand L = 350 mm wirken müsste, um das Moment M_{max} zu erzeugen. Welche Kraft am Griff tatsächlich angreift und wo der Griff sich befindet, spielt keine Rolle. Mit

$$F = \frac{M_{max}}{L}\quad \text{ergibt sich:}$$

$$y(L) = \frac{64\,M_{max}\,L^2}{3\,\pi\,E\,D^4}$$

$$y(L) = \frac{64 \cdot 150 \cdot 350^2}{3\,\pi\,210 \cdot 10^3 \cdot 10,9^4}\,\frac{N\,m\,mm^2\,mm}{N\,mm^4}$$

$$\boxed{y(L) = 42\;mm}$$

Aufgabe 10.9

$$\sigma_{max} = \frac{M_{b\,max}}{W_{ax}} = \frac{M(L/2)}{W_{ax}} = \frac{32\,M(L/2)}{\pi\,D^3}$$

$$\sigma_{max} = \frac{32 \cdot 10,5}{\pi\,80^3}\,\frac{kN\,m}{mm^3} = \frac{32 \cdot 10,5 \cdot 10^6}{\pi\,80^3}\,\frac{N}{mm^2}$$

$$\boxed{\sigma_{max} = 208,9\;MPa}$$

Aufgabe 11.11

a)   ESZ; kein Hauptelement, weil Schubspannungen auftreten.

b)

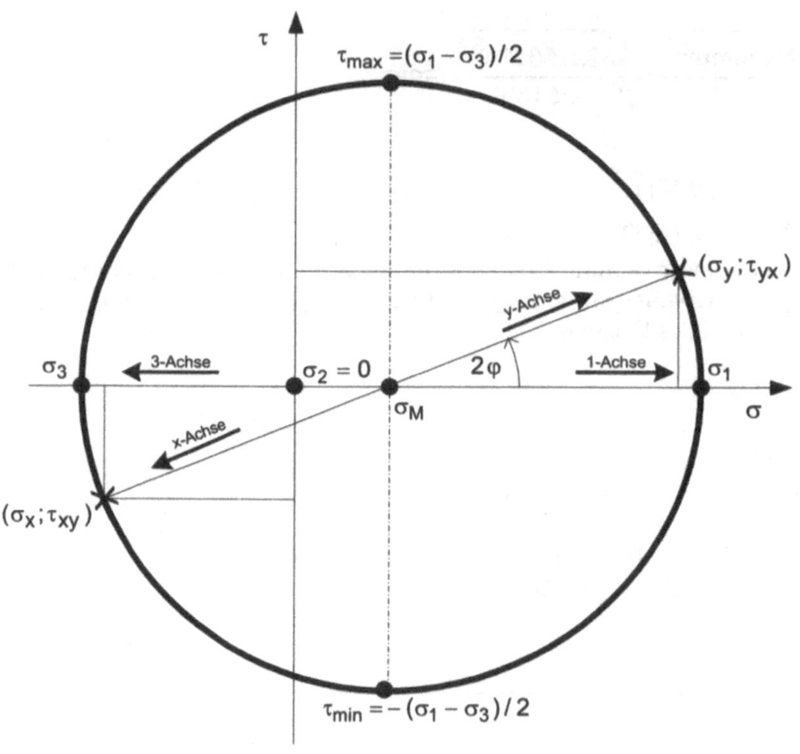

Wertepaare:

$$\begin{pmatrix} \sigma_x = -50 \text{ MPa} \\ \tau_{xy} = -30 \text{ MPa} \end{pmatrix} \quad \begin{pmatrix} \sigma_y = 100 \text{ MPa} \\ \tau_{yx} = +30 \text{ MPa} \end{pmatrix}$$

Diese Wertepaare liegen im Spannungselement jeweils senkrecht zueinander, im Mohr'schen Kreis also diametral gegenüber. Mit diesen Informationen lässt sich der Kreis eindeutig konstruieren.

$$\sigma_M = \frac{\sigma_x + \sigma_y}{2} = 25 \text{ MPa}$$

$$R = \sqrt{\tau_{yx}^2 + \left(\sigma_y - \sigma_M\right)^2} = 80{,}8 \text{ MPa}$$

$$\sigma_1 = \sigma_M + R = \underline{105{,}8 \text{ MPa}}$$

$$\sigma_3 = \sigma_M - R = \underline{-55{,}8 \text{ MPa}}$$

$$\underline{\sigma_2 = 0} \quad \text{ESZ!}$$

$$\tau_{max} = R = \underline{80{,}8 \text{ MPa}}$$

$$\tau_{min} = \underline{-80{,}8 \text{ MPa}}$$

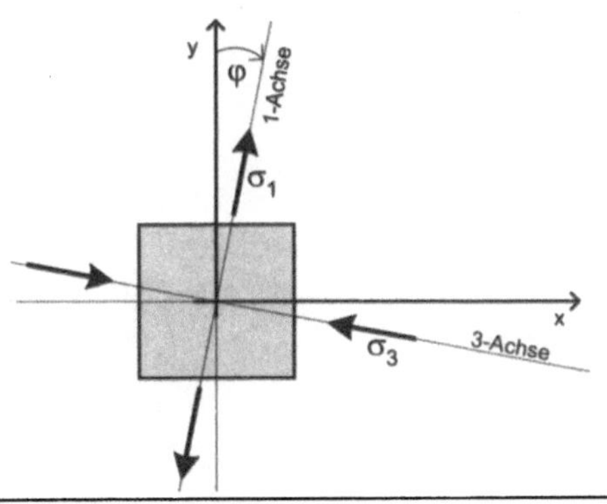

$$\sin(2\varphi) = \frac{\tau_{yx}}{R} = 0{,}3713$$

$$2\varphi = \arcsin 0{,}3713 = 22°$$

$$\boxed{\varphi = 11°}$$

Die 1-Achse liegt nach dem Mohr'schen Spannungskreis um 11° im UZS gegen die y-Achse gedreht.

Aufgabe 11.12

a)

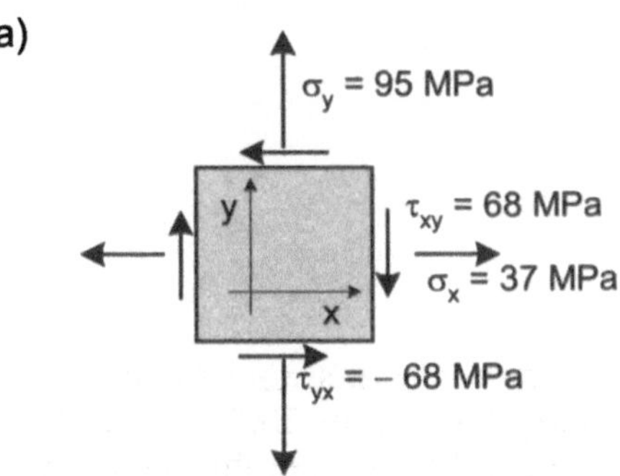

Wertepaare:

$$\begin{pmatrix} \sigma_x = 37\ \text{MPa} \\ \tau_{xy} = 68\ \text{MPa} \end{pmatrix} \quad \begin{pmatrix} \sigma_y = 95\ \text{MPa} \\ \tau_{yx} = -68\ \text{MPa} \end{pmatrix}$$

Diese Wertepaare liegen im Spannungselement jeweils senkrecht zueinander, im Mohr'schen Kreis also diametral gegenüber. Mit diesen Informationen lässt sich der Kreis eindeutig konstruieren.

b)

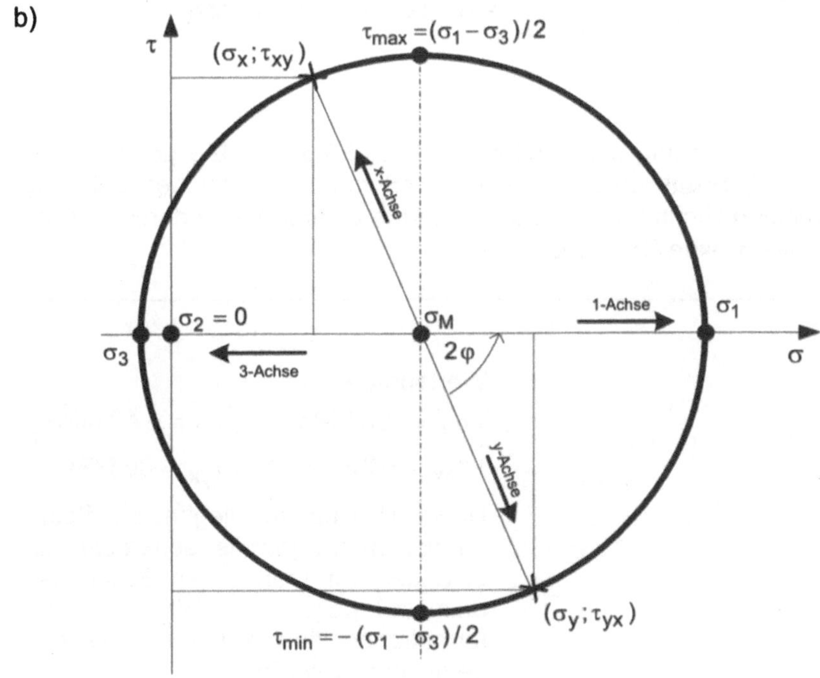

c)
$$\sigma_M = \frac{\sigma_x + \sigma_y}{2} = 66 \text{ MPa}$$

$$R = \sqrt{\tau_{yx}^2 + \left(\sigma_y - \sigma_M\right)^2} = 73{,}9 \text{ MPa}$$

$$\sigma_1 = \sigma_M + R = \underline{139{,}9 \text{ MPa}}$$

$$\sigma_3 = \sigma_M - R = \underline{-7{,}9 \text{ MPa}}$$

$$\underline{\sigma_2 = 0} \quad \text{ESZ!}$$

$$\tau_{max} = R = \underline{73{,}9 \text{ MPa}}$$

$$\tau_{min} = \underline{-73{,}9 \text{ MPa}}$$

d)

$$\sin(2\varphi) = \frac{|\tau_{yx}|}{R} = 0{,}9202$$

$$2\varphi = \arcsin 0{,}9202 = 67°$$

$$\boxed{\varphi = 33{,}5°}$$

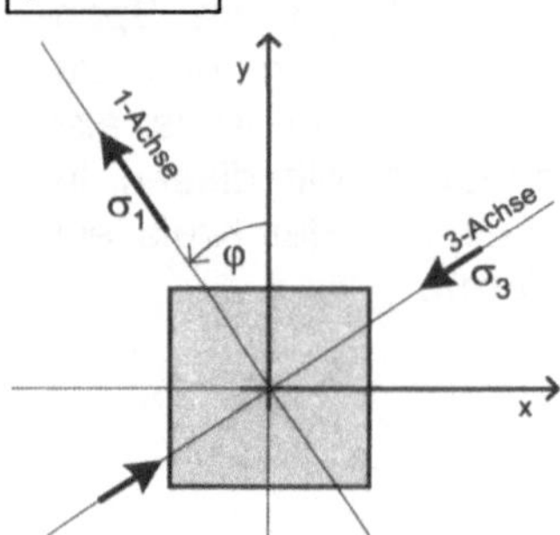

Die 1-Achse ist nach dem Mohr'schen Spannungskreis um 33,5° im GUZS gegen die y-Achse gedreht, gegen die x-Achse um 56,5° im UZS.

Ein DMS müsste in Richtung der 1-Achse, d.h. um 56,5° im UZS gegen die x-Achse gedreht, aufgeklebt werden. Dieser DMS erfährt neben der Dehnung durch σ_1 in derselben Richtung überlagert auch die Querdehnung durch σ_3 (hier eine Dilatation, weil σ_3 eine Druckspannung ist).

Aufgabe 11.13

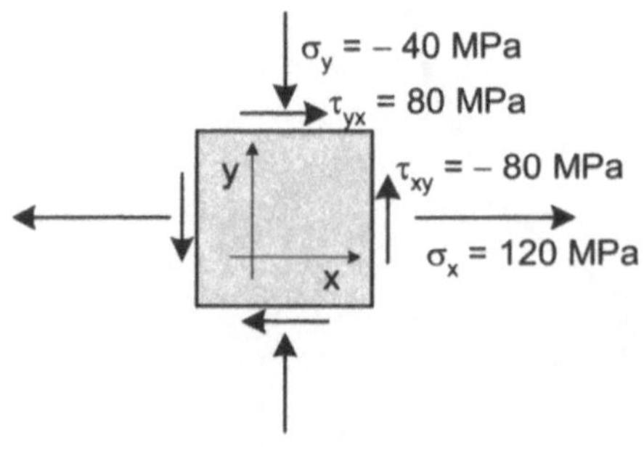

Wertepaare:

$$\begin{pmatrix} \sigma_x = 120 \text{ MPa} \\ \tau_{xy} = -80 \text{ MPa} \end{pmatrix} \quad \begin{pmatrix} \sigma_y = -40 \text{ MPa} \\ \tau_{yx} = 80 \text{ MPa} \end{pmatrix}$$

Diese Wertepaare liegen im Spannungselement jeweils senkrecht zueinander, im Mohr'schen Kreis also diametral gegenüber. Mit diesen Informationen lässt sich der Kreis eindeutig konstruieren.

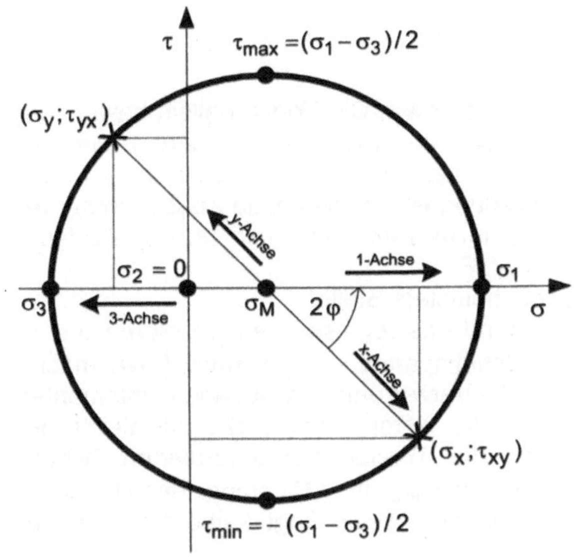

$$\sigma_M = \frac{\sigma_x + \sigma_y}{2} = 40\,\text{MPa}$$

$$R = \sqrt{\tau_{xy}{}^2 + (\sigma_x - \sigma_M)^2} = 113{,}1\,\text{MPa}$$

$$\sigma_1 = \sigma_M + R = \underline{153{,}1\,\text{MPa}}$$

$$\sigma_3 = \sigma_M - R = \underline{-73{,}1\,\text{MPa}}$$

$$\underline{\sigma_2 = 0} \quad \text{ESZ!}$$

$$\tau_{max} = R = \underline{113{,}1\,\text{MPa}}$$

$$\underline{\tau_{min} = -113{,}1\,\text{MPa}}$$

$$\sin(2\varphi) = \frac{|\tau_{xy}|}{R} = 0{,}708$$

$$2\varphi = \arcsin 0{,}708 = 45{,}1°$$

$$\boxed{\varphi = 22{,}5°}$$

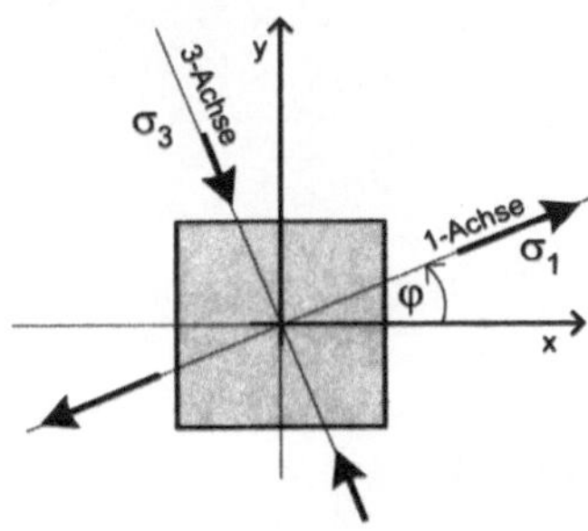

Die 1-Achse ist nach dem Mohr'schen Spannungskreis um 22,5° im GUZS gegen die x-Achse gedreht.

Aufgabe 11.14

a)

> Belastung auf Torsion und Biegung

> Höchst belastete Stelle liegt in der Mitte unten. Die Torsion allein bewirkt auf der gesamten Mantel*fläche* eine gleich hohe maximale Belastung, die Biegung ruft eine maximale Spannung in einem *Punkt* auf der Oberfläche in der Mitte hervor. Für die Festigkeitsauslegung ist die maximale Zugspannung relevant, d.h. der kritische Punkt liegt in diesem Fall unten an der Zugfaser gegenüber dem Angriffspunkt der Kraft F.

b)   Spannungselement für die höchst belastete Stelle:

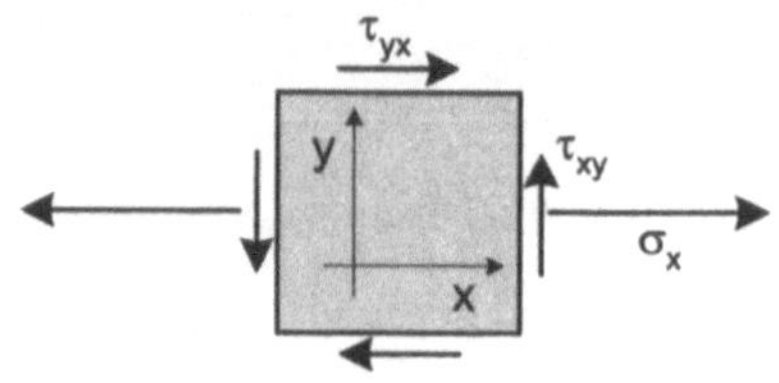

Aufgrund des rechtsdrehenden Momentes ist die Schubspannung τ_{xy} negativ (man mache sich die Verzerrung des Spannungselementes durch die Torsion klar). Sie ist gleich der durch die Torsion hervorgerufenen Schubspannung $\tau_{t\,min}$. In y-Richtung, der Umfangsrichtung der Welle, liegt keine Normalspannung an.

c)   Bei der Biegekomponente handelt es sich um symmetrische Dreipunktbiegung, für die in Aufgabe 10.4 das maximale Biegemoment hergeleitet wurde:

$$M_{b\,max} = \frac{F\,a}{2}$$

$$M_{b\,max} = \frac{4 \cdot 500}{2}\,kN\,mm$$

$$\underline{M_{b\,max} = 1000\ N\,m}$$

Die Zugspannung σ_x aufgrund der Biegung beträgt:

$$\sigma_x = \frac{M_{b\,max}}{W_z} = \frac{2\,F\,a}{\pi\,R^3}$$

$$\underline{\sigma_x = 81{,}5\ MPa}$$

Die durch die Torsion hervorgerufene Schubspannung beträgt:

$$\tau_{xy} \equiv \tau_{t\,min} = \frac{M_t}{W_p} = \frac{2\,M_t}{\pi\,R^3}$$

$$\tau_{xy} = \frac{2\,(-1{,}3)}{\pi\,25^3}\frac{kN\,m}{mm^3} = -53\,\frac{N}{mm^2}$$

Wertepaare:

$$\begin{pmatrix} \sigma_x = 81{,}5\ MPa \\ \tau_{xy} = -53\ MPa \end{pmatrix} \qquad \begin{pmatrix} \sigma_y = 0 \\ \tau_{yx} = 53\ MPa \end{pmatrix}$$

d)   Daraus wird der Mohr'sche Spannungskreis konstruiert.

$$\sigma_M = \frac{\sigma_x + \sigma_y}{2} = 40{,}8\ MPa$$

$$R = \sqrt{\tau_{xy}^2 + (\sigma_x - \sigma_M)^2} = 66,9 \text{ MPa}$$

$$\sigma_1 = \sigma_M + R = \underline{107,7 \text{ MPa}}$$

$$\sigma_3 = \sigma_M - R = \underline{-26,1 \text{ MPa}}$$

$$\underline{\sigma_2 = 0} \quad \text{ESZ!}$$

$$\tau_{max} = R = \underline{66,9 \text{ MPa}}$$

$$\tau_{min} = \underline{-66,9 \text{ MPa}}$$

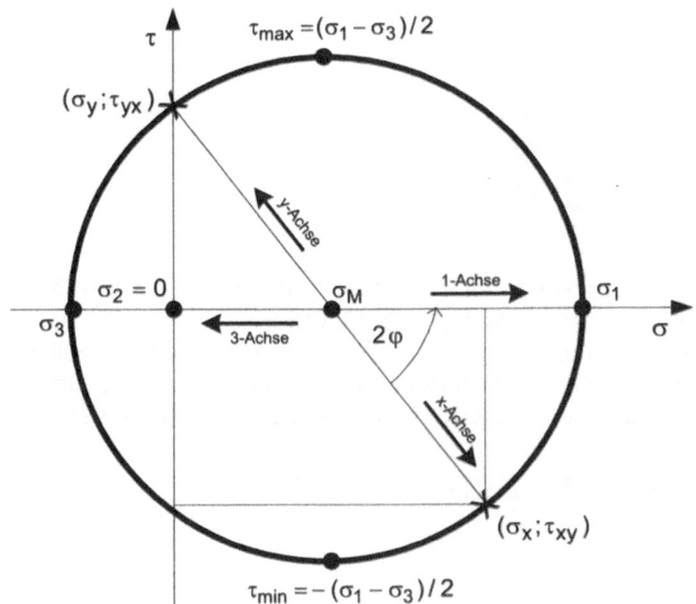

e)

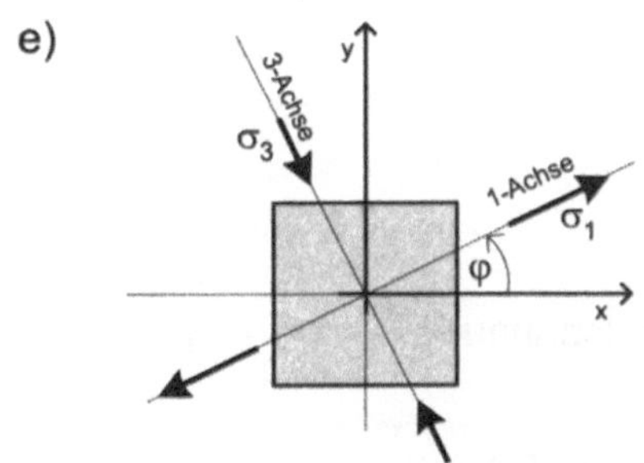

$$\sin(2\varphi) = \frac{|\tau_{xy}|}{R} = 0,7922$$

$$2\varphi = \arcsin 0,7922 = 52,4°$$

$$\boxed{\varphi = 26,2°}$$

Wie aus dem Mohr'schen Kreis hervorgeht, liegt die 1-Achse um 26,2° im GUZS gegen die x-Achse gedreht.

Aufgabe 11.15

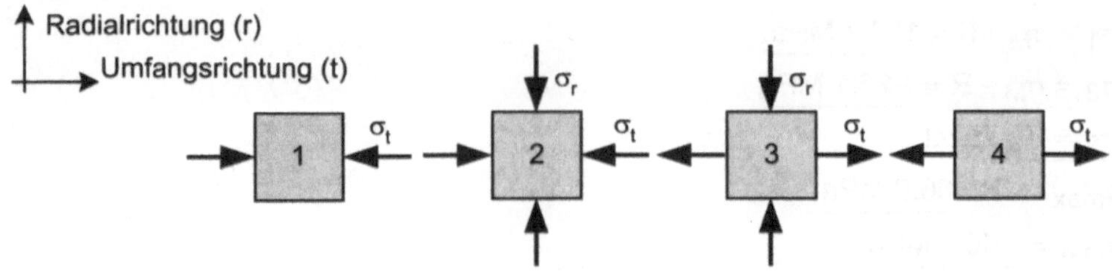

Aufgabe 11.16

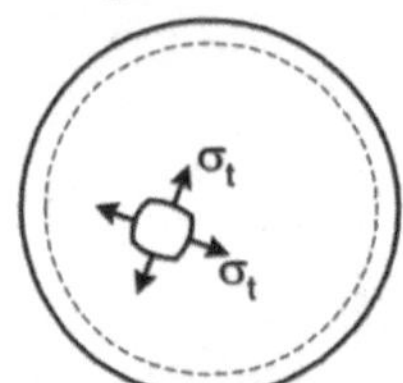

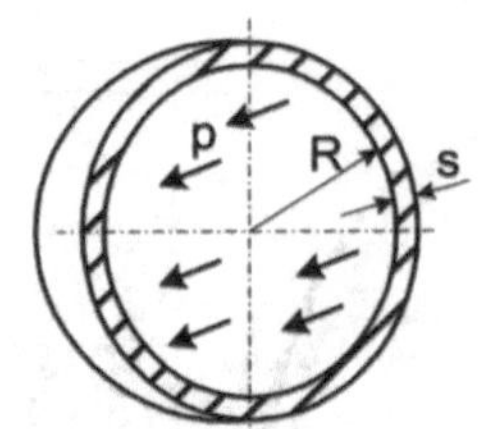

Bei einem kugelförmigen Druckbehälter herrschen auf der Außenoberfläche überall gleich große Umfangsspannungen (Tangentialspannungen) σ_t in zueinander senkrecht stehenden Richtungen auf Großkreisen. Man veranschauliche sich dies anhand eines Luftballons. Zur Herleitung der Formel zur Berechnung der Tangentialspannung wird eine Halbkugel betrachtet. Die Querschnittsfläche A beträgt bei s << R:

$$A = \pi(R+s)^2 - \pi R^2 = 2\pi R s + s^2 \approx 2\pi R s$$

Kräftegleichgewicht:

$$\sigma_t (2\pi R s) = p \cdot \pi R^2$$

Zugkraft in   Druckkraft auf

der Wand   die Projektionsfläche

$$\boxed{\sigma_t = \frac{p\,R}{2\,s} = \sigma_1 = \sigma_2}$$

An der Innoberfläche herrscht zusätzlich die Radialspannung $\sigma_r = \sigma_3 = -p$.

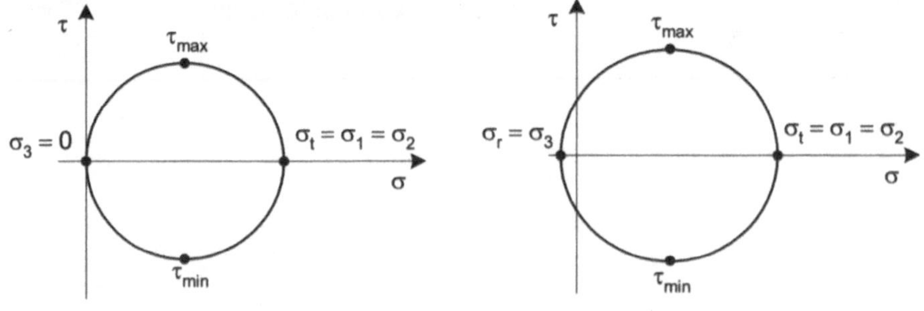

$$\tau_{max}^{(a)} = \frac{\sigma_1}{2} = \frac{p\,R}{4\,s}$$

$$\tau_{max}^{(i)} = \frac{\sigma_1 - \sigma_3}{2} = \frac{p\,R}{4\,s} - \frac{-p}{2} = \frac{p(R+2s)}{4\,s} \approx \tau_{max}^{(a)}$$

Man beachte, dass außen ein ebener Spannungszustand herrscht, obwohl der Kreis wie beim einachsigen Spannungszustand liegt. Innen ergibt sich nur ein einziger Kreis bei dreiachsigem Spannungszustand.

Aufgabe 12.2

a)   Für reine Torsion gilt:

$$\sigma_1 = \frac{M_t}{W_p} = \frac{E\,\varepsilon_1}{1+v}$$

$$\boxed{\sigma_1 = 39,4 \text{ MPa}}$$

b) $M_t = W_p\,\sigma_1 = \dfrac{\pi\,D^3}{16}\,\sigma_1$

$$\boxed{M_t = 120,95 \text{ kN m}}$$

c) $P = M_t\,\omega = 2\pi\,M_t\,n$

$$P = 2\,\pi\,120,95 \cdot 50\,\frac{\text{kN m}}{\text{s}} = 2\,\pi\,120,95 \cdot 50 \cdot 10^3\,\frac{\text{W s}}{\text{s}}$$

$$\boxed{P = 38 \text{ MW}}$$

Aufgabe 12.3

a) Die Dehnung in Axialrichtung ist ε_2 (die Dehnung in Umfangsrichtung wäre ε_1).

$$\varepsilon_2 = \frac{1}{E}\,(\sigma_2 - v\,\sigma_1) \equiv \varepsilon_a$$

Mit $\sigma_1 \equiv \sigma_t$ und $\sigma_2 \equiv \sigma_a$ sowie $\sigma_t = 2\sigma_a$ ergibt sich:

$$\varepsilon_2 = \frac{1}{E}\left(\frac{\sigma_1}{2} - v\,\sigma_1\right) = \frac{\sigma_1}{E}\left(\frac{1}{2} - v\right) = \frac{p\,R}{E\,s}\left(\frac{1}{2} - v\right)$$

$$p = \frac{E\,s\,\varepsilon_2}{R\left(\dfrac{1}{2} - v\right)}$$

Mit $R = 590$ mm und $s = 10$ mm:

$$p = \frac{205 \cdot 10^3 \cdot 10 \cdot 0,00013}{590\,(0,5 - 0,3)}\,\frac{\text{MPa mm}}{\text{mm}}$$

$$\boxed{p = 2,26 \text{ MPa} = 22,6 \text{ bar}}$$

b)   Außenoberfläche: $\boxed{\sigma_1 = 133,3 \text{ MPa}}$ $\boxed{\sigma_2 = 66,7 \text{ MPa}}$ $\boxed{\sigma_3 = 0}$

Innenoberfläche: $\boxed{\sigma_1 = 133,3 \text{ MPa}}$ $\boxed{\sigma_2 = 66,7 \text{ MPa}}$ $\boxed{\sigma_3 = -2,3 \text{ MPa}}$

c)

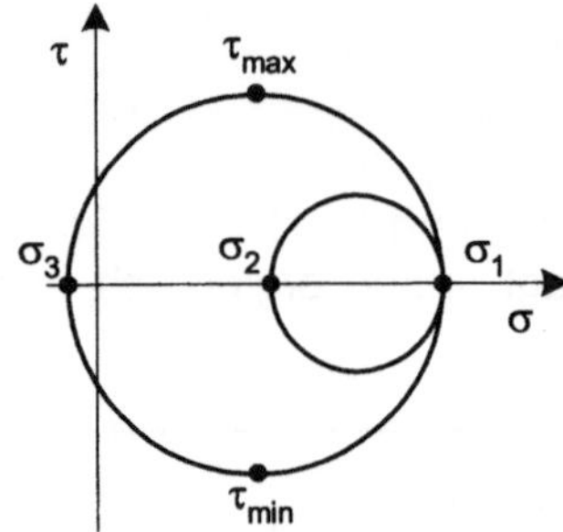

d)   An der Innenoberfläche: $\tau_{max} = \dfrac{\sigma_1 - \sigma_3}{2}$

$\boxed{\tau_{max} = 67,8 \text{ MPa}}$

Zusatz: Die Dehnung in Umfangsrichtung beträgt

$$\varepsilon_1 = \frac{1}{E}\,(\sigma_1 - \nu\,\sigma_2)$$

$\varepsilon_1 = 0,00055 \;\hat{=}\; 0,055\ \%$

Man erkennt, dass sich die Relation von σ_1 zu σ_2 keineswegs bei den Hauptdehnungen widerspiegelt: ε_1 ist *nicht* doppelt so groß wie ε_2. Dies liegt am ebenen Spannungszustand und den überlagerten Querverformungen.

Aufgabe 12.4

a)

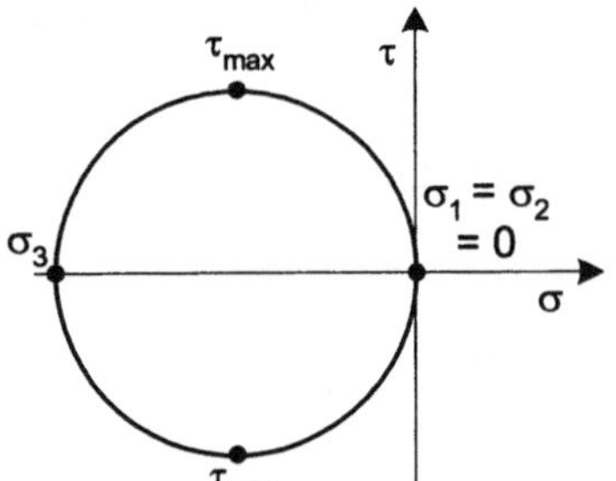

Einachsiger (Druck-)Spannungszustand; zweiachsiger Verformungszustand

b)

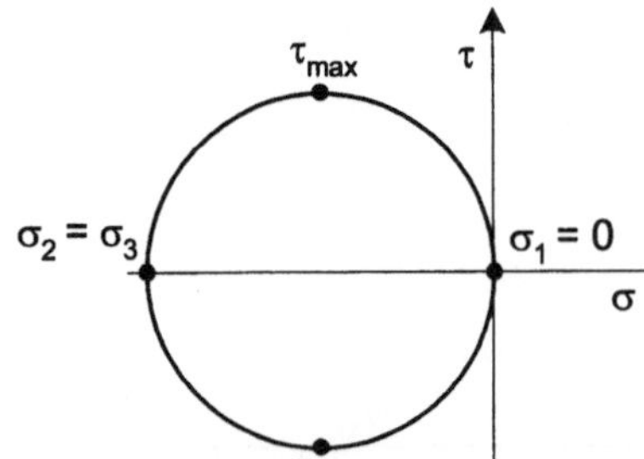

Zweiachsiger (Druck-)Spannungszustand; dreiachsiger Verformungszustand

c)

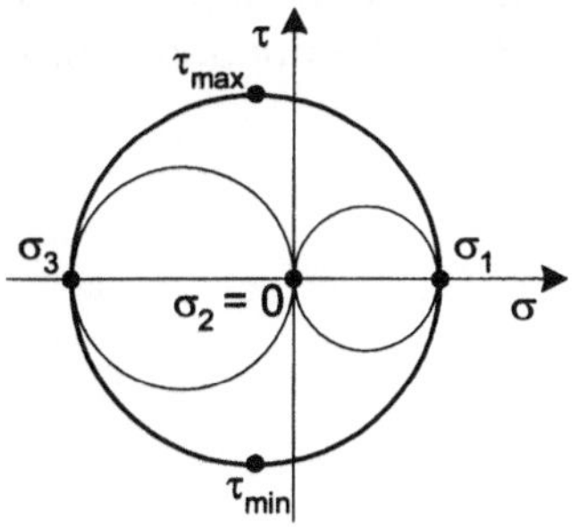

Zweiachsiger Spannungszustand;
dreiachsiger Verformungszustand

d)

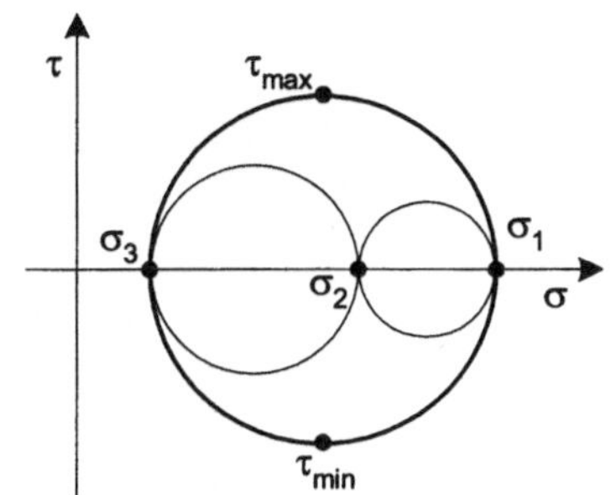

Dreiachsiger (Zug-)Spannungszustand;
einachsiger Verformungszustand

Direkt an der Oberfläche des Steges
herrscht ein zweiachsiger Spannungszustand. Dort ist die Radialspannung $\sigma_3 = 0$,
weil nach außen keine Kraft angreift.

Aufgabe 12.5

$$\sigma_1 = \frac{E\,(\varepsilon_1 + \nu\,\varepsilon_2)}{1-\nu^2}$$

$$\sigma_1 = \frac{210\cdot 10^3\,(0{,}0005 + 0{,}3\cdot 0{,}00025)}{1-0{,}3^2}\ \text{MPa}$$

$$\boxed{\sigma_1 = 132{,}7\ \text{MPa}}$$

$$\sigma_2 = \frac{E\,(\varepsilon_2 + \nu\,\varepsilon_1)}{1-\nu^2}$$

$$\sigma_2 = \frac{210\cdot 10^3\,(0{,}00025 + 0{,}3\cdot 0{,}0005)}{1-0{,}3^2}\ \text{MPa}$$

$$\boxed{\sigma_2 = 92{,}3\ \text{MPa}}$$

$$\tau_{max} = \frac{\sigma_1 - \sigma_3}{2} = \frac{\sigma_1}{2}$$

$$\boxed{\tau_{max} = 66{,}4\ \text{MPa}}$$

Aufgabe 12.6

Die Spannungen σ_x und σ_y sind die beiden Hauptnormalspannungen σ_1 bzw. σ_3.
Bei ε_x und ε_y handelt es sich folglich um die beiden Hauptdehnungen ε_1 bzw. ε_3.

$$\sigma_x = \sigma_1 = \frac{E\,(\varepsilon_1 + \nu\,\varepsilon_3)}{1-\nu^2}$$

$$\sigma_x = \frac{207\cdot 10^3\,(0{,}00062 + 0{,}3\,(-0{,}00045))}{1-0{,}3^2}\ \text{MPa}$$

$$\boxed{\sigma_x = 110{,}3\ \text{MPa}}$$

$$\sigma_y = \sigma_3 = \frac{E\,(\varepsilon_3 + \nu\,\varepsilon_1)}{1-\nu^2}$$

$$\sigma_y = \frac{207\cdot 10^3\,(-0{,}00045 + 0{,}3\cdot 0{,}00062)}{1-0{,}3^2}\ \text{MPa}$$

$$\boxed{\sigma_y = -60{,}1\ \text{MPa}}$$

$$\varepsilon_z = \varepsilon_2 = -\frac{\nu}{E}\left(\sigma_x + \sigma_y\right)$$

$$\Delta s = \varepsilon_z\, s = -\frac{\nu}{E}\left(\sigma_x + \sigma_y\right) s$$

$$\Delta s = -\frac{0{,}3}{207\cdot 10^3}\,(110{,}3 - 60{,}1)\cdot 6\ \text{mm}$$

$$\boxed{\Delta s = -0{,}0004\ \text{mm} = -0{,}4\ \mu\text{m}}$$

Aufgabe 13.5

a) $\quad M_t = 2\,F\dfrac{a}{2} = F\,a$

$$\tau_{max} = \frac{M_t}{W_p} = \frac{16\,M_t\,D}{\pi\left(D^4 - \dfrac{D^4}{16}\right)} = \frac{16^2\,F\,a}{15\,\pi\,D^3}$$

Nach SH:

$$\sigma_V = 2\,\tau_{max} \le \sigma_{zul}$$

$$2\,\frac{16^2\,F\,a}{15\,\pi\,D^3} \le \sigma_{zul}$$

$$D \ge \sqrt[3]{\frac{2\cdot 16^2\,F\,a}{15\,\pi\,\sigma_{zul}}}$$

$$D \geq \sqrt[3]{\frac{2 \cdot 16^2 \cdot 2 \cdot 200}{15\pi\,270}\,\frac{kN\,mm\,mm^2}{N}} = \sqrt[3]{\frac{2 \cdot 16^2 \cdot 2 \cdot 200 \cdot 10^3}{15\pi\,270}}\;mm$$

$$\boxed{D \geq 25{,}2\ mm}$$

b)
$$\varphi = \frac{L\,F\,a}{G\,I_p} = \frac{L\,F\,a \cdot 2(1+\nu) \cdot 32}{E\,\pi\left(D^4 - \dfrac{D^4}{16}\right)} = \frac{2 \cdot 32 \cdot 16\,L\,F\,a(1+\nu)}{15\,\pi E\,D^4}$$

$$\varphi = \frac{2 \cdot 32 \cdot 16 \cdot 500 \cdot 2 \cdot 10^3 \cdot 200(1+0{,}3)}{15\,\pi\,210 \cdot 10^3 \cdot 25{,}2^4}\;\frac{mm\,N\,mm\,mm^2}{N\,mm^4}$$

$$\boxed{\widehat{\varphi} = 0{,}0667}$$

$$\boxed{\varphi^\circ = \widehat{\varphi}\,\frac{360^\circ}{2\pi} = 3{,}8^\circ}$$

$$b = \frac{\pi\,D\,\varphi^\circ}{360^\circ} = \frac{\pi\,D\,\widehat{\varphi}}{2\pi} = \frac{D\,\widehat{\varphi}}{2}$$

$$\boxed{b = 0{,}84\ mm}$$

Aufgabe 13.6

$$\tau_{max} = \frac{M_t}{W_p} = \frac{16\,M_t}{\pi\,D^3}$$

$$\sigma_V^{(G)} = \frac{1}{\sqrt{2}}\sqrt{\tau^2 + \tau^2 + (-\tau - \tau)^2} = \frac{\tau\sqrt{6}}{\sqrt{2}} = \tau\sqrt{3} \leq \frac{R_e}{S_F}$$

$$\frac{16\sqrt{3}\,M_t}{\pi\,D^3} \leq \frac{R_e}{S_F}$$

$$D \geq \sqrt[3]{\frac{16\sqrt{3}\,M_t\,S_F}{\pi\,R_e}}$$

$$D \geq \sqrt[3]{\frac{16\sqrt{3} \cdot 100 \cdot 1{,}5}{\pi\,370}\,\frac{N\,m\,mm^2}{N}} = \sqrt[3]{\frac{16\sqrt{3} \cdot 100 \cdot 10^3 \cdot 1{,}5}{\pi\,370}}\;mm$$

$$\underline{D \geq 15{,}3\ mm}$$

$$\widehat{\varphi} = \varphi^\circ\,\frac{2\pi}{360^\circ} = \frac{M_t\,L}{G\,I_p} = \frac{2(1+\nu) \cdot 32\,M_t\,L}{E\,\pi\,D^4}$$

$$\varphi^\circ = \frac{2(1+\nu) \cdot 32\,M_t\,L \cdot 360^\circ}{2\pi\,E\,\pi\,D^4} = \frac{32(1+\nu)\,M_t\,L \cdot 360^\circ}{\pi^2\,E\,D^4} \leq \varphi_{max}$$

$$D \geq \sqrt[4]{\frac{32(1+\nu)\,M_t\,L \cdot 360°}{\pi^2\,E\,\varphi_{max}}}$$

$$D \geq \sqrt[4]{\frac{32(1+0,3)\cdot 100 \cdot 2,5 \cdot 360°}{\pi^2 \cdot 210 \cdot 10^3 \cdot 0,25°}\;\frac{N\,m\,m\,mm^2}{N}}$$

$$D \geq \sqrt[4]{\frac{32(1+0,3)\cdot 100 \cdot 2,5 \cdot 360° \cdot 10^6}{\pi^2 \cdot 210 \cdot 10^3 \cdot 0,25°}}\;mm$$

$$\boxed{D \geq 51,8\ mm}$$

In diesem Fall ist nicht die Festigkeitsauslegung relevant, sondern die Begrenzung durch den Verdrehwinkel.

Aufgabe 13.7

$$\bar{\tau} = \frac{S}{A} = \frac{F/2}{A} = \frac{2\,F}{\pi\,D^2}$$

Nach SH:

$$\sigma_V = 2\,\tau_{max} \leq \sigma_{zul} = \frac{R_{p0,2}}{S_F}$$

$$\frac{4\,F}{\pi\,D^2} \leq \frac{R_{p0,2}}{S_F}$$

$$D \geq \sqrt{\frac{4\,F\,S_F}{\pi\,R_{p0,2}}}$$

$$\boxed{D \geq 8\ mm}$$

Aufgabe 13.8

a)   ESZ (Torsion)

b)   Nach SH:

$$\sigma_V = 2\,\tau_{max} \leq R_e$$

$$\tau_{max} = \frac{M_t}{W_p} = \frac{16\,M_t}{\pi\,D^3} \leq \frac{R_e}{2}$$

$$M_t \leq \frac{\pi\,D^3\,R_e}{32}$$

$$\boxed{M_t \leq 18.598\ N\,mm \approx 18,6\ N\,m}$$

c)   Die duktile Schraube würde durch die Wirkung von τ_{max} in der Querschnittsebene abgeschert werden.

d) $M_t = F\,L$ oder $F = \dfrac{M_t}{L}$ $\boxed{F = 31\,N}$

e) $\quad f = \dfrac{F\,L^3}{3\,E\,I_{ax}} = \dfrac{64\,F\,L^3}{3\,\pi\,E\,D^4}$

$$\boxed{f = 10,4\ \text{mm}}$$

Aufgabe 13.9

➤ Kombination aus Torsion und Zug
➤ Die höchst belastete Stelle ist die gesamte Mantelfläche des Stabes. Durch die Torsion herrschen auf dieser Mantelfläche die höchsten Spannungen und die Zugbelastung ruft eine homogene Spannungsverteilung über den gesamten Querschnitt hervor.
➤ Es liegt ein ebener Spannungszustand vor.
➤ Spannungselement:

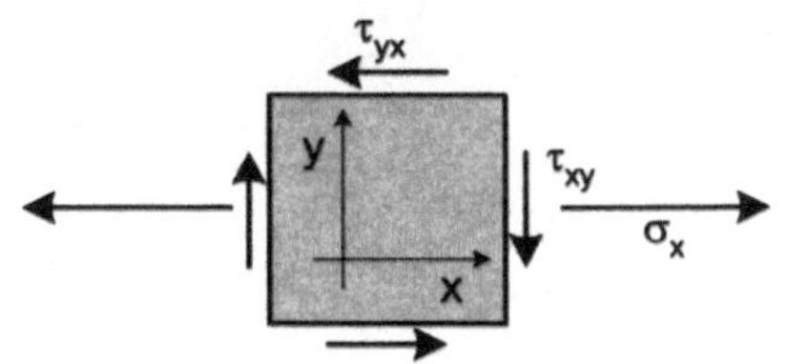

x ist die Axialrichtung, y die Umfangsrichtung. Das Spannungselement liegt auf der Oberfläche des Stabes und kann in der Fläche beliebig groß sein. Seine Dicke ist infinitesimal zu wählen, weil die Schubspannungen nach innen abnehmen. Durch die gegebene Momentenrichtung zeichnet man zweckmäßigerweise zuerst den rechten τ-Pfeil ein.

a) $\quad \sigma_x = \dfrac{F}{A} = \dfrac{4\,F}{\pi\,D^2}$

$\sigma_x = 445,6\ \text{MPa}$

$\tau_{xy} \equiv \tau_{t\,max} = \dfrac{M_t}{W_p} = \dfrac{16\,M_t}{\pi\,D^3}$

$\tau_{xy} = 318,3\ \text{MPa}$

Wertepaare:

$\begin{pmatrix} \sigma_x = 445,6\ \text{MPa} \\ \tau_{xy} = 318,3\ \text{MPa} \end{pmatrix} \quad \begin{pmatrix} \sigma_y = 0 \\ \tau_{yx} = -318,3\ \text{MPa} \end{pmatrix}$

$\sigma_M = \dfrac{\sigma_x + \sigma_y}{2} = 222,8\ \text{MPa}$

$R = \sqrt{\tau_{xy}^2 + (\sigma_x - \sigma_M)^2} = 388,5\ \text{MPa}$

$\sigma_1 = \sigma_M + R = \underline{611,3\ \text{MPa}}$

$\sigma_2 = 0 \quad \text{ESZ!}$

$\sigma_3 = \sigma_M - R = \underline{-165,7\ \text{MPa}}$

$\tau_{max} = R = \underline{388,5\ \text{MPa}}$

$\tau_{min} = \underline{-388,5\ \text{MPa}}$

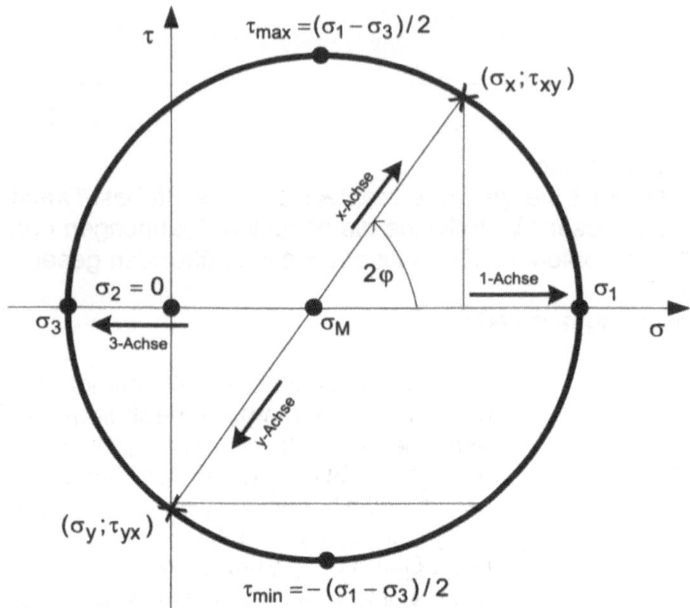

b)   Nach NH:

$$\sigma_V^{(N)} = \sigma_1 = \underline{611,3\,\text{MPa}} \leq \sigma_{zul} = \frac{R_m}{S_B}$$

c)   Nach SH:

$$\sigma_V^{(S)} = \sqrt{\sigma_x^2 + 4\,\tau_{xy}^2} = 2\,\tau_{max} = \underline{777\ \text{MPa}} \leq \sigma_{zul} = \frac{R_e}{S_F}$$

Nach GEH:

$$\sigma_V^{(G)} = \sqrt{\sigma_x^2 + 3\,\tau_{xy}^2} = \underline{708,9\ \text{MPa}} \leq \sigma_{zul} = \frac{R_e}{S_F}$$

Die SH liefert, wie grundsätzlich immer, das konservativere Ergebnis.

d)

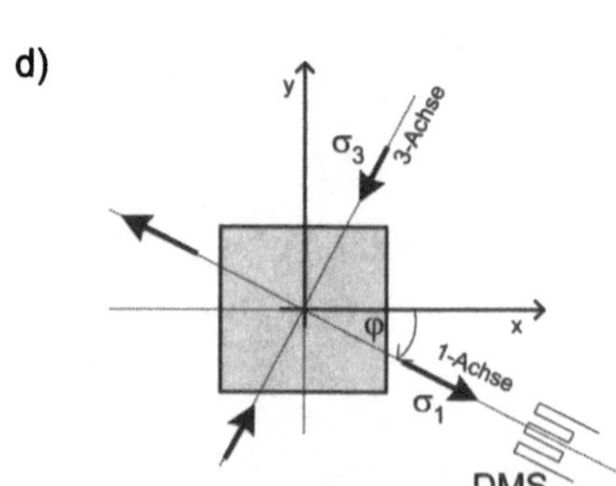

$$\sin(2\varphi) = \frac{\tau_{xy}}{R} = 0,8193$$

$$2\varphi = \arcsin 0,8193 = 55°$$

$$\boxed{\varphi = 27,5°}$$

Wie dem Spannungskreis zu entnehmen ist, liegt die 1-Achse um 27,5° im UZS gegen die x-Achse gedreht.

$$\varepsilon_1 = \frac{1}{E}\left(\sigma_1 - \nu\,\sigma_3\right)$$

$$\varepsilon_1 = \frac{611{,}3 - 0{,}3\cdot(-165{,}7)}{210\cdot 10^3}$$

$$\boxed{\varepsilon_1 = 0{,}0031 \cong 0{,}31\,\%}$$

Aufgabe 13.10

$$\sigma_t \equiv \sigma_1 = \frac{p\,R}{s} \qquad \sigma_a \equiv \sigma_2 = \frac{p\,R}{2\,s} \qquad \sigma_r \equiv \sigma_3 = -p$$

Nach SH:

$$\sigma_V^{(S)} = \sigma_1 - \sigma_3 = \frac{p\,R}{s} + p \le \sigma_{zul}$$

$$\boxed{s^{(S)} \ge \frac{p\,R}{\sigma_{zul} - p}}$$

Nach der GEH gestaltet sich die Herleitung in diesem Fall etwas aufwändiger:

$$\sigma_V^{(G)} = \frac{1}{\sqrt{2}}\sqrt{\left(\sigma_1 - \sigma_2\right)^2 + \left(\sigma_2 - \sigma_3\right)^2 + \left(\sigma_3 - \sigma_1\right)^2}$$

$$= \frac{1}{\sqrt{2}}\sqrt{\left(\frac{p\,R}{s} - \frac{p\,R}{2\,s}\right)^2 + \left(\frac{p\,R}{2\,s} + p\right)^2 + \left(-p - \frac{p\,R}{s}\right)^2}$$

$$= \frac{1}{\sqrt{2}}\sqrt{\left(\frac{p\,R}{2\,s}\right)^2 + \left(\frac{p\,R + 2ps}{2\,s}\right)^2 + \left(\frac{-2p\,R - 2\,p\,s}{2\,s}\right)^2}$$

$$\sigma_V^{(G)} = \frac{1}{\sqrt{2}}\,\frac{\sqrt{(p\,R)^2 + (p\,R)^2 + 4Rsp^2 + 4(sp)^2 + 4(sp)^2 + 8Rsp^2 + 4(p\,R)^2}}{2\,s}$$

$$= \frac{1}{\sqrt{2}}\,\frac{\sqrt{6(p\,R)^2 + 12\,Rsp^2 + 8(sp)^2}}{2\,s}$$

$$= \frac{\sqrt{2}\,p}{\sqrt{2}\cdot 2\,s}\sqrt{3\,R^2 + 6\,Rs + 4s^2} = \frac{p}{2\,s}\sqrt{4s^2 + 6\,Rs + 3\,R^2} \le \sigma_{zul}$$

$$\frac{2\,\sigma_{zul}}{p}\cdot s \ge \sqrt{4s^2 + 6\,Rs + 3\,R^2}$$

$$\frac{4\,\sigma_{zul}^2}{p^2}\cdot s^2 \ge 4s^2 + 6\,Rs + 3\,R^2$$

$$s^2\left(4 - \frac{4\,\sigma_{zul}^2}{p^2}\right) + 6\,Rs + 3\,R^2 \le 0$$

$$s^2 + \frac{6\,R}{4\left(1 - \dfrac{\sigma_{zul}^2}{p^2}\right)}\,s + \frac{3\,R^2}{4\left(1 - \dfrac{\sigma_{zul}^2}{p^2}\right)} \leq 0$$

Für die Lösung dieser quadratischen Gleichung in ihrer Normalform benutzt man das bekannte Schema:

$$s_{1,2} = \frac{-3\,R}{4\left(1 - \dfrac{\sigma_{zul}^2}{p^2}\right)} \pm \sqrt{\frac{9\,R^2}{16\left(1 - \dfrac{\sigma_{zul}^2}{p^2}\right)^2} - \frac{3\,R^2}{4\left(1 - \dfrac{\sigma_{zul}^2}{p^2}\right)}}$$

$$s_{1,2} = \frac{-3\,R}{4\left(1 - \dfrac{\sigma_{zul}^2}{p^2}\right)} \pm \sqrt{\frac{9\,R^2}{16\left(1 - \dfrac{\sigma_{zul}^2}{p^2}\right)^2} - \frac{12\,R^2\left(1 - \dfrac{\sigma_{zul}^2}{p^2}\right)}{16\left(1 - \dfrac{\sigma_{zul}^2}{p^2}\right)^2}}$$

$$s_{1,2} = \frac{-3\,R}{4\left(1 - \dfrac{\sigma_{zul}^2}{p^2}\right)} \pm \frac{\sqrt{9\,R^2 - 12\,R^2\left(1 - \dfrac{\sigma_{zul}^2}{p^2}\right)}}{4\left(1 - \dfrac{\sigma_{zul}^2}{p^2}\right)}$$

$$s_{1,2} = \frac{-3\,R \pm \sqrt{9\,R^2 - 12\,R^2\left(1 - \dfrac{\sigma_{zul}^2}{p^2}\right)}}{4\left(1 - \dfrac{\sigma_{zul}^2}{p^2}\right)} = \frac{-3\,R \pm R\sqrt{-3 + 12\dfrac{\sigma_{zul}^2}{p^2}}}{4\left(1 - \dfrac{\sigma_{zul}^2}{p^2}\right)}$$

Wegen $\sigma_{zul} \gg p$ wird der Nenner in jedem Fall negativ. Folglich muss auch der Zähler negativ werden, damit für die Wanddicke s ein sinnvolles Ergebnis herauskommt. Wiederum wegen $\sigma_{zul} \gg p$ wird der Ausdruck unter der Wurzel $\gg 9$, die Wurzel selbst also > 3. Bei einem Pluszeichen würde somit der Zähler positiv werden. Es kommt daher nur das Minuszeichen als Lösung infrage:

$$\boxed{\;s^{(G)} \geq \frac{-3\,R - R\sqrt{-3 + 12\dfrac{\sigma_{zul}^2}{p^2}}}{4\left(1 - \dfrac{\sigma_{zul}^2}{p^2}\right)}\;}$$

Beispiel mit den gegebenen Werten
Nach SH:

$$s^{(S)} \geq \frac{2 \cdot 500}{150 - 2}\ mm = 6{,}76\ mm$$

Nach GEH:

$$s^{(G)} \geq \frac{-3 \cdot 500 - 500\sqrt{-3 + 12\frac{150^2}{2^2}}}{4\left(1 - \frac{150^2}{2^2}\right)} = 5{,}84\ mm$$

Für die *Außenoberfläche* wird $\sigma_r = \sigma_3 = 0$, so dass sich folgende Formeln ergeben:

Nach SH:

$$\sigma_V^{(S)} = \sigma_1 - \sigma_3 = \frac{p\,R}{s} \leq \sigma_{zul}$$

$$\boxed{s^{(S)} \geq \frac{p\,R}{\sigma_{zul}}}$$

Nach GEH:

$$\sigma_V^{(G)} = \frac{1}{\sqrt{2}}\sqrt{(\sigma_1 - \sigma_2)^2 + \sigma_2^2 + \sigma_1^2} = \frac{1}{\sqrt{2}}\sqrt{\sigma_1^2 - 2\sigma_1\sigma_2 + \sigma_2^2 + \sigma_2^2 + \sigma_1^2}$$

$$= \frac{1}{\sqrt{2}}\sqrt{2\sigma_1^2 - 2\sigma_1\sigma_2 + 2\sigma_2^2} = \sqrt{\sigma_1^2 - \sigma_1\sigma_2 + \sigma_2^2}$$

$$= \sqrt{\left(\frac{p\,R}{s}\right)^2 - \frac{1}{2}\left(\frac{p\,R}{s}\right)^2 + \frac{1}{4}\left(\frac{p\,R}{s}\right)^2} = \sqrt{\frac{3}{4}}\frac{p\,R}{s} = \sqrt{3}\,\frac{p\,R}{2\,s} \leq \sigma_{zul}$$

$$\boxed{s^{(G)} \geq \frac{\sqrt{3}\,p\,R}{2\,\sigma_{zul}}}$$

Beispiel mit den gegebenen Werten
Nach SH:

$$s^{(S)} \geq \frac{2 \cdot 500}{150}\ mm = 6{,}67\ mm$$

Nach GEH:

$$s^{(G)} \geq \frac{2 \cdot 500 \cdot \sqrt{3}}{2 \cdot 150}\ mm = 5{,}77\ mm$$

Man erkennt, dass der Unterschied für das gewählte Zahlenbeispiel gering ist, ob man die Radialspannung berücksichtigt oder nicht. Zwischen der SH und der GEH ergibt sich immerhin eine Differenz von fast 1 mm in der Wanddicke, wobei die SH stets den konservativeren Wert liefert. Druckbehälter werden daher gemäß der üblichen Regelwerke nach der SH ausgelegt.

Aufgabe 13.11

- ➢ Belastung für Rohr ①: Torsion und Biegung
- ➢ Belastung für Rohr ②: Biegung (die Scherung wird jeweils vernachlässigt).
- ➢ Die höchst belastete Stelle kann sowohl bei A als auch bei B liegen, abhängig vom Verhältnis der Hebelarme a/b. Zunächst wird davon ausgegangen, dass A höher belastet ist. Bei A befindet sich die kritische Stelle in einem Punkt oben an der Einspannung. Während durch die Torsion maximale Spannungen auf der gesamten Mantelfläche des Rohres ① hervorgerufen werden, besteht durch die überlagerte Biegung die höchste Zugspannung oben an der Einspannstelle.
- ➢ An der Stelle A herrscht ein zweiachsiger Spannungszustand, an der Stelle B ein einachsiger.
- ➢ Spannungselement für die Stelle A

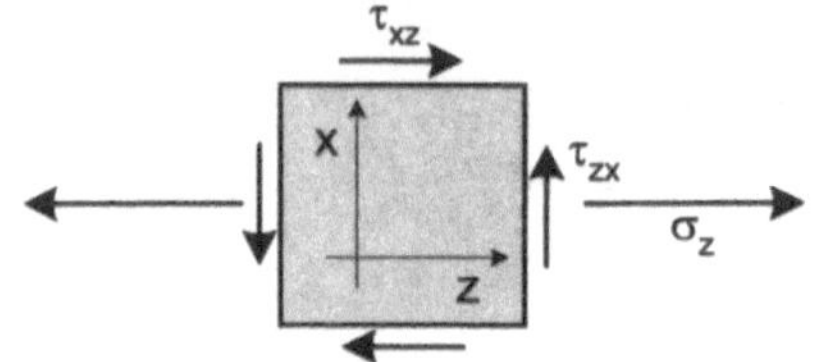

Man denke sich das Spannungselement an der Einspannstelle oben auf das Rohr gezeichnet. Das Torsionsmoment ist rechtsdrehend. Zweckmäßigerweise zeichnet man zuerst den rechten τ-Pfeil.

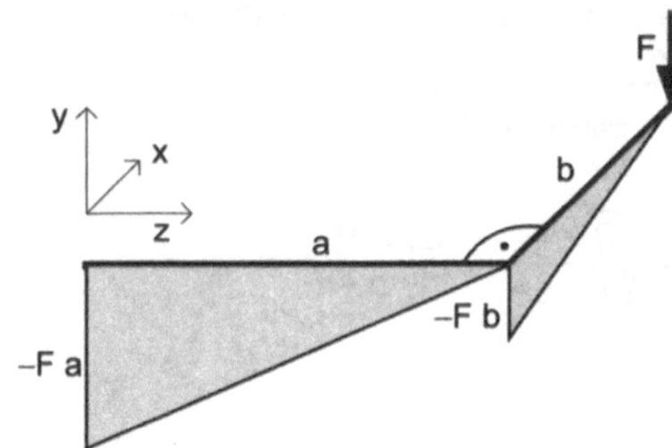

Biegemomentenverläufe für die beiden Rohrabschnitte

Berechnung der Belastungsspannungen:

$$\sigma_z = -\frac{M_{bx\,max}}{W_x} = \frac{F\,a}{W_x} = \frac{32\,D\,F\,a}{\pi\left(D^4 - d^4\right)}$$

$$\tau_{zx} = \frac{M_t}{W_p} = \frac{-F\,b}{W_p} = \frac{-16\,D\,F\,b}{\pi\left(D^4 - d^4\right)}$$

Mohr'scher Spannungskreis für die Stelle A schematisch:

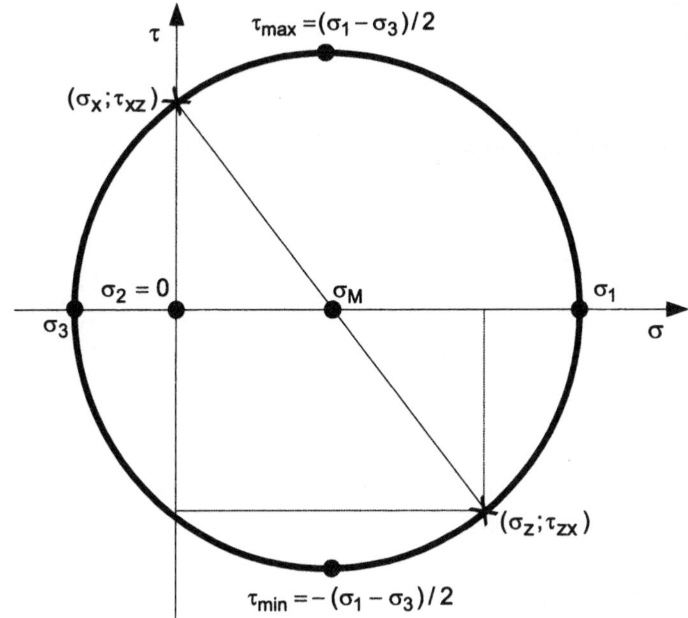

a)   Nach GEH:

$$\sigma_V^{(G)} = \sqrt{\sigma_z^2 + 3\,\tau_{zx}^2} = \sqrt{\left(\frac{32\,D\,F\,a}{\pi\left(D^4 - d^4\right)}\right)^2 + 3\left(\frac{16\,D\,F\,b}{\pi\left(D^4 - d^4\right)}\right)^2}$$

$$\sigma_V^{(G)} = \sqrt{\frac{(16\,D\,F)^2\left(4\,a^2 + 3\,b^2\right)}{\left[\pi\left(D^4 - d^4\right)\right]^2}} = \frac{16\,D\,F}{\pi\left(D^4 - d^4\right)}\sqrt{4\,a^2 + 3\,b^2} \le \sigma_{zul}$$

$$d \le \sqrt[4]{D^4 - \frac{16\,D\,F}{\pi\,\sigma_{zul}}\sqrt{4\,a^2 + 3\,b^2}}$$

$$\boxed{d^{(G)} \le 144\ \text{mm}}$$

Nach SH:

$$\sigma_V^{(S)} = \sqrt{\sigma_z^2 + 4\,\tau_{zx}^2} = \sqrt{\left(\frac{32\,D\,F\,a}{\pi\left(D^4 - d^4\right)}\right)^2 + 4\left(\frac{16\,D\,F\,b}{\pi\left(D^4 - d^4\right)}\right)^2}$$

$$= \sqrt{\frac{(32\,D\,F)^2\left(a^2 + b^2\right)}{\left[\pi\left(D^4 - d^4\right)\right]^2}} = \frac{32\,D\,F}{\pi\left(D^4 - d^4\right)}\sqrt{a^2 + b^2} \le \sigma_{zul}$$

$$d \leq \sqrt[4]{D^4 - \frac{32\,D\,F}{\pi\,\sigma_{zul}}\sqrt{a^2 + b^2}}$$

$$\boxed{d^{(S)} \leq 143,8 \text{ mm}}$$

Die Ergebnisse nach den beiden Hypothesen sind in diesem Fall nahezu identisch.

b) $\quad \sigma_z = \dfrac{32\,D\,F\,a}{\pi\left(D^4 - d^4\right)}$

$\sigma_z = 80,1\,\text{MPa}$

$\tau_{zx} = \dfrac{-16\,D\,F\,b}{\pi\left(D^4 - d^4\right)}$

$\tau_{zx} = -24\,\text{MPa}$

$\sigma_M = \dfrac{\sigma_x + \sigma_z}{2} = 40\,\text{MPa}$

$R = \sqrt{\tau_{zx}^{\,2} + \left(\sigma_z - \sigma_M\right)^2} = 46,6\,\text{MPa}$

$\sigma_1 = \sigma_M + R = \underline{86,6\,\text{MPa}}$

$\underline{\sigma_2 = 0}\quad \text{ESZ!}$

$\sigma_3 = \sigma_M - R = \underline{-6,6\ \text{MPa}}$

$\tau_{max} = R = \underline{46,6\,\text{MPa}}$

$\tau_{min} = \underline{-46,6\,\text{MPa}}$

c) $\quad$ Die Stelle B erfährt nur Biegebelastung, wenn man die Scherung vernachlässigt:

$$\sigma_x = -\frac{M_{bz\,max}}{W_z} = \frac{F\,b}{W_z} = \frac{32\,D\,F\,b}{\pi\left(D^4 - d^4\right)}$$

Diese Spannung muss mit der Vergleichsspannung nach der GEH für Stelle A verglichen werden:

	Stelle A	Stelle B

$$\sigma_V^{(G)} = \frac{16\,D\,F}{\pi\left(D^4 - d^4\right)}\sqrt{4\,a^2 + 3\,b^2} \ \left\|\ \frac{32\,D\,F\,b}{\pi\left(D^4 - d^4\right)} = \sigma_x \right.$$

$$\sqrt{4\,a^2 + 3\,b^2} \ \left\|\ 2\,b \right.$$

Die Frage ist, ab welchem Verhältnis a/b die Stelle B am höchsten belastet ist, d.h.

$$\sqrt{4\,a^2 + 3\,b^2} < 2\,b$$

$$4\,a^2 < b^2$$

$$\boxed{b > 2\,a}$$

Falls $b > 2\,a$ ist, wird die Biegebelastung an Stelle B so hoch, dass dort die Spannung höher ist als die Vergleichsspannung an Stelle A.

Die gleiche Rechnung nach der SH ergibt:

        Stelle A   Stelle B

$$\sigma_V^{(S)} = \frac{32\,D\,F}{\pi\left(D^4 - d^4\right)}\sqrt{a^2 + b^2} \;\left\|\; \frac{32\,D\,F\,b}{\pi\left(D^4 - d^4\right)} = \sigma_x\right.$$

$$\sqrt{a^2 + b^2} \;\left\|\; b\right.$$

Falls die Stelle B höher belastet wäre als A, müsste gelten:

$$\sqrt{a^2 + b^2} < b$$

$$a^2 + b^2 < b^2$$

Dieses Ergebnis kann nicht eintreten, weil a^2 immer > 0 ist. Nach der SH ist also *immer* die Stelle A höher belastet als Stelle B. Der Grund liegt darin, dass die SH die Torsion höher bewertet durch den Faktor 4 vor der Schubspannung unter der Wurzel (Faktor 3 bei der GEH). Dadurch geht die mit der Länge des Hebelarms b ansteigende Torsionsbelastung für den Hebelarm a stärker ein.

Aufgabe 13.12

Spannungselement auf die Schweißnaht gelegt bei waagerecht liegendem Rohr:

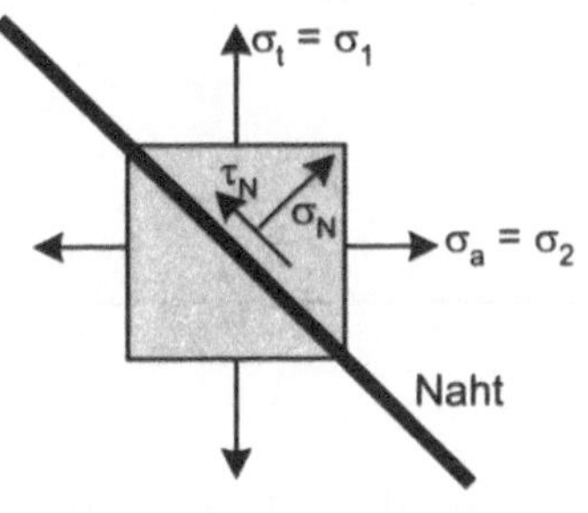

Hier ist das Hauptspannungselement dargestellt mit den beiden Hauptnormalspannungen σ_t und σ_a. σ_N ist die senkrecht zur Schweißnaht wirkende Normalspannung, τ_N die in der Naht herrschende Schubspannung.

Mohr'sche Spannungskreise für die *Außen*oberfläche:

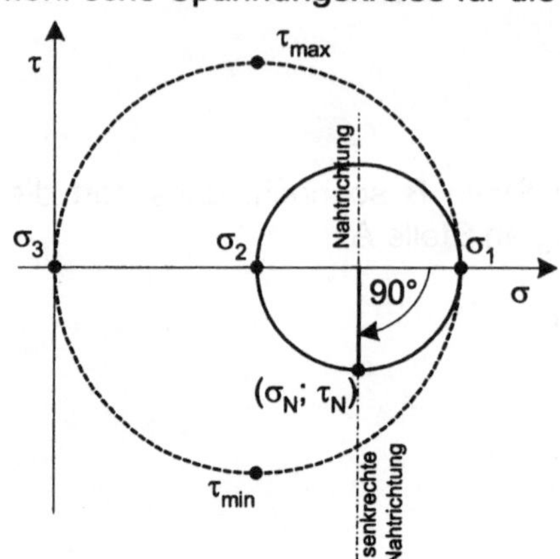

Man beachte, dass σ_N gegen σ_1 um 45°, im Kreis also um 90°, im UZS gedreht liegt, siehe Spannungselement. Der entsprechende Radiusvektor gibt die Richtung von σ_N an, welches die Richtung *senkrecht* zur Naht ist. Die Naht selbst liegt um 45° im GUZS gegen σ_1 gedreht, im Kreis folglich um 90°.

a) $\quad \sigma_t \equiv \sigma_1 = \dfrac{p\dfrac{D}{2}}{s} \quad$ und $\quad \sigma_a \equiv \sigma_2 = \dfrac{p\dfrac{D}{2}}{2\,s} = \dfrac{p\,D}{4\,s}$

$\sigma_t \equiv \sigma_1 = 50\ \text{MPa}$

$\sigma_a \equiv \sigma_2 = 25\ \text{MPa}$

$\sigma_N = \dfrac{\sigma_1 + \sigma_2}{2}$

$\boxed{\sigma_N = 37,5\ \text{MPa}}$

$\tau_N = -\,\dfrac{\sigma_1 - \sigma_2}{2}$

$\boxed{\tau_N = -12,5\ \text{MPa}}$

Im abgebildeten Spannungselement ist die Pfeilrichtung von τ_N korrekt eingezeichnet, wie sie sich aus dem Mohr'schen Kreis ergibt.

b) $\quad$ Die maximale Schubspannung im Rohr errechnet sich nach:

$\tau_{max} = \dfrac{\sigma_1 - \sigma_3}{2}$

Mit $\sigma_3 \equiv \sigma_r = -p$ ergibt sich ein Wert von:

$\boxed{\tau_{max} = 26\ \text{MPa}}$

Aufgabe 13.13

➢ Kombination aus Torsion und Zug
➢ Die höchst belastete Stelle ist die gesamte Mantelfläche des Stabes. Durch die Torsion herrschen auf dieser Mantelfläche die höchsten Spannungen und die Zugbelastung ruft eine homogene Spannungsverteilung über den gesamten Querschnitt hervor.
➢ Es liegt ein ebener Spannungszustand vor.

➤ Spannungselement
   x ist die Umfangsrichtung, y die Axialrichtung. Das
   Spannungselement liegt auf der Oberfläche der
   Welle und kann in der Fläche beliebig groß sein.
   Seine Dicke ist infinitesimal zu wählen, weil die
   Schubspannungen nach innen abnehmen. Durch
   die gegebene Momentenrichtung zeichnet man
   zweckmäßigerweise zuerst den oberen τ-Pfeil ein.

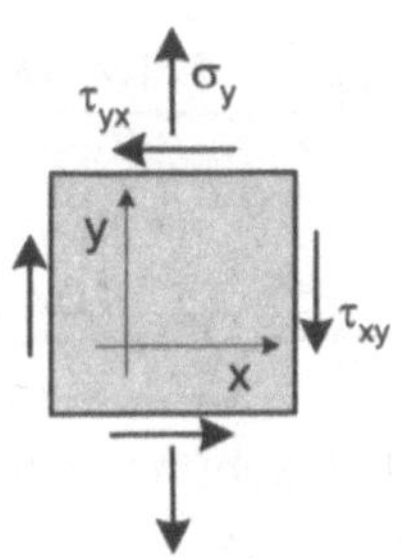

➤ Gleichungen für die Belastungsspannungen:

$$\sigma_y = \frac{F_H}{A} = \frac{4\,F_H}{\pi\,D^2}$$

$$\tau_{yx} \equiv \tau_{t\,min} = \frac{M_t}{W_p} = \frac{16\,M_t}{\pi\,D^3}$$

Es handelt sich entsprechend der Vorzeichenvereinbarung um eine negative
Schubspannung, d.h. τ_{yx} ist die *minimale* Schubspannung durch die Torsion.

➤ Mohr'scher Spannungskreis schematisch:

➤ Festigkeitsberechnung nach der SH:

$$\sigma_V^{(S)} = \sqrt{\left(\sigma_x - \sigma_y\right)^2 + 4\tau_{xy}^2} = \sqrt{\sigma_y^2 + 4\tau_{xy}^2} \le \sigma_{zul} = \frac{R_{p0,2}}{S_F}$$

$$\left(\frac{4\,F_H}{\pi\,D^2}\right)^2 + 4\left(\frac{16\,M_t}{\pi\,D^3}\right)^2 \le \left(\frac{R_{p0,2}}{S_F}\right)^2$$

$$\frac{16\,F_H^2}{\pi^2\,D^4} + \frac{4\cdot 16^2\,M_t^2}{\pi^2\,D^6} \leq \left(\frac{R_{p0,2}}{S_F}\right)^2 \quad \Bigg| \cdot D^6$$

$$\frac{16\,F_H^2}{\pi^2}\,D^2 + \frac{1024\,M_t^2}{\pi^2} \leq \left(\frac{R_{p0,2}}{S_F}\right)^2 D^6$$

Als Gleichung sechsten Grades in allgemeiner Form geschrieben:

$$\left(\frac{R_{p0,2}}{S_F}\right)^2 D^6 - \frac{16\,F_H^2}{\pi^2}\,D^2 - \frac{1024\,M_t^2}{\pi^2} = 0$$

Mit den gegebenen Zahlenwerten als zugeschnittene Größengleichung (D in mm):

$$\left(\frac{1000}{3}\right)^2 D^6 - \frac{16\cdot 125^2\cdot 10^6}{\pi^2}\,D^2 - \frac{1024\left(2,4\cdot 10^6\right)^2}{\pi^2} = 0$$

$$111.111{,}1\,D^6 - 2{,}533029591\cdot 10^{10}\,D^2 - 5{,}976166582\cdot 10^{14} = 0$$

Von dieser Gleichung sind die Nullstellen zu suchen, wobei selbstverständlich nur ein Wert D > 0 infrage kommt. Man erhält:

$$\boxed{D \geq 42,4\ \text{mm}}$$

Hinweis: Setzt man zur Kontrolle genau diesen Wert in die zugeschnittene Größengleichung ein, so steht auf der linken Seite ein Zahlenwert von ca. $+\,2,43\cdot 10^{12}$, was auf den ersten Blick verwundert, weil null herauskommen sollte. Der Grund liegt darin, dass die Dezimalstellen in der obigen Schreibweise wegen der hohen Zehnerpotenzen stark eingehen. Rechnet man mit D = 42,3 mm, ergibt die linke Seite $-\,6,44\cdot 10^{12}$.

Mit D = 42,4 mm errechnen sich folgende Spannungen:

$$\sigma_y = 88,5\ \text{MPa}$$

$$\tau_{yx} = -160,4\ \text{MPa} \qquad (M_t \text{ ist ein rechtsdrehendes, negatives Moment})$$

$$\sigma_M = \frac{\sigma_x + \sigma_y}{2} = 44,3\ \text{MPa}$$

$$R = \sqrt{\tau_{yx}^2 + \left(\sigma_y - \sigma_M\right)^2} = 166,4\ \text{MPa}$$

$$\underline{\sigma_1 = \sigma_M + R = 210,7\ \text{MPa}}$$

$$\underline{\sigma_2 = 0} \quad \text{ESZ!}$$

$$\underline{\sigma_3 = \sigma_M - R = -122,2\ \text{MPa}}$$

$$\underline{\tau_{max} = R = 166,4\ \text{MPa}}$$

$$\underline{\tau_{min} = -166,4\ \text{MPa}}$$

Kontrolle der Festigkeitsberechnung:

$$\sigma_V^{(S)} = \sqrt{88,5^2 + 4\cdot 160,4^2} = 332,8\ \text{MPa} \approx \frac{1000}{3}\ \text{MPa} = 333,3\ \text{MPa}$$

Die leichte Ungenauigkeit rührt von den Rundungen her.
Ergänzung: Berechnet man den Wellendurchmesser nach der GEH, so muss
$D \geq 40{,}5$ mm betragen.

Aufgabe 14.3

Für Vergütungsstähle gilt etwa:

$\sigma_{bW} \approx 0{,}44\ R_m$

$\sigma_{bW} \approx \pm 286\ \text{MPa}$

sowie

$\sigma_{bSch} \approx 1{,}7\ \sigma_{bW}$

$\sigma_{bSch} \approx 486\ \text{MPa}$

oder unmissverständlich geschrieben:

$\sigma_{bSch} \approx +243\ \text{MPa} \pm 243\ \text{MPa}$

Mit diesen ungefähren Werten wird folgendes Haigh-Diagramm für Ck 35 V konstruiert:

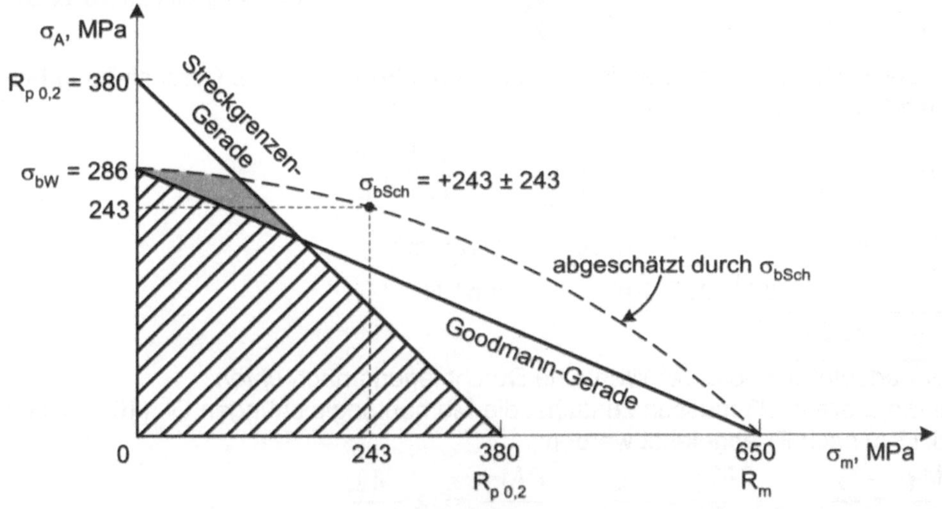

Die gestrichelte Dauerschwingfestigkeitslinie wurde „per Hand" durch den Punkt
σ_{bSch} gelegt. Gegenüber der Goodman-Geraden ist diese Linie möglicherweise
zu optimistisch (grauer dreieckiger Bereich). Das schraffierte Gebiet dürfte konservativ sein.

Aufgabe 16.1

Nach Gl. (16.19) ist die maximale Durchbiegung:

$$f(a+\frac{b}{2}) = f_{max} = \frac{F}{E\,I}\left(\frac{a^3}{3}+\frac{a^2\,b}{2}+\frac{a\,b^2}{8}\right) = \frac{64\,F}{\pi\,D^4\,E}\left(\frac{a^3}{3}+\frac{a^2\,b}{2}+\frac{a\,b^2}{8}\right)$$

Dabei entspricht F gemäß Bild 16.6 der Kraft F_H an jeder Hand des Turners. Mit F_H = 1363 N (siehe Aufgabe 10.5), a = 900 mm, b = 600 mm, E = 205 GPa und D = 28 mm errechnet sich die maximale Durchbiegung zu:

$$f_{max} = \frac{64\cdot 1363}{\pi\,28^4\cdot 205\cdot 10^3}\left(\frac{900^3}{3}+\frac{900^2\cdot 600}{2}+\frac{900\cdot 600^2}{8}\right)\frac{N\,mm^2\;mm^3}{mm^4\;N}$$

$$\boxed{f_{max} = 116\;mm = 11{,}6\;cm}$$

Aufgabe 16.2

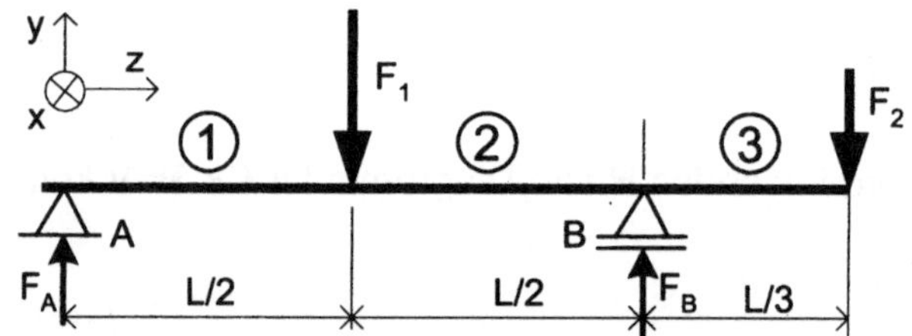

Biegebalken zur Durchbiegungsberechnung nach dem Satz von Castigliano (der Balken hat einen Kreisquerschnitt mit Durchmesser D)

Für die Stelle L/2 wurde bereits in Kap. 16 die Formel für die Durchbiegung hergeleitet, siehe Gl. (16.14 e):

$$f_{L/2} = \frac{L^3(F_1-F_2)}{48\,E\,I} = \frac{64\,L^3(F_1-F_2)}{48\,\pi\,D^4\,E} = \frac{4\,L^3(F_1-F_2)}{3\,\pi\,D^4\,E}$$

$$f_{L/2} = \frac{4\cdot(3{,}6\cdot 10^3)^3\,(15-5)\cdot 10^3}{3\,\pi\,80^4\cdot 205\cdot 10^3}\;\frac{mm^3\;N\,mm^2}{mm^4\;N}$$

$$\boxed{f_{L/2} = 23{,}6\;mm}$$

Hier bedeutet ein positiver Wert eine Durchbiegung nach *unten*.

Für die Stelle 4 L/3 müssen zunächst die Momentengleichungen Gl. (16.13 a) bis (16.13 c) nach F_2 abgeleitet werden:

$$\frac{\partial M_1}{\partial F_2} = -\frac{z}{3};\qquad \frac{\partial M_2}{\partial F_2} = -\frac{z}{3};\qquad \frac{\partial M_3}{\partial F_2} = z-\frac{4\,L}{3}$$

Gemäß Gl. (16.11) gilt für die Durchbiegung an der Stelle 4 L/3:

$$f_{4L/3} = \frac{1}{E\,I}\left[\int_0^{L/2} M_1\frac{\partial M_1}{\partial F_2}dz + \int_{L/2}^{L} M_2\frac{\partial M_2}{\partial F_2}dz + \int_{L}^{4L/3} M_3\frac{\partial M_3}{\partial F_2}dz\right]$$

Die Momentengleichungen Gl. (16.13 a) bis (16.13 c) sowie die obigen Ableitungen eingesetzt und ausmultipliziert:

$$f_{4L/3} = \frac{1}{EI}\left[\int_0^{L/2}\left(-\frac{F_1 z^2}{6}+\frac{F_2 z^2}{9}\right)dz + \int_{L/2}^{L}\left(-\frac{F_1 L z}{6}+\frac{F_1 z^2}{6}+\frac{F_2 z^2}{9}\right)dz\right.$$

$$\left.+\int_L^{4L/3}\left(F_2 z^2 - \frac{4F_2 L z}{3} - \frac{4F_2 L z}{3} + \frac{16F_2 L^2}{9}\right)dz\right]$$

$$f_{4L/3} = \frac{1}{EI}\left[-\frac{F_1 z^3}{18}\Big|_0^{L/2} + \frac{F_2 z^3}{27}\Big|_0^{L/2} - \frac{F_1 L z^2}{12}\Big|_{L/2}^{L} + \frac{F_1 z^3}{18}\Big|_{L/2}^{L} + \frac{F_2 z^3}{27}\Big|_{L/2}^{L}\right.$$

$$\left.+\frac{F_2 z^3}{3}\Big|_L^{4L/3} - \frac{8F_2 L z^2}{6}\Big|_L^{4L/3} + \frac{16F_2 L^2 z}{9}\Big|_L^{4L/3}\right]$$

$$f_{4L/3} = \frac{1}{EI}\left[-\frac{F_1 L^3}{144}+\frac{F_2 L^3}{216}-\frac{F_1 L^3}{12}+\frac{F_1 L^3}{48}+\frac{F_1 L^3}{18}-\frac{F_1 L^3}{144}+\frac{F_2 L^3}{27}-\frac{F_2 L^3}{216}\right.$$

$$\left.+\frac{64 F_2 L^3}{81}-\frac{F_2 L^3}{3}-\frac{128 F_2 L^3}{54}+\frac{8 F_2 L^3}{6}+\frac{64 F_2 L^3}{27}-\frac{16 F_2 L^3}{9}\right]$$

$$f_{4L/3} = \frac{L^3}{EI}\left[\frac{F_1(-1-12+3+8-1)}{144}+\frac{F_2(1+8-1-72-512+288+512-384)}{216}+\frac{64 F_2}{81}\right]$$

$$f_{4L/3} = \frac{L^3}{EI}\left(-\frac{F_1}{48}-\frac{20\,F_2}{27}+\frac{64 F_2}{81}\right) = \frac{L^3}{EI}\left(-\frac{F_1}{48}+\frac{4\,F_2}{81}\right) = \frac{64\,L^3}{\pi D^4 E}\left(-\frac{F_1}{48}+\frac{4\,F_2}{81}\right)$$

$$f_{4L/3} = \frac{64\,(3{,}6\cdot 10^3)^3}{\pi\,80^4\cdot 205\cdot 10^3}\left(-\frac{15\cdot 10^3}{48}+\frac{4\cdot 5\cdot 10^3}{81}\right)\frac{mm^3\;mm^2\,N}{mm^4\,N}$$

$$\boxed{f_{4L/3} = -7{,}4\;mm}$$

Dieser negative Wert bedeutet eine Durchbiegung nach *oben*.

Der Neigungswinkel am Balkenende kann nach der bereits hergeleiteten Gl. (16.23) bestimmt werden:

$$\varphi_{4L/3} = \frac{L^2}{EI}\left(\frac{F_1}{16}-\frac{F_2}{6}\right) = \frac{64\,L^2}{\pi D^4 E}\left(\frac{F_1}{16}-\frac{F_2}{6}\right)$$

$$\varphi_{4L/3} = \frac{64(3{,}6\cdot 10^3)^2}{\pi\,80^4\cdot 205\cdot 10^3}\left(\frac{15\cdot 10^3}{16}-\frac{5\cdot 10^3}{6}\right)\frac{mm^2\;mm^2\,N}{mm^4\,N}$$

$$\boxed{\varphi_{4L/3} = 0{,}0033 \;\hat{=}\; \frac{0{,}0033\cdot 360°}{2\pi} = 0{,}19°}$$

Die beiden äußeren Kräfte sind so bemessen, dass am Balkenende die Steigung etwa null ist. Exakt wäre dies bei $F_2 = (6/16)\,F_1$ der Fall, d.h. wenn $F_2 = 5625\;N$

betragen würde bei $F_1 = 15$ kN. Der Verlauf der Biegelinie sieht schematisch wie folgt aus:

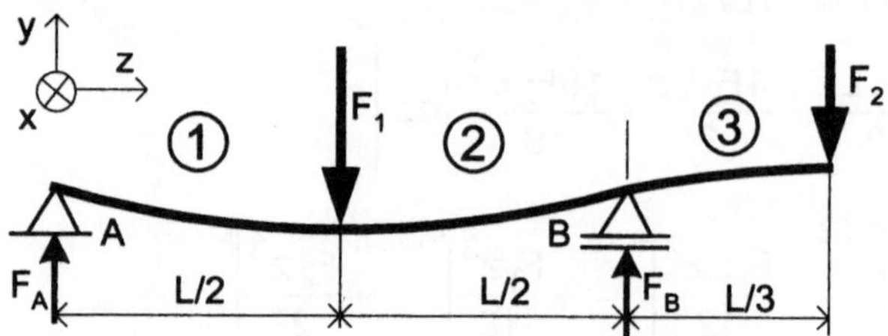

Sachwortverzeichnis

Standardlehrwerke des Maschinenbaus

Alfred Böge
Technische Mechanik
Statik - Dynamik -
Fluidmechanik – Festigkeitslehre
26., überarb. u. erw. Aufl. 2003.
XX, 428 S. mit 569 Abb.,
21 Arbeitsplänen, 16 Lehrbeisp.,
40 Übungen und 15 Tafeln.
(Viewegs Fachbücher der Technik)
Geb. € 26,00
ISBN 3-528-15010-6

Alfred Böge,
Walter Schlemmer
**Aufgabensammlung
Technische Mechanik**
17., überarb. u. erw. Aufl. 2003.
ca. 212 S. mit 521 Abb. und
924 Aufg. (Viewegs Fachbücher der
Technik) Br. € 21,00
ISBN 3-528-15011-4

Weißbach, Wolfgang
**Werkstoffkunde und
Werkstoffprüfung**
Ein Lehr- und Arbeitsbuch für das
Studium
15., überarb. u. erw. Aufl. 2004.
XVI, 430 S. mit über 300 Abb. u.
300 Taf. (Viewegs Fachbücher der
Technik). Br. € 26,00
ISBN 3-528-11119-4

Weißbach, Wolfgang /
Dahms, Michael
**Aufgabensammlung
Werkstoffkunde und
Werkstoffprüfung**
Fragen - Antworten
6., vollst. überarb. Aufl. 2004.
XII, 143 S. (Viewegs Fachbücher
der Technik) Br. € 19,90
ISBN 3-528-54038-9

vieweg
Abraham-Lincoln-Straße 46
65189 Wiesbaden
Fax 0611.7878-420
www.vieweg.de

Stand Januar 2005.
Änderungen vorbehalten.
Erhältlich im Buchhandel oder im Verlag.

Griechische Buchstaben und ihre lateinischen Gegenstücke

A	α	a	Alpha	I	ι	j	Jota	P	ρ	r	Rho
B	β	b	Beta	K	κ	k	Kappa	Σ	σ	s	Sigma
Γ	γ	g	Gamma	Λ	λ	l	Lambda	T	τ	t	Tau
Δ	δ	d	Delta	M	μ	m	My	Y	υ	y	Ypsilon
E	ε	e	Epsilon	N	ν	n	Ny	Φ	φ	ph	Phi
Z	ζ	z	Zeta	Ξ	ξ	x	Ksi	X	χ	ch	Chi
H	η	e	Eta	O	o	o	Omikron	Ψ	ψ	ps	Psi
Θ	θ, ϑ	th	Theta	Π	π	p	Pi	Ω	ω	o	Omega

Vorsätze und Vorsatzzeichen zur Bildung von dezimalen Vielfachen und Teilen von Einheiten

Vorsatz	Hekto-	Kilo-	Mega-	Giga-	Tera-
Vorsatzzeichen	h	k	M	G	T
Potenzfaktor	10^2	10^3	10^6	10^9	10^{12}

Vorsatz	Dezi-	Zenti-	Milli-	Mikro-	Nano-	Piko-	Femto-	Atto-
Vorsatzzeichen	d	c	m	μ	n	p	f	a
Potenzfaktor	10^{-1}	10^{-2}	10^{-3}	10^{-6}	10^{-9}	10^{-12}	10^{-15}	10^{-18}